全国城镇水务管理培训丛书

城镇节约用水管理基础

中国建筑工业出版社

图书在版编目（CIP）数据

城镇节约用水管理基础/李振东总主编. —北京：中国建筑工业出版社，2009
（全国城镇水务管理培训丛书）
ISBN 978-7-112-11386-6

Ⅰ. 城… Ⅱ. 李… Ⅲ. 城市用水-节约用水
Ⅳ. TU991.64

中国版本图书馆 CIP 数据核字（2009）第 176564 号

本册共3篇18章，以适应城镇节水工作需要为主线，基本覆盖了城镇节水工作各方面的基础知识。在城市节水基本概念方面着重阐述了有关城市水资源、城市节约用水现状与分析；在城市节水管理方面重点阐述了城市需水量预测、城市节水规划、城市节约用水行政管理、城市节约用水经济管理、建设节水型社会；在城市节水技术方面侧重阐述了冷却节水技术、锅炉节水技术、工艺节水技术、生活节水技术、城市污水再生利用、建筑中水、海水利用、城区雨洪水利用、节水型器具、城市供水管网检漏防漏、企业水平衡测试等内容。

本书的编写中本着易学、易懂、易用的原则，力求全面而系统、准确而精炼，具体到每一个章节，则强调有针对性，重点突出，通俗易懂，学以致用。本书可供全国城镇节水行业广大职工业务学习和日常工作参考使用。本书的出版将对全行业的职业教育起到积极地推动作用。

* * *

责任编辑：石枫华　俞辉群
责任设计：张政纲
责任校对：袁艳玲　王雪竹

全国城镇水务管理培训丛书
城镇节约用水管理基础

*

中国建筑工业出版社出版、发行（北京西郊百万庄）
各地新华书店、建筑书店经销
霸州市顺浩图文科技发展有限公司制版
北京市彩桥印刷有限责任公司印刷

*

开本：787×1092毫米　1/16　印张：20½　字数：498千字
2009年11月第一版　2009年11月第一次印刷
定价：**45.00**元
ISBN 978-7-112-11386-6
（18625）

全国城镇水务管理培训丛书

总 主 编：李振东
副总主编：邵益生 刘志琪
执行总主编：丁五禾 崔庆民 张国祥 冯国熙
陈云龙 王 岚 周善东 张湛军

城镇节约用水管理基础

主 编：周善东
主 审：王 冠
编写人员：周红霞 高中平 冯玉春 古金东 张贡意
周广安 孙守智 王为强 袁怀华 刘 利
范升海

序

城镇水务事业的发展与国家的经济发展、社会进步、历史变革、文明演进等各个方面息息相关。2009 年是中华人民共和国成立 60 周年，60 年记载了社会主义经济建设的腾飞，记载了改革开放 30 年的辉煌，记载了城镇水务事业发展的壮丽篇章。作为城市基础设施重要组成部分的城镇供水、排水、节水工作，在国家住房和城乡建设部和地方各级人民政府的重视和支持下，取得了可喜的成就。到 2008 年底，城市日供水能力达到了 26621 万 m^3，供水普及率达 94.7%，城市供水设施日趋完善，供水水质得到保障，供水服务不断提高，城市用水的供需比得到根本性的转变。城市污水处理设施建设进入一个快速发展的时期，城市污水日处理能力 11178 万 m^3，城市污水处理率达 70.16%，城市水环境的建设管理水平得到大幅提升。在国家建设“资源节约型和环境友好型社会”的推动下，城市节水工作不断向纵深推进，全国各地积极开展创建节水型城市活动，提升城市节水工作内涵。近几年来城市平均年节水量 31 亿 m^3，工业用水重复利用率达 86.02%，目前已有 40 个城市获得国家节水型城市光荣型号。全国从事城镇水务建设、经营和管理的从业人员已达数百万人，城镇水务事业的建设和发展取得了显著的经济效益、社会效益和环境效益。当今，我们处在一个经济快速发展、社会快速变革、文明快速进步的新的历史阶段，不断提升城镇水务行业的管理水平、文化内涵和整体素质是行业健康发展不可忽视的基础保障，是贯彻以人为本服务理念的具体体现。特别是城镇供水、排水、节水行业管理的每一个领导者、决策者、经营者更需要以创新的理念，不断学习新的知识，运用新的技术，提高决策水平，实现城镇水务行业的持续健康发展，为城镇经济建设和城镇的可持续发展作出更大贡献。

为贯彻落实科学发展观，适应国家建设“资源节约型和环境友好型社会”的新要求，提高行业在职人员的教育水平，加强行业创新型人才的培养，促进全行业管理干部、技术人员和全体职工总体素质提高，配合全国城镇水行业培训工作的需要，中国城镇供水排水协会组织业内的有关专家和学者，编写一套适合全国城镇水务行业管理人员学习的培训教材《全国城镇水务管理培训丛书》。该书一套8册，包括：思想政治经济管理基础、城镇供水工程、城镇排水工程、城镇节约用水管理基础、城镇水务法律法规、城镇供水排水工程建设与施工、城镇供水排水水质监测管理、城镇供水排水常用设备与管理。该丛书不仅填补了城镇水务系统管理培训教材的空白，也是广大基层管理工作者的案头必备。相信全国从事城镇水务行业的工程技术人员、管理人员及建设、公用、水务行政主管部门的领导同志，都能够从中受到启迪，悟出城镇水务管理和发展的成功之道。

在组织编写《全国城镇水务管理培训丛书》中，我们力求将理论与实践结合，深入浅出，适应行业管理工作的要求。力求使丛书成为有助于提高管理人员素质的基础教材。由于多方面的原因，丛书的内容、结构等方面都不尽完善，希望广大读者通过工作实践，以与时俱进的精神对丛书的不足之处提出意见和建议。丛书编写中，借鉴了四川省供水排水协会编辑的企业管理干部培训丛书及相关资料，得到了全国城镇水务系统各有关方面的大力支持配合和无私奉献，在此一并表示感谢。

中国城镇供水排水协会

前　言

为贯彻落实科学发展观，提高全国城镇节水行业管理干部和全行业职工总体素质，适应国家建设资源节约型和环境友好型社会的总体要求，配合全国城镇水行业管理干部和职工培训工作的需要，中国城镇供水排水协会组织编纂了《全国城镇水务管理培训丛书》，其中《城镇节约用水管理基础》由节约用水工作委员会负责编写。

我国是一个水资源短缺的国家，人均占有水资源不足2200m^3，仅为世界平均水平的28%。随着我国经济社会建设事业的不断发展，水资源短缺、水质性缺水和水环境污染已经成为经济与社会可持续发展的重要制约因素。党中央、国务院历来高度重视城镇节水工作。胡锦涛总书记2004年在中央人口与资源环境工作座谈会指出："节水要作为一项战略方针长期坚持。要把节水工作贯穿于国民经济和群众生产、生活的全过程，积极发展节水型产业，创建节水型城市和节水型社会"。节水工作已经成为经济社会发展的必然选择，促进人与自然和谐发展的客观要求，建设"资源节约型、环境友好型社会"的重要组成内容；成为水资源可持续利用的重要措施，推进新型城镇化的基础保障。

新中国成立以来，我国城镇节水工作从20世纪50年代的反对浪费阶段，到80年代供水设施不足的强制节水阶段；从20世纪90年代底的资源性和水质性影响阶段，到21世纪水资源综合利用和可持续发展阶段，经历了由被动到主动、由粗放式向集约式管理的艰辛历程。在国家住房和城乡建设部与各级地方人民政府的领导下，经过全国城镇节水战线广大干部职工的积极努力，城镇节水事业展现出蓬勃发展的崭新局面。

全国城镇节水工作成绩显著：平均每年节水量约35亿m^3，城市经济快速发展，用水人口不断增加，但总的城市供水量基本保持稳定；城市工业用水重复利用率达到86.02%；积极开展城市供水管网改造，使城市管网漏损率降低5～8个百分点；全国城市污水处理率已达到70.16%；近百个城市开展再生水利用工作，城市再生水年利用水量超过20亿m^3。1996年以来，住房和城乡建设部会同国家发展改革委员会开展了节水型城市创建活动。截至2008年，先后有北京、上海等40个城市被命名为国家节水型城市，起到了很好的示范带头作用，极大地推动了节水工作的开展。城镇节水工作的不断深入，加强了水资源保护，改善了自然环境，完善了城市功能，提升了城市环境质量。

在本书组织编写过程中，本着理论与实践结合，基础与专业结合的方针，深入浅出、通俗易懂，以适应城镇节水行业管理工作的基本要求。在此，对全国城镇节水系统各有关方面的配合和支持，表示衷心的感谢！

本书由中国城镇供水排水协会节约用水工作委员会主任、山东省住房和城乡建设厅城市建设处处长周善东任主编，山东省城镇供水协会副秘书长、山东省住房和城乡建设厅城市建设处科长王冠任主审；参加编写工作的人员有：山东省城镇供水协会周红霞，济南市城市节水办高中平、冯玉春、古金东、张贡意，青岛市城市供水节水管理处周广安、孙守智、王为强、袁怀华、刘利，潍坊市城市节水办范升海等同志。编写分工为：张贡意负责编写第1篇第1章、第2篇第2章；冯玉春负责编写第1篇第2章、第2篇第1章、第3

篇第 11 章；古金东负责编写第 2 篇第 3 章、第 2 篇第 4 章；高中平负责编写第 2 篇第 5 章；范升海负责编写第 3 篇第 1 章、第 3 篇第 2 章、第 3 篇第 3 章；孙守智负责编写第 3 篇第 4 章、第 3 篇第 9 章；袁怀华、周广安负责编写第 3 篇第 5 章、第 3 篇第 6 章；王为强负责编写第 3 篇第 7 章；刘利负责编写第 3 篇第 8 章；周广安负责编写第 3 篇第 10 章；全书由高中平、周红霞负责统稿。

由于编写的时间紧迫，编写人员水平的局限性，本书存在着诸多的不足之处，希望同行业和广大读者在学习和使用中，给予批评指正，使本书得以不断补充修改和完善。

目　录

第1篇　城市节约用水基本概念

1　城市水资源

1.1　水资源概述

1.1.1　自然资源的内涵

资源，一般是指在一定的历史条件下，人类开发利用以提高自身福利水平或生存能力的、具有某种稀缺性、受社会约束的各种要素或事物的总称。资源包括自然资源和社会资源。从狭义上讲，资源特指自然资源，如矿产资源、土地资源、水资源等。

资源是有价值的。西方效用价值论认为，某种物质的价值来源于它的效用，并把该物质的边际效用定义为价值。价值大小是由某种物质的有用性和稀缺性共同决定的。

对自然资源的认识，通常都强调其“经济价值”性。1972年联合国环境规划署定义为：在一定空间时间的条件下，能产生经济价值以提高人类当前和未来福利的自然环境因素和条件。

一般认为，自然资源是指在一定的技术经济条件下，自然界中对人类生存发展有用的一切物质和能量。资源是一个动态的概念，有量、质、时间和空间的某种属性，信息、技术和相对稀缺性的变化都能把以前没有价值的东西变成宝贵的资源。

自然资源的特点是：(1) 可用性，即可以被人们所利用，与资源的稀缺性有密切的关系；(2) 有限性，在一定的条件下自然资源的数量是有限的，但随着人类利用自然的能力不断提高，物质资源化及资源潜力的发挥是无限的；(3) 整体性，自然资源不是孤立存在的，而是相互联系、相互影响、相互制约的复杂系统；(4) 空间分布的不均匀性和严格的区域性，因地制宜是资源利用的一项基本原则。

1.1.2　水资源的概念

水是人类赖以生存和发展的基本物质之一，是人类生存不可替代、不可缺少的自然资源。由于水的有用性和稀缺性所以水具有经济价值，从而决定了水具有自然资源属性。水资源的经济价值在于：水资源具有使用价值，能满足人类对水的生命需求，和衣、食等人类基本生存物质具有同样的重要性；水资源是重要的生产要素，通过合理开发和利用水资源，能增加社会净福利，能促进社会经济发展；水资源具有生态环境保障作用，具有生态价值；水资源具有所有者权益，具有被占用和排他使用的交易价格或价值；从可持续观点看，水资源的开发利用，应体现社会公平性，应考虑到后代的需求，因而水资源在空间和时间上具有不同的价值衡量。

关于水资源的概念，国内外的有关文献和著述中有多种提法。在《英国大百科全书》中，水资源是指整个自然界中各种形态的水，包括气态水、液态水和固态水的总和。在联合国教科文组织与世界卫生组织共同编写的《水资源评价活动—国家评价手册》中，水资源是指可被利用或可能被利用的水源，其具有足够的数量和可用的质量，并能在某一地点（区）为满足某种用途而被利用。在《中国大百科全书》中，水资源被定义为：地球表层可供人类利用的水，包括水量（水质）、水域和水能资源。这些提法无疑都是有道理的，但又都欠准确和完整。

自然界中的水，只有同时满足3个前提才能被称为水资源：(1) 可作为生产资料或生活资料使用；(2) 在现有的技术、经济条件下可以得到；(3) 必须是天然（即自然形成的）来源。这3个前提构成水资源的3要素：

1. 可使用性

可使用性是指可被用于某种用途的服务性能。若不能作为生产资料或生活资料来使用的水，首先就失去了成为资源的资格，而只有满足其可使用性，才有成为水资源的可能。

2. 可获得性

因不能取得而无法利用的水，不能成为水资源。如极地冰盖，其可使用性和天然性无可置疑，但在人类现有的技术、经济条件下还无法将其作为水资源来使用，因此其还不能成为水资源，至多只能算是潜在的水资源。在技术、经济高度发达的未来，或许因能被人类使用而成为真正意义上的水资源。

3. 天然性

这是由资源的定义所确定的，非天然物质的来源不能称为资源，非自然形成的水不是水资源。

所以，水资源可以定义为：在现有的技术、经济条件下能够获取的，可作为人类生产资料和生活资料的水的天然资源。

由此看来，覆盖在地球表面的海洋水不是水资源，埋藏在地表以下几千米深的深层地下水也不能算水资源，它们又毫无疑问都是水。所以，水的含义不同于水资源，水比水资源的范畴要大得多。

1.1.3 水资源的分类

与其他物质的分类情况一样，水资源根据分类原则的不同，可以分为许多类型。如以水的形态来分，可有3种形态，即气态、液态和固态，这是最常见的水的存在方式。而宏观水管理最常用的方法，是根据水的生成条件和水与地表面的相互位置关系（或者说是赋存条件）来划分的，即：

(1) 大气水。赋存于地球表面上大气圈中的水，包含大气中的水汽及其派生的液态水和固态水，常见的天气气候现象如云、雾、雨、雪、霜等是大气水的存在形式。降雨和降雪合称为大气降水，是大气中的水汽向地表输送主要的方式和途径。

(2) 地表水。聚集赋存于地球表面之上，以地球表面为依托而存在的液态水体。根据其生长要素、聚集形态、汇水面积、水量大小、运动、排泄方式的不同而分为江、河、湖、海等。

(3) 地下水。聚集赋存于地球表面之下各类岩层（空隙）之中的水。根据地下水的埋藏条件，地下水可分为包气带水、上层滞水、潜水、承压水。

以地下水位线为界，向上直到地表称为包气带。包气带除空气外，还存在气态水、结合水、过路重力水和毛细管水，统称为包气带水或土壤水。包气带水离地表最近，受水文、气象影响强烈，是连接地下水和大气的通道，对地下水的补给和排泄起着重要的作用。

广义上讲，上层滞水属于包气带水，但又有其独特的特点。它指的是赋存于包气带中局部隔水层或弱透水层上面的重力水，是大气降水和地表水等在下渗过程中局部受阻聚集而成的。

潜水是指贮存于地表之下第一个稳定隔水层之上，具有自由表面的含水层中的重力水。

承压水则是指充满于上、下两个稳定隔水层之间的重力水。上下两个隔水层分别叫顶板和底板。承压水最重要的特征是含水层顶面承受静水压力，当钻孔揭穿隔水顶板时，承压含水层中的水在静水压力作用下沿钻孔上升，直到某以高度才能静止下来，可见承压水的初始水位与静止水位是不一致的。静止水位又称承压水位，或称测压水位。某点处的静止水位高出隔水层顶板底面的距离，称为该点的承压水头。测压水位高于地面时，承压水头称为正水头；反之称为负水头。在正水头区（自溢区），钻孔揭穿隔水层顶板，水能喷出地面，产生自流现象，故又称承压水为自流水。在负水头区，钻孔揭穿隔水层顶板，承压水只能上升至地表以下一定高度，称为半自流水。承压水由于含水层上覆隔水层，与地表水和大气圈联系较少，承压区与补给区不一致，因而受当地气候和水文因素影响小，水循环缓慢，比较稳定，其形成主要决定于地质构造条件。

根据含水介质空隙的不同，地下水还可分为孔隙水、裂隙水和岩溶水。

此外，根据地下水的温度、化学成分及特有的生成、埋藏条件，又可划分为一些特殊类型的地下水，如地下热水、矿水、咸水、卤水、多年冻土带水等。

1.1.4 水资源的属性

1. 水资源的自然属性

水资源的自然属性是指本身所具有的、没施加人类活动痕迹的特征，主要表现为水资源的有限性与无限性、时空分布的不均匀性、利用的广泛性和不可替代性、利害两重性、可恢复性与循环性。

（1）水资源的有限性与无限性

水资源与其他资源不同，它在水循环过程中能够不断恢复、更新、再生，属于可再生资源。地球上的水循环过程是永无止境的、无限的。因此，水资源是可再生的、无限的。水循环供给陆地源源不断的降水、径流，因此水循环的变化将引起水资源的变化。

虽然水循环是无限的，但地球上每年得到的太阳能是一定的，即每年通过蒸发参加水循环的水量是有限的。另外，由于下垫面条件的限制，每年能够得到更新和恢复的水量是有限的。因此，水资源是有限的。水资源在一定的限度内才是“取之不尽、用之不竭”的资源。

（2）水资源时空分布的不均匀性

时空分布的不均匀性是指水资源在时间上、空间上分布不均，有些地方多，有些地方少，有些时间多，有些时间少。这是由各地气候条件和下垫面的差异造成的。

水资源在时空分布上的不均匀性，使得地球上有些地区洪涝灾害严重，如我国的南方地区。而有些地区干旱频繁，如我国北方黄土高原地区。水资源在时空分布上的不均匀性，给水资源的合理开发利用带来很大困难。人类修建水库就是为了解决水资源在时间分布上的不均匀性。

(3) 利用的广泛性和不可替代性

水资源既是生活资料，同时也是生产资料，在国计民生中用途广泛，各行各业都离不开水，这是水资源的广泛性。

从水资源的利用方式看，水可以分为消耗性用水和非消耗性用水。生活用水、农业用水、工业生产用水都属于消耗性用水，这些被利用的水其中一部分重新回到水体，但水量已经减少，水质也发生了改变。非消耗性用水主要指利用水体发电、航运、水产养殖，这些产业都是利用水体，而不消耗和污染水体，或很少消耗和污染水体。

总之，水资源的综合效益是其他任何资源无法替代的，是人们生存环境的重要组成部分，是地球上一切生命的命脉，是各行各业可持续发展的重要保证。

(4) 利害两重性

由于降雨径流在地区分布上的不平衡和在时间分配上的不均匀，经常在某些地区出现洪涝灾害，而在有些地区出现干旱，这是水资源有害于人类的一面。但水资源为人类提供水源、发电、航运、养殖，以及为工农业生产服务，这是水资源有利于人类的一面。另外，人类在开发利用水资源和进行生产活动时，常会造成水土流失、水体污染等。

水资源可以被开发利用和可能引起的灾害，说明水资源具有利害两重性。因此，必须尊重自然规律，合理开发利用水资源，才能达到兴利除害的双重目的。

水资源的这些自然属性与地球上其他任何自然资源相比，无论是就其存在形式、运动形式还是对于自然和人类的重要性，都是十分独特，而且是其他自然资源所无法比拟和替代的。水资源既以其自身形式构成地球的水圈，同时又以气态或液态的方式渗透和存在于大气圈、生物圈和岩石圈，是自然界中唯一一种同时存在于地球4大圈层的物质。对于地球生命系统和人类社会来说，水是赖以存在和发展的最重要的物质因素和环境因素。

2. 水资源的社会属性

水资源不仅是一种自然资源，更是一种社会资源，已成为人类社会的一个重要的组成部分。水资源的社会属性主要表现为经济性、伦理性、垄断性等。

(1) 经济性

水资源已成为一种经济资源、是国民经济的组成部分之一。其经济性表现在：水资源是国民经济持续发展的动力资源之一，它不仅是农业生产的命脉，直接决定着粮食产量的高低，而且是工业生产的血液，维系着工业经济效益的好坏，钢铁工业、印染工业、造纸工业更是用水大户。水资源本身已成为经济资源，而且是“战略性的经济资源”，不仅可直接产生经济效益，而且直接关系着国家的经济安全。

(2) 伦理性

人类与自然界的关系体现着伦理道德特征，即人类是以什么样的态度对待水资源。以往人们认为水资源取之不尽、用之不竭，以一种粗暴的、掠夺性的态度去开发水资源，而自然界则以洪水、水污染等方式对人类进行着报复。人类在开发过程中逐步认识到“以道德的方式对待自然界的重要性”，即要实现“人与自然和谐相处”。

公平是社会问题，在水资源使用面前人人平等，维持基本的生存需要是社会的最根本义务。

水资源是人类生存的基础资源，不仅要满足当代人的需要，也要满足后代人的需要，应以道德的理念去对待和开发水资源，保证后代平等的发展权利。

（3）垄断性

2002年颁布实施的新《中华人民共和国水法》明确规定“水资源属于国家所有。……农村集体经济组织所有的水塘和由农村集体经济组织修建管理的水库中的水，归该农村集体经济组织使用”，即行政垄断。

水资源的垄断性有其必然的原因，即水资源关系到国计民生，只有国家能从战略和人性的角度对水资源进行有效的规划和分配，任何单位和个人都可能仅考虑某一方面的利益而不能顾全大局。即使水资源具有可再生性，但总的来看水资源是供不应求且日益稀缺的，供需矛盾日益突出，在我国的个别地区已直接影响着人民的生活质量和制约经济社会的健康发展。

1.1.5 世界水资源

在地壳表层、表面和围绕地球的大气层中存在着各种形态的，包括液体、气态和固态的水，形成地球的水圈，并和地球上的岩石圈、大气圈和生物圈共同组成地球的自然圈层。

水圈内全部水体的总贮量约为13.86亿（km^3），其中海洋贮存13.38亿（km^3），占全球总贮量的96.5%；其他各种水体贮量只占3.5%，地表水和地下水各占1/2左右。地球水总量中，含盐量不超过1g/L的淡水仅占2.5%，即0.35亿（km^3），其余的97.5%均为咸水。这0.35亿（km^3）淡水，有68.7%被固定在两极冰盖和高山冰川中，有30.9%蓄在地下含水层和永久冻土层中，而湖泊、河流、土壤中所容纳的淡水只占0.32%。

河流的年径流量，基本上反映了水资源的数量和特征，所以各国通常用多年平均河川径流量表示水资源量。地球上陆地多年平均河川年径流量为44.5万亿m^3，其中有1万亿m^3排入内陆湖，其余的全部流入海洋。包括2.3万亿m^3南极冰川径流在内，全世界年径流总量为46.8万亿m^3。径流量在地区分布上很不均匀，有人居住和适合人类生活的地区，至多拥有全部径流的40%，约19万亿m^3。各大洲的自然条件差别很大，因而水资源量也不相同。大洋洲的一些大岛（新西兰、伊里安、塔斯马尼亚）的淡水最为丰富，年降水量几乎达到3000mm。年径流深超过1500mm。南美洲的水资源也较为丰富，平均年降水量为1600mm，年径流深为660mm，相当于全球陆地平均年径流深的2倍。澳洲是水资源量最少的大陆，平均年径流深只有40mm；有2/3的面积为无永久性河流的荒漠、半荒漠地区，年降水量不到300mm。非洲的河流径流资源也较贫乏，降水量虽然与欧洲、亚洲、北美洲地区相接近，但年径流深却只有150mm，这是因为非洲南北回归线附近有大面积的沙漠所致。南极洲的多年平均年降水量很少，只有165mm，没有一条永久性河流，然而却以冰的形态贮存了地球淡水总量的62%。表1-1所示为世界水资源分布。

1.1.6 中国水资源

一个国家或地区水资源条件的优劣主要取决于降水量的多少。根据我国第一次水资源评价成果，全国多年平均年降水总量为6.1889万亿m^3，折合平均年降水深为648mm，小于全球陆地平均年降水深800mm。

世界水资源分布 表 1-1

大陆	面积（万 km^2）	年降水		年径流		径流系数
		平均年降水水深（mm）	平均年降水总量（万亿 m^3）	平均年径流深（mm）	平均年径流总量（万亿 m^3）	
欧洲	1050	789	8.29	306	3.21	0.39
亚洲	4347.5	742	32.24	332	14.41	0.45
非洲	3012	742	22.35	151	4.57	0.2
北美洲	2420	756	18.3	339	8.2	0.45
南美洲	1780	1600	28.4	660	11.76	0.41
大洋洲	761.5	456	3.47	40	0.3	0.09
大洋洲诸岛	133.5	2700	L 61	1560	2.09	0.58
南极洲	1398	165	2.31	165	2.31	1.0
全部陆地	14900	800	119	315	46.8	0.39

地表水资源，用河川径流量作为定量值。全国多年平均年径流总量为 2.7115 万亿 m^3，折合年径流深为 284mm，小于全球陆地平均年径流深 315mm。河川径流补给组成为：降水产流补给占 71%，地下水排泄补给占 27%，冰川融水补给占 2%。

地下水资源，指降水入渗和地表水体（含河道、湖库、渠系和渠灌田间）渗漏对地下含水层的补给量。扣除地下水矿化度大于 2g/L 的咸水面积和大型水域面积，全国地下水资源计算面积约 880 万 km^2，多年平均水资源量为 0.8288 万亿 m^3。其中，平原区计算面为 198 万 km^2，多年平均资源量为 0.1873 万亿 m^3。中国华北、西北、东北地区，地表水资源相对贫乏，但有广大的平原分布，地下水资源量比较丰富且开采条件好，在城乡供水中地下水占有重要的地位。

一个区域的水资源总量指当地降水形成的地表、地下产水量。由于地表水和地下水互相联系而又互相转化，河川径流量中包括山丘区地下水的大部分排泄量，平原区地下水补给量中有一部分来源于地表水的入渗，故不能将河川径流量与地下水资源量直接相加作为水资源总量，应扣除相互转化的重复水量。据分析计算，地下水资源与河川径流的重复计算量达 0.7279 万亿 m^3。扣除重复量后的全国多年平均水资源总量为 2.8124 万亿 m^3。

我国水资源主要特点如下：

1. 人均水量低

由于中国人口众多，人均天然河川径流量大大低于世界平均水平。按 1999 年人口统计计算，我国人均径流量为 2100m^3，约为世界的 1/4。

2. 地区上分布极不均匀

我国水资源因受海陆位置、水汽来源、地形地貌等因素的影响，在地区上的分布极不均匀，总趋势从东南沿海向西北内陆递减。按照年降水量和年径流深，可将全国划分为 5 个地带。

（1）多雨—丰水带。年降水量大于 1600mm，年径流深超过 800mm。包括浙江、福建、台湾、广东的大部分，广西东部、云南西南部和西藏东南隅，以及江西、湖南、四川西部的山地。

（2）湿润—多水带。年降水量在 800～1600mm，年径流深在 200～800mm。包括沂沭河下游和淮海两岸地区，秦岭以南汉江流域，长江中下游地区，云南、贵州、四川、广西的大部分以及长白山地区。

(3) 半湿润—过渡带。年降水量在 400～800mm，年径流深在 50～200mm。包括黄淮海平原，东北三省及山西、陕西的大部分，甘肃和青海的东南部，新疆北部、西部的山地，四川西北部和西藏东部。

(4) 半干旱—少水带。年降水量在 200～400mm，年径流深在 10～50mm。包括东北地区西部、内蒙古、宁夏、甘肃的大部分地区，青海、新疆的西北部和西藏部分地区。

(5) 干旱—干涸带。年降水量小于 200mm，年径流深不足 10mm，有面积广大的无流区。包括内蒙古、宁夏、甘肃的荒漠和沙漠，青海的柴达木盆地，新疆的塔里木盆地和准噶尔盆地，西藏北部的羌塘地区。

3. 与耕地、人口的分布不相匹配

我国外流区域面积占全国总面积的 64.6%，水资源总量占全国的 95.4%；内流区域面积占全国的 35.4%，水资源总量占全国的 4.6%。在外流区域中，水资源与耕地、人口的地区分布不相匹配，人均、单位耕地水资源量差别很大：南方四区水资源总量占全国的 81%，人口占全国的 54.6%，耕地占全国的 39.7%，人均水资源量为 $3300m^3$，单位耕地水资源量为 $43860m^3/hm^2$；北方四区水资源总量占全国的 14.4%，人口占全国的 43.3%，耕地占全国的 54.9%，人均水资源量为 $740m^3$，单位耕地水资源量为 $5640m^3/hm^2$。

4. 年内年际变化大

因受季风气候的影响，我国大部分地区降水的年内分配很不均匀，年际变化大，枯水年和丰水年连续发生。长江以南地区受东南季风影响时间长，最大 4 个月降雨发生在 3～6 月或 5～8 月，占全年降水量的 50%～60%。华北和东部地区，多雨季节为 6～9 月，这 4 个月雨量占全年降水量的 70%～80%，其中华北地区更为集中，7 月、8 月降雨占全年的 50%～60%。西南地区主要受西南季风的影响，有明显的雨季（5～10 月）和旱季（11 月至翌年 4 月），最大 4 个月（6～9 月）雨量占全年的 70%～80%。各年的降水量相差也较大，极值比西北大部地区为 5～6，华北地区为 4～6，东北地区为 3～5，淮海、秦岭以南地区为 2～4。年径流的年际变化更大，在半干旱、半湿润地区的极值比可达 15～20。中国大部分地区的降水有比较明显的 60～80 年长周期，且南北不同步。许多河流发生过 3～8 年的连续丰水期或连续枯水期，黄河曾发生长达 11 年的连续枯水期。降水和径流年内年际变化大的特点，是造成中国水旱灾害频繁、农业生产不稳定的重要原因，也给水资源的充分开发利用带来困难，需要兴建大量水库对河川径流量进行年内调节或多年调节。

1.2 城市水资源的特性

1.2.1 城市化与水资源

城市是一个以人类生活和生产为中心，由居民和城市环境组成的自然、社会、经济复合生态系统。它是自然资源短缺、生态环境脆弱的区域，其高度密集的人口和发达的社会经济活动导致用水与排水负荷都比较高，如果水污染控制措施跟不上，则城市水环境恶化将难以避免。

城市化是一个涉及全球的经济社会演变过程，是人口向城市高度集中、城市面积持续向周边地区扩张与城市系统功能不断复杂化的过程，是工业化的必然结果，它不仅包括城市人口和城市数量的增加，也包括城市的进一步社会化、现代化和集约化。城市化意味着基础设施相对完备，居民用水便利，公共市政用水量也高于农村地区。因此，城市化将使人均生活用水量大幅度提高，城市化水平对生活用水的长期趋势有极大的影响。

水资源是城市生态系统的一个重要组成部分，其本身也是一个复杂的大系统。首先，城市的大气降水、地表水、地下水、污水构成了一个复杂的水循环系统，其间存在着量和质的交换；其次，城市水资源的开发利用过程是一个由取水、供水、用水、排水、污水处理回用等环节组成的系统，而城市水资源系统本身又是更大的流域系统的一个子系统。

水资源对城市的形成、发展、演变具有引导和制约的作用。城市建设、产业发展、人民生活都离不开水，水资源不仅影响城市的性质、规模，而且还影响城市的结构布局和发展变迁。特别是水资源相对比较贫乏的城市，水更是制约城市发展的基本因素之一。从城市发展史看，世界上大部分城市都是依水而建，水资源作为城市生存的物质支撑构件，其对城市的重要性不言而喻。

城市水资源，简单的字面解释就是城市所能利用的水资源。包括一切可利用的资源性水源（如地表水、地下水等）和非资源性水资源（如使用以后被污染，经物理、化学手段处理后消除或减轻了污染程度而重新具备使用价值的净化再生水）。它是城市形成与发展的基础，是城市供水的源泉。

按水的地域特征，城市水资源可分为当地水资源和外来水资源 2 大类。前者包括流经和贮存在城市区域内的一切地表和地下水资源；外来水资源指通过引水工程从城市以外调入的地表水资源。

1.2.2 城市水资源的特性

城市水资源除了具有水资源的一般特点外，还因特殊的环境条件和使用功能而表现出或强化了下面的一些特征。

1. 系统性

城市水资源的系统性主要表现在 3 个方面：一是不同类型的水之间可相互转化，海水、大气降水、地表水、地下水及污水之间构成了一个非常复杂的水循环系统，相互之间存在质与量的交换；二是城市区域以内和以外的水资源通常处于同一水文系统，相互之间有密切的水利联系，难以人为分割；三是城市水资源开发利用过程中的不同环节（如取水、供水、用水及排水等）是个有机的整体，任何一个环节的疏忽都将影响到水资源的整体效益。

2. 有限性

相对城市用水需求量的持续增长，城市水资源的量是有限的。当地水资源由于开发成本低、管理便捷等因素而得到优先开发利用，使得许多城市的本地水资源已接近或达到开发极限，一部分城市的地下水早已处于超采状态，导致一些不该出现的问题，从而不得不依靠外来引水解决，不但增加了用水成本，还受到区域经济、资源、生态环境等条件的制约。

3. 脆弱性

城市水资源的脆弱性表现在其水量、水质的承受能力和恢复能力上。城市水资源因开发利用集中和与人类的社会活动密切相关，呈现出的脆弱性表现在两个方面：一是容易受到污染。城市里的污染点多、面广、强度大，这是与城市发展和城市经济发达伴生的。二是易遭破坏。气象条件的变化（如反气旋次数的增多、延时，沙尘暴次数的增加），地表植被的破坏，大气、地表水及地下水的污染，都会使城市水资源状况恶化，甚至失去使用价值。而地下水的开采超过补给量时，地下水的质与量的平衡被打破，进而导致一系列的生态环境问题。

4. 可恢复性

城市水资源的可恢复性表现在水量的可补给性和水质的可改善性。这也是水资源的自然属性所决定的，只要合理利用、合理调配，城市水资源就可得到持续的利用；水质的改善一方面是水体的自净功能，另一方面也可通过人为的控制得以实现。

5. 可再生性

城市水资源在利用的过程中被直接消耗的份额毕竟是少量的，大部分的水是失去了它自身特定的使用价值而成为污水。污水只要改变使用功能，通过一定的处理后，就可恢复其使用价值，成为可利用的水资源。

1.3 城市水资源的开发利用

1.3.1 城市水资源开发利用发展阶段

从城市发展史来看，各国城市水资源开发利用的过程是有一定规律性的。在一定的技术经济条件下，每个城市都存在着一种极限水资源量，并在一定时期内保持相对稳定。通常，把城市水资源开发利用过程划分为3个阶段。

1. 自由开发阶段

在自由开发阶段其主要特征是：城市用水总量还远远低于城市极限水资源容量；人们解决城市用水量增长问题的主要手段是就近开发新水源；水资源的开发有相当大的盲目性，甚至破坏性；供水成本和水价低廉；大部分水经一次使用后即排放，普遍存在着不合理用水现象。我国在20世纪60年代以前，大多数城市水资源开发处于这一阶段。

2. 水资源基本平衡到制约开发阶段

随着城市人口聚集，工业迅速发展，城市用水量急剧增加，开始加紧建设新的供水设施，新水源地开发受到越来越多因素的制约，城市水资源开发进入制约开发阶段，出现了一系列带有规律性的特征：为满足用水迅速增长需求大量抽取地下水，使地下水位开始大幅度下降；新水源地开发受到邻近地区水资源开发的制约，受到资金、能源、材料，甚至技术上的制约；往往采用工程浩大和耗费巨资的蓄水、输水，甚至跨流域调水的办法来增加供水量；用水量的增长加大了废水排水量，由于废水处理设施建设跟不上，水体污染加剧，反过来更加剧了城市供水紧张的矛盾；逐渐认识到水是有限的经济资源，要节约用水，减少废水排放量；开始加强水资源的调配和开发利用管理，各种管理法规和管理机构不断完善；重复用水设施和重复用水技术不断发展。在这一阶段，城市供水总量开始向城市极限水资源容量靠近。目前我国很多缺水城市都处于这个阶段。

3. 综合开发利用水资源阶段

当城市供水总量已接近城市极限水资源容量、城市用水量的增长将主要依靠重复用水量的增加时，城市水资源开发进入第三阶段，即合理用水和重复用水开发阶段，这一阶段的主要特征是：由于新水源开发成本越来越高，开发重复用水与开发新水源相比，逐渐显示了越来越明显的优势，各种直接的和间接的重复用水系统迅速发展；各种有关管理法规和管理体系配套发展；各种重复用水的新技术和新设备开发十分活跃；人们已把用过的废水看成是可再生的二次水资源：城市供水总量增长向城市极限水资源容量逼近，城市重复用水和城市用水总量近于平行增长，即新增用水量主要靠直接或间接重复用水来解决。

1.3.2 城市水资源开发利用状况

据2007年水资源公报，我国2007年全国总供水量5819亿m^3，占当年水资源总量的23%。其中，地表水源供水量占81.2%，地下水源供水量占18.4%，其他水源供水量占0.4%。在4724亿m^3地表水源供水量中，蓄水工程占32.8%，引水工程占38.2%，提水工程占26.8%，水资源一级区间调水占2.2%。在1069亿m^3地下水供水量中，浅层地下水占81.0%，深层承压水占18.5%，微咸水占0.5%。北方六区供水量2553亿m^3，占全国总供水量的43.9%；南方四区供水量3266亿m^3，占全国总供水量的56.1%。南方各省级行政区以地表水源供水为主，大多占其总供水量的90%以上；北方各省级行政区地下水源供水占有较大比例，其中河北、北京、山西、河南4个省（直辖市）占总供水量的50%以上。另外，全国直接利用海水共计332亿m^3，主要作为火（核）电的冷却用水。其中广东、浙江和山东利用海水较多，分别为200亿m^3、43亿m^3和31亿m^3。

2007年全国总用水量5819亿m^3，其中生活用水占12.2%，工业用水占24.1%，生态与环境补水（仅包括人为措施供给的城镇环境用水和部分河湖、湿地补水）占1.8%。在各省级行政区中，用水量大于400亿m^3的有江苏、新疆、广东3个省（自治区），用水量少于50亿m^3的有天津、青海、北京、西藏、海南5个省（自治区、直辖市）。工业用水占总用水量30%以上的有上海、重庆、江苏、湖北、福建、安徽、贵州、广东、浙江9个省（直辖市）；生活用水占总用水量20%以上的有北京、重庆和天津3个直辖市。

2007年全国用水消耗总量3022亿m^3，其中工业耗水占11.0%，生活耗水占12.4%，生态与环境补水耗水占2.0%。全国综合耗水率（消耗量占用水量的百分比）为52%，干旱地区耗水率普遍大于湿润地区。各类用户耗水率差别较大，工业为24%，城镇生活为30%。

2007年全国人均用水量为442m^3，万元国内生产总值（当年价格）用水量为229m^3。城镇人均生活用水量为每日211L（含公共用水），万元工业增加值（当年价）用水量为131m^3。各省级行政区的用水指标值差别很大。从人均用水量看，大于600m^3的有新疆、宁夏、西藏、黑龙江、内蒙古、江苏、广西、上海8个省（自治区、直辖市），其中新疆、宁夏、西藏分别达2498、1299、1170m^3；小于300m^3的有山西、天津、北京、陕西、河南、山东、贵州、四川、重庆、河北10个省（直辖市），其中山西最低，仅174m^3。从万元国内生产总值用水量看，大于1000m^3的有新疆和西藏2个自治区，分别为1411m^3和1073m^3；小于200m^3的有北京、天津、山东、上海、山西、浙江、辽宁、河南、河北、广东、陕西、重庆、吉林13个省（直辖市），其中北京、天津分别为34m^3和45m^3。

就我国目前城市水资源开发利用状况而言，大致可分为以下4种类型：

(1) 水资源无论在水量和水质方面都能满足城市用水和发展需要。

(2) 水资源量存在明显的时间差异，枯水年、枯水季节水量不能满足需要，但经年调节或多年调节，总体上仍能满足水量要求。

（3）水源水量严重短缺，难以依靠本区域水资源满足用水要求。

（4）就水量而言，能满足用水要求，但水源受污染，难以处理达到要求的供水水质。

当然，还可能有其他的类型，例如既存在水量不足，又存在水源的污染等。

对于第一类城市，虽然水资源充沛，不存在缺水问题，但仍应注意节约用水和做好水源的保护，因为水资源应视为整个流域共同利用的财富。其他几种类型城市都存在水资源的开发问题。由于各地、各城市所处地理、环境条件不一样，水资源短缺程度不同，因此水资源开发不可能采用同一模式，必须因地制宜进行综合考虑，必要时必须进行多方案的比较和论证。

1.3.3 城市水资源开发利用存在的问题

1. 水资源供需矛盾日益尖锐

21世纪全国新增的用水量将主要集中在城市地区。未来几十年内中国人口的增长是对水资源和水环境最大的挑战，也是对可持续发展最大的挑战。据预测，到2030年，城市人口为7.5亿人时，相应的需水量将增加到1220亿m^3。

2. 水资源短缺与浪费现象并存

城市水资源短缺问题是城市发展到一定阶段的产物。我国城市缺水开始于20世纪70年代末80年代初，随着经济发展和城市化进程的加快，缺水范围在不断扩大，缺水程度日趋严重，城市缺水问题逐渐加剧。据统计，目前全国600多个城市中，400多个城市缺水，其中110多个严重缺水，日缺水量达1600万m^3，年缺水量60亿m^3。由于缺水，据粗略估计，每年给国家造成经济损失为2000多亿元。

在城市水资源短缺的同时，工业和城市生活用水存在着严重的浪费现象，且用水效率极为低下。由于工艺设备和管理的落后，我国工业用水量远远大于发达国家，我国工业万元产值取水量为100m^3，是国外先进水平的10倍。我国的主要工业行业用水效率明显低于发达国家，许多工业产品的单位产量需水量远远超过发达国家的用水量，工业节水的潜力很大、城市生活用水同样存在浪费，城市生活用水跑、冒、滴、漏现象十分普遍。很多城市仅供水管网及用水器具跑、冒、滴、漏损失率超过20%。

3. 水资源污染严重，水环境恶化加剧

目前，全国城市污水处理率不高，有些城市至今还没有污水处理厂。大量城市污水未经处理直接排入水体，使我国城市水环境质量面临的形势十分严峻。据统计，全国90%以上的城市水体受到不同程度的污染，水环境普遍恶化，流经城市的河流水质78%不符合饮用水标准。另外，沿海城市的海岸带污染也十分严重，局部地区城市水环境还受到酸雨的威胁。环境污染进一步加剧了水资源的短缺程度，也使一些水资源丰富的城市出现了污染型水资源危机。

1.3.4 城市水资源的可持续利用

可持续发展是以人为本，以资源环境保护为条件，以经济社会发展为手段，谋求当代人与后代人的共同繁荣、持续发展。据此，水资源可持续利用的含义是：在维持水资源的持续性和生态系统整体性的条件下，支持不同地区人口、资源、环境与经济社会的协调发展，满足人类生存与发展的用水需要。涵盖了以下两个方面的内容：一是水资源可持续利用是在人口、资源、环境和经济协调发展战略下进行的，意味着水资源开发利用是在保护生态环境的同时，促进经济增长和社会繁荣，避免单纯追求经济效益的弊端，保证可持续性发展的顺利进行；二是水资源可持续利用的目标明确，要满足世世代代人类的用水需求，要实现不同地区的共同发展，体现了社会公平的原则。

水资源的可持续利用的模式与传统水资源开发利用方式有着本质的区别。传统水资源开发利用方式是经济增长模式下的产物，表现为只顾眼前，不顾未来；只顾当代，不顾后代；只重视经济价值，不顾生态环境价值和社会价值，甚至不惜牺牲环境和社会效益。水资源可持续利用应当处理好4个关系：

1. 正确处理好人与水的关系

从经济社会可持续发展的战略高度提高全社会对“水危机”的意识，转变人们对水的传统观念，从人类向大自然无节制的索取转变为人与自然的和谐相处。从认为水是“取之不尽、用之不竭”，转变为认识到淡水资源是有限的，是一种宝贵的战略资源；从防止水对人类的侵害转变为在防止水对人类侵害的同时，特别注意防止人类对水资源的侵害；从对水的无偿和廉价索取转变为按市场经济和价值规律合理取水。要大力加强宣传教育，更新观念，提高全民对水、资源重要性的认识。

2. 正确处理好生活、生产、生态用水的关系

水资源与生态系统关系密切，与人力、资金、技术和信息等经济资源不同，与矿产等自然资源不同，没有任何一种资源像水那样处于生态系统和人类经济活动之间的激烈竞争之中。取用水资源的同时，要满足维系生态平衡对水的基本需求，防止经济竞争中对水资源的无序开发利用。

水资源不仅要与其他生产要素合理配置，促进国民经济健康持续发展，更要首先从量与质上满足人民生活的基本要求，以保障社会稳定。在大力发展工业的同时，必须对农业、公益环境等行业用水采取保护措施，防止和减少市场竞争对其产生的破坏作用。

3. 正确处理好经济发展与水资源保护的关系

在特定的区域内，可用水资源的多少并不完全取决于水资源数量，而是取决于水资源质量。质量的好坏直接关系到水资源功能，决定着水资源用途。严重污染的污水不仅没有任何使用价值，而且能够给人带来各种危害，如破坏景观、影响健康、带来各种经济损失等。

多年来，我国水资源质量不断下降，水环境持续恶化，由于污染所导致的缺水和事故不断发生，不仅使工厂停产、农业减产甚至绝收，而且造成了不良的社会影响和较大的经济损失，严重地威胁了社会的可持续发展，威胁了人类的生存。因此，经济开发特别是开发冶金、能源和石油化工产业时，要注意产业绿化，加强水源地的保护，减少污染，确保有足够的水资源支持经济的持续发展。

4. 正确处理好水资源开发利用和统一管理的关系

水资源以流域为基本单元。无论是地表水还是地下水，均以流域的地形地貌和地质条件为依托，形成自然水系。如果不是人为的调水，流域之间的水资源是独立的。同时，水资源时空分布是不均匀的。水资源这些自然特征加上区域经济发展对流域水资源的依赖关系，使得水资源的统一管理变得尤其重要。建立权威、高效、协调的水资源管理体制，实行水资源统一管理。只有在统一管理的基础上才能更好地开展水资源的开发、利用、节约和保护工作，最大限度地提高水的利用率，实现水资源合理配置，保障社会经济可持续

发展。

在《中国21世纪议程——中国21世纪人口、环境与发展白皮书》中，我国21世纪水资源保护与可持续利用的总体目标是："积极开发利用水资源和实行全面节约用水，以缓解目前存在的城市和农村严重缺水危机，使水资源的开发利用获得最大的经济、社会和环境效益，满足社会、经济发展对水量和水质日益增长的需求。同时在维护水资源的水文、生物和化学等方面的自然功能以维护和改善生态环境的前提下，合理充分地利用水资源，使得经济建设与水资源保护同步发展。"因此，为支持我国城市的可持续发展，我们必须转变观念，开拓认识，重新思考，将"节流优先、治污为本、多渠道开源"作为城市水资源持续开发利用的新策略，并以此指导城市供水、用水、节水和污水处理的规划及相关技术、经济和投资政策的制定，促进城市系统从水源开发到供水、用水、排水和水源保护的良性循环：

1. 把"节流优先"放在首位

这是我国水资源匮乏的基本特点决定的，也是降低供水投资、减少污水排放、提高用水效率的最佳选择，要实现"城市未来新增用水的一半靠节水解决"的目标，必须加强全民节水意识，实行清洁生产，减少用水，大力发展节水器具、节水型工业乃至节水型城市。各级城市人民政府应将创建"节水型城市"作为主管领导的头等工作来抓，相关部门应按相关标准对城市节水目标进行强制考核。城市节约用水要做到三同时、四到位。

2. 强调"治污为本"

用水的结果必然产生污（废）水，而治理污水则是实现城市水资源与水环境协调发展的根本出路，首先要充分认识并发挥治污对于改善环境、保护水源、增加可用水量、减少供水投资的多重效益。治理污水不仅仅是一个阶段性的措施，更应作为一项长期的工作坚持下去并形成制度。在指定城市供水规划时，应以达到相应的污水治理目标为立项的前提条件，以此来遏制水环境进一步恶化的趋势，争取逐渐改善与我们的生活和工作密切相关的水环境。要谨防那些忽视污水治理的城市因盲目调水而陷入调水越多，浪费越大，污染越严重，直至破坏当地水资源的恶性循环。

3. 重视"多渠道开源"

统筹规划城乡用水，合理开发、优化配置和高效利用地表水、地下水、雨水、海水和再生水等各类水资源。具体配置方案的制订和重大工程项目的实施，应根据不同地区、不同城市的具体情况，以资源、环境和社会的协调发展为前提，在充分论证技术可行性和经济合理性后才能作出决策。

【思考题】

1. 水资源有哪些自然属性和社会属性？
2. 我国的水资源有哪些特点？
3. 城市水资源的含义是什么？
4. 城市水资源的特性有哪些？
5. 我国城市水资源开发利用存在的问题有哪些？
6. 水资源可持续利用应当处理好哪些方面的关系？

2 城市节约用水现状与分析

2.1 城市节约用水的内涵及历史沿革

2.1.1 节约用水的内涵

节约用水是社会经济发展的产物，其内涵是随着经济、社会的发展和人类对水资源的认知水平的不断提高，而不断丰富和发展的。日益严重的水资源短缺正在深刻地影响着经济和社会的发展，这就不能不引起人们的强烈关注。面对这一现实，人们不得不在解决社会经济发展与水的供求关系两者之间矛盾的时候，改变过去单一的开源发展的做法，而采取节流、开源、保护并举的综合性措施，来满足社会经济发展对水的需求。因此，节约用水也就成了社会经济发展的客观需要。

"节约"一词,《辞海》解释为节俭；节省。《后汉书·宣秉传》："秉性节约，常服布被，蔬食瓦器。"（后汉，即东汉，公元946～950年）。相应的"节约用水"的解释就是节约水、节省水。现在，节约用水的内涵已经超越了节省水的意义，其内容更广泛，至少包括了水资源开发、利用与保护的一系列措施。

节约用水的概念英文表达有两个，即"Saving Water"和"Water Conservation"，但两个的意义有所不同。"Saving Water"指较为具体的节约用水，"Water Conservation"的含义比较广泛，不同的学者或研究机构有不同的解释，但都倾向于采用经济的、社会的和技术的手段，以满足社会利益为目标，提高水资源的利用效率，保持水资源的可持续利用。我国《节水型城市目标导则》（1997）中对节水作了如下定义："节约用水指通过行政、技术、经济等管理手段加强用水管理，调整用水结构，改进用艺，实行计划用水，杜绝用水浪费，运用先进的科学技术建立科学的用水体系，有效地使用水资源，保护水资源，适应城市经济和城市建设持续发展的需要"。任光照认为："节约用水"是通过采用先进的用水技术降低水的消耗，提高水的重复利用率，实现合理的用水方式，是用水管理的一项基本政策。《城市水需求管理与规划》（刘俊良，高永主译）将节约用水定义为"节水就是任何用水和水损耗的有益减少"。由此可见，无论任何定义"节约用水"这个概念，其内涵都是一致的、目的都是统一的、实现的手段或措施都是一样的，都是通过法律的、经济的、技术的手段，提高人们的节约意识，提高用水的效率，合理开发和保护水资源，实现人水和谐共处，人类社会可持续发展。

2.1.2 我国城市节约用水的历史沿革

我国城市节水运动是随着城市水的供需矛盾的产生而兴起的，其发展变化在不同时期、不同区域、不同城市、不同时段都是不均衡的。随着不少城市和地区出现的水资源短缺、城市供水紧张等城市水问题的凸显，旨在缓解城市用水的供需矛盾的城市节水工作逐步引起了各级政府的重视和关注。

1. 起步阶段（1959～1983年）

1959年，建筑工程部在保定召开了全国城市供水会议，首次提出了“提倡节约、反对浪费、开展节约用水工作”的要求，此次会议拉开了我国城市节水工作的序幕。针对越来越多的城市出现的供水紧张局面，1973年，国家建委主持召开会议，部署开源、节流工作，一是组织13个严重缺水城市建设城市供水工程，二是制定了我国城市节水的方针、任务和方法，发布了（73）建革城字第341号文件——《关于加强城市节约用水的通知》。《通知》成为我国国家行政管理部门颁发的第一个关于城市节约用水的文件。但随后的城市节水工作没有持续地开展下去。

1980年国家城市建设总局以（80）城发公字235号文颁发了《城市供水工作暂行规定》，《规定》的第六部分为“计划用水和节约用水”，规定各城市都应建立节水管理机构，配齐专职人员，在当地政府的统一领导下，开展群众性的节水工作。各企事业单位要制定用水定额，实行计划用水，对超计划用水的超出部分按标准水价的2～5倍收费，凡新建、改建、扩建的企事业单位，都应实现节水措施与主体工程的“三同时”，要取消生活用水“包费制”。

1980年9月，国家经委、国家计委、国家建委、财政部、国家城建总局联合以（80）城发公字220号文下发《关于节约用水的通知》，通知针对当时工业用水管理不善、制度不健全、用水无计量、节水无措施、重复利用率低、生活用水实行“包费制”造成的很大浪费等问题，提出了八条意见。其中，提出的“对节水效果显著的单位和个人，可按国家奖励制度在经常性综合资金中给予奖励”的规定，首次将经济管理手段应用到城市节水管理当中，对以后城市节水工作的开展起到了积极的推动作用。

该阶段城市节约用水的目的，就是缓和城市用水的供需矛盾，是应急之举。表现为：全国各地开展得不均衡，缺水城市和地区重视些，抓得紧一点，不缺水城市往往不重视；在同一个城市，不同时期，节水工作开展得也不均衡，往往只在缺水的年份、缺水的时段抓一抓。

2. 强化节水管理阶段（1983年～1996年）

1983年10月，“全国第一次城市节约用水会议”的召开，标志着我国城市节水工作进入强化管理阶段。在这一时期，国家有关部委制定下发了多个文件和通知，建设部颁发了《工业用水分类及定义》（CJ 19—87）、《工业企业水量平衡测试方法》（CJ 20—87）、《工业用水考核指标及计算方法》（CJ 21—87）3个部颁标准，国家标准局颁发了《评价企业合理用水技术通则》（GB 7119—86）国家标准，召开了3次全国城市节约用水会议，各地相继建立健全了城市节水管理机构，城市节水工作逐步走向了正轨，并取得了明显成效，主要表现在以下3个方面。

（1）政策法规体系基本形成

1984年国务院以80号文颁发了《关于大力开展城市节约用水的通知》；1986年，原建设部、国家经委、财政部以城字377号文颁发了《城市节约用水奖励办法》，明确了节约用水奖励的原则和办法；1988年颁布的《中华人民共和国水法》规定了“国家实行计划用水，厉行节约用水”的节水原则；1988年国务院批准以建设部1号令颁发了《城市节约用水管理规定》。至此，城市节约用水的法规体系基本建立。

（2）城市节水管理机构逐步健全

随着节水政策法规的陆续出台，从中央到地方，各级政府部门和许多企事业单位纷纷设立了节水管理机构。建设部于20世纪80年代初成立了“全国城市节约用水办公室”，各省、自治区、直辖市也成立了相应的管理机构，许多城市成立了“城市节约用水办公室”，企事业单位成立“节水管理科”。城市节水管理工作形成了政府规范引导、企事业单位广泛参与的局面。

（3）城市节水成效显著

据《中国城市水资源可持续开发利用》记载，1983年～1997年，全国工业用水重复利用率由18%提高到56%，工业万元产值取水量由459m³逐步下降到173m³，从1994年开始，工业取水量呈下降趋势。

3. 深入发展阶段（1996年至今）

1996年12月，建设部、国家经贸委、国家计委联合以（1996）建城593号颁布了《关于印发节水型城市目标导则的通知》，建设部以建城（1997）45号文发布了《关于印发节水型企业（单位）目标导则的通知》。两个《导则》的制定实施，标志着城市节水工作进入了深入发展阶段。《导则》产生的影响是多方面的，如：将城市节水工作的评价标准由单一的定性考核转变为既定性考核又定量考核。

目前，全国创建节水型城市工作已取得了初步成效。自2002首批节水型城市申报到2008年，全国共有4批、40个城市荣获“节水型城市”称号。创建节水型企业（单位）活动正在各地广泛开展。

2.2 国外节约用水现状

全球日益加剧的水资源危机，引起国际社会高度重视。从20世纪70年代以来，联合国有关机构多次召开关于水与环境、水与发展的国际会议，并组织大量专家研究水的问题，以寻求解决或缓解全球性水资源危机的有效途径。各国针对各自程度不同的水资源的问题，都在积极探索解决办法，包括：（1）管理方式的转变——从传统上的部门分割管理转向综合的水资源管理；（2）制定新的法律和制度框架；（3）越来越多地采用市场手段；（4）开展技术创新，依靠科学技术合理开发、利用和保护水资源；（5）提高公众的节水意识，鼓励公众和利益相关体参与节水管理等。经过世界组织和各国几十年的探索，获得了许多宝贵经验。

表1-2为收集到的世界153个国家及各大洲用水情况。从表1-2中可以看出：各国国情不同，用水组成差异极大。总体来看，具有较高工业化程度以及气候湿润以雨养农业为主的国家，工业用水的比例大于50%；极少数国家如科威特、澳大利亚、扎伊尔等国，生活用水大于50%；大多数工业欠发达的国家和地区，农业用水大于50%，且逐年上升，如亚洲80年代初灌溉用水量约13000亿m³，1987年约14000亿m³（占总用水量的85%），目前约为15000亿m³；非洲80年代灌溉水量约1200亿m³，1995年约1300亿m³（占总用水量的88%），目前约为1600亿m³。

与欠发达国家相比，发达国家用水水平普遍较高。由表1-2可知，1995年美国人均用水量1870m³，单位GDP用水为693m³/万美元；而我国1999年人均用水440m³，单位GDP用水量为5620m³/万美元。相比之下，美国人均年用水量是我国的4倍，万元GDP用水量却只为我国的八分之一，由此可见两国在用水水平和用水效率上的差距。世界主要国家经济状况及用水水平见表1-3，由表1-3可见，发达国家与落后国家用水效率相差几十倍到上千倍。

世界各国用水情况表 表1-2

分类 国家	年取水量					
	年份	用水量 (10^9m^3)	人均用水量 (m^3)	部门用水组成(%)		
				生活用水	工业用水	农业用水
世界	1987	3240	645	8	23	69
非洲	1995	145.14	199	7	5	88
阿尔及利亚	1990	4.5	180	25	15	60
安哥拉	1987	0.648	57	14	10	76
贝宁	1994	0.15	28	23	10	67
博茨瓦纳	1992	0.11	83	32	20	48
布基纳法索	1992	0.38	40	19	0	81
布隆迪	1987	0.1	20	36	0	64
喀麦隆	1987	0.4	38	46	19	35
中非	1987	0.07	26	21	5	74
乍得	1987	0.18	34	16	2	82
刚果	1987	0.04	20	62	27	11
象牙海岸	1987	0.71	66	22	11	67
埃及	1992	56.4	956	6	9	85
赤道几内亚	1987	0.01	15	81	13	6
埃塞俄比亚	1987	2.21	51	11	3	86
加蓬	1987	0.06	57	72	22	6
冈比亚	1982	0.02	30	7	2	91
加纳	1970	0.3	35	35	13	52
几内亚	1987	0.74	140	10	3	87
几内亚比绍	1991	0.02	17	60	4	36
肯尼亚	1990	2.05	87	20	4	76
莱索托	1987	0.05	30	22	22	56
利比里亚	1987	0.13	56	27	13	60
利比亚	1994	4.6	880	11	2	87
马达加斯加	1984	16.3	1584	1	0	99
马拉维	1994	0.94	86	10	3	86
马里	1987	1.36	162	2	1	97
毛里塔尼亚	1985	1.63	923	6	2	92
毛里求斯	1974	0.36	410	16	7	877

续表

国家＼分类	年取水量					
	年份	用水量 (10^9m^3)	人均用水量 (m^3)	部门用水组成(%)		
				生活用水	工业用水	农业用水
摩洛哥	1992	10.85	427	5	3	92
莫桑比克	1992	0.61	41	9	2	89
纳米比亚	1991	0.25	180	29	3	68
尼日尔	1988	0.5	69	16	2	82
尼日利亚	1987	3.63	41	31	15	54
卢旺达	1993	0.77	102	5	2	94
塞内加尔	1987	1.36	202	5	3	92
塞拉利昂	1987	0.37	99	7	4	89
索马里	1987	0.81	98	3	0	97
南非	1990	13.31	359	17	11	72
苏丹	1995	17.8	633	4	1	94
斯威士兰	1980	0.66	1171	2	2	96
坦桑尼亚	1994	1.16	40	9	2	89
多哥	1987	0.09	28	62	13	25
突尼斯	1990	3.08	381	9	3	89
乌干达	1970	0.2	20	32	8	60
扎伊尔	1990	0.36	10	61	16	23
赞比亚	1994	1.71	186	16	7	77
津巴布韦	1987	1.22	136	14	7	79
欧洲	1995	455.29	626	14	55	31
阿尔巴尼亚	1970	0.2	94	6	18	76
奥地利	1991	2.36	304	33	58	9
白俄罗斯	1989	3	295	32	49	19
比利时	1980	9.03	917	11	85	4
保加利亚	1988	13.9	1544	3	76	22
捷克	1991	2.74	266	41	57	2
丹麦	1990	1.2	233	30	27	43
爱沙尼亚	1989	3.3	2097	5	92	3
芬兰	1991	2.2	440	12	85	3
法国	1990	37.73	665	16	69	15
德国	1991	46.27	579	11	70	20
希腊	1980	5.04	523	8	29	63

续表

国家 \ 分类	年份	年取水量 用水量 (10^9m^3)	人均用水量 (m^3)	部门用水组成(%) 生活用水	工业用水	农业用水
匈牙利	1991	6.81	661	9	55	36
冰岛	1991	0.16	636	31	63	6
爱尔兰	1980	0.79	233	16	74	10
意大利	1990	56.2	986	14	27	59
拉脱维亚	1989	0.7	262	42	44	14
立陶宛	1989	4.4	1190	7	90	3
摩尔多瓦	1989	3670	853	7	70	23
荷兰	1991	7.81	518	5	61	34
挪威	1985	2.03	488	20	72	8
波兰	1991	12.28	321	13	76	11
葡萄牙	1990	7.29	739	15	37	48
罗马尼亚	1994	26	1134	8	33	59
俄罗斯	1991	117	790	17	60	23
斯洛伐克	1991	1.78	337	×	×	×
西班牙	1991	30.75	781	12	26	63
瑞典	1991	2.93	341	36	55	9
瑞士	1991	1.19	173	23	73	4
乌克兰	1989	34.7	673	16	54	30
英国	1991	11.79	205	20	77	3
北美洲和中美洲	1995	608.44	1451	9	42	49
伯利兹	1987	0.02	109	10	0	90
加拿大	1991	45.1	1602	18	70	12
哥斯达黎加	1970	1.35	780	4	7	89
古巴	1975	8.1	870	9	2	89
多米尼加	1987	2.97	446	5	6	89
萨尔瓦多	1975	1	245	7	4	89
危地马拉	1970	0.73	139	9	17	74
海地	1987	0.04	7	24	8	86
洪都拉斯	1992	1.52	294	4	5	91
牙买加	1975	0.32	159	7	7	86
墨西哥	1991	77.62	899	6	8	86
尼加拉瓜	1975	0.89	367	25	21	54
巴拿马	1975	1.3	754	12	11	77
特立尼达和多巴哥	1975	0.15	148	27	38	35

续表

国家 \ 分类	年取水量				
	年份	用水量 (10^9m^3)	人均用水量 (m^3)	部门用水组成(%)		
				生活用水	工业用水	农业用水
美国	1990	467.34	1870	13	45	42
南美洲	1995	106.21	332	18	23	59
阿根廷	1976	27.6	1043	9	18	73
玻利维亚	1987	1.24	201	10	5	85
巴西	1990	36.47	246	22	19	59
智利	1975	16.8	1626	6	5	89
哥伦比亚	1987	5.34	174	41	16	43
厄瓜多尔	1987	5.56	581	7	3	90
圭亚纳	1992	1.46	1812	1	0	99
巴拉圭	1987	0.43	109	15	7	78
秘鲁	1987	6.1	300	19	9	72
苏里南	1987	0.46	1189	6	5	89
乌拉圭	1965	0.65	241	6	3	91
委内瑞拉	1970	4.1	382	43	11	46
亚洲	1987	1633.85	542	6	9	85
阿富汗	1987	26.11	1830	1	0	99
亚美尼亚	1989	3.8	1145	13	15	72
阿塞拜疆	1989	15.8	2248	4	22	74
孟加拉	1987	22.5	220	3	1	96
不丹	1987	0.02	14	36	10	54
柬埔寨	1987	0.52	64	5	1	94
中国	1993	519.8	461	9.2	17.4	73.4
格鲁吉亚	1989	4	741	21	37	42
印度	1975	280	612	3	4	93
印度尼西亚	1987	16.59	96	13	11	76
伊朗	1975	45.4	1362	4	9	87
伊拉克	1970	42.8	4575	3	5	92
以色列	1989	1.85	408	16	5	79
日本	1990	90.8	735	17	33	50
约旦	1975	0.45	173	29	6	65
哈萨克斯坦	1989	37.9	2294	4	17	79
朝鲜	1987	14.16	687	11	16	73
韩国	1992	27.6	632	19	35	46
科威特	1974	0.5	525	64	32	4

续表

国家 \ 分类	年份	年取水量				
		用水量 (10^9m^3)	人均用水量 (m^3)	部门用水组成(%)		
				生活用水	工业用水	农业用水
吉尔吉斯斯坦	1989	11.7	2729	3	7	90
老挝	1987	0.99	259	8	10	82
黎巴嫩	1975	0.75	271	11	4	85
马来西亚	1975	9.42	768	23	30	47
蒙古	1987	0.55	273	11	27	62
缅甸	1987	3.96	101	7	3	90
尼泊尔	1987	2.68	150	4	1	95
阿曼	1975	0.48	564	3	3	94
巴基斯坦	1975	153.4	2053	1	1	98
菲律宾	1975	29.5	686	18	21	61
沙特阿拉伯	1975	3.6	497	45	8	47
新加坡	1975	0.19	84	45	51	4
斯里兰卡	1970	6.3	503	2	2	96
叙利亚	1976	3.34	435	7	10	83
塔吉克斯坦	1989	12.6	2455	5	7	88
泰国	1987	31.9	602	4	6	90
土耳其	1991	33.5	585	24	19	57
土库曼斯坦	1989	22.8	6390	1	8	91
阿拉伯联合酋长国	1980	0.9	884	11	9	80
乌兹别克斯坦	1989	82.2	4121	4	12	84
越南	1992	28.9	414	13	9	78
也门共和国	1987	3.4	335	5	2	93
大洋洲	1995	16.73	586	64	2	34
澳大利亚	1985	14.6	933	65	2	33
斐济	1987	0.03	42	20	20	60
新西兰	1991	2	589	46	10	44
巴布亚新几内亚	1987	0.4	28	29	22	49
所罗门群岛	1987	0	0	40	20	40

说明：1. 世界栏统计数字包括本表未列出的国家；
2. “用水量”包括了海水淡化量；
3. “部门用水组成”除中国、印尼外，一般都是1987年统计资料；
4. 俄罗斯、乌克兰、白俄罗斯、乌兹别克斯坦、哈萨克斯斯坦、吉尔吉斯斯坦、土库曼斯坦、摩尔多瓦、拉脱维亚、立陶宛、爱沙尼亚、格鲁吉亚、亚美尼亚及阿塞拜疆等15国的资料，是前苏联时期各加盟共和国的统计数字；
5. 中国1993年资料均来自水利部规划计划司《全国水中长期供求计划》；
6. 印尼用水量及人口资料均来自“亚太地区可利用水资源与用水评述”，水信息报，1996.12.20；
7. 其余未注明资料来自《World Resources 1996—1997》。

世界各国用水量及经济发展指标 表 1-3

国家	人均 GNP (美元)	人均水资源 (1995, m³)	总用水 (亿 m³)	占水资源总量 (%)	生活用水 (m³/人)	工业用水 (m³/人)	灌溉用水 (m³/人)	合计用水 (m³/人)	GDP 用水 (m³/万美元)	工业增值用水 (m³/万元 RMB)
瑞士	40630	6943	12	2.4	40	126	7	173	42.6	
日本	39640	4373	908	16.6	125	243	368	736	185.7	18.8
德国	27510	2096	463	27.1	58	405	116	579	210.5	43.1
美国	26980	9413	4673	18.9	244	841	785	1870	693.1	39.2
法国	24990	3415	377	19.1	106	459	100	665	266.1	76.5
加拿大	19380	98462	451	1.63	288	1122	192	1602	826.6	217
以色列	15920	382	19	84.1	65	20	322	407	255.7	
韩国	9700	1469	276	41.8	120	221	291	632	651.5	60.1
希腊	8210	5612	50	8.6	42	152	329	523	637	54.2
巴西	3640	42957	365	0.5	54	47	145	246	675.8	33.2
南非	3160	1206	133	26.6	61	39	258	358	1132.9	42.3
泰国	2740	3045	319	17.8	24	36	542	602	2197.1	34.9
俄罗斯	2240	30599	1170	2.7	134	474	182	790	3526.8	642
菲律宾	1050	4779	295	9.1	123	144	418	685	6523.8	321
埃及	790	932	564	97.1	57	86	812	955	12088.6	530
中国	772	2292	5591	19.2	43	92	305	440	5620	331
巴基斯坦	460	3331	1534	32.8	21	21	2012	2054	44652.2	259
印度	340	2228	3800	18.2	18	24	569	611	17970.6	197
越南	240	5044	289	7.7	54	37	323	414	17250	530

注：中国为 1999 年资料，其他资料摘自《世界发展报告》(1997) 和 WRI (1999)

各国国情不同，水资源条件千差万别，在长期的节水管理和节水工作中，各国确立了适合本国国情的节水管理体系和措施，值得我们学习借鉴。

2.2.1 国外节水管理体系和措施

1. 建立全国性、地区性和流域性水管理机构，加强节水管理

日本的水资源管理由 5 个省分管，它们分别主管生活节水、农业节水、工业节水等。其中国土厅在水供求计划的基础上编制全国长期节水计划。日本还于 1985 年成立了“推行建设节水型城市委员会”。

以色列节水管理部门分三级，水务委员会为最高级别的管理机构，负责有关行政法规及技术措施的实施。地方机构负责其管辖范围内所有用水的计量，并监督各种水供应及废水排放条款及禁令的执行。公众团体如水协会、计划委员会、水务法庭等则接纳对水管理中不合理、计划错误的行为等反对意见。

英国和法国的节水管理都是以流域为单位的综合性集中管理。各流域机构负责水资源开发、水质保护等，并广泛采用合同制，只要是合同规定授予的权力都受法律保护。

韩国节水管理机构有建设部、健康和社会事业部、环境部。分别负责各地供水系统和

污水处理厂的规划、设计和建设，制定饮用水标准和监测饮用水水质，建立污染控制的法规并配合有关活动。

2. 加强立法工作，依法管水

国外并无专门的节水法律，主要是根据实际情况及时出台有针对性的水事法律，依法管水，采用行政管理手段，综合实现节水的目标。

美国非常重视控制水污染，20 世纪 40 年代，美国就已颁布了《水污染控制法》，随后又颁布了《清洁水保护法》和《防止水污染法》，后者要求 1977 年全国污水普及二级处理，1982 年达到所有水体适于文化娱乐用途，1985 年达到不排污，即"零排放"。1997 年 10 月美国副总统戈尔已下令农业部和环保署与其他联邦机构和民众合作拟订一项积极的行动方案，以减少水污染。克林顿总统接着在 1998 年国情咨文演说中宣布了新的清洁水行动计划，提议在 1999 会计年度编列 5.68 亿美元的预算，加强公共卫生保护、有限保护社区水源以及控制社区的污物排放。

欧盟在 1970 年就开始制定了保护水源和河川的政策，当时主要通过立法保护来自河川及其他水源的水的品质，并集中力量制定水质标准，严格规范饮水的品质及海水与河水的品质。到 1990 年，欧盟已开始就一般的水源进行管理，并通过了两项立法。一是严格规范市区及郊区废水处理，一是严格规范了农业硝酸铵的使用。目前欧盟正在进行解决水源和河川污染的第三波行动，将制定更加严格的制度防止水污染，并将水源保护的范围扩张到地面水、地下水及河水海水等所有水源涉及生物化学的使用层面上。

英国早在 1944 年就颁布了水资源保护法，又在 1945 年、1958 年、1963 年和 1974 年相继作了补充完善。1991 年制定了《水资源法》、《土地排水法》、《水事管理法》。1995 年制定了《环境法》。

以色列早在 1948 年就声明全国的水资源均归国家所有，每个公民都享有用水的权力，并先后颁布了《水计量法》、《水灌溉控制法》、《排水及雨水控制法》以及《水法》，以达到节水的目的。其中《水法》是最基本、最主要、最全面的法律，对用水权、水计量及水费率等方面都做了具体的规定，包括废水处理、海水淡化、控制废水污染和土壤保护等。

日本自 20 世纪 50 年代以来，先后颁布了《日本水道法》、《水质保护法》、《工厂废水控制法》、《环境污染控制法》和《水污染控制法》等，日本还制定了《节约用水纲要》，动员市民共同努力，建设节水型城市。

3. 制定合理的节水型水价

当今各国许多城市通过制定水价政策来促进节水，美国一项研究认为：通过计量和安装节水装置，家庭用水量可降低 11%，如果水价增加 1 倍，家庭用水可再降低 25%。国外比较流行的是采用累进制水价和高峰水价。也有一些国家对居民生活用水收费实行基数用水优价甚至免费，超过基量则加价收费，从而增强居民的节水意识，如我国香港每户免费基数为每个月 $12m^3$。

美国和日本各类用水实行不同水价，水费中包括排污费，有利于废水处理回用，并实行分段递增收费制度，既保证低收入用水户能得到用水保障，又有利于节水。如日本家庭月用水量 $10m^3$、$20m^3$、$30m^3$ 的水价比分别为 1∶2.6∶4.2。

以色列水费按累进制费率计算，并规定居民用水分 3 种收费方式，即基本配给费、附加用水量收费以及超过基本配给和附加配给的用水收费，且各类用水户的用水定额随当年可用水量的补充程度而变化。

法国通过提高排污费来促进企业控制水污染，把征收排污费与推动节水减污结合起来，并对采用节水减污措施给予优惠待遇。

4. 调整产业结构

农业方面，发展节水灌溉需调整农业结构，反过来农业结构的调整和农业效益的提高，又为节水灌溉技术的发展和进步提供了更大的市场。在节水灌溉比较发达的地区，一般由于缺水，水费本身比较高，另外节水灌溉设施的使用也会增加一定的农业生产成本。为了解决农业成本增加的矛盾，很多地方都对农业结构进行了必要的调整，一是减少高耗水农作物，增加耗水量较少的农作物；二是大力发展高附加值的农作物，减轻成本增加的压力，提高农业经济效益。

世界各地节水灌溉的发展，一般都与效益联系在一起。以色列在发展节水灌溉的过程中，对农业结构进行了调整，减少了粮食作物的面积，扩大了创汇率高的蔬菜、水果和花卉等的种植面积，在近乎沙漠的土地上，农业开发取得令人瞩目的成就。在农业集约程度很高的荷兰，其花卉等生产都采用了先进的节水灌溉技术。在澳大利亚，尽管农田灌溉的比率并不很高，但不少葡萄园的生产都采用了节水灌溉技术。

工业方面，在缺水地区发展耗水量小的工业行业，同时压缩耗水量大的工业，从而使有限的水资源发挥最大的效益，这也是当今世界节水工作的一大趋势。

美国、日本近年来工业用水量下降，也与其工业结构变化密切相关，如对一些耗水量大的化工、造纸行业进行压缩，甚至部分转移到国外，而耗水小的电子信息行业迅速发展，使工业取水出现负增长。

5. 开发节水新技术

(1) 工业节水技术

国外工业节水主要通过3个途径：一是加强污水治理和污水回用；二是改进节水工艺和设备，提倡“一水多用”，提高水的利用效率；三是减少取水量和排污量。这三个方面相辅相成、相互推动。工业节水技术主要有提高间接冷却水循环、逆流洗涤和各种高效洗涤技术，物料换热技术，此外各种节水型生产工艺、无水生产工艺（如空气冷却系统、干法空气洗涤法、原材料的无水制备工艺等）都在不断发展和完善。

美国水循环使用次数由1985年的8.63次提高到1999年的17.08次，同时制造业需水量也逐年下降，由1975年的2033亿m^3降至1999年的1528亿m^3，相应的排水量也大幅度下降，有效地控制了工业水污染；日本由于采取了节水措施，工业（不包括电力）取水量自1973年达到高峰之后逐步下降；英国工业用水在20世纪70年代达到高峰之后稳步下降，目前英国污废水处理已达到了很高的水平，完全处理的占84%，初步处理的占6%，未处理的仅占10%；法国通过改进化工技术，使得工业耗水和污染物的排放逐年下降。

(2) 农业节水技术

农业节水能有效地缓解城市供水水源紧张局面。

发达国家农业节水一是采用计算机联网进行控制管理，精确灌水，达到时、空、量、质上恰到好处地满足作物不同生长期的需水；二是培育新的节水品种、从育种的角度更高效地节水；三是通过工程措施节水，如采用管道输水和渠道衬砌提高输水效率；四是推广节水灌溉新技术，如地下灌、膜上灌、波涌灌、负压差灌、激光平地及地面浸润灌等；五是推广增墒保墒技术和机械化旱地农业，如保护性与带状耕作技术、轮作休闲技术、覆盖化学剂保水技术等。

美国和以色列的农业节水主要是通过推广节水灌溉，改进灌溉技术，实行科学管理来实现。如用计算机监测风速、风向、湿度、气温、地温、土壤含水量、蒸发量、太阳辐射等参数，从而实时指导灌溉。在以色列，已经出现了在家里利用电脑对灌溉过程进行全部控制（无线、有线）的农场主，同时美国多数地区还采用激光平地后的沟灌、涌流灌、畦灌等节水措施。节水技术使美国灌溉用水在1980年达到峰值后持续下降，其灌溉用水1975年为1930亿m^3，1980年为2070亿m^3，1985年下降到1890亿m^3，1999年为1850亿m^3。

俄罗斯设计出一种“无水灌溉”的方法。他们在甜菜地里做试验，利用经过改装的农用喷雾器，在甜菜叶上洒一层白色的熟石灰粉，喷洒的浓度以不影响土壤的酸性结构为宜。大片的白色能很好地反射阳光，使土壤和茎叶的受热量大大减少，水分保持量明显超过“绿色”作物地段。至成熟时，甜菜叶一般可增大1～2倍，块根收获量增加10％左右。

澳大利亚研制成一种“无污染灌溉”技术，能使蔬菜长得更好，生产成本更低。它的供水方法是将滴水管埋入12cm深的地下，把化肥放在水里，直接浇到蔬菜根部。其优点是可以根据农作物的需要来供水，能使化肥得到充分的利用，既不污染水源，又能节水50％，降低肥耗25％。

原联邦德国发明了一种“空气灌溉”技术：用呈漏斗状的带有若干喷嘴管的圆管装置收集太阳光，将这种装置埋在植株行间，白天筒内热空气进入喷嘴管，晚上空气中的水分就形成露珠，从喷嘴流进作物根部的土壤里。阳光强烈时，作物的水分散发多，喷嘴里获得的露水较少，但作物的水分也少，故能始终保持作物的水量平衡。

秘鲁的专家们发明了一种“雾气灌溉”，将常年笼罩在舶萨马约沙漠区的雾气资源变成雾水用于灌溉，他们把一些大型尼龙编织网垂直挂在雾里，以吸取雾气变为雾水，将雾水注入蓄水池，然后进行灌溉。他们用这种方法灌溉沙漠区，已种植了6公顷作物和树木。

此外，日本的海水灌溉和废水灌溉处于世界领先地位，如用海水灌溉苜蓿等技术。目前，科学家们正在培养适应海水灌溉的糖、油、菜类等农作物。

（3）城市生活

在日常生活中采用节水型家用设备已得到许多国家的重视。如以色列、意大利以及美国的加利福尼亚、密执安和纽约等州分别制定了法律，要求在新建住宅、公寓和办公楼内安装的用水设施必须达到一定的节水标准，各国政府要求制造商只能生产低耗水的卫生洁具和水喷头等。

美国、以色列、日本等国主要是引进节水型器具，如流量控制淋浴头、水龙头出流调节器、小水量两档冲洗水箱、节水型洗盘机和洗衣机等，采用这些简单的节水措施可使家庭用水量减少20％～30％。以色列采用带有蒸发冷却器的回流泵，这些冷却器可降低耗水量80％（由200～40L/h）。日本节水龙头可节水1/2、真空式抽水便池可节水1/3、节水型洗衣机每次可节水1/4，此外日本还对节水效果好的节水器械给予奖励。

（4）管道堵漏

国外非常重视管道检漏工作。根据美国东部、拉丁美洲、欧洲和亚洲许多城市的统计，供水管泄漏的水量占供水量的25%～50%，菲律宾首都马尼拉，20世纪70年代供水系统的漏水高达50%。因此各国均把降低供水管网系统的漏损水量作为供水企业的主要任务之一来对待。美国洛杉矶供水部门中有1/10人员，专门从事管道检漏工作，使漏损率减到6%；韩国已经建立了一整套减少泄漏的措施，包括预防措施、诊断措施和一些行政管理手段，并提出到2001年泄漏水量由20%降至12%；日本开发出一套能自动检测并确定漏水范围的计算机管理系统，东京自来水局建立了一支700人的“水道特别作业队”，其主要任务就是及早发现漏水并及时修复。澳大利亚悉尼水务公司在与政府签订的营业执照中确定2000年漏水率降低到15%。以色列研制了管道漏水快速检测和堵漏的克劳斯液压夹具，发挥了巨大的效益。

6. 开发替代水源

（1）污水处理回用

发达国家特别重视废污水治理、排放和回收利用，通过各种法规和严厉的处罚条例，迫使工业废污水排放单位改进污水处理技术，增加水的循环利用。在日本、美国等许多国家，还广泛利用“中水”，即在大宾馆、学校等单位，将冲洗浴等一般生活用水回收处理后用于非饮用水。

以色列非常重视废水的回收利用，是世界上废水利用率最高的国家，城市的废水回收率在40%以上，每年大约有2.3亿m^3经过处理的废水用于农业生产，对使用净化废水和污水灌溉的农户，其水费按照洁净水费的1/3收取。以色列计划到2010年农业用水将有1/3以上使用废水。净化后的污水用于农业灌溉，缓解了缺水的矛盾，使更多的优质淡水可以用于家庭用水和其他用水，同时还减少了污染，保护了生态环境。

（2）海水利用

海水可以直接用作冷却水、电厂冲灰水、某些化工行业的直接用水、市政卫生冲洗用水等。世界上许多沿海国家，工业用水量的40%～50%用海水代替淡水。日本、美国、意大利、法国、以色列等每年都大量直接利用海水。目前有100多个国家的近200家公司从事海水淡化生产，海水淡化设备主要装配在沙特阿拉伯、科威特等海湾产油国以及日本、美国等国，其中在中东地区所拥有的设备占总淡化设备数量的25.9%。1980年全世界共有海水淡化装置2205台，淡化能力为884万m^3/d，1987年增加到6300台和1504万m^3/d。到1995年底，全世界已有海水淡化设备11000套，日淡化海水总量达2000万m^3。

（3）雨水利用

近年来世界银行、各国政府对雨养农业的投入开始增加。目前的雨水利用，多数国家已从解决缺水地区的人畜饮水，发展到系统规划、设计、开发、管理等方面的研究上，雨水利用已成为开发新水源的有效途径。在以色列南部的内盖夫沙漠中，雨水是惟一的水源，虽然年降水量仅100mm，却发展了农业并建立了城市，成为沙漠文明的典范。

雨水利用的另一新技术是人工增雨。1975年，世界气象组织决定组织国际性合作的“人工增雨计划”，进入20世纪80年代，世界上人工增雨试验越来越多。近年来，人工影响天气研究又获得了重大进展，并酝酿着从局部影响到改变大气环流结构和按指定时间、地点可靠增雨等方面的技术突破。

7. 加强节水宣传

当今，各国都采取多种形式的保护水资源和节水的宣传教育活动。如在日本、韩国、澳大利亚、美国、加拿大等地着重通过学校、新闻媒体教育青少年，宣传节约用水的重要性。许多国家还确定了自己的“水日”或“节水日”，在这期间散发各种节水书籍、小册子、宣传品，放映电影和节水征文比赛等。

2.2.2 典型国家节水情况

1. 美国的节水情况

美国是世界上节水研究较多的国家。早些时候，节水就已经成为干旱和意外缺水的应急措施。1973 年，美国国家水委员会（U. S. National Water Commission）提出：为了使成本最小化、提高用水效率、保护并改善水质，需要对现行的用水政策和规划做重大变革，节水在硬件设备和公众教育等方面都得到了大大的发展，并成为基本的水管理措施。进入 20 世纪 80 年代后，虽然还没有建立起专门的节水机构或立法机构，但各州已纷纷开展了节水运动。1990 年，美国召开了由各州主要供水公司参加的“CONSERV90”节水会议，成为首次全国性的节水会议和美国节水史上的里程碑，这次会议对有关节水的诸多问题，包括经济的、政治的、政策的等均进行了研究和讨论，有力地促进了节水工作的开展。

（1）工业节水

美国工业节水主要通过 3 个途径：一是加强污水治理和污水回用；二是循环用水，提高水的利用效率；三是减少取水量和排污量。这 3 个方面相辅相成、相互推动。当前美国执行的 4 个 RE 政策，即减少取水量和排水量、回收水、回用水和循环用水（Reduction、Reclamation、Reuse、Recycle)，正是为提高水的利用效率、减少排污，从而达到工业节水目的而制定的。

1）循环用水：提高水的重复利用率；改进节水工艺，降低需水量和排水量；加大污水处理力度，回用污水；推行清洁生产战略等。美国 2000 年制造业每 1m^3 的水循环使用已达 17.08 次，重复利用率提高到 94.5%。

2）依法治水、依法节水：美国节水工作一直有相关的法律作后盾，从《水污染控制法 1948》，到《联邦水污染控制法 1956》，以及《联邦水污染控制法修正案 1961》和《水资源质量法 1965》，特别是 1972 年通过的《联邦水污染控制法修正案》，以高水价及严格的水污染控制法规刺激工业循环用水，使 4 个最大的工业用水行业—造纸、石油、化工、选矿用水倍减，取水量和排水量大幅度下降，成功地保护并改善了水质。此后，国会又先后于 1977 年、1981 年和 1987 年 3 次对 1972 年的《联邦水污染控制法修正案》进行了修订，对城市污水处理设施建设的拨款和容量问题作了进一步规定。

（2）生活节水

美国生活节水主要通过推广节水设备、调节水价以及广泛的节水宣传来实现。

1）制定合理水价：美国水价管理具体措施一是制定合理水价，水价以回收成本为原则，各类用水实行不同水价；二是水费中包括排污费，有利于废水处理和回用；三是实行分段递增收费制度，有利于节水；四是水价调整制度。

2）推广节水器具：为降低居民用水量，推进节水设备的开发和利用，美国先是引进流量控制淋浴头，并设置水龙头出流调节器，将水龙头泄漏降至最小。其次在厕所引进了节水效果显著的小水量两档冲洗水箱。1985 年美国加州的法律规定，要求 1988 年每家装上新节水装置，每次冲水量不得大于 5.7L。此外，还推广使用节水型洗盘机和洗衣机，采用这些简单的节水措施可使家庭用水量减少 1/3，美国研制的用于厕所、淋浴喷头、洗衣机和水龙头等节水装置一般可节约生活用水 20％。

(3) 洛杉矶市节水实例

1889 年洛杉矶在其一个酿酒厂安装的第一只水表，标志着节水历程的开始。

1) 节水计划的深入

1976 年在遭受百年不遇大旱之时，洛杉矶水电局引人注目地大力推行其节水计划。最主要的目标还是那些用水大户和居民。将流量限制器和更换的抽水马桶均分发到各用户，加上广泛的宣传教育，辅以水量配给制度，使用水减少了 20％。该计划同样要求做好商业界人士的工作，如散发宣传教育材料，取得他们对节水计划的认同。

2) 把工作重心转移到长期的措施之中

20 世纪 80 年代后期的干旱，使洛杉矶水电局又一次加大了贯彻节水计划的力度，1990 年随着干旱的加剧，洛杉矶水电局开始了一个更加广泛的宣传教育活动，其中包括 250 万美元的广告宣传在内，其目的是使公众更加清醒地认识到有效使用水的重要性，并要认识到水源的短缺将可能是一个长期存在的问题，因而推行各种节水措施已不再是一个短期行为。例如，在 1977 年推出了一种类似洗手装置那样的流量控制器，安装在淋浴喷头上，虽可以减少水流量，但人们对它的淋浴效果不太满意，所以在干旱一过，就将这种装置拆掉了。1988 年又推出了一种低水量喷头，其用水量少而淋浴效果也不错，在部分家庭安装了此种装置。近年来，作为用水系统的长期战略计划的一部分，即以硬件为中心的计划一直在大力推行。洛杉矶水电局提出的超低水量冲洗马桶计划已更换了洛杉矶的近 30 万个抽水马桶，仅此一项计划就使城市用水减少 2％。鼓励用户安装固定的节水装置则是第二个关键性的计划，其目的是减少洛杉矶市将来的用水总量。

3) 大力使用回收水

早在 20 世纪 70 年代，洛杉矶市就开始注意废水回收工作。在堤勒曼和洛杉矶的戈兰德尔建了污水处理厂，这 2 个厂处理的废水可以满足绿化环境的用水。洛杉矶市正在推动大规模地使用回收水，其目标是通过节水和使用回收水来满足至少近 20 年对水增长的需要，而不是增加从其他地区提水，即到 2010 年，城市 40％的废水要进行处理使用。回收水既用在城区之内，也可用在城区之外的任何地方。

2. 以色列节水情况

以色列是水资源极度缺乏的国家，绝大部分国土属于干旱或半干旱区，人均水资源占有量为世界平均水平的 1/32。目前，以色列 95％以上的天然水资源已被开发，缺水主要通过精心管理和非常规的水源即废水回用和含盐水或海水脱盐来解决。以色列在水资源管理、开发利用和解决工农业用水等方面积累了丰富的经验，主要有以下几点：

(1) 严格控制和管理水资源

以色列政府认识到水是国家发展最重要的因素，是一种稀有的生产资料，必须积极开发新水源并提高水的使用效率从而提高供水能力。政府早在 1948 年就声明全国的水资源均归国家所有，每个公民都享有用水的权力，这就为解决水资源供需矛盾，准确、公正、合理分配水资源奠定了基础。随后，制定了一系列水管理法律法规，其中《水法》对用水权、水计量及水费率等方面都做了具体的规定，包括废水处理、海水淡化、控制废水污染和土壤保护等。

（2）实施工农业用水配额

以色列国家水利管理委员会每年先把70%的用水配额分配给有关用水单位，其余30%的配额则根据总降雨量予以分配。在农业用水方面，为鼓励节水，农业经营者所缴纳的用水费用是按照其实际用水配额百分比计算的，超过用水配额的，要加倍缴纳费用。工业用水方面，为鼓励节水，主要是通过水费和超额用水罚金，促使工业部门采取有效措施减少用水量，如提高水的重复利用率、污水处理回用等。

（3）废水、海水、雨水再利用

以色列每年大约有3亿 m^3 的废水处理后用于农业灌溉，即节约了资源又保护了生态环境。以色列的海水淡化始于20世纪60年代末期，目前Mekorot国家供水公司运行着大约30套反渗透装置，最大的一座淡化厂日淡化水量2.7万 m^3。雨水也是以色列农业发展的主要水源，在南部的内盖夫沙漠中，雨水是唯一的水源，虽然年降水量仅100mm，却发展了农业并建立了城市，成为沙漠文明的典范。

（4）非常重视农业节水

农业用水约占以色列总用水的80%。以色列农业灌溉所用水源以及输水管网的建设和管理，都由政府来负责，政府将灌溉用水直接送到集体农庄或农户的地边。对于田间灌溉设施的投资，政府还提供1/3的资金补助，银行对发展节水灌溉的农户还提供长期低息贷款。政府的重视与经济扶持，有力地调动了农庄和农户的节水积极性。

（5）重视生活节水

在以色列，居民用水仅次于农业，随着居民生活水平的提高和人口的增加，其耗水量也大量增长。采取的措施：1）开展节水宣传，提高节水意识。借助传媒宣传节水的意义及方法，开展群众性节水运动。2）计量收费、超量加价。以色列1955年引进水计量和分段超量加价办法，大幅度降低了耗水量。起先是对整座居民楼的用水计量，用水费用在各户中分配，进而对每一用户进行用水计量。3）研究开发、推广应用节水设备和器具。

3. 日本节水情况

日本四面环海，雨量比较丰富，但减去入海流量和蒸发量后，其国民平均每人利用量约770 m^3，因此日本很重视节水。他们认为节约用水与水资源开发是保证城市正常供水的两个可靠支柱。日本的节水工作成效显著，1975年，日本人口1.11亿，GDP为25645亿美元（1995年价），用水总计876亿 m^3，万元GDP用水量342 m^3，到1995年，日本人口1.25亿，GDP为50630亿美元（1995年价），用水总计908亿 m^3，万元GDP用水量185.7 m^3，比1975年降低近1倍。其主要做法如下：

（1）依法管理保护水资源

日本的节水有着完善的管理办法，并以此来制约、规范全国的水事活动。政府于1973年制定了《控制水道水的需要量的措施》，以推行各种节水措施和促进水的有效利用，并在1985年将“控制水道水的需求措施委员会”改为“推行建设节水型城市委员会”，更加努力地充实和推行节水措施。日本还制定了《节约用水纲要》，动员市民共同努力，建设节水型城市。

(2) 分行业制定用水定额，实行阶梯式水价

水价调节是日本促进节水的手段之一。日本水价采用分段递增制度，既保证低收入用水户能得到用水保障，又反映了节约用水的经济手段。例如家庭月用水量 10m^3、20m^3、30m^3 的水价比分别为 1∶2.6∶4.2。一般家庭用水在 10m^3 左右，价格较低，超过 10m^3 基本用水量，水价增幅很大。日本各行业间水价标准差别较大，水费分为生活水费、工业水费和农业水费，比例为 18.5∶3∶1。此外日本还实行限制用水，对需水量大的单位，要规定用水量指标，用水单位须作出用水计划，并实行超量加价水费制度促进节水。

(3) 节约工业用水

日本工业节水主要措施，一是提高冷却水循环次数、提高水的重复利用率；二是污水处理循环利用，以减少取水量和排水量；三是改进用水工艺，减少用水；调整产业结构，降低污染和用水以及海水利用。由于采取了节水措施，工业（不包括电力）取水量自 1973 年达到高峰之后逐步下降。1965 年～1973 年取水量增加了 38%，而在 1973 年～1986 年的 13 年期间，工业取水量不仅没有增加，反而持续下降，1986 年取水量比 1973 年减少了 20%，1986 年以后略有增加，到 1997 年底，约为 138 亿 m^3，占全国总用水量的 15.5%。

(4) 广泛宣传，重视生活节水

为减少水的浪费，改变人们的用水习性，日本大力宣传节约用水，制定了全国“水日”和“水周”，并在小学课本中编入节水课，促使人人节约用水。同时，日本在全国范围内全面推广节水器具，并对节水效果好的节水器具给予奖励。采用真空式抽水便池，可节水 1/3；节水型洗衣机，每次可节水 1/4，大大降低了生活用水量。

(5) 中水道和海水利用

日本中水道技术处于世界领先地位，中水大量用作小区和建筑物中冷气、暖气、冲洗厕所、洗车等生活杂用水。中水用量占居民生活用水的 20%，占办公楼用水的 50%。东京目前有 150 多个居民区设置了中水道，每日利用经过处理的污废水量达 2.1 万 m^3，许多大楼设置了中水道，以供利用经过三级处理的污废水。

日本是较早将海水用作工业用水的国家之一，从 1967 年就开始利用海水（当时仅限于工厂的冷却用水），当时的工业用水中海水占 1/4，电力工业的冷却水几乎全部用海水，化学工业 1/3 利用海水，到 1975 年用于工业冷却的海水就占全国工业用水量的 45%以上，1980 年仅电力行业冷却用海水就达 1000 多亿 m^3。1995 年达 1200 亿 m^3。日本海水淡化技术非常先进，20 世纪 80 年代初就已建成海水淡化厂 58 座，淡化能力约 12.9 万 m^3/d。

2.2.3 国外节水工作存在的主要问题

虽然在全球范围内节水工作取得了一定的成效，但面临的水资源问题依然十分严峻，未来很长时期内，节约用水仍将是许多国家的一项基本国策。当前，在节水工作中依然存在一系列问题。

1. 生活节水方面

在生活节水方面，一是公众节水意识还不够强，用水习惯较难改变，因此实际节水效果与预期目标距离较大。二是供水企业总是把节水作为一种应急措施，只有在供水紧张时，才要求用户节约用水，平时总是力图充分利用现有供水能力，获得最大利润，这也是

不能深入开展节水的一个障碍。三是节水器具的价格与水价不协调，居民节水积极性不高。更严重的是，大多数发展中国家目前还处于低水平用水，一方面水价偏低，造成水资源的浪费和污染的加剧，另一方面生活用水水质得不到保证，节水还远未提上议事日程。

2. 工业节水方面

在工业节水方面，发达国家由于有了雄厚的资本积累，治理污染投入，工业节水效果明显，而发展中国家还在走先污染后治理的老路，工业节水效率低。同时，在发展中国家，缺乏节水技术改造和污水治理的资金，是节水的一个重要障碍。最为严重的是一些发达国家，在产业结构调整中，将一些耗水大、污染高的行业移到了发展中国家，加剧了发展中国家的污染。另外，废水处理回用也存在着一系列问题，包括现行处理过程实时监测可靠性的提高，以及工业废水处理中对源头的管理、控制和处理系统的成本控制等。

在农业节水方面，由于节水农业投资巨大，发展中国家目前还难以投入巨资，所以发展中国家农业节水工作中存在的主要问题，一是灌溉设备落后，灌溉效率低下；二是在地下水补给源问题上，因为采用喷灌和滴灌使地下水补给大量减少，严重影响依赖于地下水的城市用水，在节水灌溉和地下水补充之间，还存在着如何平衡和协调等问题。

2.3 国内城市节约用水现状

2.3.1 工业节水现状

早在20世纪70年代党中央、国务院就明确提出，解决城镇用水问题应坚持“开源与节流并重，近期以节流为主”的方针。1983年全国第一次节约用水会议召开以后，我国城镇的节约用水工作，按照党中央、国务院确定的方针，在适应经济建设发展和人民生活改善等方面取得了明显成就，并逐步走上了健康发展的轨道。

1. 初步建立了法规体系，节水成效显著

20世纪80年代开始，城镇节水采取“三管齐下”的措施，一是取消包费制，二是普遍安装水表，三是提高水价，并通过加强节约用水宣传、强化计划用水管理、建设节水设施等手段，厉行节水措施，迫使企业采取循环用水，一水多用，提高水的重复利用率，取得了明显效果。

据不完全统计，自1983年全国第一次城镇节约用水会议至1995年12年中，全国实际用水比用水计划累计节水193.4亿m^3，其中从1990年全国第二次城镇节水会议至1995年，5年累计节水量129.8亿m^3，1998年节水量大约27.9亿m^3。

工业用水的重复利用率不断提高，重复利用率（不含农村工业和火电）1983年为18%，1989年提高到45%，1995年提高到57%，1997年提高到63%。全国工业用水重复利用率1993年约45%、1998年约55%。

2. 工业用水增长速度逐步下降

工业用水年均增长率已从1980年以前的10.0%下降至1997年～1999年的1.68%（2000年负增长），其中一些城市如北京、天津、大连、青岛等用水增长率更低，有的已出现负增长，逐步走上了“以供定需”，控制需求的道路。

工业合理用水的水平有了较大提高。从1980年～2000年，工业万元产值取水量由

933m³（含火电）下降到 78m³，下降了 91.6%；工业万元增加值取水量由 2288m³（含火电）下降到 288m³，下降了 87.4%，扣除物价上涨因素，下降 71.0%，平均年下降 6.0%；其中从 1980 年～1993 年下降 52.2%，平均年下降 5.5%；1993 年～1997 年下降 27.1%，平均年下降 7.6%；1997～2000 年下降 16.8%，平均年下降 5.9%。1980 年～1999 年各行政区万元产值取水量见表 1-4，工业增加值及其取水量见表 1-5。

各行政区万元产值取水量表（单位：m³/万元）　　**表 1-4**

行政区	含火电						不含火电				
	1980 年	1993 年	1997 年	1999 年	2000 年	1999 年比 1980 年降低(%)	1980 年	1993 年	1997 年	1998 年	1998 年比 1980 年降低(%)
全国	933	190	103	91	78	90.2	620	137	73	71	88.5
北京		74	56	49	39		270		41	40	85.2
天津		53	19	22	17		251		18	23	90.8
河北	920	149	47	43	37	95.3	462		41		(91.1)
山西	843	145	65	59	54	93.0	667		46	45	93.3
内蒙古	743	261	74	68	64	90.8			60	54	
辽宁	601	126	52	41	29	93.2			48		
吉林	1046	247	96	82	78	92.2			49		
黑龙江	950	372	276	323	271	66.0	530		231	246	53.6
上海	754	248	121	123	114	83.7			29		
江苏	1507	165	109	101	81	93.3	559		50	48	91.4
浙江		124	45	42	37		537		39	35	93.5
安徽	1667	282	90	93	87	94.4			72	75	
福建	1079	146	116	96	86	91.1	898		34	73	91.9
江西		499	332	247	252		870		227	206	76.3
山东	590	72	42	39	34	93.4			38	44	
河南	949	147	72	69	66	92.7			66	57	
湖北	837	230	109	117	122	86.0			94	96	
湖南	1089	361	135	125	110	88.5	680		116	114	83.2
广东	1350	188	104	87	61	93.6	891		85	78	91.2
广西	941	507	285	228	192	75.7			257	199	
海南		272	149	146	142				152	150	
重庆			182	159	155				102	94	
四川	1486	261	162	128	119	91.4	789		123	105	86.7
贵州	2530	246	302	262	229	89.6	702		296	262	62.7
云南		274	82	116	114		963		75	125	87.0
西藏	728	600	400	398	389	45.3	728		400		45.1
陕西	623	188	94	73	71	88.3			86	62	
甘肃	1027	341	175	165	149	83.9			168	198	
青海	1406	379	250	208	180	85.2			211	191	
宁夏		524	311	195	182		641		139	92	85.6
新疆	1354	323	129	193	104	85.7					

各行政区工业增加值取水量表 **表 1-5**

省区市	工业 GDP(亿元)				万元工业 GDP 用水量(m^3/万元)			
	1993	1997	1999	2000	1993	1997	1999	2000
全国	14144	32412	34975	39570	641	346	331	288
北京	334	588	649	745	287	187	163	141
天津	275	580	640	747	240	91	109	71
河北	758	1701	1950	2247	408	159	140	121
山西	327	703	651	706	434	217	205	190
内蒙古	163	374	428	455	656	206	196	185
辽宁	921	1568	1796	2115	376	212	169	134
吉林	308	495	552	656	640	335	291	288
黑龙江	580	1305	1400	1664	648	571	627	571
上海	845	1580	1759	1957	836	429	434	402
江苏	1452	3016	3388	3849	757	452	436	369
浙江	874	2255	2630	2883	468	199	198	182
安徽	442	1149	1136	1100	885	339	330	351
福建	388	1092	1269	1470	523	354	366	318
江西	234	548	613	540	1880	922	734	880
山东	1205	2830	3252	3737	302	147	136	117
河南	682	1681	1789	2079	478	243	226	201
湖北	565	1453	1692	1903	706	480	433	411
湖南	418	1019	1097	1231	1019	507	525	444
广东	1319	3159	3706	4295	667	391	352	239
广西	274	670	579	620	1449	897	698	624
海南	34.3	49.3	59.4	65.8	816	684	631	562
重庆		477	492	527		495	478	478
四川	731	1175	1294	1394	902	466	376	354
贵州	135	251	284	315	622	857	848	600
云南	284	652	680	698	518	183	257	262
西藏	3.43	8.13	9.97	10.1	875	578	662	703
陕西	242	457	487	550	566	300	253	230
甘肃	136	287	328	328	1044	585	512	540
青海	36.8	57.7	70	80.6	679	627	530	473
宁夏	37.2	73.2	80.7	93	1452	858	653	514
新疆	156	303	318	422	641	328	333	258

如以 1983 年为基准年，城镇一般工业用水重复利用节水量 1997 年达 317 亿 m^3，1984 年～1997 年累计达 2126 亿 m^3。1998 年全部工业重复利用节水量达 1130 亿 m^3。

3. 减少了污水排放量

1998 年县及县以上工业总废水 298 亿 m^3，比 1995 年减少 75 亿 m^3，其中处理回用 189 亿 m^3，占总废水 63.4%，比 1995 年提高了 27.6 个百分点。工业废水排放量 171 亿 m^3，比 1995 年减少 51 亿 m^3，比 1990 年减少 78 亿 m^3，有效地减轻了环境污染。

4. 工业节水在取得初步成就的同时，仍存在着许多问题

（1）与世界发达国家相比，工业节水的总体水平还很低。以重复利用率指标计，我国目前城镇工业（不含火电）为 63%，全部工业（含乡镇企业）还不足 55%，而美国制造业已达 94.5%，日本制造业 1989 年为 75.3%，若以工业万元增加值用水为指标（人民币），美国为 39.2m^3，日本 34.3m^3，英国为 31.3m^3，法国 76.5m^3，意大利 54.9m^3，德国 43.1m^3，韩国 60.1m^3，我国为 288m^3。

（2）从我国行政区对比看，节水发展极不平衡。1998 年以重复利用率计（不含乡镇企业）北京为 90.0%，华北地区都在 80%以上，而湖南为 48.6%，广东 45.3%。青海仅 11.9%。以 2000 年万元增加值取水量（含火电）计，天津为 71m^3，北京为 141m^3，河北为 121m^3，山东为 117m^3，而广西为 624m^3，江西为 880m^3，青海为 473m^3，黑龙江为 571m^3。要全面提高我国工业节水水平，必须努力提高节水落后地区的节水水平。

（3）我国许多企业，尤其是中小企业多为传统企业，设备陈旧、技术和管理落后、用水重复利用率低，节水水平还处在国际 20 世纪 50 年代、60 年代的水平。需要下决心改造这些企业，通过市场淘汰一批落后的老小企业。

（4）农村工业普遍节水水平较低。许多企业节水意识差，缺乏用水统计，用水管理落后。设备落后、工艺陈旧，有的使用大企业的淘汰设备。取水量大，目前取水量近 500 亿 m^3，约是城市一般工业取水量的 2 倍。用水重复率低（1993 年仅 19%），浪费水严重。废水处理能力低下，许多企业废水直接排放，污染严重。化工、造纸、制革行业尤为突出。加之有的地方领导缺乏全局观念，环境意识差，助长了水资源的浪费和污染，有些被强迫关闭的小化工、小造纸不断违法乱纪私自复产，严重污染了水环境。

（5）工业节水管理工作薄弱。大多行业没有专门的节水管理机构，对企业没有明确的节水指标。工业节水定额制定严重滞后。工业节水仅靠城镇节水办与企业单向协作。工业节水资金严重缺乏，没有固定投入渠道，主要通过企业的环保、设备、节能等部门来实现，缺乏纵向指导和横向交流，影响了工业节水技术的发展和应用。

（6）工业布局和工业结构不合理。由于交通运输紧张等原因，一些高耗水行业如火电、石油及化工、冶金等大量分布在北方缺水地区。一些地方领导受局部眼前利益驱动，引进了一些国外限制发展的污染重耗水大的行业，如造纸、化工、印染等。

（7）工业水价偏低，不利于发挥企业节水的积极性，不利于促进污水处理，客观上助长了企业多用水大排放行为。

（8）工业节水信息零散、没有专门统计渠道，统计数据口径不一，给评估工业节水状况、制定节水规划造成了很大困难。

5. 主要工业行业节水现状

工业用水量大而集中的行业主要有电力、石油及化工、造纸、冶金、纺织、食品、建材等部门，1999 年火力发电、纺织、造纸、钢铁和石油石化 5 个行业用水量为 1964 亿立

方米，占全国工业用水量的79.1 %。其中，取水量为772亿m^3，占全国工业取水量的66.6%；重复利用量为1192亿m^3，占全国工业用水重复利用量的90%。这几个行业的节水现状水平如下：

（1）火力发电

火力发电是我国用水量最大的工业。主要用水有锅炉补充水、循环冷却水和冲灰水。1999年用水量为1308亿m^3，其中，取水量为586.2亿m^3（内中直流冷却取水量为540.4亿m^3），重复利用量为722亿m^3；工业用水重复利用率为55%，其中循环冷却电厂重复利用率为95%，直流冷却电厂中直流冷却水之外的其他工业用水重复利用率约为30%；单位产品取水量为529m^3/万kWh（最先进企业单位取水量仅23m^3/万kWh，用水最多的大于1000m^3/万kWh），扣除直流冷却取水量后的单位产品取水量为41.3m^3/万kWh。

（2）纺织

我国纺织工业的规模位于世界前列，其中棉纺纱锭数量居世界第一位，毛纺纱绽数量居世界第二位，化学纤维产量居世界第二位。纺织工业按原料分为棉、毛、丝、麻和化学纤维五大类。纺织工艺包括纺纱、织造、印染等过程。其主要产品有棉纱、棉布、化纤、呢绒、丝织品和服装等。

1999年用水量为92.6亿m^3，其中，取水量为66.1亿m^3，重复利用量为26.4亿m^3；工业用水重复利用率为29%，其中纺纱、织布、服装为80%，毛纺染整为20%，人造纤维、合成纤维为30%，棉纺印染仅为7%；单位产品取水量纺纱为200m^3/t、织布为3m^3/hm、棉纺印染为5.5m^3/hm、毛纺染整为44m^3/hm、人造纤维为300m^3/t、合成纤维为270m^3/t、服装为210m^3/万件。

（3）造纸

1995年我国造纸总产量就达2000万t，排世界第三位。1999年用水量为118.6亿m^3，其中，取水量和重复利用量均为59.3亿m^3；工业用水重复利用率约50%；造纸工业分单纯造纸和制浆造纸2类，1999年浆纸单位产品综合取水量为198m^3/t（国外150～250m^3/t），其中化学木浆为190m^3/t、化学草浆为270m^3/t、脱墨废纸浆为45m^3/t、不脱墨废纸浆为35m^3/t，纸及纸板为70m^3/t（国外50m^3/t）。

主要问题：一是我国企业规模小，废水回收处理成本高；二是我国原料以草为主，而国外采用木类；三是国外废纸回收率达80%，不仅减少了污染，而且取水量下降35%左右，我国回收率95年仅23%左右。

（4）钢铁

1996年我国钢产量已达1亿t，跃居世界第一位。年产钢200万t以上的12个大型钢铁企业中，炼铁水平最先进的为攀钢，单位产品新水量为0.52m^3/t，重复利用率98.57%，用水最大的为重钢，单位产品取水量为49.75m^3/t，与先进企业相差100倍，重复利用率仅35%。炼钢水平最先进的是宝钢，单位产品新水量为0.18m^3/t，重复利用率为95.69%。用水最大的是唐钢，单位产品新水量为9.25m^3/t，是宝钢的50余倍，重复利用率为92.6%。我国宝钢生产工艺是引进日本设备，炼钢单位产品新水量达到发达国家20世纪90年代水平。但是中小企业，生产工艺与设备仍处于20世纪50年代～70年代水平。总体上我国钢铁工业的用水指标与世界先进国家相比差距还是很大，炼钢用水比较见表1-6。

钢铁工业用水水平比较表　　**表 1-6**

项　目	重复利用率(%)	吨钢用水量(含炼铁)(m^3/t)
全国综合水平	85	28.8
国家标准	90	10～20
国际先进水平	96～97	7～8

1999 年钢铁行业用水量为 214.5 亿 m^3，其中，取水量为 32.0 亿 m^3，重复利用量为 182.5 亿 m^3；工业用水重复利用率为 85%，其中普钢为 87%，特钢为 76%；吨钢取水量为 28.8m^3，其中普钢为 26.9m^3，特钢为 38.4m^3。

（5）石油石化

石油石化行业 1999 年用水量为 230.5 亿 m^3，其中，取水量为 28.8 亿 m^3，重复利用量为 201.7 亿 m^3，重复利用率为 87.5%；炼化业工业用水重复利用率为 88%；加工每吨原油的取水量平均约 2m^3。与国外相比，该行业循环冷却水水质稳定处理，国外浓缩倍数已大于 5.0，向零排放发展，我国仅部分企业达 5.0～6.0，大部分还较低；单位产品新水量和国际水平差距也较大，国外原油加工单位产品新水量 0.5m^3/t，我国最好企业达到 1.39m^3/t，最差的 5.6m^3/t，平均大约 2m^3/t；乙烯国外为 1.6m^3/t，我国最先进企业与国外持平，但差的高达 60.10m^3/t，平均水平为 18.65m^3/t。

（6）化学工业

化学工业生产与分布范围较广，所谓大化工包括化工系统、石油化工、医药化工和日用化工等部分。化学工业作为国民经济的基础产业，近年来有较大发展，1995 年化工系统工业总产值达 2270 亿元，化学工业取水量仅次于火力发电，约 100～130 亿 m^3，生产用水重复利用率仅 50%～60%，年排放废污水量约 50～60 亿 m^3，其中所含的铬、酚、氰、氨、氮等污染有害物质位于全国工业行业首位。化工行业的计划用水、节约用水及废水排放是水资源管理的重点行业。主要产品 1995 年用水情况如下：

1）化工系统

化工系统以硫酸、氯碱、纯碱、氮肥、染料、涂料为主要产品，其产值占化工工业总产值的 50%左右。

① 硫酸工业：单位产品新水量为 30～90m^3/t，水的重复利用率为 65%。

② 氯碱工业：采用隔膜法，单位产品新水量为 35～100m^3/t，水的重复利用率为 60%～80%，采用离子膜法，单位产品新水量为 20～60m^3/t，水的重复利用率为 60%～80%。

③ 纯碱工业：单位产品新水量为 20～40m^3/t，水的重复利用率为 70%～90%。

④ 氮肥工业：以合成氨、尿素产品为例，单位产品新水量 30～90m^3/t，水的重复利用率 50%～80%。

⑤ 染料工业：单位产品新水量为 40～150m^3/t，水的重复利用率为 40%～50%。

⑥ 涂料工业：单位产品新水量为 15～60m^3/t，水的重复利用率为 50%～70%。

2）日用化学工业

① 合成洗涤剂：单位产品新水量为 10～50m^3/t，水的重复利用率为 50%～80%。

② 肥皂：单位产品新水量为 30～80m^3/t，水的重复利用率为 50%～80%。

3）医药化工

医药化工的重复利用率为55%～70%。

主要存在问题与差距：

我国选用产品原料质量较低，如硫酸生产，选用硫铁矿含硫品位低，致使硫的转化率低，废渣、废水排放量相应增加，单位产品新水量增高，大大超过了美、日、德等国家的水平。氯碱生产处于国外发达国家80年代末90年代初生产水平，但单位产品取水量高于国外一倍左右。氮肥生产由于我国大型企业引进了国外生产技术，用水效率已达国际先进水平，单位产品取水量为30m^3/t，但中小型企业的用水效率不足大型企业的10%。

我国医药工业起步较晚，工艺较为落后，总体水平较发达国家落后20～30年。大企业仅达发达国家20世纪80年代水平，小厂仅达20世纪60年代、70年代水平，相应的工业用水、节水水平也是如此。

（7）食品工业

1995年我国食品工业产值占工业总产值的8.2%。味精、酒精、啤酒、罐头食品是食品工业的主要用水大户，1995年四类品种用水10多亿m^3，用水指标见表1-7。

四类食品用水指标情况 **表1-7**

产品分类	单位产品新水量（m^3/t）	万元产值新水量（m^3/万元）	重复利用率（%）
味精	313	175	70
酒精	103	273	46
啤酒	18	130	73
罐头	100	108	/

主要存在的问题与差距：

1）味精行业主要生产工艺与国际上发达国家相比基本类同，但由于采用菌种不同，技术较差，单位产品耗水远远高于国外先进水平。

2）酒精行业技术装备较落后，主要表现在菌种落后、发酵时间长、生产工艺水平较低。

3）我国啤酒生产工艺、设备较落后，发酵时间长，产量低，耗水量大。许多老厂单位产品取水量比国外先进水平高2倍左右。

4）罐头食品生产与国际发达国家基本类似，但由于采用的技术设备不同，先进程度不同，单位产品耗水量远高于发达国家，如蘑菇耗水相差20倍。

（8）建材工业

建筑材料工业包括建筑材料、金属矿及其制品和无机非金属材料3大类，最大用水户是水泥，其次是玻璃。我国水泥及平板玻璃产量均为世界第一，水泥产量占世界总量1/4强。1995年我国颁发水泥生产许可证企业约6600家。其中大型70家，中型约300家，地方中小型企业6000余家。北方大型水泥企业的冷却水循环率基本都在90%以上。主要问题是中小企业技术改造滞后，多数中小企业仍采用半干法和湿法生产方式。水泥行业总取水量约20亿m^3，单位产品取水量平均3～4m^3/t，最少为0.4m^3/t，差的为8.3m^3/t。

我国平板玻璃企业引进世界先进的浮法生产技术，二次加工玻璃企业则以引进生产线为主，这些生产技术和生产线基本代表国际上20世纪70年代、80年代先进水平，其用水水平也接近或达到国际同类产品先进水平。

2.3.2 生活节水现状

1. 城镇生活用水的增长历程

(1) 城镇生活用水增长情况

城镇生活用水分两类，一为家庭生活用水，即住宅用水或居住生活用水；二为公共设施用水（主要是第三产业用水），包括机关办公、商业服务业、宾馆饭店、医疗、文化体育、学校等设施用水，还包括绿化和道路浇洒用水。反映城镇生活用水量的指标有人均生活用水量和人均居住生活用水量，人均生活用水量反映了综合生活用水水平，人均生活用水量扣除人均公共设施用水的部分即为人均居住生活用水量，它反映了居住生活用水水平。

1949 年我国城镇生活用水量仅为 6 亿 m^3，1980 年为 68 亿 m^3，1993 年为 182 亿 m^3，2000 年为 284 亿 m^3，城镇生活用水量增长情况见表 1-8。

我国城镇生活用水情况 **表 1-8**

项目	单位	1949	1957	1965	1980	1985	1990	1993	1997	1999	2000
城镇生活	亿 m^3	6	14	18	68	64	84	182	247	267	284
占总用水	%	0.6	0.7	0.7	1.5	1.3	1.6	3.5	4.4	4.8	5.2

表中数据来自：1. 刘昌明等著．中国 21 世纪水问题方略．科学出版社。
2. 张国良等．21 世纪中国水供求．中国水利水电出版社，1999。
3. 中国水资源利用．水利水电出版社，1989。
4.《中国水资源公报》(1997，1999，2000)。
5. 根据相关资料计算。

(2) 城镇生活用水增长的特点

1) 随着人们生活水平的不断提高，特别是改革开放以来人民生活的迅速改善、政府对供水投入的加大和城镇人口的快速增加，城镇生活用水量迅猛增长，1980 年～1997 年年增长率达 7.9%。此后由于水价的调整和节水水平提高，1997 年～2000 年年增长率降为 4.8%。

2) 城镇生活用水占总用水比例不断上升，已由 1949 年的 0.6% 上升到 1999 年的 5.2%。

1980 年、1993 年、1997 年、2000 年各流域分区城镇生活用水量见表 1-9，行政分区见表 1-10。

各流域分区城镇生活用水量变化表（单位：亿 m^3） **表 1-9**

流域片	1980 年	1993 年	1998 年	1999 年	2000 年
全国	68	182	254	267	284
东北诸河	9.5	20.6	29.8	32.6	30.6
海河	10.7	20.2	27.3	28.3	29.0
黄河	6.0	16.5	14.8	16.6	16.9
淮河	5.3	10.1	23.1	23.6	25.0
长江	22.3	64.1	90.0	94.8	97.1

续表

流域片	1980年	1993年	1998年	1999年	2000年
珠江	9.5	35.8	46.8	47.6	57.8
东南	10.7	10.0	11.8	15.7	17.6
西南	0.2	0.8	2.19	2.2	2.18
内陆	2.0	4.5	6.68	5.5	7.65

注：1. 摘自1983年编各行政区水资源利用和《中国水资源利用》（水利电力出版社，1989）。
2. 摘自《中国水中长期供求规划》。
3. 摘自水资源公报。

行政分区城镇生活用水量变化表（单位：亿 m^3）　　表 1-10

年份 行政区	1980年	1993年	1998年	2000年	年份 行政区	1980年	1993年	1998年	2000年
全国	68	182	254	284	河南	3.5		9.26	10.10
北京	3.7		9.95	10.19	湖北	6.5		14.07	15.60
天津	1.2		3.58	4.06	湖南	2.1		11.11	13.08
河北	4.3		9.71	10.40	广东	6.0		32.15	43.83
山西	1.1		4.38	4.48	广西	3.3		10.49	9.40
内蒙古	1.2		3.04	3.81	海南			2.10	2.20
辽宁	4.9		15.69	14.90	重庆			5.16	5.70
吉林	1.4		5.08	5.56	四川	5.4		10.05	11.16
黑龙江	2.8		7.77	8.57	贵州	0.8		4.12	4.35
上海	3.9		15.38	13.30	云南	0.6		4.87	6.01
江苏	3.1		21.63	22.47	西藏	0.1		0.16	0.27
浙江	1.3		11.61	15.49	陕西	2.5		4.69	5.19
安徽	2.1		6.59	6.95	甘肃	1.1		2.88	3.43
福建	1.4		6.12	7.82	青海	0.3		0.69	1.30
江西	1.4		5.88	6.75	宁夏	0.1		1.00	1.09
山东	2.3		9.58	10.02	新疆	5.4		5.67	6.45

注：1. 摘自1983年编各行政区水资源利用和《中国水资源利用》（水利电力出版社，1989）。
2. 摘自《中国水中长期供求规划》。
3. 摘自水资源公报。

2. 城镇生活节水现状

（1）全国城镇人均生活用水1980年为117L/d，1993年增长到178L/d，年平均增长3.28%，1997年220L/d，1993年～1997年年平均增长5.44%。1999年为227L/d，2000年219L/d，1997以后由于节水水平的提高，人均生活用水增长得到了控制。各行政区城镇人均生活用水量变化情况见表1-11和图1-1。

（2）我国城镇生活水平差异较大，生活用水条件和水平以及生活习惯差异也较大，因此人均生活用水量差异也较大，各行政区中人均用水量最高的是上海，2000年为368L/d。高于300L/d的有北京、浙江、广西和海南。最低的是西藏，仅为94L/d，次低的是内蒙古，为103L/d。

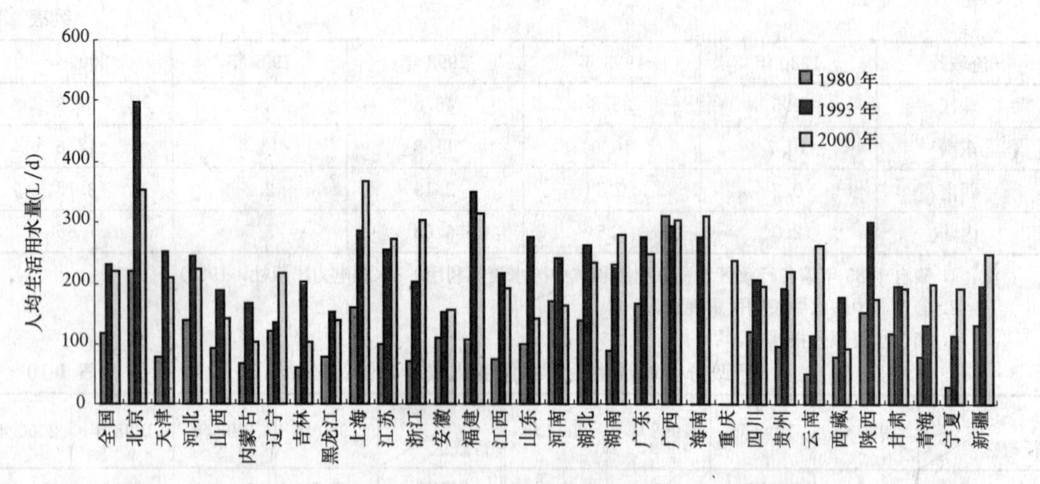

图 1-1　各省（市、区）城市生活用水人均日用水量

（3）与国外发达国家相比我国城镇生活水平还较低，但用水量相对较高，节水水平较低。从表 1-12 中所列一些国外城镇生活人均日用水量看，这些城镇经济发展水平一般优于我国城镇，居住条件和城镇设施配套水平也好于我国城镇，因此人均用水量应高于我国，但与表 1-12 相比，我国城镇人均生活用水量却与这些城镇差别并不大，有些城镇人均生活用水量还相当大，与我国水资源紧缺现象形成巨大的反差。

行政分区城镇生活人均日用水量变化［单位：L/（d·人）］　　　　**表 1-11**

年份 行政区	1980 年	1997 年	2000 年	年份 行政区	1980 年	1997 年	2000 年
全国	117	220	219	河南	171	165	164
北京	220	284	354	湖北	139	240	234
天津	77	162	209	湖南	90	221	279
河北	138	216	222	广东	166	383	249
山西	93	147	142	广西	312	339	303
内蒙古	69	108	103	海南		291	311
辽宁	119	197	215	重庆		207	236
吉林	62	123	102	四川	122	207	195
黑龙江	78	105	139	贵州	96	200	219
上海	161	444	368	云南	51	260	260
江苏	100	313	271	西藏	80	100	94
浙江	71	247	305	陕西	153	172	174
安徽	109	189	155	甘肃	117	170	190
福建	105	235	315	青海	77	129	198
江西	76	180	190	宁夏	29	171	192
山东	98	153	143	新疆	130	97	246

注：1. 摘自 1983 年编各行政区水资源利用和《中国水资源利用》（水利电力出版社，1989）。

2. 摘自《中国水中长期供求规划》。

3. 摘自水资源公报。

部分国家城镇生活日用水量［单位：L/(d·人)］　表1-12

曼谷	172.6	首尔	181.2
马德里	193.0	布达佩斯	237.7
莫斯科	494.6	开罗	275.0
华沙	263.5	贝尔格莱德	243.7
基辅	329.6	索非亚	186.4
布加勒斯特	200.3	哈瓦那	299.9

注：表中城镇平均值为244L/(人·d)，资料来自《北京统计年鉴》(1995)

3. 城镇生活节水措施

城镇生活节水的措施，主要是加强节水宣传、实行计划用水和推广使用节水器具。

(1) 普及节水的宣传工作

加强节水的宣传教育工作，在全民中建立节水意识，是促进节水的有效途径。目前全国每年都举行节水宣传周活动。每年的5月15日所在的周为节水宣传周，通过报刊、广播、电视等新闻媒体及发放节水宣传材料、张贴节水宣传画、举办节水知识竞赛等手段进行节水宣传。在全国范围内评选“节水先进城镇”和“节水先进单位”，设立城市节水监督电话，树立节水先进典型。

(2) 实行计划用水

实行用水计划管理是节水的核心内容之一，目前各城镇均对用水量较大的工业企业，机关事业单位和商业文化设施的用水实行计划管理，对用水单位核定计划用水量，超计划用水实行累进加价的收费办法，以促进节约用水、合理用水。在绝大部分城镇，居民生活用水取消了包费制，做到装表到户，计量收费。

(3) 推广节水器具

节水器具在生活用水节水方面起着重要的作用，特别是推广应用节水型卫生洁具、设备是实现节约用水的重要手段和途径。

对于节水器具的开发、推广应用及管理，国家和各级政府部门都很重视。原国家建材局、建设部、国家计委、轻工业部、国家技术监督局、国家工商管理局等政府部门多次颁布关于推广应用新型房屋卫生洁具和配件的规定，对节水卫生洁具及配件的开发、推广应用都有明确的指示。各地节水办也很重视，积极组织人员研制开发新型的节水器具，建材企业也积极研制生产节水器具，并有了一定的成果，对城镇节约用水起了很大的作用。

(4) 非传统水资源利用

具体内容详见2.3.3节。

4. 存在的主要问题

(1) 全民节水意识还比较薄弱。

(2) 公共设施用水管理薄弱，跑、冒、滴、漏等长流水现象屡禁不绝。

(3) 供水管道漏损较大，个别中小城镇高达40%，其中有偷水、暗流、渗漏等。

(4) 节水器具质量标准不健全，生产规模小，价格高。

(5) 水价偏低，不利于节水。

2.3.3 非传统水资源利用现状

1. 雨水利用

（1）雨水利用现状

我国城市雨洪利用的思想具有悠久的历史，新疆的“坎儿井”、北京、北海、团城古代雨洪利用工程，都是古代雨洪利用的典范。20 世纪 80 年代后，国内许多城市进行了大量雨洪利用技术研究和工程建设，北京、大连、天津、长岛等在雨水集蓄利用方面取得了较好的成绩。

北京市节水办和北京建筑工程学院从 1998 年开始立项研究，北京市水利局和德国埃森大学的合作项目于 2000 年启动，已建成雨洪利用工程等示范工程 10 多处。2003 年 4 月起施行《关于加强建设工程用地内雨洪资源利用的暂行规定》，要求凡在本市行政区域内，新建、改建、扩建工程均应进行雨洪利用工程设计和建设，雨洪利用工程应与主体建设工程同时设计、同时施工、同时投入使用。2001 年，国务院批准的“21 世纪初期首都水资源可持续利用规划”包括了雨洪利用规划内容，同年北京市开始在 8 个城区建立雨水利用示范工程，现已完成的雨水利用工程 22 项，在建雨水利用工程近 20 项。2003 年 7 月，北京市第一个大型雨水综合利用工程在丰台大桥泵站启动，此工程竣工后，每年可节水 1.5 万 m^3 上。2004 年 8 月，北京市第一个利用收集的雨水进行绿地灌溉的蓄水装置在朝阳区双井街道双花园社区投入使用，预计年节水约 6000m^3。

目前，住房和城乡建设部和部分城市已经颁布了雨水利用的相关法律条文，如住房和城乡建设部颁布的《绿色生态住宅小区的建设要点和技术导则》、北京市规委颁布的《关于加强建设工程用地内雨水资源利用的暂行规定》等，对雨水利用和雨水径流污染控制步入法制轨道起到了重要的推动作用。但随着雨水项目的不断增多和建设的进一步深入，新的问题（如过分追求经济效益、管理部门多头而且效率低下、时有应付做法等）不断出现，亟待完善相关政策法规对雨水利用和雨水径流污染控制等工作加以规范。因此，应尽快出台《雨水管理条例》、《雨水径流污染控制规范及其实施细则》等，对雨水管理的目标、任务、使用范围，责、权、利的进一步划分，污染材料的限制使用，控制废物倾倒等作出明确规定。

（2）雨水利用存在的问题

1）对雨水利用的重视程度不够，缺乏强制性政策法规，部门之间的协调困难，雨水利用工程建设没有动力，推行困难。

2）技术及标准不统一，与雨水利用相关的规范标准未能确定是制约雨水利用的一个大问题。

3）雨水收集、处理、回用设备的费用比较高，节水不节钱的问题没有解决。

2. 海水利用

（1）海水直接利用

海水利用能有效缓解沿海地区的水资源紧缺局面。我国利用海水已有 60 余年的历史，利用海水的城市十几个，海水利用量较大的有青岛、大连、天津、深圳等城市。2000 年我国利用海水总量仅为 141 亿 m^3（日本 1995 年为 1200 亿 m^3），其中广东为 79 亿 m^3，山东为 23 亿 m^3，天津为 12 亿 m^3，辽宁为 9 亿 m^3。海水主要用于火力发电、核电、化工等行业设备冷却，辅助生产用水、冲厕、消防等方面也有应用。

1）海水用作工业冷却水：1935 年青岛电厂即用海水作为冷却水，现在青岛海水用作冷却水年用水量达 7.7 亿 m^3，山东沿海城镇海水总利用量为 12 亿 m^3。

2）用作工业生产用水：青岛碱厂用海水代替淡水用于化盐、化灰等工艺，日用海水量约 3000m^3。天津碱厂也用海水作为化盐水，既节水又节盐，具有较大的社会经济效益。

3）用作城镇生活用水：香港海水冲厕已有很长的历史，20 世纪 50 年代末开始大规模应用，日冲厕海水量 1994 年为 39 万 m^3，1995 年为 43 万 m^3，约占全香港淡水用量的 17%。目前香港有 76%的人口采用海水冲厕，每年海水用量达 1.99 亿立方米。厦门市利用海水冲洗下水道，日冲水量 3 万 m^3。青岛市与国家海洋局天津海水淡化与综合利用研究所联合承担国家"十五"科技重点攻关项目"大生活用海水技术示范工程研究"，已通过科技部技术验收，建筑面积 25 万 m^2 居民小区的海水冲厕示范工程也已经建成投入使用。

4）用作其他用水：目前沿海一些电厂用海水作为冲灰用水，既节省了大量淡水，又消除了 SO_2 对大气的污染。我国第一套海水脱硫装置 1997 年在深圳建成投产，运行良好；青岛发电厂二期采用海水脱硫也已经投入使用。海水用于清洗海产品，可使海产品色泽清鲜，青岛、厦门市在海水清洗海产品方面取得了很好的经济效益。厦门还利用海水治理了筼筜湖的水质污染问题。

（2）海水淡化

我国于 1958 年开始了海水淡化的研究，起步技术为电渗析，1965 年开始研究反渗透技术，1975 年开始研究大中型蒸馏技术。1986 年批准引进建设日产 2×3000m^3 的电厂用多级闪蒸海水淡化装置，国内设计的 1200m^3/d 多级闪蒸淡化装置，1997 年在大港电厂调试成功；1997 年在舟山市的嵊山岛建成日产 500m^3 的海水反渗透淡化装置；1999 年 4 月大连长海县 1000m^3/d 海水反渗透淡化工程投入使用；山东长岛县于 2000 年 10 月投产的日产淡水 1000m^3 工程，投资为 1.65 万元/(d·m^3)，造水费为 6.35 元/m^3。青岛华欧海水淡化有限公司于 2004 年 6 月建成我国第一个自主知识产权的海水淡化示范工程，该工程采用低温多效工艺，设计规模 3000m^3/d。

我国海水淡化已从用于舰船、海岛等的小型化装置，向大型化、工业化方面发展。目前青岛市、天津市在海水淡化方面位居全国前列。青岛市已建成的海水淡化工程总设计能力约 2 万 m^3/d，与西班牙合资建设的青岛百发海水淡化项目将于近期开工，该工程总投资约 1 亿欧元，设计能力 10 万 m^3/d，采用反渗透处理工艺，建成后全部用于城市公共供水。天津市早在 20 世纪 80 年代，大港电厂就在全国率先引进了 2 套日产 3000m^3 多级闪蒸海水淡化装置；2003 年建成千吨级反渗透海水淡化示范工程；2004 年建成 2500m^3/h 海水循环冷却示范工程。2006 年，单套装置日产水 1 万 m^3 的海水淡化工程正式在天津滨海新区建成通水，总投资 1.6 亿元，总设计规模为 2 万 m^3/d，一期建设规模 1 万 m^3/d，是当前国内第一台自主制造的万吨级海水淡化设备。

3. 中水、城市污水处理回用

（1）中水回用现状

我国中水技术研究起步较晚，1985 年 1 月，北京市环境保护科学研究所在所内建成了我国第一座中水工程。1987 年 6 月，北京市政府颁布了《北京市中水设施建设管理试行办法》，这是我国第一部有关中水应用的地方行政规章。之后，建设部于 1991 年制定了《建设中水设计规范》（CECS30：91），1996 年颁发了《城镇中水设施管理暂行办法》。2000 年中水回用被正式写入"十五"规划纲要，表明全国开始启动中水回用工程。目前，我国中水回用已经形成一定规模，在北方一些严重缺水城市，如北京、天津、济南等城市，中水回用工程已经相当普遍。

济南市通过制定法规、将中水工程建设纳入建设项目行政审批，严格“三同时”管理，取得较好的效果。到2008年底，全市共建成中水站101座，区域中水管网105.8公里，日处理污水规模13.53万t，日平均回用量7.7万t。

(2) 污水处理回用

城市污水再生利用，不仅可以减少污水中残余污染物的排放量，减轻水污染，还可以将城市污水开辟作为城市可靠稳定的第二水源，缓解城市水资源紧缺的局势。再生水可作为工业冷却水、洗涤水、工艺水乃至低压锅炉用水的补给水；用于农业灌溉；消防用水、马路洒浇用水、花园公园、绿地林木花卉的灌溉等市政用水；湖泊、河道等城市地表水体的补水等。

20世纪80年代以来，不少城市开展了再生水回用的试验研究。因资金有限，结合国情发展以回用于农业、工业、市政为主要目标，采用不同层次的人工与自然净化相结合的再生水处理与回用系统。国家“七五”、“八五”期间完成的重大科技攻关项目“城市污水资源化研究”，针对我国北方部分城市在经济发展中急需解决的缺水问题，研究开发出适用于部分缺水城市的再生水回用成套技术、水质指标及回用途径，完成了规划方法及政策法规等基础性工作，在北京、天津、秦皇岛、大连、太原、泰安、青岛、邯郸、大同、沈阳、威海、大庆、深圳等十余个城市重点开展再生水回用事业，并相继建设了回用于市政景观、工业冷却等示范工程，为我国城市再生水回用提供了技术与设计依据，并积累了一定经验。

1999年我国排放工业废水402亿m^3（其中县及县以上工业197亿m^3），城镇生活污水204亿m^3，合计606亿m^3。县及县以上工业废水处理率为91.1%，达标排放率为72.1%，工业废水处理回用210亿m^3，占处理量的69.3%。但仍有不少地方废污水直接排放，尤其是乡镇企业，对环境造成了严重破坏。有些地方直接用污水灌溉农田，造成了地下水污染，甚至破坏了农田。最近几年不少城镇陆续开始加大了废污水的治理力度，如北京建成了大型的高碑店废污水处理厂，一期、二期合计日处理污水能力达150万m^3，回用于电厂循环冷却、城镇绿化、路政等用水。天津建成了日处理能力为40万m^3、回用7万m^3和日处理能力26万m^3的东郊和纪庄子污水处理厂。南京正在建设城镇污水集中处理工程。全国废污水处理率和回用率都在不断提高。

(3) 中水、城市污水处理回用存在的问题

1) 总体上还处于启动阶段，多数城市还未开展，尚需大力推动。

2) 有关标准、法规尚未建立，需加强研究和制订。

3) 总体投资不足，推广不快，运行率不高。

4) 公众习惯上不易接受。

5) 回用的监管存在缺位问题。

4. 矿井水、施工降水利用

(1) 矿井水利用

矿井水既是一种具有行业特点的污染源，又是一种宝贵的水资源。目前我国很多矿区一方面严重缺水，另一方面矿井水未经处理直接外排，造成大量水资源的浪费，并且污染

环境，在相当程度上制约了矿区经济的可持续发展。矿井废水净化处理后作为生产和生活用水可以减少地下深井水的开采量，节约地下水资源，保护矿区地下水和地表水的自然平衡；可以解决过度开采地下深井水带来的环境问题，避免因污染引起的与当地农民的纠纷，从而可促进工农关系，也有利于当地经济的发展；可以解决矿区用水量日益增加和水资源越来越短缺的矛盾，保证企业的正常生产和经营，提高企业的综合效益，促进矿区的可持续发展，因而也有较好的社会效益。

矿井水处理后可作生产用水或生活用水，矿井生产用水主要是井下采掘设备液压用水、消防降尘洒水，生活用水主要是冲厕、洗浴水以及深度处理后用于饮用水。

（2）施工降水的利用

随着市政建设和建筑业的蓬勃发展，在地下水位以下进行挖掘的深基坑工程日益增多，深基坑降水已成为建筑工程地下部分施工中的重要环节。

基坑降水一般是在基坑外缘（基坑较大时基坑内也布设）布设一定数量的井点，通过降低井点中的地下水水位，形成以该点为中心的降深场（抽水破坏了地下水原有平衡状态，水位降低可以形成以井为中心降落漏斗，该漏斗是由水位降所形成，可称为降深场），多个降深场的叠加形成以各个降水井为汇点以降水井连线为汇水槽的降深场，当降落曲线位于拟开挖基坑以外时，降水工程满足要求。基坑降水不但为基坑提供安全和干燥的施工环境，而且增加了土层的稳定性、防止边坡开裂和崩塌、防止挖方底部的土体隆起或翻浆，保证工程顺利的进行。

为了施工和周围环境的安全，一般采取大量抽取地下水，进行降水施工。但是，降水施工存在着巨大的资源浪费。我们知道，我国大中城市80%都缺水，北方城市尤其严重，许多城市用水都依靠地下水。因此，大量抽取地下水是对城市水资源的巨大浪费。

建筑施工中地下水的保护和利用主要有2个途径：

1）减少抽取地下水

在选择基坑施工设计方案时，尽量选择降水量较少的施工设计方案。另一种减少抽取地下水的方法为，在基坑边抽取地下水，同时在离基坑稍远处回灌抽取的地下水，在保持基坑内地下水位较低的情况下，保持基坑外较高的地下水位。

2）合理利用施工中抽取的地下水

对于施工中抽取的地下水的利用，主要有两个利用方向，一个是本建筑施工中的利用，如建筑施工用水、养护用水、现场临时消防用水、场地除尘和清洗用水等；另一个是本建筑施工外用水，如建筑施工周边的绿化用水、市政用水以及其他用水。需要注意的是，在使用降水施工抽取的地下水时，要先进行水质分析，合理使用地下水，避免出现不利影响。地下水水质的分析在工程地质勘察报告中一般都有说明，可以参考。

【思考题】

1. 节约用水的内涵、意义是什么？
2. 国外节水的主要做法有哪些？
3. 试分析居民家庭实行阶梯式水价的利弊？
4. 国外节水工作存在哪些问题？我们如何避免？
5. 我国城市节水工作存在哪些问题？我们如何改进？

第 2 篇　城市节约用水管理

1　城市需水量预测

城市需水量预测是保障城市供水、做好城市节水的基础性工作。许新宜在《中国资源科学百科全书·水资源学》定义的需水（需水量）预测（water demand prediction）为：对某个需水对象，根据其内部发展要求和外部约束机制，运用科学的预测技术与方法，预测未来某个水平年需水（需水量）的过程。许新宜认为：需水（需水量）预测方法（method of water demand prediction）是根据需水对象的用水历史、经济规模、技术水平和未来发展要求，预测未来某个水平年需水对象的需水量及其时空分布规律的技术与方法。需水（需水量）预测方法大体可分为 3 类，即主体需水（需水量）预测、群体需水（需水量）预测和区域（国家）需水（需水量）预测。这些方法目前都还不够成熟，需要进行深入的调查、分析和研究。

城市需水量之所以能够预测，是基于城市发展是顺序渐进的，在不太长的时间段内影响城市用水量的因素也是渐变的，即城市发展和城市用水量都是有规律可循的。影响城市需水量的因素很多，但归纳起来主要有自然因素和社会因素或者称为客观因素和人类社会的主观因素。自然因素包括城市所处的地理环境、气候条件、水资源状况等；社会因素包括人们的生活习性、人口、经济结构、人们对资源环境的认知程度、法律、技术装备水平等。这些因素构成了影响城市需水量的因素网，每个因素都是因素网的一个节点，既独立存在、又互相关联。如：水资源短缺必然产生城市供用水紧张，供用水紧张促使采取法律的、经济的、行政的、技术的措施进行节约用水，从而有效地减少对水的需求、缓解水资源短缺矛盾。城市需水量预测的方法是人们对城市用水规律认识总结的结果，是不断发展、逐步完善的过程，是多学科互相借鉴、互相渗透的成果。城市需水量预测的意义在于指导城市供水工作，做到合理配置水资源，有效利用水资源，因此预测的方法要立足应用、指导决策。

1.1　需水量预测方法概述

《城市与工业节约用水手册》（崔玉川主编）将需水量预测方法划分为时间序列法和结构分析法。时间序列法系根据历年城市取水、用水数据，按时间序列进行外推。结构分析法是从分析城市取水、用水的影响因素人手，考虑影响因素在未来年份的变化及其对需水量的作用，来进行未来城市及工业需水量的预测。

1.1.1　需水量预测的程序

需水量预测的基本工作程序如图 2-1、图 2-2 所示。图 2-1 为第一类预测方法所遵循的程序，图 2-2 为第二类预测方法所遵循的程序。其中预测水平年是指按预测的期限确定的具体预测年份，每一水平年还应根据国民经济和社会的发展，编制高、中、低方案。

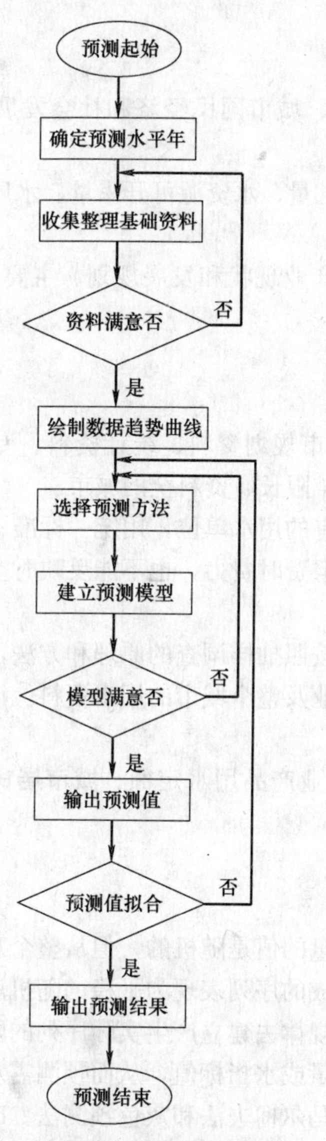

图 2-1　城市需水量预测程序图（1）

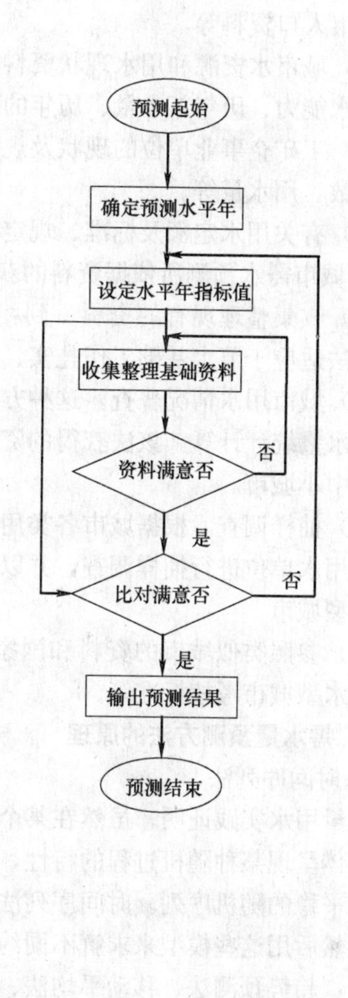

图 2-2　城市需水量预测程序图（2）

1.1.2　需水量预测的期限

需水量预测是城市规划的重要组成部分，需水量预测的期限应当与城市规划相一致。《城市规划编制办法》第二十八条规定：城市总体规划的期限一般为 20 年，同时可以对城市远景发展的空间布局提出设想。因此，可将需水量预测分为短期预测、中期预测及长期预测。其中，短期预测期限为 1～5 年，中期预测为 5～10 年，长期预测为 10～20 年。预测期限的长短，应根据预测的需要来确定。城市需水量预测一般为短、中、长期预测，工业企业（行业）和生活需水量预测一般为短、中期预测。

1.1.3　需水量预测的依据资料

城市用水的发展和变化是由经济发展、生产力布局、科技水平、管理水平、人民生活水平、水资源条件、生态条件等一系列因素所决定的，要精确地描述其发展和变化规律是十分困难的，因而只能采用各种预测方法从不同的侧面、不同的层次来描述城市用水的发展变化规律，以预测规划期需水量。

1. 城市需水预测所依据的资料

（1）城市发展规划资料。包括城市的总体规划、城市国民经济和社会发展现状及规划、城市人口资料等。

（2）城市水资源和用水现状资料。包括水资源贮量、水资源可开采量、水质与水量分布、供水能力、历年新水量、历年的用水量等。

（3）工矿企事业单位的现状及规划资料。包括产业现状和发展规划、主要产品产量、职工人数、用水量等。

（4）有关用水定额及标准、规定等。

2. 城市需水预测所依据资料的获取途径

（1）收集整理现有的资料。到相关部门收集城市规划资料、统计资料、专业性资料等，此法适应于节水基础工作扎实、节水统计资料年限长、资料全的城市。

（2）城市用水情况普查。这种方法是对城市所有的用水单位，用统一标准、在统一时间进行水量统计计算。该法获得的资料精度较高，但费时费力，也不能反映时空变化，较适用于中小城市。

（3）抽样调查。根据城市各类用水分布情况，按照抽样调查的原理和方法，选择有代表性的用水单位进行抽样调查，并以此推算出同行业及整个城市的用水资料。该法较适应于大中型城市。

（4）参照类似城市的资料和国家标准。例如工业产品用水定额、城市居民用水量标准、节水型城市考核标准等。

1.1.4 需水量预测方法的原理

1. 时间序列法

大量用水实践证明，虽然在某个给定时刻用水量的值是随机的，但从整个观察序列来看，整体呈现某种随机过程的特性，用水量数据构成的序列表现为平稳的随机序列或可以转化为平稳的随机序列。时间序列法就是依据这一规律去建立产生实际序列的随机过程的模型，然后用这些模型来求解不同约束条件下的水量或水指标值，从而预测需水量。主要方法有：趋势预测法、移动平均法、指数平滑法、马尔柯夫法和灰色预测法。时间序列法将影响需水量的诸多因素统统归结到“时间”这一个参数之中，是需水量预测方法中典型的“将复杂问题简单化”的实例。

（1）趋势预测法

先确定历史数据的变化趋势，如指数、对数或S型曲线，然后对其中未知参数进行估计，得出曲线方程，利用方程进行预测。该方法计算较简单，具有一定的精度。但结果不稳定。模型方程如式（2-1）～式（2-3）所示。

$$V_t = at^b + c \tag{2-1}$$

$$V_t = ae^t + c \tag{2-2}$$

$$V_t = ae^{-be-ct} \tag{2-3}$$

其中 a、b、c 为未知参数，t 为年份，V_t 为对应年需水量。

（2）指数平滑法

该方法是对历史统计数据按时间序列适当加权，并大致加以平滑，根据变化规律来预测需水量。平滑可根据不同的要求分一次、二次以至多次进行。一般次数越多，精度越高，但计算量也越大。可用于非线性变化趋势。长期预测效果较差。主要模型见式(2-4)：

$$V_{n+t}=a+bt \quad 或 \quad V_{n+t}=a+bt+ct^2 \tag{2-4}$$

其中V_{n+t}为第t年预测需水量，a、b、c为平滑参数，t为预测期。

(3) 移动平均法

移动平均法以过去若干年用水数据的加权平均值来预测未来的需水量，如V_n为预测年需水量，过去m年用水量分别为V_{n-1}、V_{n-2}、$\cdots V_{n-m}$，则其预测模型见式(2-5)。

$$V_n=(\alpha_1 \cdot V_{n-1}+\alpha_2 \cdot V_{n-2}+\cdots+\alpha_m \cdot V_{n-m})/m \tag{2-5}$$

其中α_1、α_2、$\cdots\alpha_m$为各年数据的加权系数。这种方法简便易行，适用于摆动情况，近期结果具有一定的准确性。但如用于远期预测，就会变成完全建立在预测数据上的预测，导致较大的偏差。

(4) 马尔柯夫法

马尔柯夫法是利用上述任意一种方法得出趋势线，而后按数据波动的概率分布，得出未来波动的方向，对趋势值进行修正的一种预测方法。这种方法由于采用了马尔柯夫法进行“滤波”，可排除一定随机因素。

(5) 灰色预测法

灰色预测法是利用灰色理论，建立城市需水灰色模型，利用该模型进行预测，灰色理论不要求对系统结构有较多了解即可进行预测，认为实际系统为不透明的“灰色箱体”。因此可根据其过去行为直接类推其未来行为，预测结果具有一定的精度。

2. 结构分析法

结构分析法是通过研究分析城市需水量与各种相关因素之间的联系，进而归纳总结出城市需水量与各种相关因素（约束条件）之间的定性、定量关系，并以此关系预测需水量的方法。常用的方法主要有：回归分析法、弹性系数法、用水增长系数法、指标分析法、系统动力学法等。

(1) 回归分析法

该方法选取若干影响因素，对城市用水与这些因素之间的关系进行大致判断后，列出含未知参数的模型方程，代入实际数据，求出各参数。现有的回归分析法又可分为许多种，如经验回归法、线性回归法、指数回归法等。在判断属于哪种回归类型时，可用散点图的方法来判断，方法是把关联数据标在坐标纸上，然后根据经验判断它们之间是什么类型。所选参数主要有人口、产值等。采用此种方法可进行中长期需水量预测，并具有一定的精度。但由于数学方法的局限，因素宜少不宜多。对应不同回归方法，存在不同的回归方程，如线性回归方程式(2-6)。

$$V_t=a_0+a_1x_1+a_2x_2+\cdots+a_nx_n \tag{2-6}$$

其中V_t为预测年需水量，$a_0 \sim a_n$为未知参数，$x_1 \sim x_n$为相关因子。

(2) 弹性系数法

只用于工业用水需水量预测。工业用水弹性系数，在数值上等于工业用水增长率与工业产值增长率之比，见式(2-7)：

$$\varepsilon=\alpha/\beta \tag{2-7}$$

ε为工业用水弹性系数，α为工业用水增长率，β为工业产值增长率。

弹性系数法就是利用工业用水弹性系数基本不变这一规律来进行未来需水量的预测。在工业结构基本不变的情况下，使用该方法可得到比较符合实际的数值，用于中长期需水预测。

(3) 用水增长系数法

主要用于工业用水行业预测。就某一行业而言，其用水增长系数可用下面方法求得：

$$r_1=(V_2-V_1)/(Z_2-Z_1)$$

$$r_2=(V_3-V_2)/(Z_3-Z_2)$$

$$\cdots\cdots$$

$$r_n=(V_{n+1}-V_n)/(Z_{n+1}-Z_n)$$

$$r=(r_1+r_2+\cdots+r_n)/n$$

其中，V、Z、r 分别为产值、用水量及用水增长系数。

求出用水增长系数后，即可代入未来的规划产值，反推出未来的需水量。采用此法原理简单，计算量少。但由于工业结构的变动、节水措施的采用，会使得出的数值产生误差，有时会达到很高的程度。

(4) 指标分析法

指标分析法是通过对用水系统历史数据的综合分析，制定出各种用水定额，然后根据用水定额和长期服务人口（或工业产值等）计算出远期的需水量。该方法与回归分析有很多相似之处，在一定意义上它等效于以服务人口（或工业产值等）为自变量的一元回归，用水定额相当于回归系数。所不同的是，回归分析具有针对性，而用水定额具有通用性，与回归分析相比，它的工作量要小得多。但是由于用水定额的通用性，在对特殊城市或地区进行需水量预测时会造成很大的误差。实际应用中，应对用水定额进行系数修正，用水定额也是用水时间的函数，随着时间的推移，技术装备水平和管理水平在不断提高，用水定额必然下降。

(5) 系统动力学法

系统动力学法的主要理论基础是信息反馈原理、决策理论及系统仿真技术，是一种定性与定量相结合，系统分析、综合推理的方法。系统动力学把所研究的对象看作是具有复杂反馈结构的、随时间变化的动态系统。它先将描述系统状态的各参量加以流体化，绘制出表示系统结构和动态特征的系统流图，然后把各变量之间的关系定量化，建立系统的结构方程式，然后借助计算机进行动态模拟，从而预测系统的未来。

该方法应用效果的好坏与预测者的专业知识、实践经验、系统分析建模能力密切相关。通过系统分析、系统模型的建立，可以对系统进行白化，再经过计算机动态模拟，可以找出系统的一些隐藏规律。所以，该方法不仅能预测出远期预测对象，还能找出系统的影响因素及作用关系，有利于系统优化。利用系统动力学方法，可以在缺乏基础数据、定量表达式难以建立的情况下，利用较少的变量来对系统发展的整体水平进行预测，并能保证一定的精确度。因此，可以有效地克服目前城市需水量预测中的不确定性所带来的困难。

系统动力学法解决问题的过程大致可分为5步：

第一步：系统分析。主要任务在于分析问题，剖析影响因素；

第二步：系统结构描述。主要是处理系统信息，分析系统的反馈机制；

第三步：建立系统模型；

第四步：模型模拟与分析；

第五步：模型的检验与计算机仿真。

3. 预测方法评析

城市用水是水的自然循环和社会循环的重要环节，涉及人类社会和生态系统的诸多方面，是一个复杂的系统。处理复杂系统的问题，一是将复杂问题简单化，二是通过全面、精确地描述问题、求解问题。需水量预测是复杂问题，就目前人们对复杂问题的认知能力来说，我们还没有能力全面、精确地描述影响需水量的全部因素，我们既不知道影响需水量的因素到底有多少，也不知道各种因素对需水量影响的权重有多大。因此，我们现在还无法建立一个模型，使这个模型既包罗全部影响因素，又能定量确定影响因素的权重。目前，所采用的各种预测方法、建立的各种预测模型，均是建立在"将复杂问题简单化"这个原则上的，即所有的方法和模型只考虑了有限个、至关重要的影响因素，其他因素均被舍弃。故，所有需水量预测的方法都存在局限性，预测的结果存在不准确性。

各种需水量预测方法都有其自身的优点及不足，而需水量预测就是结合预测的目的、特点，结合用水量变化规律，合理地选择一种或几种预测方法，并收集所需的数据进行预测。

制定水资源规划、城市供水规划、城市水量平衡分析所做的需水量长期预测，宜采用回归分析法或系统动力学方法，回归分析法要求用水资料的年限一般不应低于10年。预测此类水量，其前提条件是水资源相对充足，经济技术条件能够满足城市对水的需求，水资源、水环境及生态环境的承载能力足够支撑城市经济、社会和生态发展的需要。

对于城市节水和水资源管理工作起步较晚、基础较差，用水资料贫乏，对近期节水工作又有明确目标的城市，如把创建节水型城市作为近期节水工作目标的城市，这一类城市往往把节水工作目标的考核指标作为需水量预测的基础参数，可采用结构分析法进行预测。

1.2 工业需水量预测

城市工业用水量在城市总用水量中占有较大比例，其预测的准确与否对城市需水量预测具有重要影响。工业需水量预测可分为城市工业需水量预测和工业企业需水量预测两类。城市工业需水量预测主要依据城市国民经济和社会发展计划纲要和规划年远景目标，以城市工业总产值（或工业增加值）作为控制指标进行预测，常用的预测方法有：工业万元产值（或增加值）取水量定额法、工业取水量年均增长率趋势法、工业取水量弹性系数法等；工业企业需水量预测通常采用用水结构分析法、单位产品取水量定额法等。

1.2.1 城市工业需水量预测方法

1. 工业万元产值（或增加值）取水量定额法

该方法的原理是依据工业万元产值（或增加值）取水量的现状和变化趋势，推测未来达到某一工业产值（或增加值）时的工业用水需求量，其模型如式（2-8）所示：

$$Q_{(n)}=q_{(n)}\times c_{(n)} \tag{2-8}$$

式中　$Q_{(n)}$——第 n 年的城市工业需水量；

$q_{(n)}$——第 n 年的城市工业万元产值（或增加值）取水量定额；

$c_{(n)}$——第 n 年的城市工业产值（或增加值）。

显然，该方法原理十分简单，城市工业需水量就等于城市工业产值（或增加值）与城市工业万元产值（或增加值）取水量定额的乘积。该方法的关键是城市工业万元产值（或增加值）取水量定额和城市工业产值（或增加值）的确定。

（1）城市工业万元产值（或增加值）取水量定额的确定

城市工业万元产值（或增加值）取水量定额，取决于城市工业产值（或增加值）和城市工业取水量。当一个城市的工业结构、工业产品没有发生剧烈变化时，城市工业产值（或增加值）和城市工业取水量是呈规律性变化的，因此，城市工业万元产值（或增加值）取水量也呈规律性变化。

城市工业万元产值（或增加值）取水量定额，可根据城市工业万元产值（或增加值）取水量变化趋势，结合专家决策等方法确定。城市工业万元产值（或增加值）取水量可依据多年的实际数据，采用回归法预测。

（2）城市工业产值（或增加值）的确定

对于工业结构、工业产品没有发生剧烈变化的城市，其工业产值（或增加值）是呈规律性变化的，可依据多年的实际数据，采用回归法预测。

某市 1990 年～1998 年万元产值取水量统计表（计量单位：m^3/万元）　表 2-1

年份	1990	1991	1992	1993	1994	1995	1996	1997	1998
取水量	150	108	98	87	75	67	63	58	52

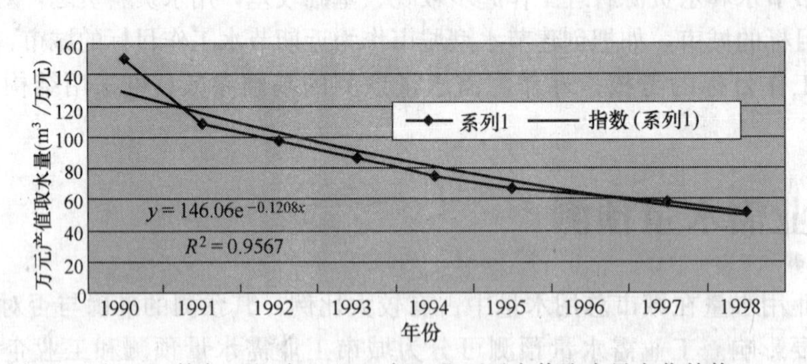

图 2-3　某市 1990 年～1998 年工业万元产值取水量变化趋势

2. 城市工业取水增长弹性系数法

城市工业取水增长弹性系数，是工业取水量增长率和工业产值（或增加值）增长率的比值。此预测方法的关键是分析确定弹性系数，对于有多年用水资料的城市来说，工业取水量增长率和工业产值（或增加值）增长率均可以采用回归法预测确定。

1.2.2　工业企业需水量预测

工业企业需水量的预测，一般采用单位产品取水量定额法。单位产品取水量定额应通过企业水平衡测试，结合国家、省、市相应定额确定。工业企业需水量预测的数学模型如式（2-9）所示。

$$Q_{(n)} = \sum_{i=1}^{i=j} q_i c_i \tag{2-9}$$

式中 $Q_{(n)}$——工业企业第 n 年的需水量；

q_i——第 i 种产品的单位产量取水量定额；

c_i——第 i 种产品的产量；

j——产品种类数。

对于生产多种产品的企业，其需水为所有产品需水量的总和。

1.3 生活需水量预测

城市生活用水需水量与城市的地理区位、经济发展水平、城市水资源、城市供水保障能力、市民的生活习性、城市规模以及基础设施完备情况等因素有关。城市生活用水主要包括城市居民生活用水和公共市政用水（也称城市大生活用水）。

1.3.1 城市居民生活用水需水量预测

城市居民生活用水需水量预测，通常采用居民人均生活取水量定额与居民人数相乘积的方法预测。居民人均生活取水量定额，可通过统计分析城市历年居民用水情况得到，或采用《城市居民生活用水量标准》（GBT 50331—2002）的相应数值。

1.3.2 公共市政用水（也称城市大生活用水）需水量预测

公共市政用水需水量的预测方法，大多采用城市人均公共市政用水取水量定额与城市人数相乘积的方法预测。城市人均公共市政用水取水量定额，可通过统计分析城市历年公共市政用水情况得到，或采用相关标准及参照类似城市确定。

1.3.3 城市生活用水需水量预测

城市生活用水需水量可以采用城市居民生活用水需水量与公共市政用水需水量的合计得到，也可采用城市生活用水量指标预测得到。城市生活用水量指标是城市生活用水量与用水人口的比值，是城市居民生活用水和公共市政用水水平的综合体现。城市生活用水量指标应通过统计分析城市历年生活用水情况得到，或采用相关标准及参照类似城市确定。

1.3.4 城市居民家庭用水调查实例

1999年某市对城市居民家庭用水情况进行了抽样调查研究。本次抽样调查的样本，是依据于等距抽样和类型抽样，并考虑到区域之间的平衡性而抽取的。所谓等距抽样，就是按某一标志进行排列，然后依固定顺序和间隔来抽取样本；所谓类型抽样，就是按照总体结构情况来抽取的样本，使样本类型结构与总体类型结构相吻合。这次主要是划分了一般居委会和重点居民楼区。区域之间的平衡性，主要是考虑到5个区之间的平衡，使五区的样本量构成全市区的样本总量。这样样本具有代表性，抽样调查体现科学性。

居民家庭调查样本总量是1800户。从5个区的分布看，一区540户，占30%；二区440户，占24%；三区312户，占17%；四区428户，占24%；五区80户，占4%。从不同居民户看，一般居委会共50个，户数为1000户，占56%；居民重点楼区65个，户数为800户，占44%（注：每个居委会抽20户，每个居民重点楼抽12～13户）。各区抽取的居委会和居民楼及户数见表2-2。调查的主要内容是：用水节水的相关指标、用水状况、节水潜力、节水意向、节水措施及对水资源开发利用的关心程度等。调查的相关指标主要是：家庭人口、家庭人均月收入、家庭住房类型等影响用水的指标。

各区居民户分布情况表　　表 2-2

区域	居委会		居民楼		小计
	个数	户数	个数	户数	
一区	15	300	20	240	540
二区	9	180	20	260	440
三区	9	180	11	132	312
四区	13	260	14	168	428
五区	4	80			80
合　计	50	1000	65	800	1800

从家庭人口指标看，被调查的居民家庭户均人口 3.1 人，户均就业人口 2.0 人。从家庭人均月收入看，共分为 6 个组，200 元以下的占 17%，200～400 元的占 39%，400～600 元的占 27%，600～800 元的占 11%，800～1000 元的占 4%，1000 元以上的占 2%。家庭人均月收入主要集中在 300～600 元之间，基本呈正态分布状态。从家庭住房类型看，楼房户占 78%，平房占 22%。楼房中，按居住楼层划分，3 层及以下的占 67%，4～5 层的占 26%，6～7 层的占 5%，8 层以上的占 1%。

调查研究的结果表明，某市城市居民家庭，户均月用水量 5.84m^3，人均 1.88m^3，水费支出占家庭消费支出的比重为 0.89%。从不同收入水平的家庭看，随着收入的增加，户均用水量也随之增加，而水费所占的比重则随收入的增加而降低，见表 2-3。

家庭收入、用水量及水费支出分析表　　表 2-3

家庭人均收入(元/月)	户均用水量(m^3/月)	水费支出占家庭消费的比重(%)
0～200	4.79	1.03
200～400	5.53	0.89
400～600	6.38	0.87
600～800	6.42	0.81
800～1000	7.51	0.81
1000 以上	6.86	0.70
总平均	5.84	0.89

1.4 城市综合需水量预测

城市综合需水量预测的方法比较多，基于统计分析的回归预测通常能取得与事实较吻合的结果。

以某市城市综合需水量预测为例：通过分析 1980 年～2000 年城市取水的统计资料，城市取水量在 20 年长度的时间序列上呈直线分布见图 2-4，（需水量计量单位为：千万 m^3；人口计量单位为：百万），特征年需水量见表 2-4。

特征年需水量　　　　表 2-4

特征年	2000	2005	2010	2020
需水量(亿 m^3)	2.87	3.2	3.7	4.5

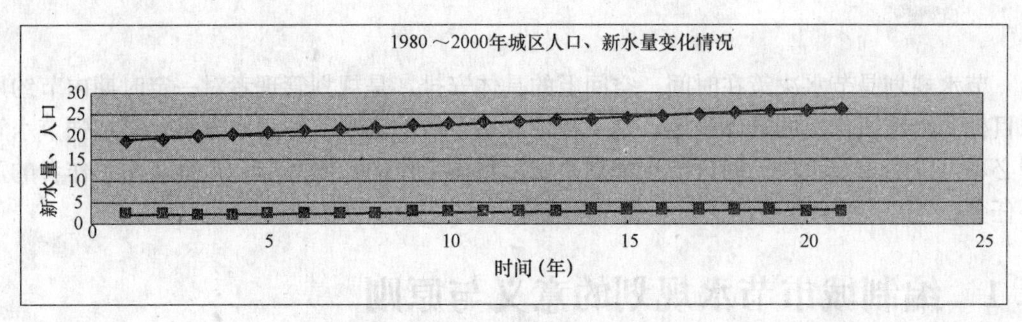

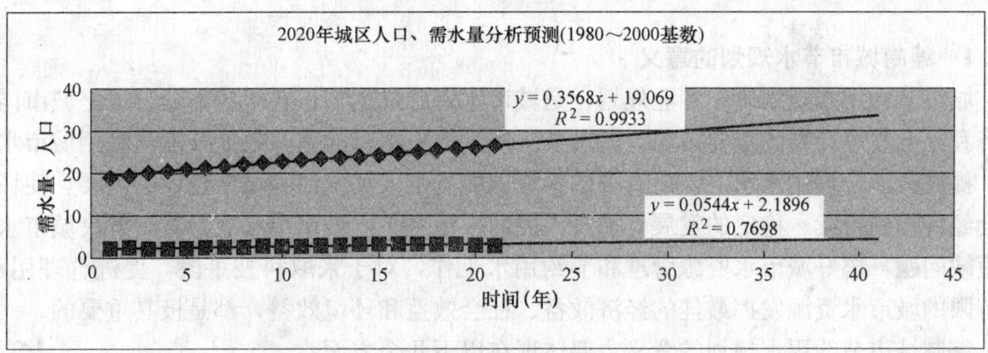

图 2-4　某市需水量预测趋势曲线

【思考题】

1. 需水量预测的期限是如何划分的?
2. 需水量预测程序一般包括哪几步?
3. 工业需水量预测常用的方法有哪些?各种方法有什么特点?

2 城市节约用水规划

节水规划是节水决策在时间、空间上的具体安排，是规划管理者对一定时期内节约用水目标和措施所作出的具体规定，是一种带有指令性的宏观节约用水方案，是加强节水管理必不可少的重要手段。制订节水规划是城市整体工作的重要环节，也是节水工作者的重要任务。

2.1 编制城市节水规划的意义与原则

2.1.1 编制城市节水规划的意义

城市节约用水规划属于专业规划，是城市水资源规划的重要组成部分，也是城市国民经济和社会发展计划的重要内容。城市节水规划的根本目的是有效地开发与利用城市水资源，提高科学合理用水水平，使有限的水资源能满足人民生活和城市建设的需要，使城市社会经济得到持续、稳定的发展，提高人民的生活水平。城市节水规划对于解决城市水资源短缺问题，搞好城市水资源管理和节约用水工作，对于采取科技手段，促进合理用水，使有限的城市水资源发挥最佳的经济效益、社会效益和环境效益，都是极其重要的。

编制城市节约用水规划的意义主要体现在以下几个方面：

1. 实现社会经济可持续发展的需要

科学合理地编制城市节约用水规划，对认真贯彻落实可持续发展战略，构建资源节约型和环境友好型社会，对全面推动城市经济结构调整和经济增长方式的转变，缓解经济社会发展对环境所带来的压力，保持国民经济快速、健康、协调发展，具有十分重要的意义。我国正处在经济发展和国家建设的重要阶段，社会经济的良性运转离不开水资源这个关键要素。我们必须在可持续发展的思想指导下，对城市节约用水工作进行系统规划，这样才能为社会经济的可持续发展提供安全保障。

2. 解决城市水资源短缺的需要

早在20世纪70年代，联合国已发出了缺水警报。然而，近年来全球性缺水仍在继续恶化，能否摆脱水危机，对人类来说是一场关系全球可持续发展，乃至人类生死存亡的大事。而要解决水危机，就应当科学管水、科学用水。城市节约用水规划是今后一段时期内科学管水、用水、保护水的指南，是依法行使城市节水管理行政权的依据和基础。

3. 保障节约用水纳入国民经济和社会发展规划中

制订规划、实施宏观调控是政府的一项重要职能，中长期规划在国民经济建设与发展中起着十分重要的作用。只有列入规划，才可能制定详细的实施计划，才能达到规划的目标要求。因此，我们必须充分重视各种规划的制定。城市节约用水规划作为城市规划的重要组成之一，它与经济、社会活动密切相关，只有将城市节约用水规划纳入城市国民经济和社会发展规划之中，才能得到资金、政策等方面的支持，才能保证规划的顺利实施，保证节水目标的顺利实现。

4. 实现节水目标管理的基本依据

目前节水管理多采用目标管理，即通过制定合理的节水目标，采取综合控制措施，达到节水的要求，实现经济、社会、环境的协调发展。城市节水规划在现状分析和评价的基础上，可以确定城市节水规划的目标和指标体系，一旦这些目标实现了，城市节水管理的要求也就达到了。

2.1.2 编制城市节水规划的原则

1. 可持续发展原则

可持续发展是一种“既满足当代人的需要，又不对子孙后代发展能力造成损害的发展”。1992年世界环境与发展大会以后，可持续发展作为一种新的发展观被绝大多数国家所接受。不论是发达国家还是发展中国家，大家都认识到：可持续发展关系到人类的生存、关系到经济的长期发展、关系到社会的安定繁荣，人口、资源、生态环境与经济社会相互协调、持续发展是人类社会历经磨难之后的明智选择。

制定城市节水规划，应密切结合城市经济社会发展的需要，贯彻“资源开发和节约并举，把节约放在首位”的可持续利用战略方针，坚持开源与节流并重、节流优先、治污为本、科学开源、综合利用，以水资源的可持续利用来保障经济社会的可持续发展。

2. 系统协调原则

城市节水涉及水资源开发、城市供水、用户用水、污水处理、水环境保护等子系统。在这个系统中，各个子系统之间既相互联系、又相对独立。系统协调原则，就是协调理顺各子系统、各要素之间的关系，通过各子系统的综合作用，保障水资源合理的开发、利用及保护。

城市节水规划必须以水资源优化配置和高效利用为核心，协调开源与节流，工业与城镇生活、生态用水，水与经济、社会、环境的关系，实现需水与供水、节水，工业节水与城镇生活节水，节水发展与经济社会发展，节水与生态环境的总体平衡与协调。

3. 保障用水安全原则

保障用水安全涉及水量和水质，节水不能以牺牲用水者的用水质量为代价，也不能以牺牲环境和生态为代价。

4. 全面规划、突出重点原则

节水规划既要遵循节水工作的一般规律，要具有全局性、阶段性、科学性、可行性与指导性，又要根据城市节水工作的实际情况，突出节水重点对象，制定主要对措。

5. 因地制宜、合理用水原则

规划既要结合城市节约用水现状，严格执行节水政策，又要依据城市水源条件和不同行业、不同区域的用水特点制定出合理高效的节水措施，从而提高用水效率，保护水环境，保障经济社会发展的用水需求。

6. 分类指导、分步推进原则

以水资源的优化配置和高效利用为核心，对城市生活节水、工业节水进行分类指导；在规划的近、中、远期三个阶段有步骤地推进实施节水措施。

7. 依靠科技进步原则

依靠科技进步，不断采用先进的生产工艺和技术、管理手段，提高工农业用水、节水和水污染防治的水平，发展节水型工业，寻求高效的水资源利用方式，以降低经济社会发展的资源环境代价。应用现代化信息技术，建设集实时监测、决策支持、反馈控制为一体的现代化水资源管理系统，努力建设以优化水资源配置、有效控制水污染和厉行节约为标志的现代化节水型城市。

2.2 城市节水规划的基本内容

城市节水规划还没有固定的模式，但其基本内容一般包括4个部分：

（1）编制规划的指导思想、原则、目的和依据。

（2）对规划范围内的水资源、供水、用水、节水等方面的现状进行调查、分析和评价。

（3）提出规划期内的目标和任务。

（4）制定完成规划任务的具体措施、步骤和方法，以及资金和各项工作的时限要求。

2.2.1 编制规划的指导思想、原则、目的和依据

1. 编制规划的指导思想

节水规划的编制，应以全面建设和谐、可持续发展的社会为目标，落实科学发展观，建设资源节约型、环境友好型社会，以提高水资源利用效率和效益为核心，以建立健全节水型社会管理制度、形成节水防污机制为根本，转变经济增长方式、调整经济结构、推进产业优化升级、加快科技进步，转变用水观念、创新发展模式，充分发挥市场对资源配置的基础性作用，建立政府调控、市场引导、公众参与的节水型城市体系，综合采取法律、行政、经济和技术工程等手段，加大宣传教育力度，促进经济社会发展与水资源相协调，为全面建设小康社会提供水资源保障，从当地实际出发，全面部署今后一段时期的城市节水工作。

2. 编制规划的主要依据

列出目前编制规划的主要依据，以供参考：

（1）国家法律法规

国家有关法律法规是编制节水规划的根本依据，例如在“水法”中，明确提出要节约用水，同时也提出在促进节水工作方面可以充分运用经济手段。这些原则都是编制节水规划的重要依据，同时也是执行规划的法律保证。目前主要有：

1)《中华人民共和国水法》；

2)《中华人民共和国城市规划法》；

3)《中华人民共和国防洪法》；

4)《中华人民共和国水土保持法》；

5)《中华人民共和国环境保护法》；

6)《中华人民共和国水污染防治法》。

（2）国家有关规划、标准、政策

1)《国民经济和社会发展第十一个五年规划纲要》；

2)《节水型社会建设“十一五”规划》；

3)《城市供水行业2010年技术进步发展规划及2020年远景目标》；

4)《中国城市节水2010年技术进步发展规划》；

5)《中国节水技术政策大纲》；

6)《节水型城市目标导则》(建设部、国家经贸委、国家计委 1996)；

7)《节水型企业（单位）目标导则》(建设部 1997)；

8)《城市污水再生利用技术政策》(建设部、科技部 2006 年)；

9)《城市居民生活用水量标准》(GB/T 50331—2002)；

10)《节水型生活用水器具》(CJ/164—2002)；

11)《城市供水管网漏损控制及评定标准》(CJJ 92—2002)；

12)《节水型城市考核标准》(建设部、国家发改委 2006 年修订)；

13)《水资源评价导则》；

14)《地表水环境质量标准》；

15)《地下水质量标准》；

16)《节水型企业评价导则》；

17)《工业用水分类及定义》；

18)《工业企业水量平衡测试方法》；

19)《工业用水考核指标及计算方法》；

20)《取水许可技术考核与管理通则》。

(3) 国家有关部委的规章、文件

国家发改委、住房和城乡建设部、水利部等部委的规章、文件也是编制城市节水规划的重要依据，目前主要有：

1)《城市节约用水管理规定》；

2)《国务院关于加强城市供水节水和水污染防治工作通知》(国发 [2000] 36 号)；

3)《国务院办公厅关于资源节约活动的通知》(国办发 [2004] 30 号)；

4)《国务院关于做好建设节约型社会近期重点工作的通知》(2005 年 7 月 5 日)；

5)《国务院办公厅关于推进水价改革促进节约用水保护水资源的通知》(2004 年 4 月 19 日国办发 [2004] 36 号)；

6)《关于进一步创建节水型城市活动的通知》(建设部、国家经贸委 2001 年 3 月 26 日建城 [2001] 63 号)；

7)《关于进一步加强城市节约用水和保证供水安全工作的通知》(建设部 2003 年 8 月 22 日建城 [2003] 171 号)；

8)《关于加强工业节水工作的意见》(国家经贸委、水利部、建设部、科学技术部、国家环保总局、国家税务总局 2000 年 10 月 25 日国经贸资源 [2000] 1015 号)；

9)《关于进一步推进城市供水价格改革工作的通知》(国家发展计划委员会、财政部、建设部、水利部、国家环境保护总局 2002 年 4 月 1 日计价格 [2002] 515 号)；

10)《关于加快城市供水管网改造的意见》(建设部、国家发展计划委员会、财政部 2003 年 9 月 14 日 建城 [2003] 188 号)。

(4) 地方相关法律、法规、规划

在编制本地区节水规划时，还要结合本地区的具体情况，以本地区的有关法律、法规、规划为依据，如本地区的国民经济发展规划、城市总体规划、水资源利用规划、供水规划、排水规划、规划地区所在省颁布的用水定额。为使城市节水规划能够保证该地区的经济发展规划全面实施，节水规划必须是具体的、可操作的。

3. 编制规划的基本目的

制定城市节水规划的基本目的在于不断改善和保护人类赖以生存和发展的自然环境，在发展经济的同时对有限的水资源进行合理的开发与可持续利用，维护自然环境的生态平衡，使有限的水资源更好地为经济建设和人民生活服务，使经济与社会协调发展。

2.2.2 现状分析及预测

1. 基本情况

(1) 自然地理概况

简要论述规划地区的地理位置、地形地貌、水文地质、河流水系、气候气象等特点。

(2) 经济社会概况

简要论述规划地区人口、地区生产总值及其增长率、产业发展和结构调整等情况。人口按常住人口统计，说明人口分布及近5～10年的变化情况。地区生产总值要收集近5年以上的对比资料，按照一、二（工业单列）、三产业列表，增长率采用可比价计算。产业发展中要分析高用水行业情况。工业要根据当地实际情况，按高用水工业行业（或用水大户、高污染行业）和一般工业行业分类分析行业布局、增加值比重及发展情况。

(3) 水资源及其开发利用现状

利用已有的水资源规划成果，进行水资源及其开发利用评价。评价包括水资源调查评价、开发利用评价和水生态环境评价。

水资源调查评价分水资源数量评价和水质评价。水资源量评价包括降水、蒸发、地表水、地下水和水资源总量。水质评价包括地表水水质（江河、湖库）、地下水水质、主要污染物分析、水功能区水质达标情况等。

开发利用评价包括供水、用水、耗水、排水4个方面的内容。

水生态环境评价包括河道基流（断流）情况、入海（如有）流量、地下水超采，以及水土流失、湿地保护等内容。

(4) 现状用水水平分析

在现状用水情况调查的基础上，首先进行现状用水定额及用水效率效益指标分析。现状用水定额包括综合用水定额和分行业的用水定额；用水效率采用人均用水量（采用常住人口）、万元地区生产总值用水量、城镇生活人均综合用水量、城市供水管网漏损率、节水器具普及率、万元工业增加值取水量、工业用水重复利用率等指标进行分析。

根据各项用水定额及用水效率效益指标的分析计算结果，进行当地不同时期、当地与不同地区间的比较，特别是与省内外、国内外先进水平的比较，找出与先进水平的差距以及现状用水节水中存在问题及其原因。在比较时，应选择水资源条件和经济社会发展程度相近的国家和地区进行。

(5) 近年来节水工作开展情况

总结近年来在政策法规、节水管理、设施建设、技术改造、提高公众节水意识、提高用水效率与效益等方面的节水工作开展情况。

(6) 形势与主要问题

依据水资源及其开发利用评价成果和经济社会发展对水资源可持续利用和节约用水的要求，分析在水资源供需矛盾、水资源开发、用水效率、水环境和水生态等方面面临的形势。

认真分析规划地区在产业结构、制度与管理、节水激励机制、节水设施建设和技术研发及推广、用水效率、节水意识等方面存在的主要问题及原因。

2. 现状节水潜力分析

城市节水管理首先要面临的问题是节水是否有潜力、潜力多大。城市节水与城市本身的性质、规模以及所处的自然环境有关，还与人的生活方式、消费水平有关。

现状节水潜力是在现状经济社会条件下的人口、经济量和实物量，按照远期水平年的节水标准计算出的需水量与现状用水量的差值。现状节水潜力分析计算，首先是分析确定分行业的节水标准，再计算分行业的节水潜力，最后汇总工业节水潜力、城镇生活节水潜力，最终得出综合节水潜力。对节水潜力的分析可从以下几个方面进行分析：

（1）同国内外先进节水指标相比较分析节水潜力

选取同规划区域工业结构大致相当的城市进行对比分析，指标可选取工业用水重复利用率、间接冷却用水循环率、万元产值取水量和城市污水集中处理回用率等。

经过对比，分析规划区域内的这些指标那些与其他城市有差距，如果能够达到国内的先进水平，将有多大的节水潜力。

（2）从节水技术途径分析节水潜力

工业节水所采取的技术措施，根据不同类别用水节水的难易程度可以分为 3 个层次。

1）间接冷却用水的循环利用。间接冷却用水作为生产过程中的载热介质，其进出口温差越大，载热能力就越大，水的利用效率也就越高。例如，某市工业间接冷却用水普遍存在着进出口温差小，仅有 3～5℃，如果能将间接冷却用水的温差普遍扩大 1℃，则相当于将间接冷却用水的循环量扩大了（2.5～3.5）$\times 10^4 m^3/h$，年增循环量（21900～30660）$\times 10^4 m^3$，其潜力是巨大的。

2）工艺用水中无机废水和部分直冷水的回收利用。

3）回收利用锅炉蒸汽冷凝水以及其他工业废水。

通过改革生产工艺，使工业生产的主要过程中少用水或不用水，是工业节水技术措施中最根本的、最有效的途径。例如电力行业的水冷改空冷、水冲灰改干法贮灰，节水量可达到 90%～95%；冶金行业的水冷却系统改汽化冷却系统，节水量可达 70%以上；化工行业的水洗除尘改酸洗除尘等都有着十分明显的节水效果。但是，工艺改革往往涉及到原材料、操作流程和生产设备的变动，因此经济能力往往是这类节水技术措施能否实施的关键因素。

（3）从污水再生回用分析节水潜力

1）通过了解规划区域内每天的污水排放量及污水处理能力，分析污水处理能力能否进一步提高，是否满负荷运行。

2）了解规划期内是否将建设新的污水处理设施，若将规划期内新增污水处理量部分回用于城市工业、生活用水，就可减少取新水量，对缓解城市工业用水的紧张状况将发挥极大的作用。

3）在工业企业中建立废水闭路循环系统，是减少废水排放量，降低工业取水量的有效措施。

（4）从单位产品耗水量分析节水潜力

分析规划区域内的主要工业产品的单位耗水量与国内外先进水平的差距，若采用先进的方法与技术，可减少单位产品耗水量。如在钢铁企业采用国外先进的阶梯式循环用水法与分离处理技术（即：首先向最需要高质量水的单位供应新水，然后把经过处理的再生水依次供应给其他对水质有不同要求的单位；分离处理则是对各种不同的废水分别进行处理，而不是把所有废水混在一起再行处理），吨钢取水量就可大大降低，达到节约用水的目的。

3. 水资源供需分析

水资源供需分析是编制节水规划的基础性工作。在提出节水规划的具体目标与任务之前，应当首先进行水资源供需分析工作。

水资源供需分析包括不同水平年经济社会发展指标预测、需水分析、供水预测和供需平衡分析4部分内容。供需平衡分析采用水资源综合规划中水资源配置相应成果。水资源综合规划成果不配套时，可采用趋势外延法和内插法相结合的方法进行分析。尚无水资源综合规划水资源配置相应成果的地区，可根据《全国水资源综合规划技术大纲》和《全国水资源综合规划技术细则》要求以及《水资源综合规划需水预测细则》的技术要求进行分析计算。

需水量预测是整个规划中的重要组成部分。这种预测，是以大量统计资料信息及经验为依据的，运用数理统计的方法来进行。当前预测的方法很多而且还在继续研究新的预测方法，具体的预测方法见本书其他章节。

虽然需水量的预测方法很多，但根据经验，在节水规划中这些方法都各有其优缺点。因为需水量预测是涉及未来的、复杂的、人为因素的多因素大系统，未知条件很多，采用哪一种方法都很难全面考虑。

无论是使用何种方法，得出的预测结果都可能有一定的差距，一般应该多种方法并用，且将其结果相互比较、相互验证、相互补充，以求得较可靠的数据。同时，有必要在预测结果出来之后做一些抽样调查，对预测结果进行修正，使预测结果更接近实际。

2.2.3 规划期内的目标和任务

根据经济社会可持续发展对水资源可持续利用的总体要求，在水资源供需分析与水资源配置的基础上，综合考虑规划区的水资源供需矛盾、生态与环境状况、节水潜力、规划水平年的经济技术水平、当前水资源开发利用存在的主要问题等，系统提出城市节水规划的目标。

按照逐步建成制度完备、设施完善、用水高效、生态良好、持续发展的总体要求，从当地实际出发，在分析形势与问题、理清基本思路、明确重点的基础上，系统提出规划区节水规划的总体目标。对可以量化的规划目标，应当提出具体的量化指标。其中用水总量控制指标要与水资源综合规划成果以及上一级行政区的水资源配置方案相协调。

建立城市节约用水指标体系是确定城市节水规划目标的基础。节约用水指标是衡量用水（节水）水平的一种尺度参数，但不同的节水指标只能反映其用水（节水）状况的一个侧面，为了全面衡量其用水（节水）水平，就需要用若干个指标所组成的节水指标体系进行考核评价。建立城市节约用水指标体系，既要能反映城市节约用水中合理用水、科学用水、计划用水的水平，又要具有高度概括性，便于实际应用。在我国由于地域广阔，水资源分布不均衡，各城市的节约用水和经济发展水平各不相同，同时部分指标的执行条件不够成熟，所以城市节水指标在实施过程中应分地区、分部门、分期逐步进行。有些可在近期使用，有些只能作为远期指标使用。

按照建设部、发改委建城［2006］140号文《节水型城市考核标准》的规定，节水考核指标包括基础管理指标和技术考核指标。在制定城市节水规划目标时，可参照有关节水考核指标。

规划期内的任务可参照国家发改委等有关部门发布的《节水型社会建设“十一五”规划》中四大体系建设任务，根据本地区实际情况和确定的建设目标，确定城市节水的主要任务。

1. 节水型社会管理体系

提出本地区在节约用水法规体系、水资源及节水管理体制、用水总量控制与定额管理、取水许可和水资源有偿使用、计划用水、用水计量与监督管理等方面的任务，以及在运用价格、财税、金融政策促进水资源节约和高效利用等方面的任务。

2. 经济结构调整

合理配置水资源，调整用水结构，建设与本地区水资源承载能力相适应的经济结构体系。促进产业结构升级，促进节水型工业和服务业的发展。严格控制不符合本地区水资源承载能力的项目建设，对于新上的基本建设项目，要严格实行水资源论证制度，把好项目准入关。

3. 工程技术体系

包括水资源配置工程、工业节水改造、城市供水管网改造、节水器具普及、再生水利用等非常规水资源的利用、城市污水处理、研发及推广先进适用的节水技术等方面的任务。

4. 自觉节水的社会行为规范体系

提出宣传教育、舆论监督、群众参与节水型社会建设等方面的任务。

2.2.4 对策措施

通过对规划区城市用水供需分析，结合本地区经济社会发展情况和规划期的节水目标，制定出水资源的开发与利用过程中，应采取的具体措施和对策，以及资金和各项工作的时限要求，使节水规划具有可操作性，落到实处。

1. 加强法规和标准体系建设

制定和完善地方节水法规体系，制定地方各行业节水标准与技术规范，强化节水执法监督管理。加强用水计量管理和供用水统计管理等。

2. 健全用水总量控制和定额管理相结合的制度

在明确本地区用水总量控制指标的基础上，将用水总量指标分解到各区域和各主要用水行业。根据年度实际来水情况，制定动态的年度用水计划和年度水量调度计划。健全用水定额管理，全面推进计划用水等。

3. 强化实施取水许可和水资源有偿使用制度

加强取用水的监督管理和行政执法。推行水资源论证制度。全面实施水资源有偿使用制度，加大水资源费征收力度，依法扩大水资源费征收范围，适时调整水资源费征收标准等。

4. 建立健全节水减排制度

强化水功能区管理。依法划定水功能区，核定各水功能区纳污总量，制定分阶段控制方案，依法提出限排意见。加强排污口的监督管理。新建、改建、扩建入河入湖排污口要进行严格论证，坚决取缔饮用水水源保护区内的直接排污口。对取用水户退排水加强监督管理。严禁直接向江河湖海排放超标工业污水。严禁利用渗坑向地下退排污水等。

5. 完善水价形成机制

按照促进节水减污、补偿成本、合理收益、优质优价、公平负担的原则，合理确定和适时调整当地水价；对不同水源和不同类型用水实行差别水价；提高水费征收率；合理制定再生水、矿井水等非常规水源水价，鼓励使用非常规水源。

6. 推进节水产品认证与市场准入制度

加强节水"三同时"管理。强化节水设施和节水器具、设备质量的监管，推行节水产品认证与市场准入制度。根据国家公布的目录，淘汰落后的高耗水工艺和设备（产品）等。

7. 建立健全绩效考核制，完善公众参与机制

建立健全节水绩效考核制，做到层层有责任，逐级抓落实，确保本地区节水工作有组织、有步骤地向前推进。推广用水户协会等用水者组织形式，建立公众参与用水权、水价、水量分配的管理和监督制度，鼓励社会公众广泛参与节水管理。

2.3 城市节水规划编制程序

编制城市节水规划的工作包括从任务下达到上报审批，直至纳入国民经济和社会发展规划的全过程。

2.3.1 编制工作大纲

一般首先应成立一个编制节水规划的领导组，并组建编制节水规划的工作组。然后，由领导组提出节水规划编写的总要求，工作组按照以下程序编制工作大纲：

1. 分析当地水资源形势与问题

主要分析内容有：经济社会发展和生态环境形势，水资源条件，经济社会发展和生态环境对水资源保障需求，水资源、水环境承载能力和产业结构协调程度，水资源开发利用存在的问题，水资源管理存在问题，水资源配置工程与节水设施现状及其问题等。

2. 理清思路，确定重点

深入分析当地水资源、水环境状况，认真研究城市节水要解决的主要问题，理清建设节水型社会与节水型城市的基本思路，科学提出规划目标，明确重点举措。

3. 确定规划编制内容和工作大纲

在理清思路、确定重点的基础上，确定规划编制内容和工作大纲，组织对工作大纲进行论证。

2.3.2 资料收集和现状的调查

制定节水规划之前要进行充分的调查研究工作，这是编制节水规划的基础。通过对该区域的水资源、水污染及节水状况的调研，客观地认识本地区的现状水平，尽可能全面地了解真实可靠的有关工业、生活、市政公用等各类用水情况，掌握系统的统计数据，找出存在的主要问题，探讨协调经济社会发展与水资源保护之间的关系，以便在规划中采取相应的对策。这些数据可以通过调查或实测取得，这些资料是做好规划必须要研究的重要

内容。

具体来说，节水现状的调查主要包括以下 4 个方面。

1. 节水法规的制定与实施情况

虽然节水工作的历史较短，但国家仍颁布了一批有关开展节水工作的法规，明确了有关政策，推行了一些技术经济措施。在进行节水现状调查时，应了解本地区对国家制定的有关节水的法规、政策执行情况；为适应本地区具体情况而制定的政策法规是否完善。在分析现状时应当包括这些内容，以便找出今后需要加强的工作方向。

2. 历年水文地质资料的调查与整理

(1) 要了解历年的水文、气象和地下水资源的资料，以供分析本地区水资源情况使用。

(2) 地表水方面应掌握当地历年的自产水量、外调水量、过境水量的情况和当地的蓄水能力等。

(3) 对地下水既要了解贮量，又要掌握补给情况和可开采量，超采将会造成水位下降和地面沉降等后患。

3. 生活用水水平

应具体的调查、分析下列诸方面的情况，以便准确的预测规划期的需水量。

(1) 居民生活用水总量。

(2) 居民的居住条件及各种居住条件所占比例。

(3) 各种大生活的设施水平等。

4. 工业节水情况

在工业节水方面，应调查了解以下 4 个方面的情况：

(1) 当地的工业结构、类型和布局特点。

(2) 根据现状的用水水平、有无节水潜力、本地区各行业所占的比例等，按不同行业进行分析。

(3) 收集一些国内外先进地区的同行业用水水平和有关节水信息资料。

(4) 对工业的设备情况也要进行了解。

总之，了解得越细、情况越明，规划时就可以相应的提出有针对性的具体措施，可以准确地提出建议，例如提出节水的重点行业、节水的重点工艺以及对今后工业的布局和工业结构的改善等。

2.3.3 预测供需水量及平衡分析

需水量预测是城市节水规划的基础，是根据过去和现在所掌握的供水、用水和节水方面的信息资料推断未来、预估需水量变化和发展趋势。需水量预测是节水决策的重要依据，没有科学的预测就不会有科学的决策，当然也就不会有科学的规划。在进行需水量的预测时，应注意以下 4 个方面的内容：

(1) 根据本地区国民经济发展规划的要求，按各种不同的用水性质，分别进行预测。

(2) 在规划期内，本地区重点要发展哪些行业，就要按所发展的行业用水情况进行需求量的预测，因为工业性质的不同，耗水量就不同。例如，对化工行业就要按化工行业去预测；而对机械行业，就要按机械行业进行需水量的预测。这两种行业的用水量悬殊，不分别进行测算就会出现较大误差，必然会影响规划的精度。

(3) 居民生活用水需水量的预测，应考虑居民居住条件等有关因素，如各种居住条件所占比重，今后改善居民居住条件的规划规模，都要分别进行测算。

（4）城镇中其他类型的用水（服务性行业、市政用水等）的需水量要分别进行测算，以使预测结果更接近实际，更加准确。

2.3.4 制定节水目标

确定恰当的节水目标，即明确所要解决的问题及所要达到的程度，是制定节水规划的关键。目标太高、节水投资多，超过经济负担能力，则节水目标无法实现；目标太低，不能满足人们对保护水资源的要求。因此，在制定节水规划时，确定恰当的节水目标是十分重要的。应考虑的内容有：

（1）选择目标要考虑规划区资源特征、性质和功能；

（2）选择目标要考虑经济、社会和环境效益的统一；

（3）考虑人们生存发展的基本要求；

（4）考虑当地供水设施的建设情况；

（5）节水目标和经济发展目标要同步协调。

应注意的问题如下：

（1）制定节水目标时，各项指标要尽量做到具体可行。

（2）各行业的节水指标应当分别制定，例如重复利用率不能按统一标准去要求各类工业，冷却水循环率也要分别制定。

（3）在分别制定各行业指标的基础上，综合平衡后提出城市总的节水指标体系。

（4）要实事求是，不可简单套用国内外先进地区的水平。因为各地区的工业结构、技术水平和设备新旧不同；水资源的贫富、气候、生活水准和政策开放程度等条件，都是因地而异的。例如啤酒的生产，国外先进水平可以达到每生产1t啤酒耗水10m^3以下。在我国某些城市经过技术改造或引进国外生产线，生产1t啤酒耗水在12～16m^3。但多数城市由于设备陈旧，一时又难以进行大规模的技术改造，虽然做了很大的努力，生产每1t啤酒仍需耗水25～30m^3。重复利用率的指标也存在类似问题。国内有些城市的重复利用率指标已经达到75％～80％，而其他一些城市只有60％～70％或更低。

（5）指标的高低，与城镇的工业结构有关。如某城市以化工、冶金为主，相应的重复利用率就高。如以机械、食品、服装加工业为主，其重复利用率就不可能太高。总之，情况不同，制订计划目标时不能无根据地盲目套用其他的指标水平。

2.3.5 节水规划方案的设计

节水规划设计是根据国家或地区有关政策和规定、水资源状况和节水目标、投资能力和效益等，提出节水规划方案。主要内容如下。

1. 拟定节水规划草案

应根据节水目标及节水预测结果的分析，结合区域的财力、物力和管理能力的实际情况，为实现规划目标拟定出切实可行的规划方案。可以从各种角度出发拟定若干种满足节水目标的规划草案，以备比较选优。

2. 优选节水规划草案

在对各种草案进行系统分析和专家论证的基础上，筛选出最佳节水规划草案。节水规划方案的选择是对各种方案权衡利弊，选择环境、经济和社会综合效益高的方案。

3. 形成节水规划方案

根据实现节水规划目标和完成规划任务的要求，对选出的节水规划草案进行修正、补充和调整，形成最后的节水规划方案。

2.3.6 节水规划的申报与审批

节水规划的申报与审批，是整个规划工作的有机组成部分，是把规划方案变成实施方案的基本途径，也是节水管理中一项重要工作制度。节水规划的申报与审批过程是沟通上下级思想、统一认识、协调节水部门与其他部门之间关系的过程，是将规划方案纳入国民经济和社会发展规划的过程。

节水规划的申报与审批采取自上而下、由下而上、上下结合，既有民主，又有集中，协调协商的方法。

规划编制单位在规划基本编制完成后，将文本报送城市人民政府初审，同级人民政府在其职权范围内，可对方案进行决策、批准、驳回或提出修改意见。

规划的审批应在组织各行业专家进行评审和论证的基础上进行。

规划编制单位在取得初审意见后，要根据审查意见，对规划进行修改、完善或重新编制。若认为初审意见不合理，可提出申辩，对规划进行修改或重新编制后，再次申报给城市人民政府审批。

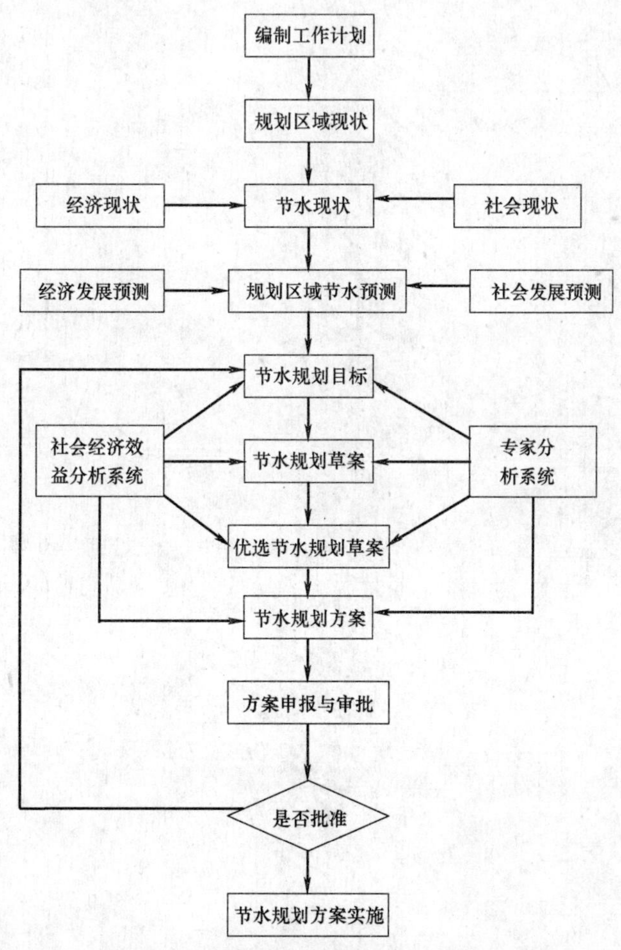

图 2-5 城市节水规划编制基本程序

城市人民政府收到申报文本后，应予尽快批准，并将批准后的规划付诸实施。

在规划实施过程中，若出现新的重大问题，确需对规划的指标或内容进行补充修改时，必须报请原审批机关同意。

综上所述，城市节水规划的编制基本程序可由图 2-5 表示。

【思考题】

1. 编制城市节水规划的意义是什么？
2. 编制城市节水规划的原则有哪些？
3. 城市节水规划包括哪些基本内容？
4. 编制城市节水规划的主要依据有哪些？
5. 编制城市节水规划时从哪些方面对节水潜力进行分析？
6. 编制城市节水规划的程序是什么？

3 城市节约用水行政管理

3.1 城市节水管理机构及职责

城市节水行政管理就是城市节水行政的主体，依据国家有关节水的政策法令，通过采用行政措施对城市节水工作实施的管理。城市节水行政的主体是指依法建立的、拥有城市节水行政职能，并能以自己的名义行使其职能，能独立承担相应的法律责任的国家行政机关或组织。

3.1.1 城市节水管理机构的法规依据

城市节水管理机构的法规依据是以水法为中心的，以相关法律、法规、规章和众多规范性文件的有关内容作为补充的法规体系，其表现形式按照节水法律和原则，制定主体、效力层次、制定程序等可划分为以下几种。

1. 水事行政法律

水事行政法律是由国家最高权力机关全国人民代表大会及其常务委员会制定和颁布的规范性文件，是法律中调整水事行政管理活动的规范性文件的总和。

1988 年 1 月 21 日，《中华人民共和国水法》由第六届全国人民代表大会常务委员会第 24 次会议通过，2002 年 8 月 29 日第九届全国人民代表大会常务委员会第 29 次会议修订通过，自 2002 年 10 月 1 日起施行。《水法》第一章第八条规定："国家厉行节约用水。各级人民政府应当采取措施，加强对节约用水的管理，建立节约用水技术开发推广体系，培育和发展节约用水产业。"第十三条规定"国务院有关部门按照职责分工，负责水资源开发、利用、节约和保护的有关工作。县级以上地方人民政府有关部门按照职责分工，负责本行政区域内水资源开发、利用、节约和保护的有关工作。"《水法》的颁布，为进一步加强城市节约用水管理提供了依据。

法律可以设定各种行政处罚。

2. 节水行政法规

节水行政法规是最高国家行政机关国务院根据宪法和法律，依据法定程序制定的有关节水行政管理的规范性文件的总称。如 1993 年 8 月 1 日国务院发布的第 119 号令《取水许可制度实施办法》；1994 年 10 月 1 日施行的《城市供水条例》等。节水行政法规不得与宪法、法律相抵触，否则无效。

行政法规可设定除限制人身自由以外的各种行政处罚。

3. 地方性节水法规

地方性节水法规是指由省、自治区、直辖市人民代表大会及其常务委员会颁布的节水管理规范性文件，以及省、自治区、直辖市人民代表大会常务委员会批准的省、自治区人民政府所在地的市和经国务院批准的较大的市的人民代表大会及其常务委员会制定的节水管理规范性文件。其中，省、自治区人民政府所在地的市和经国务院批准的较大的市人民代表大会及其常务委员会制定的地方性节水法规，应报省、自治区、直辖市的人民代表大会常务委员会批准后才能施行。所有地方性节水法规的发布，都应报全国人民代表大会常务委员会和国务院备案。地方性节水法规不得与宪法、法律、节水行政法规相抵触。如北京市1991年11月1日实施的全国第一个有关节约用水地方性节水法规《北京市节约用水条例》；1996年7月26日济南市第十一届人民代表大会常务委员会第二十二次会议通过，1996年8月11日山东省第八届人民代表大会常务委员会第二十三次会议批准的《济南市城市节约用水管理办法》；2001年11月18日山西省第九届人民代表大会常务委员会第十次会议通过的《山西省城市供水和节约用水管理条例》等。

地方性法规可以设定除限制人身自由、吊销企业营业执照以外的行政处罚。

4. 节水行政规章

节水行政规章包括部门规章和地方人民政府规章。

部门节水规章是指国务院城市建设行政主管部门发布的或与国务院其他部委联合发布的节水管理规范性文件的总称。如1989年1月1日正式实施的建设部令第1号《城市节约用水管理规定》；建设部、国家计委1991年颁布的《城市用水定额管理办法》；1992年6月1日施行的建设部第17号令《城市房屋便器水箱应用监督管理办法》；1986年城乡建设环境保护部、国家经济委员会、财政部颁发的《城市节约用水奖励暂行办法》等。

《城市节约用水管理规定》第五条规定："国务院城市建设行政主管部门主管全国的城市节约用水工作，业务上受国务院水行政主管部门指导。国务院其他有关部门按照国务院规定的职责分工，负责本行业的节约用水管理工作。省、自治区人民政府和县级以上城市人民政府建设行政主管部门和其他有关行业行政主管部门，按照同级人民政府规定的职责分工，负责城市节约用水管理工作。"《规定》的发布为我国城市节约用水机构的建立提供了依据，标志着城市节约用水工作已步入法制管理轨道。

地方人民政府节水规章是指省、自治区、直辖市人民政府和省、自治区人民政府所在地的市人民政府，以及经国务院批准的较大的市的人民政府制定的节水管理规范性文件的总称。如2003年1月7日山东省人民政府第29次常务会议通过的第160号政府令《山东省节约用水办法》；2002年8月8日济南市人民政府第32次常务会议通过的第198号政府令《济南市城市中水设施建设管理暂行办法》等。

对尚未制定节水相关法规、部门节水规章和地方人民政府节水规章，对违犯节水行政管理程序的行为，可以设定警告或一定数量罚款的行政处罚。

5. 其他规范性文件

节水法规、规章之外的其他规范性文件是指市、县（区）、镇人民政府以及县级以上人民政府所属城市建设管理部门和其他行业主管部门，依照法律、法规、规章和上级规范性文件，并按法定权限和规定程序制定的，在本地区、本部门具有普遍约束力的规定、办法、实施细则等。

宪法、法律、法规、规章之间对同一事项规定不一致的，以上位法作为行政执法的依据。

部门规章之间以及省、自治区、直辖市人民政府发布的规章与部门规章之间对同一事项规定不一致的，由省、自治区、直辖市人民政府报请国务院裁决，以裁决执行的规章为执法依据。

除法律、行政法规、地方性法规、部门规章和地方人民政府规章以外的其他规范性文件不得设定行政处罚。

3.1.2 我国城市节水管理机构及其职责

目前，我国城市节水管理机构的设置是：住房和城乡建设部负责全国的城市节约用水工作；省、自治区、直辖市人民政府建设行政主管部门和县级以上人民政府建设（城市水务）行政主管部门负责所辖行政区域内的城市节约用水工作。其工作职责主要包括以下几个方面：

(1) 拟定并执行有关城市节约用水的法律、法规、政策。

(2) 组织编制城市节水中长期规划。

(3) 组织制定和完善城市和行业用水定额，审批并下达城市计划（定额）用水指标，并检查考核用水计划的执行情况。

(4) 负责新建、改建、扩建项目中节水设施与主体工程的"同时设计、同时施工、同时投入使用"的审批、监督和管理工作。

(5) 定期组织开展对用水单位的水平衡测试。

(6) 负责节水设备和器具的推广应用和认证许可工作。

(7) 组织开展城市节约用水的科学研究，推广先进技术，提高城市节约用水科学技术水平。

(8) 配合物价部门制定城市水价及有关征费的征收政策，负责超计划（定额）用水加价水费等有关征费的征收工作。

(9) 负责城市节约用水行政监察工作。

(10) 负责雨洪水、矿井水、海水、再生水等非常规水源的开发利用。

(11) 组织开展城市节约用水宣传教育、人员培训、普及节水知识等工作。

(12) 负责创建"节水型城市"和"节水型企业（单位）"的组织、协调、实施和达标考核验收工作。

3.1.3 我国城市节水的管理网络

自20世纪80年代以来，我国普遍开展了城市节水工作并成立了城市节水管理机构。到目前为止，全国各省（自治区、直辖市）、市、县绝大部分成立了城市节水管理机构，形成了全国性的城市节水管理网络，极大的促进了城市节水工作的深入开展。

1. "市—区—街道"节水管理网

城市人民政府的建设行政主管部门负责城市节水管理工作，一些较大城市还设立了区一级节水管理机构，同时街道（办事处）也设有专人负责节水工作，对不同用水量的用户实行分级管理。

2. "市—行业主管部门（局、总公司)—企业（单位)"节水管理网

市级某些行业行政主管部门，如发改委、经贸委等，设立专门机构，负责节能工作的同时也负责工业节水工作，协同城市节水管理部门管理本行业的节水工作。

3. "厂—车间—班组"节水管理网

企业的节水管理，一般由分管领导负责。将节约用水计划指标纳入企业各级经济责任制及承包合同中，并将用水指标分解到车间和班组，形成了企业的节水三级管理网络。

3.2 城市节水行政行为

3.2.1 城市节水行政行为的含义

城市节水行政行为是指城市节水行政主体在实施城市节水行政管理活动，行使城市节水管理职权过程中所做出的具有法律意义的行为。包括以下几个方面的含义：

（1）城市节水行政行为是城市节水行政主体所做出的行为。这是城市节水行政行为成立的主体要素。

（2）城市节水行政行为是城市节水行政主体行使城市节水行政职权，实施城市节水行政管理的一种行为。这是城市节水行政行为成立的内容要素。

（3）城市节水行政行为是具有法律意义的行为。这是城市节水行政行为成立的法律要素。

3.2.2 城市节水行政行为的特点

1. 单方意志性

城市节水行政行为是城市节水行政主体代表国家行使城市节水管理职权，在实施过程中，只要是在有关城市节水法律法规规定的职权范围内，就无需与城市节水行政相对人协商，不必征得城市节水行政相对人的同意，而是根据有关城市节水法律法规规定的标准和条件，自行决定是否做出某种行为，并可以直接实施该行为，如对用户核定用水计划指标，或对浪费用水行为实施处罚等。

2. 效力先定性

城市节水行政行为一经做出，在没有被有权机关宣布撤销或变更之前，对城市节水行政主体及其相对人都具有约束力，其他任何组织、个人也应遵守和服从。城市节水行政行为的效力先定是事先假定，并不意味着城市节水行政主体的行政行为就绝对合法、不可否定，而是只有国家有权机关才能对其合法性予以审查。

3. 强制性

城市节水行政行为是城市节水行政主体代表国家，以国家的名义实施的行为，故以国家强制力作为其实施保障。城市节水行政主体在行使其管理职能时，可以运用其行政权力和手段，或依法借助其他国家机关如公安、人民法院的强制手段，保障行政行为的实现。

4. 无偿性

城市节水行政行为以无偿为原则。城市节水行政主体对城市节水实施管理，体现的是国家和社会公共利益，所以应当是无偿的，城市节水行政相对人无偿地享受城市公共服务，自然也应无偿地承担城市节水的义务。

5. 自由裁量性

由于有关城市节水的法律、法规不可能对城市用水、节水的每一个环节、每一个细节都作出细致、严格的规定，因此城市节水行政主体在适用相关的法律、法规时，就具有自由裁量性，如对违章用水的处罚及罚款额度等。但是，城市节水行政主体的自由裁量权并不是没有限制的，而是必须在有关城市节水法律、法规所规定的范围内。

3.2.3 城市节水行政行为的内容

城市节水行政行为主要包括用水计划（定额）的审批、考核；节水征费的征收；节水

“三同时”的审批；节水统计；节水行政处罚；节水行政复议；节水行政应诉等几方面的内容，这将在以后的章节中分别进行论述。

1. 节水“三同时”管理

节水“三同时”是指城市新建、改建、扩建项目的主体工程与节水技术措施同时设计、同时施工、同时投入使用，它是城市节水行政管理的重要措施之一。

节水“三同时”管理，从源头开始就强调节水，将管理的重心前移，在设计阶段就严格把关，为以后的管理打下良好的基础。

建设单位和建筑设计单位在进行设计项目的可行性研究和设计时，必须同时设计项目的节水技术措施。对用水量较大的项目，应注明节水设施采用的工艺、技术特点、方案分析比较、技术标准和规范等内容，并提供必要的用水参数。按规定必须建设中水设施的项目，应同时规划设计中水设施。节水措施的主要设备（如冷却塔等）以及主要用水器具（如便器、便器水箱配件、水嘴、自闭冲洗阀等）必须符合国家节水器具的有关要求。城市节水主管部门应参与工程项目的设计会审，参与施工图审查，并对节水设计、施工图提出审查意见。否则规划部门不予办理规划许可手续，建设主管部门不予办理施工许可手续。

建设单位必须将节水设施建设和主体工程同时安排施工，施工单位必须按照审查通过的节水设施施工图设计文件进行施工，保证节水设施的工程质量。节水设施的设计确需变更的须经原审图机构批准。擅自变更节水设计内容，造成施工与设计不相符的，由有关主管部门按照国家有关法律、法规和规章的规定进行处理。城市节水主管部门应在施工过程中，会同监理单位对项目的节水设施的施工建设情况进行监督检查，发现问题及时处理，加以整改。节水设施竣工后，城市节水主管部门要参与项目节水设施的竣工验收，不合格的不予通过整体验收。

建成后的节水设施必须与建设项目同时投入使用，未经城市节水主管部门同意，不得停止使用。

建设工程项目投入运行前，建设单位应向城市节水主管部门申请用水计划。城市节水主管部门将根据建设项目投入运行后 3 个月的用水情况和相关用水定额按规定对其下达用水计划，并纳入计划管理。

2. 节水型用水器具管理

节水型用水器具的管理主要是通过法律和行政措施，对节水型用水器具的生产、销售和使用等环节实施有效管理，杜绝假冒伪劣产品和落后淘汰产品的继续使用。

随着城市经济的发展和人民生活水平的提高，城市生活用水所占的比例逐渐增大，因此对节水型用水器具的开发、推广、使用和管理，对节约生活用水意义重大。

目前，我国城市节水型用水器具的管理应重点做好以下几点：

（1）建立健全法律法规，完善产品质量标准体系。国家应尽快制定有关节水型用水器具的法律法规，对节水型用水器具的开发研究、生产、销售及推广应用建立一套完整的管理体系，明确各级管理部门的职责，严格依法管理。完善节水型用水器具产品质量标准体系，使各种配件具有同配性，并纳入设计规范。

（2）加强节水型用水器具生产销售和使用的统一管理，严格监督执法。要重点把好生产关，工商行政部门和行业管理部门对生产厂家的资格严格审查，对不具备生产资格或技术不达标的厂家限期整改或关停并转。加强对节水型用水器具的市场准入和销售市场监督检查，对销售不合格器具的网点坚决予以取缔。对城市所有新建、改建、扩建项目，严格执行“三同时”规定，对违反规定的严格处罚。

（3）采取措施，加强引导，加快新型节水器具产品的开发研制。

（4）积极宣传，提高市民对节水型用水器具的重视程度，提高节水型器具的普及率。

3.3 用水计划（定额）管理

计划用水（定额）管理是城市节水管理机构通过城市节水行政管理这一带有强制性、指令性手段，对用水单位下达用水计划指标，并实施考核，厉行节奖超罚，严格控制用水单位的取用水量，使其采取管理和技术措施，做到合理用水、节约用水。它是一项全面性、综合性的管理工作，是节水管理的重要职能，也是节水管理的必然要求。通过用水计划的实施，既满足对水资源的需要，又杜绝浪费，同时也可充分挖潜和利用水资源，以求以最少的水资源，取得同样的效果和更高的效益。

3.3.1 用水计划（定额）的编制

用水计划（定额）的编制应力求科学，应符合国家和省、市有关节水工作的方针、政策，符合节水中长期规划、年度计划，也要参照前期用水计划（定额）完成情况等。

1. 用水定额编制

用水定额是指设计年限内达到的用水水平，它是用水计划管理的主要依据之一。制订用水定额是节水计划管理的客观要求，也反映了基层用水单位的需求，尤其是当产品产量、产值发生较大变化时，用水量的变化较大，往往造成用水计划的失调。制订用水定额，并实行按用水定额方式实施用水计划管理，则能考虑到企业（单位）规模变化对用水量的影响，从而相应调整用水计划。同时，在节水和供水能力增长后，仍然满足不了生产大规模发展对用水需要的特定情况下，制订用水定额，可使企业在制订生产规划时避免盲目性，实现以水定产。

（1）用水定额制定的原则

1）用水定额的制定要依据现行的标准、规程、规范和有关技术要求，要求具有科学性、先进性。

2）在用水定额的制定过程中可以使用多种方法，进行比较确定，要选择具有代表性的周期。

3）用水定额需要定期、不定期修订，当生产设备改善、工艺革新、管理水平提高后，应作调整。

（2）用水定额制定的基本方法

1）工业用水定额

工业用水指标一般以万元产值取水量表示。不同类型的工业行业，万元产值取水量不同。如果城市中耗水较大的工业行业多，则其万元产值取水量也高。即使相同的工业行业，由于管理水平的不同、工艺条件的改革和产品结构的变化，万元产值取水量也不相同。提高工业用水重复利用率、重视节约用水等措施可以降低万元产值取水量。随着工业的发展，工业取水量也随之增长，但取水量增长速度比不上产值的增长速度，因而万元产值取水量有逐年下降的趋势。由于高产值、低耗水的工业发展迅速，因此万元产值取水量在很多城市有较大幅度的下降。

单位产品取水量是工业用水定额的另一种表现形式，它是考核工业企业用水水平较为科学合理的指标，能客观地反映工业产品对水的依赖程度，如每生产一吨钢要多少水，每生产一吨啤酒要多少水等。

制定工业用水定额的基本方法主要有经验法、统计分析法、类比法、技术测定法、理论计算法等，其他用水定额的制定可参照应用。

① 经验法（直观判断法）：运用人们的经验和判断能力，通过逻辑思维，综合相关信息、资料或数据，提出定量估计值的方法的统称。其主要特点是简单易行，省时省事，耗费较少，便于调整定额。但受主观因素影响，易出现主观性、片面性和一定的盲目性，其结果也不够准确。

② 统计分析法：指利用统计分析的方法，把过去同类产品生产用水的统计资料，与当前生产设备、生产工艺及技术组织条件的变化情况结合起来进行分析研究，以制定工业用水定额的方法。其主要特点是较准确，可操作性强，但需要大量的统计资料。样本容量大则定额的可靠性高。

③ 类比法：以同类型或相似类型的产品或工序及典型定额项目的定额为基准，经过分析比较，类比出相邻或相似项目定额的方法，也称典型定额法。其主要特点是方法简便，可操作性强，但对典型项目用水定额的依赖性强。

④ 技术测定法：在一定的生产技术和操作工艺、合理的生产管理和正常的生产条件下，通过对某种产品全部生产过程用水水量及其产量进行实际测算，并分析各种因素对产品生产用水的影响，以确定产品生产用水定额的方法。该方法工作量大，测试周期较长，但能客观反映各种因素对生产用水的影响程度，具有较高的准确性和科学性。该方法是制定产品生产用水定额的基本方法之一。

⑤ 理论计算法：根据产品生产工艺的用水技术要求和单台设备（包括附属设备）的设计水量，用理论公式计算生产用水数量，从而制定用水定额的方法。

目前，国家已出台了火力发电、钢铁联合企业、石油炼制、棉印染产品、造纸产品、啤酒制造、酒精制造、合成氨、味精制造、医药产品等行业的工业企业产品取水定额标准，北京、天津、山东、江西、宁夏等地也根据各地的具体情况，出台了各地的取水定额标准，为用水计划的制定提供了翔实依据。

对于某一具体企业，其产品结构、生产工艺、用水工艺、技术管理、外部环境等因素都对用水定额产生不同程度的影响。目前，在实际工作中，多采用计划用水定额作为计划考核且征收超定额加价水费的标准。计划用水定额是指编制某一时段内用水计划时所使用的水量标准，计划用水定额是在企业水平衡测试的基础上，参照企业用水定额制定的。计划用水定额在数值上与企业用水定额是相近似的，而可能与国家标准有一定的差距，因为国家标准是在全国范围内具有先进性的标准，相对于某一企业来说，可能太先进，以致在相当长的时间内都无法达到，每次考核都大幅度超定额用水，长时间如此将影响企业的节水积极性；另一方面，也有可能对于有些节水型企业来说，企业用水定额很先进，领先于国家标准，每次考核都大幅度节水，同样也不利于企业保持节水的积极性。计划用水定额的制定，应促使企业加强管理，采取节水措施从而达到定额标准，或如果不继续采取原有的节水措施就可能超定额标准，这样才能够激发企业节水的积极性，促进企业用水水平的提高。

2）城市生活用水定额

城市生活用水定额，即所谓大生活用水取水量，它不仅包括城市居民生活用水量，还包括城市公共设施用水取水量。它和城市规模、城市人口、地理位置、水资源状况、社会经济发展水平、城市居民生活水平、居住条件、卫生条件、社会环境、生活习惯、供水普及率等多种因素密切相关。我国幅员辽阔，各个城市的水资源条件不尽相同，生活习惯各异，所以用水量有较大的差别。即使用水人口相同的城市，因城市的地理位置和水资源等条件不同，用水量也会相差很多。一般来说，我国东南地区、沿海经济开发地区和旅游城市，因水资源丰富、气候较好、经济比较发达，用水量普遍高于水资源短缺、气候寒冷的西北地区。

城市居民生活用水量是指满足城市居民日常生活基本需要的用水量。国家建设部2002年发布了国家标准（GB/T 50331—2002）城市居民生活用水量标准，见表2-5。

城市居民生活用水量标准（GB/T 50331—2002） 表2-5

地域分区	日用水量[L/(人·d)]	适用范围
一	80～135	黑龙江、吉林、辽宁、内蒙古
二	85～140	北京、天津、河北、山东、河南、山西、陕西、宁夏、甘肃
三	120～180	上海、江苏、浙江、福建、江西、湖北、湖南、安徽
四	150～220	广西、广东、海南
五	100～140	重庆、四川、贵州、云南
六	75～125	新疆、西藏、青海

对于城市公共设施用水定额，也可以采取下面的方法进行制定。公共设施用水大体受下面的因素影响：宾馆、旅馆、招待所（床位类型及周转率），医院、疗养院、休养所（床位类型及周转率），职工单身宿舍、集体宿舍（用水设施及人数），公共浴室（用水设施及人数），理发美容（人数），洗衣房、食堂（类型及人数），幼儿园、托儿所（人数），中小学校、大中专院校（人数），绿化、浇洒道路、商业设施（面积），洗车，影院、剧院（人数），体育场，游泳馆，采暖锅炉，蒸汽锅炉等，它涵盖了城市生活用水的各个部分，无论是学校、医院、商业还是机关，都由其中某些因素组合而成。因而在制定用水定额时，只要确定单个合理的用水定额，就可以根据用水因素的种类和服务对象数量确定出合理的定额指标。

《建筑给水排水设计规范》中给出了最高日用水定额及其日变化系数，根据不同的城市条件，选择不同的日变化系数，用最高日用水定额再除以相应的日变化系数得出日平均用水定额。根据城市的地理位置、气候、生活习惯和室内给排水设施等因素的影响，日变化系数约在1.1～2.0之间变化。

例如办公楼用水定额为30～50L/(人·d)，日变化系数取1.6，则用水定额：(30＋50)/(2×1.6)＝25L/(人·d)；再如宾馆客房—旅客用水定额为250～400L/(床·d)，日变化系数取1.5，则用水定额为：(250＋400)/(2×1.5)＝217L/(床·d)，宾馆客房—员工用水定额为80～100L/(人·d)，日变化系数取1.5，则用水定额：(80＋100)/(2×1.5)＝60L/(人·d)。

2. 按单位用水水平和节水潜力核定用水计划

对大部分没有按照用水定额方式制定用水计划的用水单位，通过对企业合理用水水平的分析，以用水变化的原因、节水潜力等作为分析因素，核定其用水计划。即在前期用水量的基础上，扣除本期预计实现的节水措施所能节约的（全部或部分）水量，即为本期的用水计划量。

一个企业（单位）的用水水平，受企业（单位）规模、产品种类、生产工艺、职工人数、管理水平等诸多因素的影响，如果没有特殊因素的影响，其用水量的变化趋势将是平稳的有规律的，具有延续性。如果尽可能多的采用前期用水量数据（年、季、月）作为参考，采用加权平均法、线性规划法等方法，这样制定的用水计划更接近实际情况。可以选择1年（季、月，下同）、3年、5年的数据，考虑到计算的复杂程度，时间参数一般选择3年。关于加权权重的选择，考虑到不同的时期，用水量及其变化情况对用水计划的影响也有所不同，时间越近，其影响越大，因而权重的选择，也应有所区别，越近，其权重也相应越大。

对节水技术措施先进、用水合理、管理良好的企业，应采取政策倾斜，保持其用水计划的相对稳定性，否则形成鞭打快牛的局面，影响企业节水管理的积极性。

在确定用水单位的用水计划时，要统筹兼顾全市的供水能力、经济社会发展对水的需求，这样制定的用水计划更能反映出现实对用水量需求。

下面以3年加权法为例简要介绍用水计划的制定：

设用水单位前1年、前2年、前3年同季的用水量依次为V_1、V_2、V_3，用水计划为V，用水计划基数为V_0，权重依次为A_1、A_2、A_3，则

$V_0 = V_1 \times A_1 + V_2 \times A_2 + V_3 \times A_3$　其中 $A_1 + A_2 + A_3 = 100\%$

对于近年新用水单位，其历史水量可能只有1年或2年，则

$V_0 = V_1 \times A_1 + (V_2 + V_3) \times (A_2 + A_3)$　或 $V_0 = V_1 \times 100\%$

对于因停产等因素造成前几年的历史用水量缺失的情况，也可同样采用上述公式。

再进一步考虑新水取水量的增长率，在用水计划基数V_0的基础上以前3年城市供水总量的平均增长率近似估计取水量在当年的可能增长率，则有增长率$R = [(V'_1 - V'_2)/V'_2 + (V'_2 - V'_3)/V'_3]/2$，其中$V'_1$、$V'_2$、$V'_3$分别为城市前1年、前2年、前3年的供水总量，增长率参数R也可以作为一个调节系数来使用。在特殊年份如特别干旱、或者供水特充足且国民经济以很高速度发展，对水的需求很高时，增长率参数R可以理解为两部分之和：近似增长率R_1和调节系数R_2之和。对于节水型企业（单位）或节水先进单位，为显示在用水政策上的倾斜，避免鞭打快牛现象的发生，也可以利用调节系数R_2进行调节。V_4为预计实现的节水措施所能节约的（全部或部分）水量。

因此，用水计划计算公式为：$V = V_0 \times (1 + R_1 + R_2) - V_4$

通过这个公式计算出来的用水计划，更能反映出单位对取水量需求的变化。

关于用水计划权重的选择，考虑企业用水量的变化趋势的规律性、延续性，可以用前1年的权重来近似的模拟本年的权重，例如计算2009年用水计划的权重，可以用2008年实际用水量进行模拟计算，具体方法说明如下：

用水单位前1年（即2008年的前1年，2007年，下同）、前2年（即2006年）、前3年（即2005年）同季的取水量依次为V_1、V_2、V_3，用水计划基数为V_0，权重依次为

A_1、A_2、A_3

则
$$V_0 = V_1 \times A_1 + V_2 \times A_2 + V_3 \times A_3$$

目标值V取2008年数值。2005～2008年的数据都已经发生，A_1、A_2、A_3分别取值0到100，间距取10（一般取整数，也可以取5或2，由各城市自定），且符合$A_1 + A_2 + A_3 = 100\%$，共有66组符合条件的权重组合。对每一组组合，分别对所有的用水单位根据公式计算出每个用水单位的V_0（即2008年计划水量），与目标值V（2008年实际水量）进行比较，计算其差值比D（即节超比例）[$D = (V - V_0)/V_0$]，所有用水单位的差值比D总体呈中间大两边小的形态分布。预先设定衡量标准D_0（可以设为30%，也可以设为20%），在66组权重中落在衡量标准D_0范围内的单位数量最多的权重为选定的权重，即计算2009年用水计划的权重。

3.3.2 用水计划的主要内容

1. 用水量计划

用水量计划，是城市节水管理机构，根据用水单位的生产情况、产品用水定额或节水潜力等情况，所下达的指令性指标，包括年、季、月用水计划，指令单位必须执行的用水量限额。用水量计划是用水计划管理的核心指标。

城市节水管理部门根据城市经济社会发展情况、供水能力、单位产品产量及用水定额或节水潜力，编制年、季、月用水计划初步意见，各行业主管部门（总公司）或用水单位根据实际情况提出调整用水计划申请，城市节水管理部门将用水计划进行横向综合平衡和纵向对比研究后提出核准后的用水计划，下达给用水单位执行，行业主管部门备案；或首先由用水单位向城市节水管理部门提出用水计划申请，城市节水管理部门进行调查核实，根据城市经济社会发展情况、供水能力，综合平衡分析，核准用水计划而后下达；或由城市节水管理部门按行业主管部门（总公司）下达用水计划总量，行业主管部门（总公司）按系统内各单位的具体情况分解用水计划后上报城市节水管理部门，由城市节水管理部门综合平衡后下达。

对用水单位的基建工程项目，根据国家有关建筑工程施工用水定额标准对新建、改建、扩建工程项目自开工之日起到竣工之日的工程施工用水下达临时性用水计划。用水单位应持有规划部门核发的建筑工程规划许可证、建筑管理部门核发的建筑工程施工许可证、用水计划申请等材料向城市节水管理部门申报。一般根据建筑工程的结构、面积等，按照每平方米施工面积核定临时性用水计划。如砖混结构的建筑项目按照0.4m^3/m^2，框架结构的建筑项目按照0.5m^3/m^2标准核定临时性用水计划。临时性用水计划核准后纳入正常用水计划管理，或者单独装表计量考核。

当用水单位的实际用水情况发生较大变化时，用水单位应当及时向城市节水管理部门提出申请，要求调整用水计划。城市节水管理部门应当随时按照规定受理，进行落实，根据用水单位的实际情况，按照规定随时对其用水计划进行调整（增加、减少或维持原计划不变），并书面通知用水单位。

2. 节水量计划

纳入用水计划管理的用水单位的实际用水量与城市节水管理部门下达的用水计划的差额即为节水量，节水量计划具体到各用水单位，即为各用水单位的节水量计划。节水量计划的实现，在于节水管理部门对各单位下达的用水量计划的实现，如各用水单位均能加强节水管理，采取各种技术经济措施，将其实际用水量严格控制在用水计划范围内，就有利于节水量计划的实现。

此外，上述计划指标的年度指标总量，以及年度用水总量、工业用水总量，城市万元生产总值取水量指标、城市万元规模以上工业增加值取水量指标、城市工业用水重复利用率指标等节水指标，既是国家及省级有关部门考核评价各地城市节水管理工作的依据，也是城市政府考核评价城市节水管理部门以及各系统主管部门（局、总公司）、区级节水管理部门节水工作的依据。

3.3.3 用水计划考核和征费

1. 用水计划考核

对用水计划的考核，是保证完成用水计划的重要环节，经常监控用水计划的执行情况，能够及时发现用水计划在执行过程中存在的问题和情况，以便迅速采取措施，进行调整。用水计划的考核，其方法和程序一般如下：

（1）用水单位内部考核。用水单位将城市节水管理部门下达的用水计划根据各单位的实际情况，层层分解层层落实，落实到基层，责任到人，建立起完善的单位内部管理考核制度，严格控制单位的用水量，并积极采取各种措施，努力降低用水量，做到合理高效，节约用水。

（2）用水计划考核。城市节水管理部门一般按月或按季度进行用水计划考核。按照当地城市的具体管理规定，城市节水管理部门将用水单位的实际水量（一般由当地自来水公司提供）与该单位的用水计划相比较，进行分析，统计出超计划用水单位、超计划用水量、超计划用水比例、节约用水单位、节水量。对超计划用水单位，应当下达书面通知，通知中应注明该单位的用水计划、实际用水量、超计划用水量、超计划用水比例，该单位反映超计划用水情况的权利、期限以及不反映情况所面临的后果。用水单位应在接到通知后在规定的期限内到城市节水管理部门就有关数据进行核对，说明超计划用水的原因。城市节水管理部门对用水单位的超计划用水量核对无误后，按照有关规定，征收超计划加价水费。对征收超计划加价水费的用水单位，应下达书面通知，通知中应注明该单位的用水计划、实际用水量、超计划用水量、超计划用水比例、征收依据、单价、征收倍数、征收金额、收款单位及期限、用水单位的权利与义务等。

对超计划用水的单位，城市节水管理部门应深入用户进行实地调查，协助用水单位分析超计划用水的原因，并提出相应的整改措施。如经分析用水单位确因管理不善，节水措施不到位，而发生浪费用水导致超计划用水的，城市节水管理部门应严格按规定收取超计划加价水费，并对浪费用水的行为提出限期整改意见；若用水单位因生产调整、人员调整，或有新建、改建、扩建项目而增加用水量从而导致超计划用水的，城市节水管理部门除对用水单位按规定征收超计划加价水费外，应根据当地供水能力允许的情况，及时对用水单位的用水计划进行合理调整，以保证单位的合理用水。

对未发生超计划用水的单位，城市节水管理部门也应对其计划用水情况进行分析，如用水单位确系采用节水技术措施并加强内部管理而节约用水的，应总结其节水管理的先进经验，对其表彰，并保留其计划用水指标，以对其节水行为进行鼓励；若用水单位系因生产经营项目变更，或生产不景气，生产用水量不足而未超计划用水的，城市节水管理部门应对其计划用水指标进行调整，以促使其合理用水，节约用水。

2. 征费管理

城市节水征费是根据有关的城市节水法律、法规及规章对城市用水的单位及个人所征收的有关费用。如超计划用水加价水费等。征费是按照国家或省级人民政府所制定的标准依法征收的费用，纳入国家或地方财政预算管理，专款专用。

对城市用水单位或个人依法实施城市节水征费是节水管理的重要手段，对促进城市节水工作的开展具有重要意义。

超计划用水加价水费的征收是根据《城市节约用水管理办法》的规定和各省、自治区、直辖市制定的地方法规开征的，具体标准和办法由各地政府根据各地实际情况，视水资源和缺水程度的不同分别制定。超计划加价的倍数的制定主要有两种形式：一是根据超计划的次数确定超计划加价的倍数，如昆明市实行按月用水计划考核，第一个月超计划用水指标用水的，超出部分水量按水价（不含污水处理费价格，下同）的 0.5 倍收取；第二个月仍然超计划用水指标用水的，按水价的 1 倍收取；第三个月及以上继续超计划用水指标用水的，按水价的 1.5 倍收取。二是根据超计划用水的比例确定超计划加价的倍数，超计划用水的比例不同，超计划加价的倍数也从 1 倍到 10 倍逐步递增，超计划用水的比例越高，加价的倍数相应越大，这样可有效的遏制不合理的用水，促进节约用水水平的提高。部分城市的加价倍数见表 2-6。

部分城市超计划加价倍数统计表 **表 2-6**

超计划比例	0～10%	10%～20%	20%～30%	30%～40%	40%～50%	50%～60%	60%～70%	70%以上
徐州	1	1	1	2	2	3	3	3
银川	1	2	3	4	5	5	5	5
杭州	1	1	2	3	3	3	3	3
吉林	1	2	3	3	3	3	3	3
太原	1	2	3	4	10	10	10	10
大同	2	4	6	8	10	10	10	10
济南	2	2	4	6	8	8	8	8
郑州	2	2	3	3	3	4	4	4
武汉	2	2	2	3	4	4	4	5

注：济南市实行按季用水计划考核，对（1）居民家庭、中小学校、托儿所、幼儿园和社会福利性单位用水以及公共绿地绿化用水超计划的，按水费 1 倍征收。（2）机关、团体、部队营区和医院、大中专院校、科研单位超计划不足 20%的，按水费 1 倍征收；超计划 20%以上的，按水费 2 倍征收。（3）工厂、宾馆、饭店等生产经营性企业超计划不足 20%的，按水费 2 倍征收，超计划 20%以上不足 30%的，按水费 4 倍征收；超计划 30%以上不足 40%的，按水费 6 倍征收；超计划 40%以上的，按水费 8 倍征收。

征收超计划加价水费一般采取银行划拨、专人征收、委托第三方（如自来水公司）代收等方式进行。

征收超计划加价水费能有效地控制用水单位的用水量，充分发挥经济杠杆的作用，减少或杜绝浪费用水，促进合理用水、节约用水，从而使有限的城市水资源最大限度地发挥经济、社会和环境效益。

城市污水处理费是根据《中华人民共和国水污染防治法》及国家发展计划委员会、建设部、国家环保总局联合下发的《关于加大污水处理费的征收力度建立城市污水排放和集中处理良性运行机制的通知》开征的。城市污水处理费是水价的重要组成部分，主要用以补偿城市排污和污水处理成本，建立污水集中处理良性运行机制，促进城市污水达标排放或净化后回用，从而减少对城市水资源的污染，实现城市污水资源化，节约有限的城市水资源。

3.4 城市节水统计管理

统计工作是搜集、整理和分析客观事物总体数量方面资料的工作。城市节水统计工作就是要以科学的态度和方法，全面地、系统地、及时地搜集、整理和分析研究各种记录报表、数据、资料等，如实地、全面地反映用水、节水及各项指标完成情况，为制定各项节水政策、编制节水计划、加强节水管理提供充分的依据。

3.4.1 城市节水统计指标

城市节水统计指标的确定是城市节水统计工作的重要内容，其合理与否将直接影响整个统计工作的效果。城市节水指标只能反映节水状况的一个侧面，为了全面衡量，就需要用若干个指标组成指标体系进行考核评价。

1. 城市节水统计指标体系构成

城市节水统计指标体系由水量指标和水率指标构成，分别反映总体水平和分体水平。详见表2-7。

城市节水统计指标体系　　表2-7

类　　别	序号	指标名称	反映内容
水量指标	1	万元地区生产总值取水量	总体节水水平
	2	人均综合取水量	总体节水水平
	3	万元工业增加值取水量	纵向水平比较
	4	主要用水工业单位产品取水量	行业节水水平
	5	城市人均日生活用水取水量	生活节水水平
	6	城市居民生活用水量	生活节水水平
水率指标	1	城市供水管网漏损率	供水状况
	2	工业用水重复利用率	重复利用状况
	3	万元工业增加值降低率	纵向水平比较
	4	城市污水处理率	污水处理水平
	5	城市再生水利用率	污水回用水平
	6	节水型企业(单位)覆盖率	节水管理水平
	7	节水率	节水管理水平

2. 城市节水的主要统计指标

(1) 万元地区生产总值取水量

定义：指报告期社会总取水量与地区生产总值（GDP）的比值。

公式：万元地区生产总值取水量＝报告期社会总取水量/报告期地区生产总值（GDP）

计量单位：m^3/万元

万元地区生产总值取水量是综合反映一定经济实力下的宏观用水水平的指标。生产总值是目前通用的经济发展的主要指标，万元地区生产总值取水量指标是能较好地宏观反映水资源利用效率、计算水资源利用量和测算未来水资源需求量的指标，也是世界各国通用的、可比性较强的指标。该指标淡化了经济结构的影响，适用于城市的横向及自身纵向对比。虽然存在受价格影响因素大、统计数据不够完整等问题，但可以增加一些附加指标来弥补它的不足。

(2) 人均综合取水量

定义：指城市中人均各种取水量之和，包括工业、公共设施、居民等各行各业的取水量。人均综合取水量与城市化程度、规模、工业结构布局、水资源状况、地理位置、水文气象等因素有关，也充分反映了上述各种因素的影响，是节约用水的宏观指标。

(3) 万元工业增加值取水量

定义：指报告期工业取水量与工业增加值的比值。

公式：万元工业增加值取水量＝报告期工业取水量/报告期工业增加值

计量单位：m^3/万元

在城市取水中，工业取水占大部分，工业取水的合理性直接影响到城市总体用水的合理性。万元工业增加值取水量常用来反映工业用水宏观水平，但是由于万元工业增加值取水量受产品结构、产品价格和产品加工深度等因素的影响较大，所以该指标的横向可比性较差，有时难以真实反映用水效率和科学评价其合理用水程度，因此城市间不宜使用该指标进行比较，主要用于纵向评价工业用水水平的变化程度，从中可以看出节约用水水平的提高或降低。

(4) 主要用水工业单位产品取水量

定义：指一定时间内生产单位产品所需要的取水量。

用水量较大的主要工业产品（如钢、煤、电、纸、啤酒、化工、医药等）的单位产品取水量，作为城市水量指标中的专项指标，是考核工业企业用水水平较为科学合理的指标，它能客观反映生产用水情况及工业生产行业的实际用水水平，较准确反映出工业产品对水的依赖程度，从而为城市节水管理部门科学地开展节约用水、计划用水提供科学依据。该指标可用于城市内纵向的对比，也可用于同类城市之间的比较。

(5) 城市人均日生活用水取水量

该指标是我国用水统计中的常用指标。生活用水取水量，就是通常所谓的大生活用水取水量，该取水量中不仅包括城市居民生活用水量，还包括城市公共设施用水取水量。随着社会经济的发展，城市居民生活水平不断提高，居住条件、卫生条件、市政公共设施、社会环境的逐步改善，生活用水量不断增长。我国地域辽阔，地理、气候条件差异较大，用水习惯有所不同，不同城市也应有不同的生活用水标准。

(6) 城市居民生活用水量

城市居民生活用水量是指满足城市居民日常生活基本需要的用水量。

(7) 城市供水管网漏损率

定义：指城市供水总量和有效供水总量之差与供水总量的比值。

公式：城市供水管网漏损率＝(供水总量－有效供水总量)/供水总量×100％

该指标是评价城市供水利用程度的重要指标，也是节约用水指标体系的主要组成部分。加强输水管道和给水管网的维护管理，降低漏损率，提高供水有效利用率是节约用水的重要内容之一。

(8) 工业用水重复利用率

定义：指在一定的计量时间（年）内，生产过程中使用的重复利用水量与总用水量的比值。

工业用水重复利用率能综合反映工业用水的重复利用程度，是评价工业节水水平的重要指标。提高其重复利用率是城市节约用水的主要途径之一。值得指出的是，由于火力发电业、矿业及盐业的用水特殊性，为便于城市间的横向对比，在计算时不包括这三个工业行业。

(9) 万元工业增加值取水量降低率

定义：基期与报告期万元工业增加值取水量的差值与基期万元工业增加值取水量之比。

公式：万元工业增加值取水量降低率=(基期万元工业增加值取水量－报告期万元工业增加值取水量)/基期万元工业增加值取水量×100%

万元工业增加值取水量降低率指标淡化了城市工业内部行业结构等因素的影响，适用于城市间横向的对比，也适用于行业间的横向对比。该指标反映出城市节水工作的开展程度。

(10) 城市污水处理率

定义：指达到规定排放标准的城市污水处理量与城市污水排放总量的比率。

公式：城市污水处理率=报告期达到规定排放标准的城市污水处理量/报告期城市污水排放总量×100%

污水处理量包括城市污水集中处理厂和污水处理设施处理的污水量之和。污水排放总量指生活污水、工业废水的排放总量，包括从排水管道和排水沟（渠）排出的污水总量。

(11) 城市再生水利用率

定义：指城市污水再生利用量与污水排放量的比率。城市污水再生利用量包括达到相应水质标准的污水处理厂再生水和建筑中水，包括用于农业灌溉、绿地浇灌、工业冷却、景观环境和城市杂用（洗涤、冲渣和生活冲厕、洗车等）等方面的水量。不包括工业企业内部的回用水。

公式：城市再生水利用率=报告期城市污水再生利用量/报告期城市污水排放量×100%

该指标是考核城市污水再生回用的重要指标，城市污水再生回用，减少了企业取水量，并减轻城市环境污染，具有开源节流和控制污染的双重作用。

(12) 节水型企业（单位）覆盖率

定义：指省级及以上节水型企业（单位）年取水量之和与非居民取水量的比值。

公式：节水型企业（单位）覆盖率=省级及以上节水型企业（单位）年取水量之和/非居民取水量×100%

(13) 节水率

定义：指城市节水总量与城市取水总量之比。

公式：节水率=报告期城市节水总量/报告期城市取水总量×100%

该指标体现了城市节约用水工作的成效，是反映城市节水水平的重要指标。

3.4.2 城市节水统计方法

1. 城市节水统计的工作过程

城市节水统计的工作过程一般分为4个阶段，即统计设计、统计调查、统计整理和统计分析。在实际工作中，这几个阶段既相互独立，又密切联系，往往交叉进行，没有严格的界限。

统计设计是城市节水统计工作的准备阶段。它是根据城市节水统计研究的目的，对整个城市节水统计过程做出全面计划安排，包括确定城市节水统计工作的目的与任务，确定城市节水统计指标体系，制定调查、整理、分析研究的方案等。统计调查是搜集城市节水统计原始资料的阶段。统计整理是对资料的加工整理、汇总、编制统计报表。统计分析是对已加工整理的城市节水统计资料，通过计算分析有关指标，揭示所研究的城市节水状况的数量特征、数量关系和发展趋势，并根据分析得出科学结论，提供新的统计信息的阶段。

2. 城市节水统计的方法

（1）统计报表

统计报表是搜集、统计城市节水的资料和信息的主要方法之一。它是按照统计及主管部门统一规定的表格形式、指标内容、报送程序和报送时间，由填报单位自下而上地逐级提供城市节水统计资料和信息的一种统计调查组织形式。

通过统计报表取得城市节水资料和信息的制度称为统计报表制度。统计报表制度就其基本内容而言共有3部分组成：报表目录、报表表式和填表说明。报表目录应包括表号、表名、报表的期别（月、季、半年和年报等）、填报单位、报送日期、报送方式、受送单位和报送份数等内容，应使用水单位明确在什么时间、用什么方式、向什么单位报送哪些报表。报表表式应包括表名、表号、统计项目、统计指标、填报单位、报出日期及单位负责人、填表负责人的签名等内容。填表说明就是填报报表时应注意的事项，应包括统计范围和指标解释等内容。

统计指标的选取应根据用（节）水管理中所涉及的考核指标决定。目前，统计指标的选取可以参考住房和城乡建设部规定的统计报表（见表2-8）、节能（节水）减排、节水型城市考核指标（详见以后章节内容）所涉及的指标。统计指标的选取还要紧密围绕日常用水节水管理，尤其是用水计划管理，为其提供必要的统计资料和数据，为节水工作服务。

城市（县城）节约用水基层表 **表2-8**

表　　号：市（县）基6表
制表机关：建设部
批准机关：国家统计局
批准文号：国统制（2007）93号
有效期至：2009年11月6日

填报单位：　　　　（　　）年

	指标名称 甲	计量单位 乙	代码 丙	上年 1	本年 2	增减 3	增长率(%) 4
实际用水	实际用水量	万 m^3	1001				
	其中:工业	万 m^3	1002				
	新水取用量	万 m^3	1003				
	其中:工业	万 m^3	1004				
	重复利用量	万 m^3	1005				
	其中:工业	万 m^3	1006				
	节约用水量	万 m^3	1007				
	其中:工业	万 m^3	1008				
	再生水利用量(建筑中水)	万 m^3	1009				
	节水措施投资总额	万元	1010				

单位负责人：　　统计负责人：　　填表人：　　报出日期：

填表逻辑审核关系：1. 1001≥1002；1003≥1004；1005≥1006；1007≥1008；
2. 1001＝1003＋1005；1002＝1004＋1006；
3. 各项取整数。

城市节水统计必须规范，建立并完善城市节水统计报表制度，严格执行，以保证统计数据及时准确的汇总上报。城市节水统计应通过所在城市统计局审批，纳入城市统计体系，建立城市节水统计制度，做到依法统计。

各城市的实际情况各不相同，统计指标也有所不同，但一些基础的统计指标是必须进行统计的，以满足日常节水管理和上报统计报表的需要。表 2-9～表 2-11 可供参考。

某某市单位用水情况统计表　　表 2-9

表　　号：某节水统 01 表
制表机关：某某城市节水办
批准机关：某某市统计局
批准文号：某统字（　　）　号

单位名称（盖章）：　　　　　　（　　年）　　　　　　有效期至：　　年　月　日

行业代码	产值	增加值	从业人员	工业用水					
				取水量合计	间冷水	工艺水	锅炉水	厂内生活水	重复利用水量合计
	万元	万元	人	m³	m³	m³	m³	m³	m³
1	2	3	4	5＝6＋7＋8＋9	6	7	8	9	10＝11＋12＋13＋14

工业用水				公共设施用水		居民生活用水		基建等临时性取水量
间冷水循环量	工艺水回用量	锅炉回用水量	生活水重复利用量	取水量	重复利用水量	用水人口	取水量	
m³	m³	m³	m³	m³	m³	人	m³	m³
11	12	13	14	15	16	17	18	19

主管：　　　审核：　　　制表：　　　联系电话：　　　报出日期：

某某市企业主要工业产品单位产品取水量统计表　　表 2-10

表　　号：某节水统 02 表
制表机关：某某城市节水办
批准机关：某某市统计局
批准文号：某统字（　　）　号

单位名称（盖章）：　　　　　　（　　年）　　　　　　有效期至：　　年　月　日

产品名称	全年产量	产品计量单位	产品取水量	单位产品取水量
1	2	3	4	5＝4/2

主管：　　　审核：　　　制表：　　　联系电话：　　　报出日期：

注：1. 如企业生产多种产品，每种产品生产取水量应分别计算。
2. 各种产品计量单位应采用国家或部门统一标准。

某某市城市节水设施建设情况统计表 **表 2-11**

表　　号：某节水统 03 表
制表机关：某某城市节水办
批准机关：某某市统计局
批准文号：某统字（　　）号

单位名称（盖章）：　　　　　　（　年）　　　　　　　　有效期至：　年　月　日

节水设施名称	开工日期	竣工日期	节水设施投资（万元）	形成节水能力（m^3/日）	节水设施单位投资［元/(m^3·日)］	投入使用节水器具（套或件）
1	2	3	4	5	6=4/5×10000	7

主管：　　审核：　　制表：　　联系电话：　　报出日期：

统计报表的资料来源于各用水单位的原始记录、统计台账和单位内部报表。

1）原始记录

原始记录是通过一定的表格形式对用水单位的用水情况所作的最初记录，是一切报表的根本。正确的统计数据来源于准确的原始记录。

2）统计台账

统计台账是把各种用水的原始记录上的数据、资料，根据统计报表和用水分析的需要，按时间顺序逐期登记汇总与整理形成的一种资料表册。统计台账不仅为统计报表提供资料，而且也为指导工作、编制计划、加强管理等提供资料依据，因此，建立健全统计台账，是用水、节水管理的一项基础工作。

3）单位内部报表，其基本内容一般与统计报表制度中的报表内容相同。

（2）统计调查

统计调查是根据城市节水统计的目的，对用水单位的某项节水情况有计划、有组织地搜集各种原始资料的过程，是城市节水统计的主要方法。根据统计调查方式的不同，可以分为普查、重点调查、典型调查和抽样调查。

3. 城市节水统计分析

（1）城市节水统计分析的种类

1）按分析内容的范围不同，分为综合分析和专题分析。

2）按分析时期的长短不同，分为年度分析、季度分析、月度分析和日常分析。

（2）城市节水统计分析的方法

城市节水统计分析的方法主要有 5 种，即对比分析法、结构分析法、因素分析法、分组分析法和平衡分析法。

1）对比分析法，是通过各节水指标数值之间的对比，来揭示指标间的差异，从而发现问题和分析问题的方法，是节水统计分析中最常用的基本方法，通常用百分数或倍数来表示。常用的对比分析主要有 3 种：

① 同一指标的计划数与实际数的对比分析。

② 同一指标不同时间、时点的数值对比分析，如同一指标以报告期水平与上期、去年同期或历史最高水平分别对比，观察指标的动态变化情况，分析变动原因，总结经验，

提出改进措施。

③ 同一指标不同单位之间数值对比分析，如同一指标以本单位的实际水平与国内外同行业的先进水平的对比分析；或同一指标在本单位内部不同车间、不同工段、不同班组之间进行的对比分析，从中发现问题，找出差距及原因，促进单位提高节水水平和经济效益。

2）结构分析法，是把城市用水按照不同的性质分解成各个组成部分，通过观察其内部的构成，部分与总体的关系来分析总体内部构成内容及其变化，分析其原因并提出改进意见和相应措施。结构分析法通常用百分数表示。

3）因素分析法，是根据分析城市节水指标与其影响因素之间的关系，按照一定的程序和要求，从数量上测定各因素影响程度的大小，找出其变化规律，并提出解决问题的办法，以提高节水水平。

4）分组分析法，是根据城市节水的性质、特征和统计研究的任务，按照一定的标志，将性质相同的现象归纳在一起，划分出若干组成部分，然后进行系统性分析的方法。标志是指分组时所依据的标准，按性质不同分为数量标志和品质标志。数量标志是指按数值表示的标志，如供水量的大小等，品质标志是指用文字表示的标志，如用水性质等。

5）平衡分析法，是应用平衡原理，对城市用水节水过程中存在的各项指标的数量联系和数量对等关系进行分析的方法。其目的是按照用水指标间的平衡关系来测定各项因素对研究现象的影响程度。

3.5 城市节水行政执法

节水行政执法是指各级节水行政主管机关依据节水法律、法规和规章的规定，在节水管理领域，对节水行政管理的相对人采取的直接影响其权利义务，或对相对人的权利义务的行使和履行情况直接进行监督检查的具体行政行为。

节水行政执法是行政执法的一个组成部分，其具有行政执法的一切特征，同时，又具有自身的特点，主要有如下几点：

（1）是行政行为的一种，是节水行政主管机关依法实施行政管理，直接或间接产生法律效果的行为，具有国家强制性。

（2）是执行节水法律、法规和规章的活动，是节水行政管理活动不可缺少的环节。

（3）是对节水行政管理的相对人采取的具体行政行为。

（4）是节水行政主管机关通过积极主动地对节水行政管理法规加以实施，从而直接和相对人形成行政法律关系的行为。

（5）其主体是县级以上人民政府节水行政主管部门。

（6）具有专业性，是主要针对节水活动来实施节水行政管理方面的行政执法。

（7）具有广泛性和复杂性，其执法的对象包括社会上一切使用国家水资源的个人、法人和其他组织。

城市节水行政执法的主体是城市节水行政活动的承担者，城市节水行政执法主体必须具备以下条件：

（1）县级以上人民政府的节水行政管理机关。

（2）法律、法规明确授权的机关或组织。

（3）县级以上人民政府依法授权的机关或组织。

在实际城市节水执法活动中，一般采用委托行政执法的形式来进行，即设立专门的城市节水行政执法机构，受法律或委托机关的委托，行使城市节水行政执法权，从而使现行的节水法律和规章得以执行和落实。城市节水行政机构受委托行使行政执法权，需注意以下几点：

（1）行政执法权的获得必须通过法律委托或委托机关的委托。

（2）行政执法权的行使是代表委托机关来进行的。

（3）不能以自己的名义做出具体行政行为且不承担相应的执法责任。

（4）行政执法活动的进行受委托机关的监督。

城市节水行政执法的对象一般包括城市规划区范围内所有使用公共供水和自建供水设施取用地下水、地表水及再生水等各种水源的单位和个人。

依据《中华人民共和国行政处罚法》和其他有关规定，节水行政执法机构依据法定程序，在法定或被委托的权限范围内行使节水行政执法权。节水行政执法程序一般有两种：简易程序和一般程序。

1. 简易程序

违法事实确凿，并有法定依据，对公民处以 50 元以下，对法人或者其他组织处以 1000 元以下罚款或者警告的行政处罚，可以当场作出行政处罚决定。

（1）节水执法人员出示执法证件。

（2）进行现场调查，节水执法人员向当事人告知违法事实，说明理由和行政处罚的依据，必要时制作《调查笔录》或者《现场勘察笔录》。见表 2-12～表 2-14。

（3）告知当事人有权陈述和申辩，有权依法提起行政复议或行政诉讼。

（4）填写委托机关统一制作的《当场行政处罚决定书》（见表 2-15）并当场交付当事人。

调查笔录 **表 2-12**

案由：____

时间：______________________ 地点：______________________

调查询问人：__________________ 记录人：__________________

被调查人：______________ 性别：______________ 出生年月：______________

职务：______________ 电话：______________ 身份证号码：______________

单位：______________ 地址：______________ 邮政编码：______________

调查询问记录内容：____

问：____

答：____

____

被调查人签名(盖章)______________ 调查人签名(盖章)______________

共 页 第 页

询问笔录续页 表 2-13

被调查人签名（盖章）

（ 年 月 日）

调查人员签名（盖章）

（ 年 月 日）

注：由被调查人在每页同时注明“此记录属实”字样；如有涂改之处，请被调查人在涂改之处按手印或盖章或签名。

共 页 第 页

现场勘察笔录 表 2-14

当事人情况	□法人	名 称				负责人姓名	
	□其他组织	住 址				联系电话	
	□公民	姓 名		性别		身份证号	
		住址				联系电话	
现场检查记录情况							
现场勘察示意图	（可另附图）				示意图说明		
当事人	签名： 年 月 日			见证人	签名： 年 月 日		
勘查人	签名： 年 月 日			记录人	签名： 年 月 日		

当场行政处罚决定书 表 2-15

当罚字［ ］第 号

当事人（单位）________性别______身份证号码________住址______

法定代表人________职务______电话________邮政编码______

经查明，你（单位）于____年____月____日在________因

行为违反了________的规定。依据________的规定，决定处以：

1. 警告。

2. 罚款______元，缴款形式：（1）当场缴收。（2）要求于____年____月____日将罚款交至开户行______账号________地址________。到期不交纳罚款，每日按罚款数额的百分之三加处罚款。

如你（单位）不服本处罚决定，可以自接到本决定书之日起______日内向______申请行政复议，或直接向________人民法院起诉。复议或诉讼期间，本决定不停止执行。

（印章）

年 月 日

当事人签名：________时间：______年______月______日

执法人签名：________时间：______年______月______日

执法人证号：________________

（一式两联，第一联存根，第二联交当事人）

《当场行政处罚决定书》应载明当事人的违法行为，节水行政处罚依据，罚款数额、时间、地点以及行政机关名称，并由节水执法人员签名或者盖章。

（5）当场执行、当场收缴罚款的，必须向当事人出具财政部门统一制发的罚款收据。

（6）节水行政处罚决定做出后，须在30日内报委托机关备案。

（7）当事人对当场作出的节水行政处罚决定不服的，可以依法申请行政复议或者提起行政诉讼。

2. 一般程序

节水行政执法机构对于依据职权或者经申诉、控告等途径发现的违法行为，认为应当给予行政处罚的，适用于一般程序（适用简易程序的除外）。

（1）立案

发现违法行为后，节水执法人员应当填写《立案登记表》（见表2-16），附相关资料，报节水行政执法机构的主管领导批准，做出立案、不予立案的决定。

立案登记表 **表2-16**

案件名称			
案件来源			
当事人	单位	地址	
	姓名	身份证号	电话
案发时间		案发地点	
案件简介			
承办部门意见	1. 依据《　　》第　　条规定立案、不予立案、移送＿＿＿＿＿。 2. 拟由　　　　具体承办。 负责人　　年　月　日		
行政领导意见			
备注			

（2）调查取证

1）调查或检查时节水执法人员不得少于2人，并应出示节水行政执法证件。

2）对当事人或证人询问案件情况，应制作《调查笔录》。

3）对与案件有关的场所等依法进行勘验、检查、搜集证据时，应制作《现场勘察笔录》。

4）在调查、核查案件时，要依法采取录音、录像、电脑等储存记录手段搜集证据。

（3）听取陈述和申辩

1）调查完毕作出行政处罚之前，节水行政执法机构应当告知当事人认定掌握的违法事实及拟处罚的内容和处罚的理由、依据，同时告知当事人享有的权利。

2）节水行政执法机构对当事人就有关案件的陈述与申辩，应当认真地听取，并制作关于陈述、申辩内容的《调查记录》，经当事人确认签名，节水行政执法机构负责人进行复核后，作出予以采纳或不予采纳的决定，并告知当事人。

(4) 行政处罚决定的作出

1) 案件调查终结后，节水执法人员应制作调查终结报告，报节水行政执法机构负责人。

2) 节水行政执法机构负责人需对调查结果进行审查，依照《中华人民共和国行政处罚法》第三十八条的规定和节水相关法律、法规、规章的具体规定，根据不同情况，分别作出如下决定：

① 确有应受行政处罚的违法行为的，根据情节轻重及具体情况，作出行政处罚决定。

② 违法行为轻微、依法可以不予行政处罚的，不予行政处罚。

③ 违法事实不能成立的，不得给予行政处罚。

3) 对情节复杂或重大违法行为给予较重的行政处罚的，节水行政执法机构应集体讨论决定，并报委托机关批准。

4) 依照上述第2)、3) 项规定的行政处罚决定，应当制作《行政处罚决定书》(参见表2-17)。行政处罚决定书应载明下列事项：

① 当事人的姓名或者名称、地址。

② 违反法律、法规或者规章的事实和依据。

③ 行政处罚的种类和依据。

④ 行政处罚的履行方式和期限。

⑤ 不服行政处罚决定，申请行政复议或者提起行政诉讼的途径和期限。

⑥ 作出行政处罚的行政机关名称和作出决定的日期。

行政处罚决定书应当在宣告后当场交付当事人，当事人不在场的，行政机关应当在7天内依照民事诉讼的有关规定，将行政处罚决定书送达当事人。

行政处罚决定书 **表2-17**

罚字[ ]第 号

__________：

经查明，你（单位）于____年____月____日在__________因__________行为违反了__________的规定。依据__________的规定，本机关决定给予你（单位）__________的行政处罚。

根据《中华人民共和国行政处罚法》的规定，限你（单位）自收到本决定书之日起15日内将上述处罚款项执行完毕。

开户行：__________账号：__________地址：__________。到期不交纳罚款，每日按罚款数额的3%加处罚款。

如你（单位）不服本处罚决定，可以自接到本决定书之日起______日内向__________申请行政复议，或直接向__________人民法院起诉。逾期不申请行政复议或不向人民法院起诉又不履行本处罚决定的，本机关将申请人民法院强制执行。

（印章）

年 月 日

收件人签名：__________时间：______年______月______日

送达人签名：__________时间：______年______月______日

（一式两联，第一联存根，第二联交当事人）

3. 听证程序

（1）节水行政执法机构在作出较重的行政处罚决定之前，应告知当事人有要求听证的权利，并制作、送达《听证告知书》（参见表 2-18）。

听证告知书 **表 2-18**

听告字［ ］第 号

________：

经查，你（单位）于________年________月________日，在________进行________的行为，违反了________的规定，本机关决定对你（单位）作出________的行政处罚。

根据《中华人民共和国行政处罚法》第三十一条、第三十二条和第四十二条的规定，你（单位）有权进行陈述和申辩，并可要求举行听证。请你（单位）在受到本告知书之日起三日内提出听证申请，逾期视为放弃上述权利。

（盖章）

年 月 日

收件人签名：________________时间：________年________月________日

送达人签名：________________时间：________年________月________日

（一式两联，第一联存根，第二联交当事人）

（2）当事人应在告知后 3 日内提出听证申请，并可委托 1～2 人代理。

（3）节水行政执法机构应当在举行听证的 7 日前，通知当事人举行听证的时间、地点，并制作、送达《听证通知书》（参见表 2-19）。

听证通知书 **表 2-19**

听通字［ ］第 号

________：

你（单位）________违反了________拟给予________处罚。依据《中华人民共和国行政处罚法》第四十二条规定，于________年________月________日依法下达了行政处罚听证告知书，你（单位）要求听证。我们决定于________年________月________日________时在________依法举行听证会，请准时参加。如逾期则视为自行放弃听证权利。

在前来参加听证前，请你（单位）作好以下准备：

1. 携带身份证明和有关证据材料；

2. 通知有关证人出席作证；

3. 如申请听证主持人回避，请于________年________月________日之前告知本机关，并陈述申请主持人回避的理由；

4. 如需委托代理人，请持合法有效的委托书，授权其全权负责有关本案的听证事项。

听证主持人：________听证人员：________书记员：________

特此通知

（盖章）

年 月 日

收件人签名：________________时间：________年________月________日

送达人签名：________________时间：________年________月________日

（一式两联，第一联存根，第二联交当事人）

(4) 听证主持人应当由节水行政执法机构指定的非本案调查人员担任，当事人认为主持人与本案有直接利害关系的，有权申请回避。

(5) 举行听证时，调查人员提出当事人的违法事实、证据和行政处罚建议，当事人进行申辩和质证。

(6) 听证应当制作《听证笔录》（参见表 2-20，表 2-21），笔录应交当事人审核无误后签名或盖章。

(7) 听证结束后，听证主持人根据听证情况提出听证意见，并制作《听证意见书》（参见表 2-22），报节水行政执法机构负责人审核，并根据《中华人民共和国行政处罚法》第三十八条的规定和节水相关法律、法规、规章的规定，依法做出决定。

听证笔录 **表 2-20**

举行听证机关：________________________________

时间：________年________月________日________时________分至________时________分

地点：________________________________

主持人：________________ 听证员：________________ 书记员：________________

案由：________________________________

当事人	公民		性别		身份证号		工作单位	
	单位				负责人		电话	
委托代理人	姓名		性别		工作单位		身份证号	
	姓名		性别		工作单位		身份证号	

本案调查人员：________________ 工作单位：________________

其他人员：________________________________

听证内容记录如下：

____

____

主持人签名：________________ 当事人(代理人)签名：________________

共 页 第 页

听证笔录续页 **表 2-21**

____

____

____

____

证据附后：

当 事 人（签名）________________

代 理 人（签名）________________

案件调查人员（签名）________________

听证主持人（签名）________________

记 录 人（签名）________________

其 他 人 员（签名）________________

注：由当事人在每页同时注明“此记录属实”字样；如有涂改之处，请当事人在涂改之处按手印或盖章或签名。

共 页 第 页

听证意见书 表 2-22

案由____

时间________________地点________________方式________________

主持人________________听证员________________记录人________________

案件调查人____

当事人：公民________________身份证号码________________工作单位________________

单位________________负责人________________职位________________

委托代理人：姓名________________身份证号码________________工作单位________________

姓名________________身份证号码________________工作单位________________

证　人：姓名________________身份证号码________________工作单位________________

其他人员：姓名________________身份证号码________________工作单位________________

受本机关负责人指定，本人主持了________________一案的听证会，现提出听证意见如下：________________

____

____

主持人：

年　月　日

4. 送达

在依照一般程序和听证程序作出行政处罚决定后，节水行政执法机构应当填写《行政处罚决定书》，由其负责人签名并加盖委托执法机关公章后，送达当事人，并应制作《行政执法送达回证》（参见表 2-23）。

行政执法送达回证 表 2-23

事由			
受送达人			
送达地点			
送达文书 名称及文号			
收件人 签名或印章			
收到时间	年　月　日　时　分		
留置送达	拒收事由： 留置地点： 见证人签名　年　月　日		
代收人 代收理由	代收人签名　年　月　日		
备注			
签发人		送达人	

注：1. 送达文书交受送达人本人，如本人不在可以交给其成年家属或所在社区、单位负责人代收。

2. 如系代收，收件人应在收件人栏内签名或印章，并注明与受送达人的关系。

3. 受送达人或代收人拒绝接受或不签名、印章时，送达人可邀请其邻居或其他证人到场，说明情况，把文书留在其住处，在送达回证上记明拒绝的事由和送达日期，由送达人签名，即认为已经送达。

4. 邮寄送达的，以挂号回执上注明的收件日期为送达日期。

5. 受送达人下落不明的，以公告送达，自公告发布之日起 60 日即视为送达。

5. 执行

行政处罚决定生效后，当事人拒不履行的，节水行政执法机构可以委托执法机关的名义依法强制执行，也可申请人民法院强制执行。申请人民法院强制执行的，应制作《强制执行申请书》（参见表 2-24）。

强制执行申请书 **表 2-24**

强字［ ］第 号

______人民法院：

______年______月______日，本机关依法对被处罚人______作出了______罚字［ ］第（ ）号行政处罚决定书，并于______年______月______日将处罚决定书送达。

经查实，在法定期限内，该当事人既未提出行政复议，也未向人民法院起诉，又未自动履行行政处罚决定。现依据《中华人民共和国行政处罚法》第五十一条第（三）项的规定，特申请贵院依法对以下处罚内容强制执行：

______

______

（盖章）

年 月 日

附：《行政处罚决定书》一份及相关卷宗材料。

收件人签名：______时间：______年______月______日

送达人签名：______时间：______年______月______日

（一式两联。第一联存根，第二联交接收单位）

6. 立卷归档及备案

运用简单程序、一般程序办理的各类节水行政案件，节水行政执法机构均应按照统一要求，一案一档，做好立卷、归档工作。

案件终结后，填写《行政处罚决定备案表》（参见表 2-25），报委托执法机关备案。

行政处罚决定备案表 **表 2-25**

执法单位：

案由					
当事人	公民		身份证号		单位
	单位		负 责 人		职务
	地址		邮政编码		电话
案件摘要					
处罚决定内容					
备注：					

3.6 城市节水行政复议

节水行政复议是指节水行政相对方（公民、法人或其他组织）对节水行政主体所做出的具体行政行为不服时，依法向节水行政复议机构申请复查，并要求其重新做出决定的一种法律制度。

节水行政复议机构是指在享有复议权的行政机关内部设立的，依法审理节水行政复议案件的机构。享有复议权的行政机关有两类，一类是同级人民政府；一类是上一级节水行政主管部门。节水行政复议机构是指这二者的法制工作机构，具体办理节水行政复议案件，如人民政府法制局（办）。

节水行政复议机构的职责主要是：

(1) 审查节水行政相对方的复议申请是否符合法定条件。

(2) 向节水行政争议双方、有关单位和有关人员调查取证，查阅相关的文件、资料等。

(3) 组织有关人员审理节水行政复议案件。

(4) 拟订节水行政复议意见、决定，并提请有关领导审查、研究和做出决定。

(5) 按照法定的时间期限向节水行政复议申请人、被申请人送达节水行政复议决定书。

(6) 节水行政复议决定引起行政诉讼，需要由节水行政复议机关出庭应诉的，受该机关法定代表人的委托出庭应诉。

节水行政复议的程序主要有：申请、受理、审理和决定。

1. 申请

节水行政复议的申请是指节水行政相对方认为节水行政主体所做出的具体行政行为侵犯了其合法权益，以自己的名义在法定期限内，要求复议机关撤销或者变更具体行政行为，以保证其合法权益。

(1) 申请的条件

1) 申请人必须是认为其合法权益受到侵犯的公民、法人或其他组织。

2) 有明确的被申请人（即节水行政主体）。

3) 有具体的复议请求和事实依据。

4) 属于节水行政复议范围。

5) 属于受理复议申请的节水行政复议机关管辖。

(2) 申请的时限

申请人向节水行政复议机关申请复议，应当在知道具体行政行为之日起60日内提出，因不可抗力或其他正当理由，超过法定申请期限的，申请期限自障碍消除之日起自动顺延。

(3) 申请的方式

申请的方式有书面申请、口头申请。

书面申请应当载明申请人的基本情况，包括：公民的姓名、性别、年龄、身份证号码、工作单位、住所、邮政编码；法人或者其他组织的名称、住所、邮政编码和法定代表人或者主要负责人的姓名、职务；被申请人（做出具体行政行为的节水行政主体）的名称；行政复议请求、申请行政复议的主要事实和理由；申请人的签名或者盖章；申请行政复议的日期。

口头申请应由节水行政复议机关当场记录申请人的基本情况，节水行政复议请求以及申请节水行政复议的重要事实、理由和时间。

2. 受理

申请人提出复议申请后，经有管辖权的节水行政复议机关审查，认为符合条件的，即决定立案审理，其主要包括以下环节：

（1）审查

节水行政复议机关收到复议申请后，应审查以下几个方面：

1）行政复议申请是否属于节水行政复议的受案范围。

2）复议申请是否在法定期限内提出，超出法定期限有无正当理由。

3）复议申请人的主体资格是否符合要求。

4）复议申请书的内容是否完备。

5）行政复议申请是否属于节水行政复议机关的管辖范围。

6）复议申请是否在复议申请之前已向人民法院提起行政诉讼，如果已提起诉讼，则取消行政复议程序。

（2）处理

行政复议机关在收到复议申请之日起 5 日内，应对复议申请分别作出予以受理和不予受理的处理。予以受理的，即进入行政复议审理阶段，节水行政复议机构应自行政复议申请受理之日起 7 日内，将行政复议申请书副本或者行政复议申请笔录复印件发送被申请人，被申请人应当自收到申请书副本或者申请笔录复印件之日起 10 日内提出书面答复，并提交原具体行政行为的全部相关材料。

受理日期是指节水行政复议机构收到复议申请之日。

不予受理的，应书面告知复议申请人不予受理的理由。

3. 审理

节水行政复议机关对节水行政复议案件的审理应着重做好以下几个方面的工作：

（1）确定复议人员，应当由 2 名以上行政复议人员参加。

（2）决定有关复议工作人员是否应予回避。

（3）决定具体行政行为是否应该停止执行。

（4）对行政行为主体的合法性进行审查，其内容包括：

1）被申请人是否具有做出该具体行政行为的职权。

2）被申请人是否超越法定权限范围。

3）当被申请人是受委托执法机构时，审查其行政执法权是否具有法律、法规的授权。

4）节水行政机关委托其组织做出具体行政行为的，其委托权限是否超越其法定职权。

（5）对案件事实进行审查，包括案情分析、证据审查和调查取证等。调查取证时，行政复议人员不得少于 2 人，并应当向当事人或者有关人员出示证件。

（6）对被申请人做出具体行政行为时适用的法律依据是否正确进行审查。

（7）对被申请人做出具体行政行为时是否违反法定程序及其形式的合法性进行审查。

（8）对被申请人做出具体行政行为时所使用的自由裁量权的适当性进行审查。

行政复议审理原则上采取书面审理的办法，当案情复杂需要通过当事人之间的质证来搞清有关事实和证据时，则可以召集双方当事人、第三人、证人听取有关意见，以正确认定事实。

4. 决定

节水行政复议机关对案件审理结束后，即做出书面的节水行政复议决定。该决定应自受理申请之日起60日内做出。案情复杂，不能在60日内做出节水行政复议决定的，须经行政复议机关负责人批准，适当延长，并告知申请人和被申请人，但延长期限最多不超过30日。

行政复议决定根据不同情况，一般有以下几种：

(1) 维持被申请人的具体行政行为。该决定的做出应具备以下条件：事实清楚；证据确凿；适用法律正确；符合法定权限和程序。

(2) 决定被申请人在一定期限内履行法定职责。

(3) 撤销原具体行政行为。该决定的做出应符合以下情况之一：

1) 事实不清，证据不足。

2) 适用的法律、法规、规章和具有普遍约束力的决定、命令错误。

3) 违反法定程序。

4) 超越或者滥用职权。

5) 具体行政行为明显不当。

6) 被申请人未能依照《行政复议法》的规定，提出书面答复及提供做出具体行政行为的证据、依据。

(4) 变更原具体行政行为。

(5) 确认该具体行政行为违法。

5. 执行

复议决定一经送达即发生法律效力。被申请人不履行或者无正当理由拖延履行行政复议决定的，行政复议机关或者有关上级行政机关应当责令其限期履行。申请人逾期不起诉，又不履行复议决定的分两种情况处理：

(1) 维持具体行政行为的复议决定，由做出行政行为的行政机关依法强制执行，或者申请人民法院执行。

(2) 变更具体行政行为的复议决定，由复议机关依法强制执行，或者申请人民法院执行。

3.7 城市节水行政应诉

节水行政诉讼的被告是节水行政主体，其法定代表人可以委托1～2人作为其诉讼代理人代为诉讼活动。委托他人代为诉讼活动的，必须向人民法院提交由委托人签名、盖章的授权委托书。授权委托书应载明所委托的事项、所委托的权限。

节水行政主体应在收到起诉状副本之日起10日内，向人民法院提交做出具体行政行为的有关材料，并提出答辩状，具体内容包括：

(1) 具体行政行为的书面决定，做出具体行政行为所依据的法律、法规、规章。

(2) 做出具体行政行为的事实依据。

(3) 答辩状应明确回答原告诉状中所诉问题与内容，阐明自己对案件的具体主张与理由，并在充分陈述事实的基础上提出自己的答辩意见。答辩状内容一般包括：

1）标题。

2）答辩人与被答辩人及其委托代理人的基本情况。

3）提出答辩意见。答辩意见包括：

① 做出该具体节水行政行为所认定的事实和适用的节水法律、法规、规章和其他具有普遍约束力的决定、命令等规范性文件，以证明答辩理由的正确性。

② 针对起诉讼状提出的请求、主张进行反驳。

③ 阐明自己的主张。

（4）答辩状结尾应明确注明答辩状要提交的人民法院的名称，答辩人的签名、盖章，并载明答辩日期。

答辩状由人民法院在收到之日起5日内，将副本发送原告。节水行政主体不提出答辩状的，不影响人民法院的审理。

作为被告的节水行政主体在出庭应诉方面应做好如下工作：

1）按时出庭。

2）依法行使回避申请权。

3）法庭调查询问时，认真回答并适时出示证据：

① 陈述做出该具体节水行政行为所认定的事实，并出示相应的证据，以证明其行为的正确性。

② 向法庭阐明并提供做出具体节水行政行为依据的节水法律、法规、规章和其他具有普遍约束力的决定、命令等规范文件，以证明其行为的合法性。

③ 提供事实和法律规范证明节水行政主体具有做出该具体节水行政行为的权限。

④ 提供证据证明所做出的具体节水行政行为的程序合法。

人民法院审理行政案件，实行“两审终审制”，一审案件应在立案后3个月内做出。如果当事人不服法院的一审判决，有权在判决书送达之日起15日内，向上一级人民法院提起上诉；当事人不服人民法院一审裁定的，有权在裁定书送达之日起10日内，向上一级人民法院提起上诉。逾期不提起上诉的，人民法院的一审判决或裁定发生法律效力。

当事人上诉后，二审人民法院审理案件时，有2种方式，即开庭审理和书面审理。二审案件应在收到上诉状之日起2个月内作出判决、裁定。二审人民法院作出的判决、裁定是终局性的判决、裁定，对于已经发生法律效力的判决、裁定，当事人必须执行。

3.8 城市节水宣传教育与培训

宣传教育和培训是做好城市节水工作十分重要的基础性工作。全面强化节水宣传教育，加强对城市节水工作人员的培训是实现城市节约用水、促进社会经济可持续发展、构建和谐社会的重要环节。

3.8.1 城市节水宣传教育

1. 宣传教育的目的意义

进行节水宣传教育，可以使广大市民真实地了解我国及所在地区城市水资源及其开发利用的状况，破除公众对水认识方面的误区，提高节水意识，增强对水资源的危机感及对节约用水的紧迫感和责任感；可以了解到实施节水的可能性及节水具有很好的社会效益、经济效益和环境效益。节约用水对国家、部门和个人都是十分有益的；可以使全社会形成人人节水、处处节水、节约用水光荣、浪费用水可耻的社会氛围，让节水变成每个人的自觉行为，充分发挥水的最大使用效益，并为创建节水型企业（单位）和节水型城市而努力。

节约用水是我国国情和水情的需要，它不仅是缓解当前城市用水供需矛盾的一项切实可行的措施，也是解决我国城市长期用水问题的重要组成部分和首选方案。只有积极持久地实施节水措施，才能实现城市水资源的可持续利用，从而保障社会经济可持续发展。节约用水利在当代，功在千秋。

2. 宣传教育的内容

节水宣传教育的主要内容提纲如下：

（1）水是宝贵的天然资源，是一切生物生存的必要条件，是人体的基本组成部分，是城市和工业的“血液”，是保障社会经济可持续发展的重要物质基础。

（2）水资源与水危机状况。

（3）供水产品生产供应的复杂性：公共供水水质、成本、工艺等。

（4）节约用水不仅必要而且可能：

1）公水意识。《中华人民共和国水法》提出，水资源属于国家所有，即全民所有。水是公共财产。因此人人都应当具有公水意识。人人爱护水、节约水，反对浪费水、污染水，大自然才能与人类和谐相处，生活才能健康、幸福、美满。

2）节水是切实可行的缓解当前用水供需矛盾的有效措施。它与远距离调水相比，投资少、上马快、工期短、见效快。

3）节水可减少水资源取水量，不仅可节省或延缓供水工程建设投资和运行费用，也可以减少污水排放量，从而使污水的输送、处理工程费和运转费得到相应减少或延缓。

4）与先进国家相比，我们的用水效率仍很低，节水潜力还很大。

5）随着技术交流的开展和科学技术的提高，各种节水工艺技术、器具设备和管理方法手段不断推陈出新，广泛应用。

（5）节水的法律法规方针政策是开展城市节水工作的依据。

1）党和国家非常重视节水工作。2004 年 3 月胡锦涛总书记在中央人口资源环境工作座谈会上的讲话中指出：“要把节水作为一项必须长期坚持的战略方针，把节水工作贯穿于国民经济发展和群众生产生活的全过程。”。2005 年 6 月温家宝总理在全国建设节约型社会电视电话会议上的讲话中指出：“大力节约用水。积极推广节水设备和器具，加快供水管网改造，推进污水处理及再生利用。”

2）1988 年 1 月 21 日全国人大常委会通过《中华人民共和国水法》（2002 年 8 月 29 日修订）；1989 年 1 月 1 日正式实施的建设部令第 1 号《城市节约用水管理规定》。

（6）城市节约用水标语口号

1）国家实行计划用水，厉行节约用水；

2）节约用水是每个公民的责任和义务；

3）加强城市节约用水宣传教育，提高市民节水意识；

4）全面推进创建节水型城市，建设资源节约型社会；

5）创建节水型城市，实施可持续发展；

6）绿色生活，从节约每一滴水开始；

7）节约水资源，保护水环境，实现人水和谐；

8）惜水、爱水、节水、从我做起；

9）推广节水型用水器具和设备，提高用水效率；

10）实现城市污水资源化，提高再生水利用率。

3. 宣传教育的形式

节水宣传教育的形式主要有以下几个方面：

（1）利用各种宣传媒体，即通过报纸、广播、电视、网络等媒体，开展内容广泛、形式多样、生动活泼的节水宣传教育活动。例如：在报纸上开设节水知识小专栏；举办专题节水征文评选活动；举办以节水为主题的电视文艺综合晚会，并穿插有关节水内容的有奖竞猜抢答活动；定时公布"城市水情"（如水资源开发利用情况、地下水位、降雨量、城市供水、用水、排水、节水的有关情况等）；在干旱缺雨季节或用水高峰时期，请城市领导在电视上发表节水讲话；组织由各方代表参加的"节水论坛"，谈论本市的水情及对策；结合城市水情制作、放映以节水为专题的实况纪录电视片；宣传节水先进典型，曝光浪费用水现象；在电视上设置节水内容的公益广告；充分利用网络快捷的形式，设立节水网站、节水论坛、节水聊天室等发布节水信息，进行节水专题讨论等，进行节水宣传教育引导公众提高节水意识。

（2）组织实地参观、考察、访问，即选择适当时机，组织市民、职工群众对城市的水源地、水库、供水工程设施、自来水厂以及无集中供水的区域或因供水形势紧张造成群众用水极度困难的区域状况、城市节水先进单位或浪费用水现场进行实地参观和现场考察等。

（3）到厂矿企业和部分学校，进行节水知识讲座和节水技术咨询；深入居民社区进行节水知识宣传和节水技术咨询，尤其通过免费更换节水器具和检修漏水点等行动，增强节水宣传活动的影响力。

（4）举办有关节水内容的各种展览会，例如节水成效综合展览会、节水型器具设备演示会、节水图片展览会及节水书法绘画摄影展等。

（5）召开节水专题会议，例如节水工作总结表彰会、节水经验交流会、节水学术报告会、节水论坛等。

（6）创立以节水主题为宗旨的基金会。用以资助节水课题的科学研究、节水内容的学术交流以及节水公益活动的开展等。

（7）组织建立节水志愿者网络，交流节水经验、传播有关信息，介绍新型节水器材，参与节水社会志愿活动等。

（8）采用文学艺术形式，即通过文学作品、电影和电视剧、相声和小品、书画和诗词、音乐和舞蹈等形式从不同的角度，对不同年龄和层次的人群，进行针对性宣传教育，以生动活泼的形式，寓教育于娱乐中。

（9）组织举办小型的节水综合文艺会演、歌咏比赛会、赛诗会、命题绘画会、剪纸会、节水知识有奖竞猜会、节水专题板报比赛会以及利用各种民间艺术进行节水专题表演和宣传。

（10）设置大型节水宣传牌和街巷节水横幅，装置流动性节水宣传彩车，张贴节水标语口号，发放节水宣传品，装饰节水橱窗展览、以公共汽车、出租车或商品作载体进行节水宣传教育，让人们在整个社会活动空间里时时处处都感受节水的氛围。

（11）办好“全国城市节约用水宣传周”、“世界水日”、“中国水周”的集中宣传。1988年，我国在《中华人民共和国水法》颁布实施时，确定每年7月第一周为“水法宣传周”。自1991年起，我国将每年5月15日所在的周作为全国城市节约用水宣传周，用以开展广泛的宣传教育，提高市民对开发和保护水资源的认识及公众的节水意识。城市节水宣传周每年都设有特定的宣传主题。1993年1月18日，联合国大会通过决议，将每年的3月22日定为“世界水日”；此后又结合世界水日，从1994年起改为每年的3月22日所在的一周，定为“中国水周”。通过城市节水宣传周等活动集中、广泛开展的节水宣传教育，使城市节水工作的开展在深度和广度上逐年得到提高，节水宣传教育工作所引起的社会反响逐年在加大。

（12）搞好平时宣传教育工作，重在公众参与。节约用水关系到千家万户，涉及着各行各业，公众参与尤其重要。节水的公众参与，不仅包括公众积极实施节约用水和保护水资源的有关行动，更重要的是要改变其思考方式，建立可持续发展的观念，进而运用符合可持续发展的思维方法，去改变自己的行为方式。

（13）节水教育要注重从小抓起

节水教育要从幼儿教育开始，并贯穿于中小学教育的全过程，使人们从小树立节水思想，养成节约用水的好习惯，使节水成为人生的美德。

1）把节水内容编入教材，培养节水意识。例如在幼儿及小学中学教材中，纳入“水和人的生活”关系、水资源紧缺的形势、水污染的状态等科普知识，通过课堂教学使儿童获取有关水的概念和认识。

2）组织参观供水工程设施，感受水资源的宝贵和自来水的来之不易。例如利用队日、团日、节假日到水源地、水库、自来水厂、污水处理厂等处进行实地参观考察。

3）开展有趣的节水活动，获取节水知识，增强节水观念。例如通过以节水为主题的文艺演出、演讲比赛、绘画比赛以及节水宣传主题的签名活动等，让大家一起感受水带给自然的美好与和谐，引起人们对美好环境的共鸣，对节水愿望的呼唤。

4）培养节水实践能力，养成节水的良好习惯。例如进行节水小试验，制作节水小器具，思考节水小窍门，以及对节水信息的了解和传达等，激发孩子们对节水的兴趣和关注。

5）授予少年儿童“节水小卫士”等称号，以协助监督其父母和兄弟姐妹节约用水。

4. 宣传教育的组织实施

各地城市节水宣传教育的组织实施，一般由城市节水主管部门负责牵头。根据住房和城乡建设部的总体部署，并结合各城市的实际情况，城市节水主管部门具体组织本市的节水宣传教育活动，确定组织领导部门、宣传主题、宣传内容、主要形式等。

城市节水主管部门与新闻媒体、部队、学校、机关、企事业单位等通力合作，共同开展本地的节水宣传教育活动。

3.8.2 城市节水培训

科学技术是第一生产力，而掌握了科学技术的人则是实现生产力的决定因素，只有不断地进行知识更新，才能保持强劲的活力，才能持续、健康、快速的发展。如何尽快提高节水管理人员的素质，更好地适应新形势对节水工作的要求，促进节水工作的开展，是城市节水培训的重要任务。

1. 培训的目的

人是生产力要素中最重要、最活跃的因素，人员素质的高低尤为重要。人的素质提高，一方面需要个人在工作中钻研和探索，更重要的是需要有计划、有组织的培训。对用水节水部门人员的培训直接关系到其对国家政策、行业法律、法规的掌握，以及对先进科学技术知识、技能和科学管理方法的掌握。

2. 培训的原则

(1) 理论联系实际，学用一致的原则

培训应有明确的针对性，要从实际工作的需要出发，与岗位特点紧密结合，为此，应注意以下几点：要全面规划。应制定出短期、中期和长期的培训计划，使培训规划与行业的各部门、各单位的规划相配合，切忌盲目性和随意性。要学用一致。培训内容要根据培训人员的工作性质制定，培训的方法也要学用结合，多采用"案例教学"、"演示教学"等方式进行培训，以增强培训的效果。

(2) 知识技能培训与组织文化培训兼顾的原则

培训的内容应该与岗位职责相衔接。培训的内容既要安排文化知识、专业知识、专业技能，也要安排理想、信念、价值观、道德观方面的内容，而后者又要与企业文化，包括企业目标、企业哲学、企业精神、企业道德、企业风气、企业制度、企业传统等密切结合。

(3) 全员培训和重点提高相结合的原则

要有计划、有步骤地进行全员培训，这是提高全员素质的必由之路。同时，对部门和企业的节水工作有着较大影响的管理和技术骨干，对于年纪较轻、素质较好、有培养前途的人员，更应该有计划地进行重点培训。

(4) 严格考核和择优奖励原则

严格考核是保证培训质量的必要措施，也是检验培训质量的重要手段。培训不仅要严格考勤，还要对所学的每门课程提出明确要求，严格考核。只有考核合格，持证上岗才能保证工作质量。鉴于很多培训只是为了提高素质、并不涉及录用、提拔或安排工作等问题，因此，对受训人员择优奖励就成为调动其积极性的有力杠杆。

3. 培训的对象、形式和内容

培训主要分为常规培训和不定期培训 2 种：

(1) 常规培训主要是针对基层单位负责节水工作的管理人员与技术人员，尤其是新从事节水行业的人员，可以定期组织常规培训。

(2) 不定期培训主要是根据国家和省、市新出台的方针政策、新技术、节水新动态，针对各级节水主管部门的管理人员、企事业单位分管节水的领导、单位节水管理人员、单位节水技术人员所举办的培训。

培训方法有集中授课、网络培训和函授自学 3 种。

培训的内容主要有：节水及水资源的相关概念；水处理与再生水利用；企业（单位）水平衡测试；节水法规建设；节水行政执法；节水经济管理；计划（定额）管理；城市节水规划；节水器具设备；节水技术经济评价；国外先进节水技术与管理等。

4. 培训的组织管理

人员培训是开展城市节水的一项重要工作。根据实际需要由城市节水主管部门组织。由于培训工作涉及面广、内容多，因此必须加强对节水培训工作的管理。一般应设置专门人员对其生活安排及教学行政进行管理。讲师来源主要有外聘和内选两种。要根据培训内容的需要确定培训讲师的选择。要鼓励技术、管理骨干兼职讲师工作，同时也要聘请外部专家和同行进行交流。

同时，要发挥各级协会的作用，逐步建立行业继续教育培训制度，定期或不定期对技术人员和管理人员进行专业培训。

【思考题】

1. 简述城市节水行政行为的含义及特点。
2. 简述用水计划是如何确定的。
3. 用水计划考核的一般程序是什么？
4. 城市节水统计报表制度如何建立？
5. 节水行政执法的简易程序和一般程序分别是如何实施的？
6. 节水行政主体如何应对节水行政复议？
7. 节水行政应诉答辩状应包括哪些内容？
8. 节水培训的原则是什么？

4 城市节约用水经济管理

4.1 城市节约用水经济管理概述

节约用水经济管理是指用经济手段，充分发挥经济杠杆的作用，调节、控制、引导城市用水行为，从而达到合理用水和节约用水的目的。实施经济手段节约用水大多伴随着法律手段和行政手段综合运用，这样比单纯采用一种手段，调节、控制、引导节水活动，效果更好。

4.1.1 节约用水经济管理的原则

节约用水经济管理的基本原则是运用经济手段实施用水、节水管理所必须遵循的要求和准则。这些原则主要有：

（1）法制原则。法制原则是节水经济管理的基本原则，依法管理、依法行政是指导节水经济管理工作的总原则。

（2）经济效益原则。提高经济效益是节水经济管理的任务，又是节水经济管理必须遵循的重要原则。

（3）动力原则。节水经济管理必须有强大的动力，激发人的潜能和工作积极性。同时动力也是一种制约因素，迫使人们有效地抑制不重视节水和浪费水的倾向。

（4）科学原则。要充分运用经济管理的方法和手段，促进先进的科学的节水技术应用，提高科学用水、合理用水的水平。

4.1.2 节约用水经济管理的作用

在节水管理活动中，根据客观实际情况，正确地制定经济政策和经济法规，利用多种经济手段和方法，充分发挥经济杠杆的调节作用，对节约用水有着重要的作用。这些作用主要体现在：

（1）合理地运用经济手段，可以创造更好的节水经济效益、环境效益和社会效益。一切节水活动的宗旨，都是要以最小的代价换取最大的成果。无论是节水管理工作，还是节水工程建设，都要从“经济效益”这个观点出发，千方百计地以最少的人、财、物的消耗换取最佳的节水效果。

（2）合理地运用经济手段，可以调动各方面节水的积极性，形成巨大的节水动力。制定并执行适宜而有效的、以物质利益为作用机制的经济政策和经济方法，如评选节水先进单位并给予经济奖励、经济承包等，对促进节水工作起到了很好的推动作用。

（3）合理地运用经济手段，同样可有效地抑制不重视节水和浪费水的倾向。长期以来，由于人们对水资源问题存在种种不正确的认识和观念，加之水的价格又偏低，致使许多人不重视、不关心节水，用水方面也存在许多浪费现象。因此，适当地发挥水价杠杆的调节作用，比如实行较高的较合理的水价制度、超计划加价收费制度、用水季节差价制度等，提高水的内在价值，对改变浪费水的现象，形成节水的良好风尚起到了积极的作用。

(4) 合理地运用经济手段，可更好地发挥科学技术节水的作用，促进节水技术改造措施的建设。节约用水的根本出路之一在于科学技术的进步，不断地采用节水新技术、新工艺、新设备、新器具，改造原有的用水工艺和设备，而适当地采取有利于节水工程建设的资金利用经济政策如低息贷款、国债项目、适当补贴等，将会对促进节水技术改造起到重要的作用。

4.1.3 节约用水经济管理的主要内容

城市节约用水经济管理的主要内容有水价的杠杆调节作用、超计划（定额）加价收费制度、节水先进单位的经济奖励、节水经济承包责任制、节水专项资金利用政策如低息贷款、国债项目、财政补贴、节水工程经济效益评价等。

下面主要介绍一下水价的经济杠杆调节作用，其他内容将在有关的章节中论述。

水价是一个敏感而重要的经济因素，西方发达国家的水价一般为电价的6～7倍，相比之下我国水价普遍偏低。合理确定水价，利用价格杠杆进行调节，是实现节约用水的重要手段，是水价管理的核心。合理调整水价，尤其是在水的价格背离价值时，往往对节水起到关键作用，可以收到立竿见影的效果。

水价杠杆的调节作用主要表现在如下几个方面：

(1) 合理的水价有助于调节、控制用水需求量，促进社会的节水习惯。随着社会经济的发展和人们生活水平的提高，社会用水需求量也越来越大。制定合理的水价，对抑制不必要、不合理的用水增长问题会起到积极作用，有利于节水行为的形成。据分析，水费支出占居民家庭收入的1%时，对居民心理影响不大，易导致用水浪费现象发生；占2%时将产生一定的影响，使居民开始关心用水量；占2.5%时将引起重视；占5%时则会有较大影响，并注意认真节水；占10%时影响很大，并考虑水重复使用。从我国目前的实际情况看，水价大体应占家庭收入的2.5%～3%为宜。这样，既不会过分增加低收入家庭的经济负担，又能保证基本生活用水。根据对我国一些典型城市的分析，目前城市居民生活用水的家庭支出约占消费总支出的0.6%，这表明我国城市用水价格调整空间还非常大。

(2) 合理的水价有助于调节、控制工业结构和产品结构。工业用水量的大小与工业结构、产品结构有很大关系。因此，如能对用水单位按用水量的大小（或按进水管径的大小）制定水价，收取费用，使水价随用水量大小而变动，用水量越大，水价亦越高，这样就会对工业结构、产品结构起到调节作用，限制用水量大的工业和产品的发展，支持用水量小的工业和产品的发展。

(3) 合理的水价有助于调节、控制城市用水结构和用水季差。社会用水的用途是广泛的，并且呈现出季节性。不同行业类别的用水，应在充分考虑用水性质不同的基础上确定水价，比如工业用水的价格就要高于公共用水价格，而公共用水的价格要高于居民生活用水价格等。这种因行业类别不同而实行不同的水价收费制度有利于促进整个社会的合理用水。另外，实行用水季节浮动水价也可缓解社会用水高峰季节用水紧张的局面。

50多年来我国始终实行低水价政策。较低的水价，无论从生产经营者角度，还是从合理利用水资源角度，既不能解决供水企业在生产经营、满足需要方面的问题和矛盾，又不能达到节约水资源、控制用水浪费的目的。因此，必须按价值规律办事，运用经济规律，发挥价格这个经济杠杆的调节作用，合理制定水价。从既能促进供水事业发展，不断满足用水需要，又能在合理用水、节约水资源之间找到一个平衡点，使公共供水价格既反映价值又能有效地调节供求矛盾。由于城市公共供水服务的广泛性和公益性，其定价原则有自己的独特特点，不同于其他工业企业，其定价原则应从下面几个方面考虑：

（1）公平性和平等性原则

水是人类共有的财产，是生产生活必不可少的要素，是人类生存发展的基础。每个人都有用水的权利，以满足其生活需要，因而水价的制定必须考虑到使每个人，不管是高收入还是低收入者，都有承担生活必需用水费用的能力。在强调减轻绝对贫穷者负担的同时，水价制定的公平性和平等性原则还必须注意水商品定价的社会方面的原因，及水价将影响到社会收入的分配等。另外，公平性与平等性还必须体现出发达地区与贫穷地区、工业与农业、城市与农村之间的差别。

（2）水资源高效配置、节约用水原则

水资源是稀缺资源，其定价必须把水资源的高效配置放在十分重要的位置，这样才能更好地促进国民经济的发展。只有当水价真正地反映生产水的经济成本时，才能在不同用户之间有效的分配，才能充分发挥经济杠杆的调节作用，促进节约用水。

（3）成本回收原则

成本回收原则是保证供水企业不仅具有清偿债务的能力，而且也有创造利润的能力。只有这样，才能维持水经营单位的正常运行，才能促进投资单位的投资积极性，同时也鼓励其他社会资金投入。城市公共供水价格应当按照生活用水保本微利、生产和经营用水合理定价的原则制定。

（4）可持续发展原则

水价必须保证水资源的可持续利用。

水是一种不可替代的自然资源，又是一种经济资源，水的开采应支付水资源费。水也具有生态环境保障的作用，由于水的过量开采将引发生态环境问题，取水或调水引起的水生态变化，处理后的污水不能完全达到原水的标准而对生态环境带来影响等。因此，水价中应包括水资源及生态恢复费用，以及为加强对短缺水资源的保护，促进技术开发、进步的投入。

水也是一种商品，水价中就要反映在水的生产过程中通过具体的或抽象的物化劳动把资源水变成产品水，使之进入市场成为商品水所花费的代价，包括勘测、设计、施工、运行、经营、管理、维护、修理、折旧和财务费用等。

综合考虑，合理的水价应由以下部分组成：制水、供水直接成本（包括水资源费）；排水与污水处理费用；水资源与生态环境恢复费用；建设资金的回收；国家税收（包括附加费）；供水企业的一定利润。

总之，水商品的合理价格应该反映其全部社会成本，包括同水资源保护、开采、水污染防治和其他与水环境相关的成本。如果这些要素没有反映到城市公共供水价格中，水资源的过度利用、污染就难以避免。

其次，为适应各种情况，应建立多元化的水价体系：

（1）因地制宜，实行丰枯季节水价或季节浮动价格

季节水价，即在用水量大的季节实行高水价，而在用水量小的季节实行低水价，即夏

季与冬季水价不同、用水忙时与闲时水价不同。年际浮动水价，就是根据不同年份的自来水情况，供水单位在总的趋势上（多年平均）不改变供水价格的前提下，丰水年下浮水价、枯水年上浮水价。一般来说，居民夏季用水会高于冬季14%～20%。因此，对于同一用水量，夏季提高水价会迫使用户认真考虑如何更加节约用水。这样，在高峰供水期间，能够缓和供水矛盾。可以考虑在5～9月份在原水价的基础上浮动15%～20%。以旅游为主或季节消费特点明显的城市可以实行季节水价。

（2）逐步实行两部制水价或阶梯式计量水价

城市供水应逐步实行容量水价和计量水价相结合的两部制水价或阶梯式计量水价。容量水价用于补偿供水的固定资产成本。计量水价用于补偿供水的运营成本。两部制水价计算公式如下：

1）两部制水价＝容量水价＋计量水价；

2）容量水价＝容量基价×每户容量基数；

3）容量基价＝（年固定资产折旧额＋年固定资产投资利息）/年制水能力；

4）居民生活用水容量水价基数＝每户平均人口×每人每月计划平均消费量；

5）非居民生活用水容量水价基数为：前1年或前3年的平均用水量，新用水单位按审定后的用水量计算。

6）计量水价＝计量基价×实际用水量；

7）计量基价＝[成本＋费用＋税金＋利润－（年固定资产折旧额＋年固定资产投资利息）]/年实际售水量。

城市非居民生活用水实行两部制水价时，应与国务院及其所属职能部门发布的实行计划用水超计划加价的有关规定相衔接。

城市居民生活用水可在户表改造的基础上实行阶梯式计量水价。阶梯式计量水价可分为三级，级差为1∶1.5∶2。居民生活用水阶梯式水价的第一级水量基数，根据确保居民基本生活用水的原则制定；第二级水量基数，根据改善和提高居民生活质量的原则制定；第三级水量基数，根据按市场价格满足特殊需要的原则制定。具体各级水量基数由所在城市人民政府价格主管部门结合本地实际情况确定。阶梯式计量水价计算公式如下：

1）阶梯式计量水价＝第一级水价×第一级水量基数＋第二级水价×第二级水量基数＋第三级水价×第三级水量基数

2）居民生活用水计量水价第一级水量基数＝每户平均人口×每人每月计划平均消费量

具体比价关系由所在城市人民政府价格主管部门会同同级供水行政主管部门结合本地实际情况确定。

（3）不同类别的用水，应采取不同的水价。

城市供水水价，应分为居民生活用水、工业用水、行政事业用水、经营服务行业用水及特种用水等不同类别。2007年部分城市的水价可见表2-26。确定居民生活用水水价时，应注重人们的心理承受力，要对贫困家庭实行福利性补贴。特种行业用水，可采用较高水价。根据不同用水行业的用水需求和行业发展优先次序，适当拉大高耗水行业与其他行业用水的差价，有利于节约用水。

2007年部分城市不同类别的水价（单位：元/m³）　　表2-26

城市	居民生活	行政事业	工业	经营服务	特种行业	单位平均售价
北京	2.8	3.9	4.1	4.1		3.53
天津	3.4	6.2	6.2	6.2	20.6	
石家庄	1.7	2.5	3.4	5.1	25.5	2.55
太原	2.1	2.1	2.7	3.5	14	2.51
哈尔滨	1.8	2.4	2.4	4	7	1.95
上海	1.03	1.5	1.3	1.5	2	1.15
合肥	1.24	1.46	1.26	1.78	4.97	1.54
南昌	0.88	0.96	1	1.65	4	1.03
济南	2.95	3.8	3.8	5.4	16	
郑州	1.5	1.9	1.9	2.9	9.1	1.65
广州	1.32	1.61	1.83	2.71	3.38	1.69
海口	1.55	1.6	1.6	2.6	3.75	1.85
成都	1.35	1.9	1.7	3.1	5	1.71
贵阳	1.5	1.8	1.7	3.2	9.1	1.79
昆明	2.8	3.8	4.2	4.6	12	
拉萨	0.6	1	1.4	1.2	1.5	1.14
西安	1.85	2.55	2.15	3	15.7	2.09
西宁	1.3	1.65	1.38	2	4.5	2.11
银川	1.3	1.55	1.7	1.7	5.3	1.48

（4）实行供水的地方差价

由于各城市供水市场的相对封闭性，水资源稀缺程度不同，自然条件和社会发展水平也不同，供水的经营成本及供求各不相同，因此应由各地政府对水的价格实行目标定价。

（5）实行分质水价

不同水质的水实行不同水价。随着生活要求的提高，管道纯净水（即直接饮用水）的生产、供应已进入了供水企业，这一部分水制水成本高，客观上要求水价更高。相对而言，一般水质的水，价格就应低一点。对优质水、成品水、再生水实行不同定价，可达到节约优质水、鼓励再生水消费的目的。

在合理确定水价、建立多元化水价体系的同时，更要加强对水价管理体制的建设，从制度上保障水价的杠杆调节作用更好的发挥。水价管理体制建设有如下几种：

（1）建立水价管理体制

城市供水价格按照统一领导、分级管理的原则，实行政府定价。在水价制定原则、水价政策、水价立法等方面要坚持统一领导，在水价具体管理方面要发挥各级部门、各个环节的作用，实施有效的管理。水价体系的建立、巩固及运行，需要有与之相适应、相配套的水价政策和水价法规作保证，在行政、法律等方面必须采取一定的措施、手段，使合理的水价得以贯彻执行。水价的立法及司法在节水经济管理中应引起足够的重视。水价及收费制度等相关方面应该以法规形式固定下来，赋予法律效力，对任何违法行为应追究法律责任，将水价管理引入法治轨道。水价的制定、调整，实行听证会制度和公示制度。

(2) 加强水价监督和检查

多元化水价体系的建立，增加了水价日常管理的难度，水价监督和检查是其中重要的一环。水价执行情况如何，直接关系到水价杠杆作用的发挥。所以，要加强水价监督和检查，从人员、措施、手段等方面建立监督保证体系，以保证水价体系的良好运行。

(3) 加强水价预测，及时调整水价

水价预测就是运用各种信息和资料，通过科学的分析和研究，对水价运行状况及其变化趋势做出预见性推断，为水价决策服务。只有进行较准确的水价预测，做出的决策才能符合客观规律，才能及时引导调整水价，使水价符合城市经济运行现状和供水、节水状况，促进科学合理用水和节约用水。

4.2 城市节水专项资金管理

专项资金管理是指对用特定资金来源形成的，并具有专门用途的资金进行计划、调控、监督等的有关管理工作。城市节约用水是一项经济活动，搞好城市节水工作，也离不开节水专项资金的支持。城市节水专项资金的保证程度、管理的成效、利用的效率，将直接关系到城市节约用水工作开展的深度。必要的城市节水专项资金是城市节水技术改造得以实施的有力保证，也是调动节水积极性的重要经济手段之一。

4.2.1 城市节水专项资金的来源

搞好城市节水专项资金的开发，建立稳定的节水资金渠道，提高资金保证程度是保障城市节水项目顺利开展的重要基础。筹集城市节水专项资金要坚持“多渠道、多层次、以水养水”的原则，积极争取政府的财政支持，发挥各部门，各环节的积极性，用节水获取的收益作为节水的投入，形成一种节水投资的“良性循环”，拓宽资金来源途径。目前，城市节水专项资金的来源主要有：

(1) 国家和地方技术改造资金。国家和地方经济管理部门在编制技术改造计划时，对重点用水单位节水技术研发和项目工程、节水效果好具有普遍推广意义的节水示范工程项目列入计划，进行补助。对重大技术进步项目采取以奖代补方式。通过把节水技术改造项目纳入到技术改造体系，提高了节水技改的地位，同时也加强了节水技改资金的保证程度，资金的连续性和稳定性有了提高。

(2) 企业技术改造资金。这是企业自筹节水技改资金的一种方式。企业应根据自身的实际情况，统筹考虑节水技改项目，拨出一部分资金作为节水专项资金，用于节水工程项目建设。

(3) 地方财政专项资金。城市财政部门应本着“以水养水”的原则，将收取的水资源费、超计划加价水费、污水处理费等，按照各自不同的性质和用途用于城市水资源的合理开发利用与保护、节水技措工程项目和节水科研项目、城市污水资源化，以促进节水技术的进步，节水水平的提高。

(4) 政策性的资金渠道。节约用水是涉及全社会的大事，不但具有经济意义，而且还具有一定的社会、政治意义。因此，对具有一定规模和影响、节水效果显著的节水工程项目，应从政府机动财力中拨款予以支持，或给予相应的优惠政策。例如推广应用节水器具和设备，不少地方城市节水管理部门会同有关部门制定了优惠政策，改造器具费用的一部分由城市节水管理部门提供，从而加速了节水型器具和设备的推广应用。

4.2.2 城市节水专项资金的使用

为了充分利用有限的城市节水专项资金，发挥资金的重要作用，取得较好的资金使用效益，应该加强资金管理，努力提高其使用效率。

(1) 城市节水专项资金使用管理的基本要求

1) 对城市节水专项资金要统一计划，严格控制，按照规定进行审批。

2) 在城市节水专项资金的使用上，要坚持专款专用、量入为出的原则。

3) 讲求城市节水专项资金的使用效率。节水工程项目，必须在技术上、经济上进行反复论证，做到技术上先进、经济上合理，并且符合用水单位和宏观经济发展的要求。要坚持重点优先的原则，充分发挥资金使用效率。

4) 建立城市节水专项资金使用管理的责任制，并严格按计划进行考核、检查。

(2) 城市节水专项资金的使用方式

城市节水专项资金，使用方式主要有：有偿使用、无偿使用以及企业自筹。

1) 有偿使用，即为贷款。对于节水工程项目建设所需资金，具有偿还能力的建设单位按照专款专用的原则，通过贷款方式取得项目建设全部或部分资金。为提高用水单位的积极性，在贷款利率、偿还期限等方面实行优惠政策：实行低息或无息贷款、贷款偿还期限适当放长、利用国债项目、世行贷款等，这些均可产生有利于节水的效果。

2) 无偿使用，即为拨款，资金使用者无偿使用资金。这种方式主要用于影响面大、示范性强的节水项目和节水科研项目及某些不具有资金偿还能力的建设单位的节水项目。资金无偿使用方式越来越多地被有偿使用方式所取代，其使用资金数量比重也越来越小。

3) 由企业自筹的城市节水专项资金，即企业从自身资金积累中拿出一部分资金用于节水技改项目。这在实际中已成为一种重要的资金使用方式。

(3) 城市节水专项资金的使用计划

城市节水专项资金使用计划是节水资金管理的一个重要环节，它是保证资金得到合理使用的前提。节水专项资金使用计划是在节水技术措施计划和节水科研计划的基础上产生的，因此，城市节水专项资金使用计划和技术措施、科研计划的编制出发点及原则大体上是一致的。一般应考虑以下几点：

1) 可行性原则。资金所支持的节水项目，必须是经过调查、研究、试验及技术、经济论证，各方面条件具备，通过有关部门审批的项目。安排资金时，一定要注意项目实施的可行性，不能盲目地投入资金，以免因项目不可行造成资金浪费。

2) 效益最佳原则。对于投资少、见效快、效益佳的“短、平、快”节水项目一定要优先安排资金。另外，还要从全局出发，从整体出发，对于节水综合效益好的项目也要作为投资重点来考虑。总之，就是要遵循“少投入，多产出，快产出”的效益原则，最大限度地发挥资金的使用效益。

3) 均衡原则。安排资金时，要注意协调好贷款、自筹、补贴（拨款）之间的比例关系；协调一般项目资金与重点项目资金之间的比例关系；协调技术措施项目资金与科研项目资金之间的比例关系。这样，才能使有限的资金得到充分、全面的利用，收到良好的综合效果。

此外，还要从资金使用本身的特点考虑，注意到尽可能地减少资金周转时间等方面的问题。

(4) 城市节水专项资金的使用控制

城市节水专项资金使用计划确定后，项目建设单位应遵照计划中安排的资金使用方式和资金数额，按有关部门规定的程序办理资金使用手续。资金使用过程中，一定要按资金使用计划执行，保证计划的严肃性。如实际运行中，出现与计划不符，临时变动等情况，应及时加以妥善处理。资金使用的控制要注意避免发生下列情况：一是挪用资金。将节水项目专用资金挪用于其他用途，违背了专款专用的原则。二是项目超支。三是未按期还贷。为此，要建立明确的城市节水专项资金使用责任制，并严格按计划进行考核、检查。要设立专用账户，规范会计核算；进一步改进预算安排方法，使项目安排更加合理和科学；建立和健全内部约束机制，责任明确到人，加强项目资金的内部审计监督，督促项目单位抓紧项目建设等。

4.3 节水工程投资效益分析

节水工程投资效益表现为社会效益、经济效益和环境效益 3 方面，除部分经济效益可以确定计算外，社会效益和环境效益一般不能用货币量化形式表现。

节水的直接效益表现为节约用水，降低用水量，保证了现有供水工程为城市提供稳定、可靠的水源，节省了为开辟新水源所花费的昂贵资金，自然也节省了因节省水量而少花的供水费用、排污费用、污水处理费用以及相应的基础建设费用。

节水的环境效益也较明显，因减少用水量，排放废水量也相应减少，避免了水环境及其他环境的污染。通过节水减少对地下水的开采量，可使地面沉降得到缓和，这也是节水环境效益的一个方面。

节水工程的投资保证了用水效率，进而保护了城市水资源，为社会经济的可持续发展提供了保障，维护了城市的生态环境，为我们的子孙后代创造了财富，其社会意义非常深远。

节约用水管理工作本身就是研究解决关于水资源合理利用和配置的技术经济问题，因此在节约用水工作中加强经济观念、运用技术经济分析方法评价各种节水项目，这样才能取得良好的节水效益。

4.3.1 节水工程投资效益分析的特点

城市节水工程是城市基础设施，其效益的评价要比一般的工业项目复杂，因其具有以下特点：

(1) 节水工程项目所产生的效益，除部分经济效益可以定量计算外，常常表现为难以用货币量化的社会效益和环境效益，如改善人民生活条件、减少污染、保护环境和城市水资源的可持续利用等。还有一些效益，虽然可以用经济尺度来衡量，但衡量的结果可能误差很大，如节省的水资源可以创造更多的经济效益，而各个行业的万元产值取水量是不同的，计算的结果也不相同。

(2) 不少节水项目（例如城市污水资源化、城市雨水利用等）是以服务于社会为主要目的，项目的受益者不一定是成本的负担者。

(3) 节水项目的效益受外在性的影响较大，以外在形式表现的效益究竟有多少可归功于该项目，则难以确定。

(4) 效益中存在的各种不确定因素，如城市水资源的恢复、由于城市水环境的改善所带来的旅游事业的发展和地价的增值等都带有很大的不确定性，较难预测和估算。

(5) 节水项目的产品价格（例如中水价格）或所收取的服务费（例如污水处理费）往往采取政府补贴政策，并不能反映其真实价值，这就需要利用一种假设的计算价格来估算其收益。

(6) 往往有很大部分的效益是发生在较远的将来。

(7) 各类节水工程的建造投资指标各不相同，不同类型的节水措施日节水能力投资差别是很大的。这主要由节水措施的难易程度、耗材质量、措施规模以及是否为定型产品等诸多因素决定。一般来说，技术简单、材料便宜、大批量、水量大而集中的节水措施单位造价低些，如间接冷却水的串联使用、重复利用，收效大，投资却比较小。而技术复杂、材料要求较高、水量较小的节水措施，相对单位造价就高。还有些节水措施是通过工艺改造完成的，如冶金工业中采用耐热材料替代水冷却、高温设备冷却采用汽化冷却代替水冷却、锅炉用水中汽暖改水暖等，这类措施从根本上改变了用水方式，技术或用材要求较高，因而造价就会稍高一些。

4.3.2 节水工程投资效益评价的原则

节水工程投资效益评价的原则有如下几个：

(1) 必须符合国家经济发展的产业政策、投资的方针政策、有关的法规，必须在国民经济与社会发展的中长期计划、行业规划和地区规划指导下进行。

(2) 计算节水工程投资效益时，除计算设计年的效益指标外，还应计算特殊干旱年的效益；应遵守数据指标的可比性原则、基础数据来源的可靠性和时间的周期性；采用国家规定的经济参数。

(3) 分析节水工程投资效益时，除应计算工程的直接效益外，还应计算其比较明显的间接效益，必要时还要考虑不可计量的无形效益。对于不能计量的无形效益，可作为定性因素加以分析。各项经济效益，应尽可能用货币指标表示。

(4) 必须保证节水工程投资效益评价的客观性、科学性、公正性。

4.3.3 节水工程的效益评价

节水工程项目经济效益评价主要解决两类问题：第一类问题是项目方案的筛选问题，即项目方案能否通过的检验标准；第二类问题是项目方案的优劣问题，即不同项目方案的经济效益的大小问题。解决第一类问题的经济评价称为绝对经济效果评价；解决第二类问题的经济评价称为相对经济效果评价。

任何工程项目的建设与运行，任何技术方案的实施，都有一个时间上的延续过程。也就是说，资金的投入与收益的获取往往构成一个时间上有先有后的现金流量序列。例如，两笔等额的资金，由于发生的时间不同，它们在价值上是不相等的，发生在前的资金价值高，而发生在后的资金价值低。这表明，资金的价值是随时间增加的。资金随时间的推移而增加的价值就是资金的时间价值。如果经济评价不考虑资金的时间价值，则属于静态分析，静态分析只适用于简单情况下的项目经济评价。如果项目的不同方案，其建设期限、投资额、投资方式、投资时间、投入运行与达到设计能力的时间不同，或近、远期方案不同，此时经济评价需要考虑资金的时间价值，属于动态分析。

1. 节水工程经济效益评价中常用的方法和指标

下面介绍几种在节水工程经济效益评价中常用和起重要作用的方法和指标。

(1) 单位节水（新水量）成本

单位节水（新水量）成本＝节水项目总成本/总新水量（元/m^3）

上述节水项目总成本中应包括：节水设施的折旧大修费，其值可按节水项目固定资产投资的6.5%计算；动力费用，可按节水设施的实际电耗或按设计、运行参数计算；材料与辅助材料费，材料费包括节水设施运行所需的各种药剂、自用水等，辅助材料为设备运行所需的各种消耗品，对于水泵站、空压机站，辅助材料费按动力费用的3%计算；基本工资；其他费用。

进行节水项目经济效益评价时，原则上应取单位节水成本最低的方案。同不采取节水措施的情况相比，当节水项目的单位节水成本低于所需增加的单位新水量的成本时，该节水项目方案才是可取的。

单位节水成本属静态分析评价指标。

(2) 投资回收期法

投资回收期通常按现金流量表计算。

静态分析时，投资回收期是指项目投产后每年的净收入将项目全部投资收回所需要的时间，是考察项目财务上投资回收能力的重要指标。用静态投资回收期评价工程项目方案时，需要与国家有关部门或投资者意愿确定的基准静态投资回收期相比较。若小于或等于基准静态投资回收期，则项目方案可考虑接受；否则项目方案不可接受。

静态投资回收期指标的最大优点是概念清晰、简单易用，在一定程度上反映了项目方案的清偿能力，对项目方案风险分析比较有用。但是它的缺点和局限性也很明显：第一，静态投资回收期反映的是收回投资之前的经济效果，不能反映收回投资之后的经济状况；第二，没有考虑资金的时间价值。所以，静态投资回收期一般只宜于项目方案的粗略评价或作为动态经济分析指标的辅助性指标。

动态投资回收期则考虑了资金的时间价值，它是按净现金流量现值的累计值计算的。累计净现金流量或净现金流量现值的累计值开始由负值变成正值时的年份即为节水项目的投资回收期。用动态投资回收期评价工程项目方案时，需要与国家有关部门或投资者意愿确定的基准动态投资回收期相比较。若小于或等于基准动态投资回收期，则项目方案可考虑接受；否则项目方案不可接受。

投资回收期是一项绝对经济评价指标。以它评价节水项目方案时应以节水量相同为前提。

(3) 投资收益率法

投资收益率就是项目在正常生产年份的净收益与投资总额的比值。根据不同的分析目的，净收益可以是年利润，也可以是年利润税金总额。用投资收益率评价项目方案时，需要与国家有关部门确定的基准投资收益率相比较。若大于或等于基准投资收益率，则项目方案可考虑接受；否则项目方案不可接受。

投资收益率属静态分析相对评价指标。

(4) 净现值法

净现值法是对工程项目方案进行动态经济评价的重要方法之一。所谓净现值，是按一定的折现率将项目方案计算期内的各年净现金流量折现到同一时点（通常是期初即零时点）的现值累加值。若该时点净现值大于或等于零，则项目方案可考虑接受；否则项目方案不可接受。

(5) 内部收益率法

内部收益率法是动态经济评价方法中的另一个最重要方法。

内部收益率是当计算期内所发生的现金流入量的现值累计值等于现金流出量的现值累计值时的折现率，亦即相当于项目的净现值等于零时的折现率。通常将所求得的内部收益率与社会折现率相比，可判定项目的经济效益并决定取舍。

(6) 费用现值法

费用现值法是在各方案的规模、效益相同条件下比较计算期内各方案的投资、运行费用（经营成本）等总费用的现值，费用现值最小的方案经济上最优。

(7) 费用年值法

费用年值法，也是在各方案的规模、效益相同条件下的一种经济比较方法。它是把投资、年运行费按基准收益率或折现率折算为计算期内的等额年值进行对比。费用年值最小的方案经济上最优。

上述经济评价方法均单独以一项评价指标进行分析，有时也可同时用上述多种评价指标进行全面评价。

2. 节水工程的投资效益评价层次

在技术经济中，通常将从企业角度进行的经济评价称为财务评价。它是指在项目本身范围内考察效益与费用，按市场价格评价项目的经济效果，属微观经济评价，它是节水项目经济评价的第一层次评价；将从国民经济或社会角度进行的经济评价称为国民经济评价或社会评价，它是按照资源合理配置的原则，从国家整体角度考察效益与费用，采用理论价格评价项目的经济效果，属宏观经济评价。后者与前者的主要区别在于，进行经济评价时需考虑间接效益或外部效益，即进行所谓的费用效益分析。尽管财务评价和国民经济评价的经济评价方法与指标类似，但费用、效益的计算范围、内容、所用的经济参数等有较明显的区别。

(1) 节水项目财务评价

财务评价有时又称财务分析或企业经济评价。它从企业角度出发，研究水资源利用的局部优化问题。根据国家现行财税制度和价格体系，分析、计算项目直接发生的财务费用和效益，编制各种财务报表，计算评价指标，考察项目的赢利能力、清偿能力和外汇平衡等财务状况，据此判断项目的财务可行性。同时进行不确实性分析，考察项目的风险承受能力，进一步判断项目在经济上的可行性。节水项目财务评价是国民经济评价的前提和基础，同时也是判断该项目是否值得投资的重要依据。

为了对投资项目的费用与效益进行计算、衡量并判断项目的经济合理性，需要确定一系列基准数值，这些数值称为“经济评价参数”。在进行财务评价时，采用的主要参数有财务基准收益率、基准投资回收期、基准投资利润率和基准投资利税率等。它们都是按照各行业的现行财税条件测定的，如果财政、税收和价格等有了较大的变化，就应该及时对这些参数加以调整。

节水项目进行财务评价，主要是通过各种财务报表计算各项财务评价指标，进行分析和评价。而编制财务报表，首先应对项目的费用和效益进行正确的划分。它是以项目的实际收支状况为标准进行的，不考虑项目的外部效益。对于那些虽由项目实施而引起的但不为企业所支付或获取的费用和效益，则不予计算。

节水项目的费用主要由节水项目的总投资和经营成本组成。节水项目收益主要有四个方面组成：节约新鲜水收入；减少的污水处理费等；固定资产残值；补贴，国家或地方为鼓励和扶持节水项目而给予的补贴应视为节水项目的收入。

（2）国民经济评价

国民经济评价是按照资源合理配置的原则，从国家整体角度考察项目的效益和费用，用影子价格、影子工资、影子汇率和社会折现率等国民经济评价参数分析、计算项目对国民经济的净贡献，评价项目的经济合理性。

国民经济评价可以在财务评价的基础上进行，也可以直接进行。

国民经济评价参数是指国家为审查建设项目是否符合国民经济整体利益而规定的一些基本参数。由于这些参数是由国家确定并予以颁布的，因此，也称国家参数。常用的国民经济评价参数主要有影子价格、影子汇率、影子工资和社会折现率等。

1）影子价格

影子价格是指当社会经济处于某种最优状态时，能够反映社会劳动的消耗、资源稀缺程度的最终产品需求情况的价格。也就是说，影子价格是人为确定的，而非市场形成的，是比市场交换价格更为合理的价格。影子价格不是用于交换，而是用于预测、计划和项目评价的价格。

2）影子汇率

影子汇率是项目经济评价中重要的通用参数，在国民经济评价中用于进行外汇与人民币之间的换算。影子汇率代表外汇的影子价格，它反映外汇对国家的真实价值。

3）影子工资

影子工资是指国家和社会在建设项目中使用劳动力而付出的代价。它由两部分组成：一是由于项目使用劳动力而导致别处被迫放弃的原有净效益；二是因劳动力的就业或转移所增加的社会资源消耗，如交通运输费用、城市管理费用等，这些资源的耗费并没有提高职工的生活水平。

4）社会折现率

社会折现率是建设项目经济评价的通用参数，在国民经济评价中用作计算经济净现值时的折现率，并作为衡量经济内部收益率的基准值。社会折现率的确定体现了国家的经济发展目标和宏观调控意图。

【思考题】

1. 简述城市节约用水经济管理的原则与作用。
2. 城市节水专项资金管理的基本要求是什么？
3. 节水工程效益分析有什么特点？
4. 简述节水工程效益评价的常用方法与指标。

5 建设节水型社会

本章简要介绍建设节水型企业（单位）、节水型社区、节水型城市、节水型社会的基本概况。

5.1 节水型企业（单位）

城市节约用水是贯彻落实科学发展观，建设资源节约型、环境友好型社会，实现水资源可持续利用战略的一项重要工作。《节水型城市目标导则》发布以后，对促进城市节水工作的开展，提高城市节水管理的总体水平，创建节水型城市，发展节水型经济，实现水资源的可持续利用和城市的可持续发展，有着重要的作用。开展创建节水型企业（单位）活动是创建节水型城市的重要基础。为推动企业节水技术进步，提高工业节水管理水平，规范节水型企业（单位）活动，建设部根据有关标准规定，结合我国工业节约用水工作的实际情况，制订了《节水型企业（单位）目标导则》。1997 年 3 月，建设部下发《关于印发<节水型企业（单位）目标导则>的通知》，在全国广泛开展起创建节水型企业（单位）活动。2003 年，国家发展和改革委员会环境和资源综合利用司提出修订《评价企业合理用水技术通则》（GB/T 7119—1993），并委托中国标准化研究院等单位承担该标准的修订工作。经过 3 年多的努力，此标准名称修订为《节水型企业评价导则》（GB/T 7119—2006），于 2006 年 7 月 18 日发布，2006 年 12 月 1 日正式实施。

《节水型企业（单位）目标导则》及“节水型企业（单位）定量考核指标”，“节水型企业（单位）基础管理考核指标”各项标准见有关文件。本节主要叙述创建节水型企业（单位）的基本工作内容。

自开展创建节水型企业（单位）工作以来，各地城市节水部门都进行了积极有益的探索，取得了一些行之有效的方法和经验。现根据北京市、济南市、广州市、厦门市等地的基本经验，归纳出以下基本工作内容。

5.1.1 创建节水型企业（单位）工作步骤

1. 基本方法

(1) 进行广泛的节水宣传，提高职工的节水意识。从宣传教育入手，增强水患意识，为创建工作的开展做好思想准备和舆论导向。

(2) 建立和完善节水管理机构，配备专（兼）职管理人员，建立节水管理网络。企业及单位都要建立节水管理网络。一般分为：

企业网络：分管领导→能源（动力、设备）管理部门→各车间能管员→班组兼职管理员。

单位网络：分管领导→后勤部门（物业公司）→各用水点责任人。

(3) 成立创建节水型企业（单位）领导小组，制定实施办法。领导小组由企业（单位）分管领导担任，搭建强有力的创建班子，是创建成功的先决条件，制定实施办法要详细、准确、有可操作性，责任明确，各负其责，让创建工作落到实处，做到有计划，有步骤地健康向前推进。

（4）绘制供水管网图、计量网络图、建立计量基础数据。基础数据包括：定期进行的原始抄表纪录、水量台账、统计报表和用水分析。供水管网图、计量网络图和基础数据是形成节水管理的重要依据。

（5）进行水平衡测试。水平衡测试工作参照《企业水平衡测试通则》GB/T 12452—2008进行。国家标准GB/T 12452—2008代替GB/T 12452—1990，自2008年10月1日起实施。

（6）建立、健全节水管理制度，实施有效管理。主要制度是《计划用水和节约用水管理制度》，辅助制度有《节水器具管理制度》、《水计量管理制度》、《巡检、报修制度》、《工业产品定额管理办法》等。

（7）核算指标、找出问题、进行整改。核算指标按照《工业用水分类及定义》CJ1987、《工业用水考核指标及计算方法》CJ21—87、《节水型企业（单位）目标导则》、《节水型企业评价导则》GB/T 7119—2006的相关内容。具体操作方法如下：

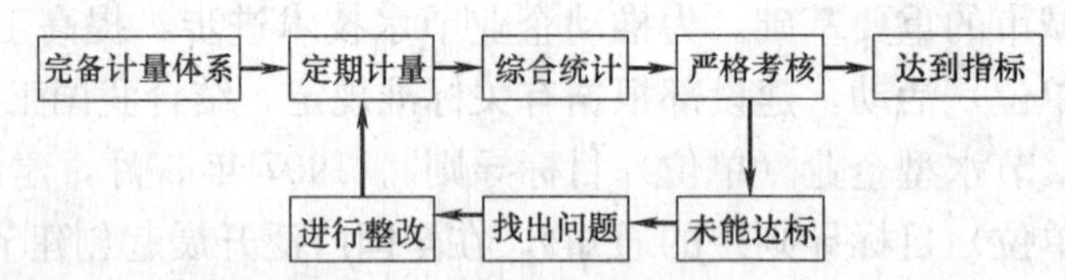

（8）汇总资料、写出创建报告。创建报告应包括以下几方面的内容：

1）创建节水型企业（单位）的工作总结；

2）定量考核8项指标的自查情况说明；

3）基础管理考核16项指标的自查情况说明；

4）其他材料（如：验收申请书、其他须说明的问题、今后工作的打算）。

自查自评90分以上向本市城市节水管理部门申报节水型企业（单位）。

2. 工作流程

（1）各计划用水单位首先要开展水平衡测试，测试完成后，由测试单位根据《企业水平衡测试通则》要求整理水平衡测试报告，并报市城市节水管理部门申请验收。

（2）市城市节水管理部门负责对用水单位的水平衡测试报告及测试结果进行审核并验收，验收合格者，出具验收意见及合格结论；验收不合格者，要求测试单位重新测试。

（3）取得水平衡测试验收合格的用水单位，按照《节水型企业（单位）目标导则》要求，建立并完善制度规定、管理网络、统计台帐、奖惩措施等各项节水基础管理工作，同时，节水器具达标率必须达到100%。

（4）用水单位按照建设部颁发的《节水型企业（单位）目标导则》标准认真开展自查自评，自评为90分以上者，即可向市城市节水管理部门申报节水型企业（单位）验收。自评不达标者，须重新整改完善，以达到申报要求。

（5）市城市节水管理部门接到创建单位的申报后，可委托专家组对申报单位进行初审，初审90分以上者为达标单位。

（6）市城市节水管理部门作最终验收，验收合格的初审单位，上报城市节水行政主管部门审定。验收不合格者继续整改。

(7) 经市城市节水行政主管部门核准审定的节水型企业（单位），分别上报省建设、发展改革委（经贸）主管部门；市政府及城市节水行政主管部门可授予市级节水型企业（单位）荣誉称号。

(8) 省建设、发展改革委（经贸）主管部门联合组成考核验收组，对申报单位逐一进行现场考核验收，通过申报单位，提出考核验收意见。验收不合格者继续整改。

(9) 省建设、发展改革委（经贸）主管部门共同颁发表彰文件、证书，举行授牌仪式。

5.1.2 创建节水型企业（单位）申报要求

1. 申报程序

(1) 节水型企业（单位）的申报材料报至市城市节水管理部门。

(2) 市城市节水管理部门可委托专家按照建设部《节水型企业（单位）目标导则》标准进行初审，评定初审分数，提出初审意见。对初审总分达 90 分以上的企业（单位）由市城市节水管理部门组织验收。

2. 申报材料

申报材料应围绕《节水型企业（单位）目标导则》要求，全面反映创建活动的情况和企业（单位）的节水情况。应突出各企业（单位）的特点，把经验和成绩讲清、讲透，把存在的问题找准，把解决问题的对策措施讲明。申报节水型企业（单位）以书面形式上报。申报材料必须包括：

(1) 本单位创建节水型企业（单位）活动的申请及验收报告书；

(2) 创建节水型企业（单位）工作的实施方案；

(3) 表明达到节水型企业（单位）有关要求的各项指标汇总材料和逐项说明材料；

(4) 附有计算依据的自查评分结果（附有包括各种原始记录、台帐、图标及相关的其他资料）；

(5) 节水型企业（单位）创建工作总结。

3. 申报条件

(1) 各企业（单位）应根据有关规定和要求组织进行创建工作，并做好有关材料的上报工作。

(2) 接受检查考核的企业（单位）要实事求是准备考核资料，不得弄虚作假，严格按照有关廉政建设规定接待考核组。

(3) 申报节水型企业（单位）提供的资料要完整、规范、真实、准确。统计口径要统一，并应采用统计部门或政府确认的部门所提供的资料，作为填报依据。

4. 文字要求

(1) 字体：宋体或仿宋；

(2) 字号：正文 3 号，封面适当加大；

(3) 页面大小：A4；

(4) 纸张：不宜太薄，版面应清洁、干净；

(5) 材料的份数：10 份；

(6) 附件及原始记录不得少于 1 份。

5.2 节水型社区

在广泛开展创建节水型城市、节水型企业（单位）活动中，创建节水型社区的活动也在积极发展中。节水型企业（单位）、节水型社区等都是节水型城市的基础和示范，都应给予充分的重视，但鉴于目前节水型社区尚无标准可循，北方城市与南方城市的诸多条件存有差异，各地制定与执行的标准也不一致，可以说，当前节水型社区的创建活动仍处于探索阶段。下面仅举北京市、广州市两个南北城市的典型例子，供大家学习参考。

5.2.1 北京市

1. 适用范围

凡市区范围内居住 200 户以上的集中住宅小区（不含平房），一般都应参加本市节水型居民小区的创建活动。

2. 考核办法

节水型居民小区采取百分制的考核办法。考核指标共分 2 大部分，见表 2-27。

北京市节水型居民小区考核标准 表 2-27

一、定量考核指标（55 分）

序号	定量指标	计算方法	考核标准	标准	分值
1	卫生洁具设备漏水率	$\frac{\text{检查卫生洁具设备漏水件数}}{\text{检查卫生洁具设备总件数}}\times100\%$	<2%计满分，每高 1%扣 2 分	2%	15
2	用水龙头漏水率	$\frac{\text{检查水龙头漏水件数}}{\text{检查水龙头总件数}}\times100\%$	<2%计满分，每高 1%扣 2 分	2%	15
3	人均月用水水平	$\frac{\text{抽检户年用水总量}}{\text{抽检户总人数}}/12$	≤3.5m³/(人·月)	3.5m³/(人·月)	10
4	居民户表计量率	$\frac{\text{检查有计量水表数}}{\text{检查水表总数}}\times100\%$	>90%计满分，每低 1%扣 2 分	90%	15

一是定量考核指标，共含 4 项内容。即：卫生洁具设备漏水率 15 分，用水龙头漏水率 15 分，人均月用水水平 10 分，居民户表计量率 15 分，共 55 分。

二是基础管理指标，共含 4 项内容。即：节水领导班子组织落实 10 分，有报修检漏制度 10 分，经常开展节水宣传、节水教育落到实处 15 分，小区公共用水无违章现象 10 分，共 45 分。

两部分总计 100 分。经达标验收总分在 90 分以上的，可命名为节水型居民小区。

3. 验收程序

(1) 自查申报；

(2) 审核上报；

(3) 考核验收。

由小区创建工作领导小组在自查的基础上，向所在街道办事处提出验收申请。街道办事处审核确认后报区节水办，区节水办审核同意后，由区节水办居民小区验收组对该小区进行验收。

4. 不得申报的条件

（1）居民用水存在包费制的；

（2）人均月用水量超过市平均水平的［3.5m³/（人·月）］；

（3）不交纳水费或水资源费的。

5. 关于指标的说明

（1）卫生洁具设备漏水率

卫生洁具设备主要指的是除水龙头外的所有用水设备和部位。计算漏水的方法是有一处滴漏点算一处。如检查45户有用水设备100件，其中有2处漏水，漏水率为2%。低于2%就可得满分15分，高于2%每高1%扣2分，15分扣完为止。

（2）用水龙头漏水率

用水龙头指的是居民家庭所有的水龙头，有一件算一件。计算方法如检查100个水龙头有2个漏水，漏水率即为2%。如又发现1个水龙头漏水，那么漏水率就是3%，要扣2分；即超过2%，每高1%扣2分。以此类推15分扣完为止。

卫生洁具和用水龙头漏水率，各小区在申报节水型居民小区验收之前，必须进行自查，检查面要求达到100%。

（3）人均月用水水平

人均用水涉及到人与水量两个方面。在居民定额试点工作中，大部分单位采取按户口与居民人口相结合的方法，一般以户口上的人数为准。临时来人一般不计，在居委会登记的长期临时户口可以计算在内。特殊情况的处理，如2位老人儿女不在身边的，子女每周都到老人家吃住，洗浴洗衣服，这种情况可多算1口人用水。为便于操作，人口不宜经常变动，一般情况一季度或半年核实1次。各居委会可以设计一个用水考核卡片。各户的用水量以户的分表读数为准，如某户上月水表读数为115m³，本月为127m³，则本月用水量12m³，居民3口人则人均用水4m³。

由于户表改造后，小区水表抄表到户，用户直接到银行交费，对居民用水的水量统计起来比较困难，可以采取典型调查的统计方法，原则上典型户要占小区总户数的20%（绝对数不少于50户），而且各种户型的比例要适当。比如某小区有1000户居民，选择典型户200户，小区内有2口人及2口以下的100户，占10%；3口人的400户，占40%；4口人的350户，占35%；5口人及5口以上的150户，占15%。选择的200户典型户中，各种类型所占比例应有：2口人及2口以下的20户，3口人的80户，4口人的70户，5口人及5口以上的30户。典型户中各种户型所占的比例与各自占总户数的比例要一致。

由于供水单位对居民用水抄表周期不同，有的1个月1次抄表，有的2个月1次抄表，还有的自备井单位及部队为3个月1次抄表，这样的数据统计工作都可以满足需要，抄表周期为3个月以上的数据不可取。统计数据要计算1个年度。比如200户全年总用水为25560m³，那么200户有710人，平均每人每年用水36m³，平均每人每月用水3m³，小于3.5m³得满分。如果计算结果大于3.5m³，这个小区不能评为节水型居民小区。

（4）居民户表计量率

居民户表计量率：指居民户表的准确完好。水表是计量的基础，水表完好才能保证数据统计准确。如某小区1000户居民，有10户水表坏了，即居民户表计量率为99%。

(5) 有节水领导班子组织落实

要求在区节水办有备案。领导班子分工明确，并应有文字记录，达标验收以有无文字记录为准。

(6) 有报修检漏制度

要求有检修制度和检修记录各得5分。小区内的住房，按管理权限大体可分为房管所、单位或物业公司管理的住房。不管是由谁管理或由谁负责维修，如发生漏水或设备故障，接到报修要有记录，修完要有清单。要写清维修的户名、修理的内容及修理情况，使小区内各住户的用水设施维护情况清楚。管理部门要做到及时为居民解决问题，以免造成用水浪费。验收时，以查看记录为主。

(7) 经常开展节水宣传，节水教育落到实处

小区内的节水宣传要经常化，使广大居民随时受到节水教育。应当结合本小区的实际，采用群众喜闻乐见的形式，引导群众积极参与，自己教育自己，使群众都认识到节水的意义。开展的各项活动都要求有文字记录。达标验收时除查看资料外，还要向居民询问调查，了解小区开展节水宣传的情况。

(8) 小区公共用水无违章现象

指的是小区内的公共厕所、物业部门用水及其他公共部门用水，不得出现违章用水、绿地大水漫灌等浪费用水问题。

节水基础管理工作对于创建节水型居民小区是关键，各级领导班子应认真对待，保证此项工作顺利开展。

二、基础管理考核指标（45分）

序号	考核内容	考核方法	考核标准	分值
5	有节水领导班子，组织落实	查文件，看有无文字记录	领导班子，节水网络和有关工作记录齐全得满分	10
6	有报修检漏制度	查原始资料、报修记录等	有检修制度和原始记录，发现问题及时解决各得5分	10
7	经常开展节水宣传教育	查看宣传资料，调查用户	经常进行节水宣传教育，居民有节约用水意识各得5分	15
8	小区公共用水无违章现象	现场检查小区公共用水部位，调查用户	小区内无违章洗车、漫灌、跑水等浪费用水现象。物业、办公用水无跑、冒、滴、漏	10

5.2.2 广州市

1. 目标

通过开展创建节水型社区活动，促进居民用水管理，推广使用节水型生活用水器具，提高广大市民的节水意识。特别强调：创建节水型社区不是限制居民生活用水，而是鼓励广大市民真正做到：节约用水，从我做起。

2. 标准

创建节水型社区有12项考核标准（暂行），1-6项为定量考核指标，各项定量考核指标均不得低于各项考核指标的最低标准水平要求。7-12项为基础管理考核指标。采取百分制的考核办法，定量考核指标为50分，基础管理指标为50分，见表2-28。

广州市节水型社区考核标准（暂行） 表 2-28

序号	项目	考核内容	考核方法	考核评分标准	分数	自查分	实得分
1	居民生活用水户装表率	100%	居民生活用水装表户数/居民总户数，查看资料	每低1%扣2分，最低得0分	10		
2	节水型水嘴使用率	≥95%	节水型水嘴/水嘴总量，查看资料	每低1%扣1.0分，最低得0分	10		
3	节水型便器水箱使用率	≥80%	节水型便器水箱量/便器水箱总量，查看资料	每低2%扣0.5分，最低得0分	5		
4	卫生器具、设备漏水率	≤2%	检出漏水件数/检查总件数，查看资料和现场	每高出1%扣2.5分，最低得0分	5		
5	公共用水水表计量率	≥95%	公共用水计量水量/公共用水总量	每低1%扣1分	5		
6	人均生活用水量[L/(人·日)]	≤220	社区人均日生活用水量总量/居民总人数	每高出10L/(人·日)扣1分，高于320L/(人·日)不得分	10		
7	用水管理制度和机构	有用水管理制度和管理网络	查看有关文件	有完善的用水管理制度得2分；有明确管理人员得1分；有明确的岗位责任制得2分	5		
8	用水记录和统计	用水的原始记录齐全、准确；统计台帐有汇总和分析	查看有关记录	有每月用水量登记得4分；有数据汇总和分析得4分	8		
9	用水巡查和检测	定期巡查检测用水设施，发现问题及时解决	查看有关记录	有巡查检测记录得2分；有落实记录得3分	5		
10	景观用水	景观水循环使用	查看有关资料	景观水有循环使用得5分	5		
11	用水管网图	有完整的用水管网图	查看有关资料	有完整的管网图得3分；按改造随时更新得2分	5		
12	节水宣传	经常性开展节水宣传教育活动，取得良好效率	查看有关资料	有各种形式的节水宣传得15分，取得良好效果的得7分	22		

注：对于有空项（如无景观用水）的社区，可按其余项目达标情况进行折算，公式如式（2-10）所示：

$$折算后总得分=\frac{其余项目得分}{100-空项的总得分}\times100 \tag{2-10}$$

3. 程序

（1）在市区范围内达到要求的社区，都可申报节水型社区评选，鼓励达到要求的社区申报。

（2）广州市城市节水办每年3月份组织一次创建节水型社区的宣传活动，发动广大市民踊跃参与。

（3）参加节水型社区活动、考核的单位，每年9月底前提交申报节水型社区的申请、社区基本情况介绍及开展节约用水的主要工作和取得的成效、近两年考核指标自查评分表等相关材料，报市城市节水办进行考核。市城市节水办将根据申报材料对照节水型社区的6项定量考核指标和6项基础管理考核指标进行审查、考核，主要包括现场检查，核实数据，查阅用水管理制度、会议纪要、巡检记录、网络图等文件资料。

4. 发证、颁牌、宣传

市城市节水办对考核达标的社区授予节水型社区的荣誉称号，并在市政园林局的网站上公布，以提高该社区的知名度。同时推荐获得节水型社区称号的单位或为此作出成绩的个人参与先进社区评比工作。次年3月为获得节水型社区荣誉称号的社区举行颁牌仪式，邀请媒体宣传报道。

5.3 节水型城市

5.3.1 节水型城市概述

1. 节水型城市的含义

节水型城市指一个城市通过对用水和节水的科学预测和规划，调整用水结构，加强用水管理，合理配置、开发、利用水资源，形成科学的用水体系，使其社会、经济活动所需水量控制在本地区自然界提供的或者当代科学技术水平能达到或可得到的水资源的范围内，并使水资源得到有效的保护。创建节水型城市有助于合理开发，高效利用城市水资源，提高科学用水，合理用水水平，使有限的水资源满足人民生活需要，保障城市经济和建设可持续发展。创建节水型城市的基础工作是创建节水型企业（单位）、节水型社区。

节水型城市的主要标准为：

（1）城市节约用水规划是城市总体规划的一部分，与国民经济的发展紧密相关。

（2）城市节约用水规划的关键是城市用水量的预测，其中城市生活用水指标的预测一般采用龙伯秭生长曲线方法，符合国内城市生活用水的发展规律；工业用水量的预测较多采用万元国内生产总值用水量降低和再利用率提高的方法，充分考虑节水产生的效果。

（3）城市节约用水规划的目的是解决城市节水问题，水资源短缺的城市需要节水，水资源相对丰富的城市也需要节水，不仅因为水资源是有限的，水作为国有资源，应保证持续开发利用，而且为了减轻污水治理的沉重负担，必须节制城市用水。

（4）城市节约用水规划的核心是如何解决城市缺水的问题，也就是节水规划的实施策略问题。

2. 节水型城市的发展阶段

创建节水型城市是城市节水与经济社会发展的必然要求。我国是一个水资源短缺的国家，人均占有水资源不足2200m³，仅为世界平均水平的28%，且分布不均。随着我国经济社会的不断发展，城市面临的资源型缺水、水质型缺水和水环境压力进一步加大，建设节水型城市的任务十分艰巨。党中央、国务院高度重视节水型城市创建工作。温家宝总理指出："解决城市缺水的问题，直接关系到人民的生活，关系到社会的稳定，关系到城市的可持续发展。要坚持把节约用水放在首位，努力建设节水型城市"。新中国成立以来，城市节水经历了4个阶段，20世纪50年代的反对浪费阶段、80年代的供水设施不足阶段、90年代末的资源性和水质性影响阶段、21世纪水资源综合利用和可持续发展阶段。节水工作已经从被动型转化为主动型，节水型城市已成为城市水综合管理水平的重要标志。建设节水型城市，成为贯彻落实科学发展观，构建社会主义和谐社会，促进人与自然和谐发展的必然要求；是建设资源节约型、环境友好型社会的重要组成部分；是解决我国城市水资源短缺的重要出路。

1996年12月，建设部、国家经贸委与国家计委联合下发《关于印发节水型城市目标导则的通知》，在全国广泛开展起创建节水型城市的工作。通知指出：城市节约用水是保证城市经济发展和人民生活用水的一项重要工作。随着城市化水平的提高，城市用水量不断增加，加之城市水资源短缺、污染和浪费，城市用水的供需矛盾日趋突出，将严重影响城市经济的可持续发展。水的问题已经成为全球共同关注的问题。因此，发展节水型经济，创建节水型城市，提高城市合理用水水平，合理配置水资源，保证城市可持续发展，已经成为一项十分迫切的工作。通知强调：为认真贯彻八届人大四次会议《关于国民经济和社会发展‘九五’计划及2010年远景目标纲要》中提出的“实行全面节约的战略，在生产、建设、流通、消费等领域，都要节粮、节水、节地、节能、节材，千方百计减少资源占用与消耗。坚持不懈地反对浪费行为。各行各业都要制定节约和综合利用资源的目标与措施，切实加以落实”的要求，在城市节约用水工作中继续坚持“开源节流并重，资源合理配置”的方针，促进城市开展创建节水型城市的活动，进一步提高我国城市节约用水的总体管理水平，使有限的水资源满足城市经济持续发展和人民生活的需要。《节水型城市目标导则》就节水型城市的概念、节水型城市主要遵循的原则、城市节水基础管理及具体考核指标等作了规定，为开展创建节水型城市提供基本的指导依据。

为了进一步推进节水型城市创建工作，建设部组织有关城市编制了《节水型城市考核标准》。2001年建设部、国家发展和改革委员会联合下发了《关于进一步开展创建节水型城市活动的通知》，《节水型城市目标考核标准》与《创建节水型城市考核工作程序和要求》作为附件一同下发。《通知》下发后，全国许多城市着手进行创建节水型城市的各项准备工作，经省、直辖市城市建设主管部门和经贸委在各城市申报的基础上进行初步考核，汇总后报建设部和国家发展和改革委员会。

2002年4月建设部和国家发改委组织有关专家对上报材料进行审核，并对部分达到标准的城市进行现场考核，考核结果有10个城市达到了节水型城市考核标准，被命名为国家节水型城市。首批10个节水型城市为：北京市、上海市、济南市、太原市、徐州市、郑州市、杭州市、青岛市、大连市、唐山市。

第一批节水型城市被命名后，在全国起到了节水工作的带头作用。2004年又有一批城市在省建设主管部门和经贸委初审达到要求的前提下，被推荐到建设部和国家发改委。经建设部和国家发改委带队并组织有关专家到现场考核后，对符合节水型城市标准的八个城市命名为国家节水型城市。第二批节水型城市为：天津市、成都市、合肥市、海口市、扬州市、绍兴市、烟台市、威海市。

随着城市节水形势的发展和变化，《节水型城市考核标准》（简称标准）中的有些内容已不能完全适应指导节水型城市建设工作的实际需要，应当进行必要的修订。2002年之后开展的两次节水型城市考核验收工作中，有关城市的管理人员、专家和社会各界的意见也反映了修订的要求。

为贯彻落实党中央、国务院关于统筹协调经济社会发展与人口、资源、环境的关系，进一步转变经济增长方式，加快建设节约型社会的指示精神，进一步加强对节水型城市建设的指导，建设部和国家发改委决定修订《标准》，并委托中国城市规划设计研究院、建设部城市水资源中心、北京市节约用水管理中心共同完成《标准》的修订工作。

修订工作的目的是总结前几年节水型城市考核验收工作的经验，根据新形势下城市节水工作的需要，为创建节水型城市活动提供科学合理的考核验收依据，促进城市节约用水工作的持续和深入发展。

修订工作的指导思想是：贯彻落实科学发展观，按照建设节约型社会的要求，以提高城市用水效率、促进城市水资源可持续开发利用和改善水环境为重点，通过完善《节水型城市考核标准》来指导节水型城市的建设，进一步加强城市节水工作。

5.3.2 节水型城市考核标准及申报考核办法

为了全面贯彻落实科学发展观，按照《国务院关于加强城市供水节水和水污染防治工作的通知》（国发〔2000〕36号）以及《国务院关于做好建设节约型社会近期重点工作》（国发〔2005〕21号）要求，进一步加强对节水型城市建设工作的指导，促进水资源可持续开发利用和改善水环境，2006年6月，建设部、国家发展和改革委员会联合下发《关于印发〈节水型城市申报与考核办法〉和〈节水型城市考核标准〉的通知》。新标准发布后，2006年第三批申报城市，经过考核有11个城市达到标准，被命名为节水型城市。第三批节水型城市是：银川市、桂林市、宁波市、张家港市、昆山市、廊坊市、海阳市、日照市、潍坊市、东营市、蓬莱市。2008年，第四批国家节水型城市通过考核验收。2009年3月，公布了第四批节水型城市名单：厦门市、沈阳市、南京市、武汉市、无锡市、黄山市、绵阳市、宝鸡市、吴江市、胶南市、寿光市。至此，全国有40个城市成为节水型城市。根据全国四批节水型城市考核验收的经验及考核组专家的培训，下面简述实施节水型城市考核标准及申报与考核办法的基本要求。

1. 节水型城市考核标准

新颁发的《节水型城市考核标准》由基本条件、基础管理指标、技术考核指标、鼓励性指标4部分组成。考核范围如没有注明的，均为城市范围。

（1）节水型城市的基本条件

基本条件是节水型城市所应具备的各项必备条件，缺一不可。基本条件共6条，如有任何一条不符合要求，不得申报节水型城市。该部分内容不计算在百分考核内容内，主要功能是为了强调在意识形态领域加强节水型城市建设，包括节水观念及其相应的制度建设、机构建设、财政投入、统计管理、社会宣传、节水型企业（单位）创建等。

1）法规制度健全

要求具有本级人大或政府颁发的有关供水、节水、地下水管理方面的法规、规章和规范性文件；具有健全的节水管理制度和节水奖惩制度。

现场检查供水、节水、地下水管理方面的法规、规章和规范性文件；检查节水管理制度和节水奖惩制度；还要检查有关法规、规章、节水管理制度、节水奖惩制度的落实情况，查看落实情况的有关资料。

2）城市节水管理机构健全

有根据市编委文件专门设立的节水管理机构且职责明确；依法对用水单位进行全面的节水检查、指导和管理；有效组织节水科研、节水技术推广。

现场检查市编委文件，检查节水管理部门对用水单位进行全面的节水检查、指导和管理、组织节水科研、节水技术推广等工作的原始资料。如：节水检查原始资料，包括检查登记表、处罚表及单位整改情况、节水科研、节水技术推广的计划、实施、竣工验收等原始报表等。

3）重视节水投入

建立节水专项财政投入制度。

节水专项财政投入包括节水宣传、节水奖励、节水科研、节水技术改造和节水新技术新产品推广、再生水利用设施建设和公共节水设施建设等的投入。现场检查要查看资金投入的有关原始资料，包括有关部门的批示，财政部门的拨款通知，竣工总结报告等。

4）建立节水统计制度

建立科学合理的节水指标体系；实行规范的节水统计制度；定期报告本市节水统计报表。

现场检查节水指标的有关原始填报的统计报表，报表要经本市统计局批准，每年按时向市统计部门和建设部门填报有关的报表。

5）广泛开展节水宣传

利用全国城市节水宣传周、世界水日、中国水周、世界环境日等开展定期及日常节水宣传活动。

现场检查开展节水宣传的有关文件、通知、影像资料等，还要检查社会节水宣传的情况，如：用水单位及街道上的节水标志、宣传广告等。

6）全面开展创建活动

开展节水型企业、节水型单位等有关创建活动。

现场检查创建单位的验收报告书、表彰命名的有关资料。节水型企业、单位要经过省级命名。

(2) 基础管理指标

该部分主要考核城市节水基础性管理的情况，涵盖了规划、建设、设施运行、用水等主要环节和价格引导机制，包括城市节水规划管理、地下水管理、节水“三同时”制度管理、计划用水与定额管理、价格管理等5项内容。为实行规范考核，对各项内容均做了量化。基础管理指标共5项，并分解为14个具体的分项考核内容。总分数为40分。检查的资料时间为最近两年，也就是申报城市所能提供的最近两年的数据、资料。最近两年的数据中，如果有一年没有达到标准，按照没有达到标准的数据扣分。

1）城市节水规划

有经政府或上级政府主管部门批准的城市节水中长期规划，节水规划应包括非常规水资源利用内容。此项内容共占8分。

有城市节水中长期规划（2010～2020年），并且经过本级政府或上级政府的主管部门批准得4分；节水中长期规划中有非常规水资源利用规划得4分或者有专门的非常规水资源利用规划也可以得4分。

2）地下水管理

地下水必须实行有计划地开采；公共供水服务范围内凡能满足用水需要的，不得新增自备井供水；有逐步关闭公共供水范围内自备井的计划。此项内容共占8分。

地下水实行计划开采得2分，检查地下水用水户的用水计划；自备井审批、验收等手续齐全得2分，要检查具体自备井审批、验收等手续表格；公共供水服务范围内逐渐关闭自备井得2分，要检查公共供水服务范围内自备井关闭的资料；有逐步关闭自备井的计划得2分，要检查关闭自备井的计划。

3）节水“三同时”管理

新建、改建、扩建工程项目，必须配套建设节水设施，并与主体工程同时设计、同时施工、同时投产使用。此项达到标准为8分。

检查最近两年的资料，有市有关部门联合下发的对新建、改建、扩建工程项目节水设施把关的文件得4分；有市有关部门节水设施项目审核、竣工验收资料得4分，要查看最近两年节水设施项目审核、竣工验收目录和部分审核、竣工验收资料。

4）计划用水与定额管理

在建立科学合理用水定额的基础上，非居民用水实行定额计划用水管理，超定额计划累进加价。此项达到标准为8分。

查有关原始资料：实行定额计划用水管理得3分，要查看最近2年计划编制的有关文件；有当地主要工业行业和公共用水定额标准得3分（要涵盖主要用水行业），要查看定额标准资料，如果定额不能涵盖主要用水行业要扣分；实行超定额计划累进加价2分，要查看超定额计划累进加价收费的有关资料。

5）价格管理

取用地表水和地下水，均应征收水资源费和污水处理费；污水处理费征收标准足以补偿运行成本，并达到保本微利；有政府关于再生水价格的指导意见或再生水价格标准，并且已在实施。此项达到标准得8分。

全面征收水资源费（包括对使用地下水的自来水企业）得3分，如果没有全部征收扣2分，也就是只征收自备井的水资源费，而不征收自来水企业的水资源要扣2分，现场查看最近两年水资源费征收的有关资料，包括统计报表和收费单据；全面征收污水处理费（使用地表水与地下水、自来水）得3分，现场检查征收污水处理费的统计报表和收费单据，如果没有全部征收的扣2分；收费标准不足以补偿运行成本的扣1分，提供最近2年污水处理厂的运行成本年报表和物价部门批准的征收污水处理费的收费标准；有再生水价格标准或再生水价格指导意见，并实施得2分，要检查物价部门或有关部门的文件和收费的原始资料。

（3）技术考核指标

技术管理指标共11项，并分解为20个具体的分项考核内容。该部分主要考核城市节水工作的实效，技术考核指标的主要内容有：

1）万元地区生产总值取水量（GDP）（单位：m^3/万元）

低于全国平均值50%或年降低率≥5%。此项达到标准6分。

万元地区生产总值取水量（GDP），是指年取水量与年地区生产总值取水量（GDP）的比值。统计范围为市区。

依据最近2年的资料，凡超过标准，不论多少均不得分。如果没有全国的数据，也可以计算本城市申报年前3年的年万元GDP取水量，年降低率达到5%以上也可以得分。

统计数据以统计局为准。

市区是指设市城市本级行政管辖的地域，不包括市辖县和市辖市。

2）万元工业增加值取水量（单位：m^3/万元）

低于全国平均值50%或年降低率≥5%。此项达到标准5分。

万元工业增加值取水量，是指年工业取水量与年工业增加值的比值。工业取水量包括工业取用地表水、地下水和自来水的总水量。统计范围为市区工业企业。

依据最近两年的资料，凡超过标准，不论多少均不得分。如果没有全国的数据，可以计算本城市申报年前三年的年万元工业增加值取水量，年降低率达到5%以上也可以得分。

如：2008年万元工业增加值取水量降低率=（2007年万元工业增加值取水量－2008年万元工业增加值取水量）/2007年万元工业增加值取水量。

统计数据以统计局为准。

3）工业取水量指标

达到国家颁布的GB/T 18916定额系列标准。即：GB/T 18916.1—2002、GB/T 18916.2—2002、GB/T 18916.3—2002、GB/T 18916.4—2002、GB/T 18916.5—2002、GB/T 18916.6—2004、GB/T 18916.7—2004等标准考核；包括：火力发电、钢铁联合企业、石油炼制、棉印染产品、造纸产品、酒精和啤酒酿造。如果没有哪个行业，注明即可。此项全部达到标准5分。

查看最近连续两年资料，每种指标超过10%扣1分，本指标分数扣完为止。

4）工业用水重复利用率

工业用水重复利用率≥75%（不含电厂）。

此项达到标准5分。查看最近连续两年资料，每低5%扣1分。

工业用水重复利用率，是指在一定的计量时间（年）内，生产过程中使用的重复利用水量与总水量的比率。统计范围为市区工业企业。

统计数据以统计局为准。

5）节水型企业（单位）覆盖率≥15%

节水型企业（单位）覆盖率等于节水型企业（单位）年取水量之和与非居民取水量的比率。统计范围为市区。

此项指标满分为3分。查看上一年资料，达到5%得1分；达到10%得2分；达到15%以上得3分。节水型企业（单位）要求是省级命名。

6）城市供水管网漏损率

要求低于CJJ 92—2002《城市供水管网漏损控制及评价标准》规定的修正值指标。考核范围为城市公共供水。此项标准满分为10分。

管网漏损率评定标准为：

查看最近连续两年资料，满足修正后的标准6分，每降低1%加2分，降低2%以上加4分。最高得10分；高于修正后的标准不得分。

城市供水管网漏损率，是指城市供水总量和有效供水总量之差与供水总量的百分比，范围为城市公共供水。

供水总量：指水厂供出的经计量确定的全部水量。

有效供水量：指水厂将水供出厂后，各类用户实际使用到的水量，包括收费的（即售水量）和不收费的（即免费供水量）。

售水量：指收费供应的水量，包括生产运营用水、公共服务用水、居民家庭用水以及其他计量用水。

免费供水量：指实际供应并服务于社会而不收水费的水量。如：消防灭火等政府规定减免收费的水量及冲洗在役管道的自用水量。

当居民用水按户抄表水量大于70%时，漏损率应增加1%。

年平均出厂压力大于0.55MPa小于等于0.7MPa时，漏损率应增加1%；年平均出厂压力大于0.7MPa时，漏损率应增加2%。

单位供水量管长的修正值如下表：

单位供水量管长的修正值

供水管径	单位供水管长	修正值
≥75mm	<1.40km/(km^3·d)	减2%
≥75mm	≥1.40km/km^3/d≤1.64km·km^3/d	减1%
≥75mm	≥2.06km/km^3/d≤2.40km·km^3/d	加1%
≥75mm	≥2.41km/km^3/d≤2.70km·km^3/d	加2%
≥75mm	≥2.70km·km^3/d	加3%

涉及到上述的数据，由申报城市的自来水公司出具最近两年的城市供水统计年报或城建部门向建设部上报的城建统计年报来提供。

7）城市居民生活用水量［单位：L/(人·日)］

不高于《城市居民生活用水量标准》（GB/T 50331—2002）的指标。此项指标满分为5分。

超过《城市居民生活用水量标准》（GB/T 50331—2002）的无论超过多少均不得分。

城市居民：指在城市中有固定居住地、非经常流动、相对稳定地在某地居住的自然人。以当地统计部门提供的常住人口为准。

城市居民生活用水：指使用公共供水设施或自建供水设施供水的，城市居民家庭日常生活的用水。公共供水部门提供居民使用自来水水量，自建供水设施管理部门提供居民使用自建供水设施水量。

日用水量：指每个居民每日平均生活用水量的标准值。

8）节水器具普及率

要求达到100%，此项指标满分为6分。

以现场抽查为评分依据，使用淘汰的用水器具不得分；节水器具普及率，抽查用水器具中节水器具占的比重，每低3%扣1分，本项指标分数扣完为止。现场抽查的企业、单位和生活小区的用水器具总数中居民用水器具占抽查的比例不低于20%。如：抽查5个企业、5个单位、5个小区，用水器具共200个，那么其中居民用水器具不得少于40个。用水器具包括淋浴喷头、水龙头和便器。

抽查在用用水器具中节水型器具量与在用用水器具的比值。公共用水必须使用节水型用水器具，居民家庭应当使用采取节水措施的用水器具。考核范围为城市建成区。

城市建成区：指城市行政区内实际已成片开发建设、市政公用设施和公共设施基本具备的区域。

9）城市再生水利用率

此项指标要求达到≥20%，满分为5分。

查看最近连续两年资料，每低2%扣1分，本项指标分数扣完为止。

城市污水再生利用量与污水排放量的比率，城市污水再生利用量包括达到相应水质标准的污水处理厂再生水和建筑中水水量，不包括工业企业内部的回用水。包括用于农业灌溉、绿地浇灌、工业冷却、景观环境和城市杂用（洗涤、冲渣和生活冲厕、洗车等）等方面的水量。

以统计年鉴数据或环境公报数据为准。

污水排放总量指生活污水、工业废水的排放总量，包括从排水管道和排水沟（渠）排除的污水总量。

污水再生利用量指生活污水、工业废水经过处理达标后再利用的水量，包括用于农业灌溉、绿地浇灌、工业冷却和城市杂用（洗涤、冲渣和生活冲厕、洗车等）等方面的水量。

10）城市污水处理率

直辖市、省会城市、计划单列市≥80%、地级市≥70%、县级市≥50%。本指标满分为5分。

本标准指达到规定的排放标准的城市污水处理量与城市污水排放总量的比率。污水处理量包括城市污水集中处理厂和污水处理设施处理的污水量之和。

查看最近连续两年资料，每低5%扣1分，本项指标分数扣完为止。

以统计年鉴或环境公报数据为准。

11）工业废水排放达标率

此项指标要求达到100%，满分为5分。

工业废水排放达标率，是指工业废水处理达到排放标准的水量与工业废水总量之比，范围为市区。以环保局数据为准。

查看最近连续两年资料，每低1%扣1分，本项指标分数扣完为止。

（4）鼓励性指标

鼓励性指标共3项，包括价格管理、水资源综合利用，节水投入3个方面，具体指标为：居民用水实行阶梯水价、非常规水资源替代率、节水专项投入占财政支出的比例，每项指标占2分。此部分的指标得分是在100分考核范围之外再加分，起到对创建节水型城市的鼓励作用。

1）居民用水实行阶梯水价

居民阶梯水价指居民用水在一定标准基础上，按不同梯次制定的不同用水价格。

查看物价主管部门的批准文件和实际执行的资料。

2）非常规水资源替代率≥5%

非常规水资源替代率：是指雨水、海水、微咸水等非常规水资源利用量（不含再生水）与非常规水资源利用量和取水量之和的百分比。再生水也属于非常规水资源，但本考核内容不包括再生水，仅包括雨水、海水、微咸水等。用于直流冷却的海水利用量，按其用水量的10%纳入非常规水资源利用量。

查看相关工程的竣工报告及有关数据。

3）节水专项投入占财政支出的比例≥1‰

节水专项投入，包括节水宣传、节水科研、节水技术改造、节水新技术新产品推广、再生水利用设施建设和公共节水设施建设等的投入。

查看财政部门或节水管理部门的年度报告。

本标准基础管理指标40分，技术考核指标60分，鼓励性指标6分，总计106分。

2. 节水型城市申报及考核办法

(1)《节水型城市申报及考核办法》的适用范围

《节水型城市申报及考核办法》适用于节水型城市的申报考核和已经达到节水型城市的复查考核。

(2)《节水型城市申报及考核办法》的申报范围

全国设市城市均可申报节水型城市（包括直辖市、省会城市、计划单列市、地级市、县级市）。

(3)《节水型城市申报及考核办法》的申报条件

凡申报节水型城市的，必须按照《节水型城市考核标准》的有关要求先进行自审，达标后方可逐级进行申报，也就是自审要达到90分以上，报政府批准后报省有关部门进行预考核，预考核合格后再报住房和城乡建设部、国家发展和改革委员会。

(4) 节水型城市的申报时间

节水型城市考核验收工作每2年进行1次，接受申报为双数年。复查每4年进行1次。住房和城乡建设部与国家发展和改革委员会在组织考核验收和复查工作的当年的6月30日前受理申报材料。

(5) 节水型城市的申报程序

1）各城市的申报报告经政府批准后，将有关的节水型城市的申报材料分别报所在省、自治区建设厅（城市节水主管部门）与发展和改革委员会（经贸委、经委）节水主管部门(以下简称"发展改革委节水主管部门")。

2）省、自治区建设厅（城市节水主管部门）与发展改革委节水主管部门按照《节水型城市考核标准》进行初审，评定初审分数，提出初审意见。对初审总分达到90分以上的城市，联合报住房和城乡建设部与国家发展和改革委员会。

直辖市的申报材料直接报住房和城乡建设部与国家发展和改革委员会。

(6) 节水型城市申报材料的方式和内容

申报节水型城市通过书面和网上2种方式同时上报，书面材料一式5份，附电子版。申报材料包括：

1）城市人民政府或经城市人民政府批准的节水型城市申报书；

2）节水型城市创建工作组织方案和实施方案（由政府制定或经政府批准）；

3）表明达到节水型城市有关要求的各项指标汇总材料和逐项说明材料，有关数据要注明出处；特别是基本条件的实施情况要逐条说明，因为有一条没有达到要求就没有考核的资格。

4）附有计算依据的自查打分结果；

5）节水型城市创建工作总结；

6）节水型城市创建工作影像资料（15分钟内）；

7）省级建设和发展改革主管部门的初审意见。

初审意见是省建设厅等有关部门组成考核小组，对申报城市按照《节水型城市考核标准》逐项考核评分后，提出的意见，包括申报城市的初审得分和节水工作总体评价意见。

创建节水型城市考核是对一个城市的考核，而不是对某个部门的考核。各个城市的节水管理机构设置不同，不管节水机构如何设置，创建节水型城市均由市政府批准或由市政府向省建设厅和发展改革委节水主管部门申报，有关数据由市政府协调有关部门共同完成。

（7）考核评审程序

住房和城乡建设部、国家发展和改革委员会共同组织节水型城市的考核工作。考核工作由专家考核组具体完成，考核工作程序为：

1）审查申报材料，认定基本达到考核标准后，到现场进行考核。

2）现场听取申报城市的创建工作汇报；

3）查阅申报材料及有关的原始资料；

4）现场随机抽查节水型企业、单位和生活小区的节水措施落实情况，以及节水器具的安装使用情况（抽查企业、单位、生活小区居民各不少于5个）；被考核城市要提供节水型企业、单位各不少于20个，生活小区不少于10个，每个企业、单位、生活小区要说明地点、所属行业和具体节水工作的特征，特别是提供抽查的企业、单位要包括当地的主要行业。考核小组现场从提供的名单中抽取抽查单位。

5）考核组各个成员根据现场检查情况，提出独立的考核意见和评分结果；

6）考核组汇总各个考核成员的意见和评分结果，经集体讨论，形成对申报城市的考核意见；

7）向申报城市的有关领导通报考核意见；

8）考核情况报住房和城乡建设部、国家发展和改革委员会。

接受检查考核的城市要实事求是准备考核资料，不得弄虚作假，严格按照有关廉正的规定接待省、国家考核组。

（8）节水型城市的考核管理

节水型城市考核验收和复查的日常工作由住房和城乡建设部城市建设司负责。

住房和城乡建设部对通过考核验收的城市予以公示15天，公示结束后，住房和城乡建设部会同国家发展和改革委员会对申报城市进行审定，对审定通过的城市进行命名，并表彰授牌。

（9）节水型城市的复查管理

已经获得国家节水型城市称号的城市，需按规定上报被命名为节水型城市以后的创建工作总结，以及表明达到节水型城市有关要求的各项汇总材料和逐项说明材料，附有计算依据的自查评分结果。复查程序如下：

1）节水型城市所在省、自治区建设厅（城市节水主管部门）与发展和改革委节水主管部门共同组织复查，提出复查意见，并连同节水型城市自查资料上报住房和城乡建设部、国家发展和改革委员会；直辖市的复查材料直接报住房和城乡建设部、国家发展和改革委员会。

住房和城乡建设部、国家发展和改革委员会也可以直接进行复查。

2）住房和城乡建设部、国家发展和改革委员会对于经过复查不符合节水型城市条件的城市，给予警告，并要求限期整改；整改后仍不合格的，撤销其国家节水型城市称号。

3）对不按期申报复查的城市，撤销节水型城市称号。

5.4 节水型社会

5.4.1 建设节水型社会的意义

水资源是基础性的自然资源和战略性的经济资源，与人民生活、经济发展和生态建设紧密相连，关系到经济社会可持续发展的全局，在国民经济和国家安全中具有重要的战略地位。我国是一个水资源短缺的国家，水资源短缺已经成为我国国民经济与社会可持续发展的突出制约因素。建设节水型社会，是解决我国水资源短缺问题最根本、最有效的战略举措。建设节水型社会，有利于加强水资源统一管理，提高水资源利用效率和效益，进一步增强可持续发展能力；有利于保护水生态与水环境，保障供水安全，提高人民群众的生活质量；有利于从制度上为解决水资源短缺问题建立公平有效的分配协调机制，促进水资源管理利用中的依法有序，为构建社会主义和谐社会作出积极贡献。

5.4.2 节水型社会的标准和任务

节水型社会以提高水资源的利用效率和效益为中心，在全社会建立起节水的管理体制和以经济手段为主的节水运行机制，在水资源开发利用的各个环节上，实现对水资源的配置、节约和保护，是注重有限的水资源发挥更大经济效益的社会，创造良好的物质财富和良好的生态效益，即以最小的人力、物力、资金投入以及最少的水量来满足人类生活、社会经济的发展和生态环境的保护，最终实现以水资源的可持续利用支持社会经济可持续发展。

节水型社会是水资源集约高效利用、经济社会快速发展、人与自然和谐相处的社会，它的根本标志是人与自然和谐相处，它体现了人类发展的现代理念，代表着高度的社会文明。通过建设节水型社会，能使资源利用效率得到提高，生态环境得到改善，可持续发展能力得到增强，促进经济、社会、环境协调发展，推动整个社会走上生产发展、生活富裕、生态良好的文明发展道路。

节水型社会的主要标准为：

（1）使水资源得到合理的调蓄、优化调度、科学利用和有效保护，实现良性循环，并逐步使地区环境生态有所改善。

（2）具有完善的水资源管理法规，使开发、利用、排放、处理再利用各个环节能体现节水的要求，以“法”治水、管水。

（3）制定并实行科学合理的用水标准，具有完善、先进的计量设施和严格的考核与奖惩制度。

（4）各用水单位采用先进的节水方法，具备先进的节水设施和设备，充分发挥单位水量的最大效益，各项用水指标达到国内先进水平。

节水型社会建设的主要任务：一是建立健全节水型社会管理体系。严格取、用、排水的全过程管理，强化取水许可和水资源有偿使用，全面推进计划用水，加强用水计量与监督管理。二是建立与水资源承载能力相协调的经济结构体系。控制用水总量，转变用水方式，提高用水效率，减少废污水排放。三是完善水资源高效利用的工程技术体系。加大对现有水资源利用设施的配套与节水改造，推广使用高效用水设施和技术。四是建立自觉节水的社会行为规范体系。加强宣传教育，使每一个公民逐步形成节约用水的意识，养成良好的用水习惯。建设与节水型社会相符合的节水文化，倡导文明的生产和消费方式，逐步形成“浪费水可耻、节约水光荣”的社会风尚。

5.4.3 节水型社会的发展与目标

《中共中央关于制定国民经济和社会发展第十个五年计划的建议》中提出了要“建立节水型社会”，这一概念在中央文件中首次提出，说明了节水问题的广泛性、迫切性和重要性。2002年修订施行的《中华人民共和国水法》第8条明确规定“国家厉行节约用水，大力推行节约用水措施，推广节约用水新技术、新工艺，发展节水型工业、农业和服务业，建立节水型社会”。胡锦涛总书记2004年明确指出“要积极建设节水型社会。要把节水作为一项必须长期坚持的战略方针，把节水工作贯穿于国民经济发展和群众生产生活的全过程。”温家宝总理2004年明确要求“全面推进节水型社会建设，大力提高水资源利用效率”、“开展节约用水宣传教育，增强全民节水意识”。全国人大十届四次会议通过的《国民经济和社会发展第十一个五年规划纲要》提出要建设资源节约型和环境友好型社会，并把“十一五”期间单位工业增加值用水量降低30%列入约束性指标。2005年4月，国家发展和改革委员会、科技部、水利部、建设部、农业部联合发布了《中国节水技术政策大纲》，对建设节水型城市、节水型社会提出了新的工作要求：“国家厉行节约用水。坚持科学的发展观，把节水放在更加突出的位置。国家鼓励节水新技术、新工艺和重大装备的研究、开发与应用。大力推行节约用水措施，发展节水型工业、农业和服务业，建设节水型城市、节水型社会”。2005年6月，国务院下发《关于做好建设节约型社会近期工作的通知》，明确要求编制《节水型社会建设“十一五”规划》，以科学指导全国节水型社会建设工作，为贯彻科学发展观，落实深入节约资源的基本国策，加快建设资源节约型、环境友好型社会。2005年8月31日，中共中央宣传部、水利部、国家发展和改革委员会、建设部联合下发《关于加强节水型社会建设宣传的通知》，强调要高度重视节水型社会建设宣传工作，明确宣传主题和内容，突出宣传重点，加强乡村、企业、机关、学校和社区专项宣传的指导，加强组织领导。2007年2月，国家发展和改革委员会、水利部、建设部联合发布《节水型社会建设“十一五”规划》（以下简称《规划》）。《规划》分析了我国水资源利用现状、面临的形势，明确了“十一五”期间节水型社会建设的目标和任务，确定了节水型社会建设的重点和对策措施，提出了节水型社会建设重大工程，是指导今后一个时期我国节水型社会建设的行动纲领。《规划》提出了“十一五”期间节水型社会建设的目标：到2010年，节水型社会建设要迈出实质性的步伐、取得明显成效，水资源利用效率和效益显著提高，单位GDP用水量比2005年降低20%以上。农田灌溉水有效利用系数由0.45提高到0.50左右；单位工业增加值用水量低于115立方米，比2005年降低30%以上；全国设市城市供水管网平均漏损率不超过15%，生活节水器具在城镇得到全面推广使用，北方缺水城市再生水利用率达到污水处理量的20%，南方沿海缺水城市达到5%～10%。通过实施《规划》，可节水690亿m^3，其中，农业节水200亿m^3，工业节水134亿m^3，城镇生活节水18亿m^3。

《规划》规定“十一五”期间节水型社会建设的指导思想是以党的十六大和十六届五中全会、六中全会精神为指导，全面贯彻科学发展观，落实节约资源基本国策，以提高水资源利用效率和效益为核心，以水资源统一管理体制为保障，以制度创新为动力，以转变经济增长方式、调整经济结构、加快技术进步为根本，转变用水观念、创新发展模式，充分发挥市场对资源配置的基础性作用，建立政府调控、市场引导、公众参与的节水型社会体系，综合采取法律、经济和行政等手段，促进经济社会发展与水资源相协调，为全面建设小康社会提供水资源保障。基本原则：一是坚持以人为本，促进协调发展。二是坚持制度创新，规范用水行为。三是坚持政府主导，全民共同参与。四是坚持节水减污，促进循环使用。五是坚持科技创新，促进高效利用。六是坚持统筹规划，加强分类指导。

根据我国目前的节水潜力和未来水资源开发利用的特点，《规划》提出“十一五”节水的重点领域是农业、工业、城市和非常规水利用。其中，农业节水以提高灌溉水利用效率为核心，结合新农村建设，调整农业种植结构，优化配置水资源，加快建设高效输配水工程等农业节水基础设施，对现有大中型灌区进行续建配套和节水改造，推广和普及节水技术。工业节水重点抓好火力发电、石油石化、钢铁、纺织、造纸、化工、食品等高用水行业的节水工作。加快产业结构调整、严格市场准入及限制高消耗、高排放、低效率、产能过剩行业盲目发展，通过用水计划管理，加强总量控制、定额管理、系统节水改造及非常规水源利用等措施，降低工业企业单位产品取水量。城市节水继续开展“节水型城市”创建工作，加快改造城市供水管网，强化城镇生活用水管理，合理利用多种水源，强制使用节水计量设备和器具。非常规水源利用，在科学合理开发利用地表水、地下水的同时，开发利用海水、再生水、矿井水、雨水等非常规水源，增加可供水量，缓解水资源瓶颈制约。

节水型社会建设的核心是制度建设。“十一五”期间，要深化体制改革，加强制度建设，逐步形成有利于节约用水和水资源高效利用与有效保护的水管理体制及机制。一是完善流域与区域相结合的水资源管理体制。二是建立健全用水总量控制和定额管理制度。三是完善取水许可和水资源有偿使用配套制度。四是建立健全节水减排机制。五是完善水价形成机制。

《规划》提出八项保障措施：一是加强组织领导，建立协调机制。二是完善法规政策，强化执法监督。三是加强用水管理，强化基础工作。四是加大政府投入，拓展融资渠道。五是严格绩效考核，扩大公众参与。六是加强市场监管，严格市场准入。七是依靠科技进步，推广节水新技术。八是加强宣传教育，提高节水意识。

【思考题】

1. 创建节水型企业（单位）活动是根据什么文件精神、什么时间开始的？
2. 创建节水型企业（单位）的基本方法有哪些方面？
3. 节水型企业（单位）的申报材料包括哪些内容？
4. 北京市开展节水型居民小区创建活动有几项考核指标？
5. 简述节水型城市的含义是什么。
6. 节水型城市的主要标准是什么？

7. 新中国成立以来城市节水经历了哪几个历史阶段?
8. 节水型城市的基本条件包括哪几项内容?
9. 节水型城市的基础管理指标包括哪些考核内容?
10. 节水型城市的技术管理指标有几项考核内容?
11. 节水型城市的申报材料包括哪些内容?
12. 节水型社会的标准和任务是什么?
13. 《节水型社会建设“十一五”规划》提出哪些目标?
14. 什么是节水型社会建设的基本原则?
15. 什么是节水型社会建设的核心内容?
16. 节水型社会建设的八项保障措施有哪些内容?

第3篇　城市节约用水技术

1　冷却节水技术

1.1　概述

冷却节水是一项普遍使用的节水技术，广泛应用于工业生产和公共用水单位。由于冷却的需要和大量存在，冷却节水技术具有技术相对简单、运用广泛、节水效果显著的特点。冷却节水技术有很多，应用最多效果较好的主要是高效循环冷却水处理技术、空气冷却技术和汽化冷却技术，本章主要介绍上述3种冷却节水技术，重点是高效循环冷却水处理技术。

1.1.1　空气冷却

空气冷却是指以空气为冷却介质的冷却方式。近年来，由于水资源短缺和环境意识的提高，由于空气冷却节水效果好，空气冷却越来越受到重视，特别是在一些缺水的地区。

1. 空气冷却特点

空气冷却与水冷比较，具有以下特点：

(1) 节水明显，补充水量可以减少75%以上。

(2) 由于空气的比热容约为水的1/5，传热系数约为水的1/20，冷却设备相对庞大。

(3) 具有无水污染和系统运行管理较方便的优点。

(4) 空气冷却装置的采用必须与工艺设备的相关技术结合。

(5) 投资和能耗略有增加。如火力发电厂采用空气冷却系统投资比常规湿冷机组增加8%～10%。

2. 火电厂空气冷却

目前由于世界经济进入发展阶段，各国动力建设发展十分迅速，需要建设很多大型火电厂，但因受水源、排污和环境要求等诸多限制，制约了其发展，客观上加快了水冷系统向空冷系统转变的要求和速度。

空气冷却发电是指电厂汽轮机的冷却系统采用密闭循环空气冷却系统。在这种系统中，蒸汽冷却水与环境空气之间的热交换是通过金属散热器来进行以流换热，所以没有水的蒸发、飞散和水的排污损耗。

目前，空气冷却系统分直接空气冷却和间接空气冷却两种。由空气直接冷却汽轮机的排汽称直接空气冷却系统；由水来冷却凝结汽轮机的排汽，而水也是靠空气来进行的空冷系统，称为间接空气冷却系统。间接空冷根据流程的不同，又分为表面式凝汽器的间接空气冷却（哈蒙式）和混合式凝汽器的间接空气冷却系统（海勒式）。如图3-1和图3-2所示。

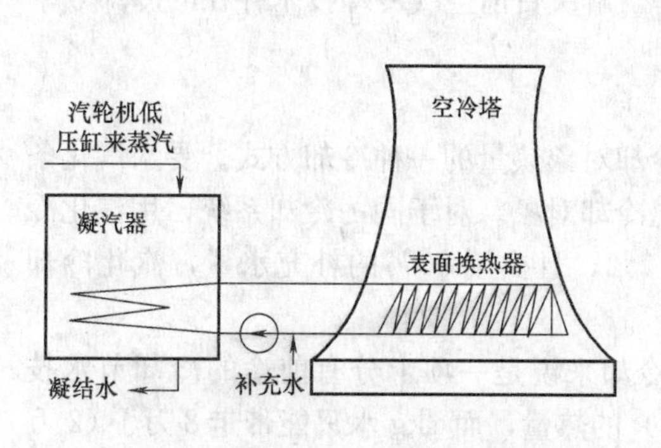

图 3-1 哈蒙式间接空冷系统示意图

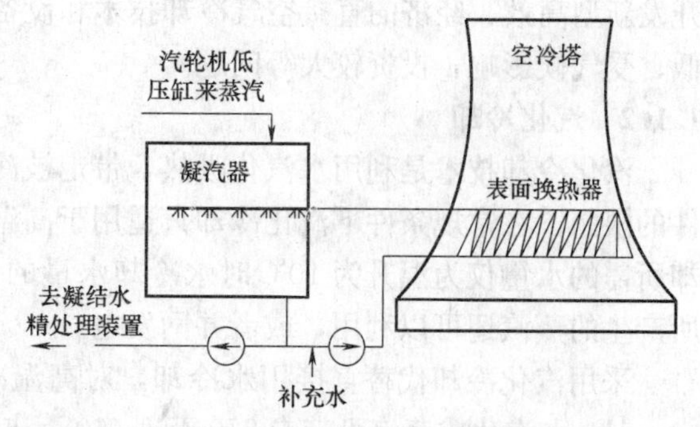

图 3-2 海勒式间接空冷系统示意图

哈蒙式是冷却水与蒸汽不混合，采用表面换热器换热。凝结器的类型与常规湿冷机组相同，冷却水在空冷塔中通过表面换热器冷却。太原第二热电厂（2×200MW）就采用此种形式。由于间接空冷系统相对复杂，而且海勒式系统的水质调整难度很大，所以在国内的应用逐渐减少。

海勒式的特点是冷却水直接喷入凝汽器并与排汽混合冷却，混合后的凝结水大部分返回冷却塔，少部分通过凝结水精处理装置处理后补入锅炉给水系统。

应用较多的海勒系统，汽轮机的排汽用冷却水来凝结，热水送到机力冷却塔用空气来进行再冷却，由于是封闭系统，所以没有水的蒸发现象，在冷却过程中也无水的损失。而且冷却水保持凝结水水质，不致于结垢和生锈。其节水效果，若以 2 台 20 万 kW 火电机组为例，一般水冷火电厂，全厂水冷系统，纯消耗的新水量 864m³/h（约 0.24m³/s），全厂其他消耗新水量 576m³/h（约 0.16m³/s），故全厂消耗新水量 1440m³/h（约 0.44m³/s）；若改为空冷系统火电厂，全厂这种空冷系统消耗的新水量仅为 4m³/h（约 0.0011m³/s），全厂其他耗水量若仍为 576m³/h，故全厂总取新水量为 580m³/h，节水为 860m³/h，节水约 60%，如单独评价冷却系统节水情况，采用空气冷却系统只有水冷系统取用新水量的 0.5%。但亦应注意到其初期投资较高，据估算投资修建一套 2×20 万 kW 火力发电机组，国产空冷系统是水冷系统投资的 1.4 倍左右，而全厂性投资约增加 4%。可见空冷系统在水资源缺乏，热能丰富的地方，对于火力发电建设无疑是一项很有前途的节水技术措施。

空冷技术在其他行业同样有广泛用途，如美国某炼油厂，使用空冷系统后，提炼每 1t 原油取用新水量由 20m³ 降到 0.25m³；某电子计算机站因配用风冷冷凝器，冷却空调机中使用的冷冻剂不需要冷却水，省去 1 套 25m³/h 的循环供水系统；又如某厂锌冶炼车间电解槽的电解液，原由水冷却，现改为空气冷却塔直接冷却电解液，冷却后降温至32～34℃，能满足生产工艺要求，全年可节水 182 万 m³。

直接空气冷却与间接冷却系统相比，直接空气冷却系统具有系统简单、设备数量少、调节灵活、单位造价低等优点。目前世界上单机容量达 300MW 以上的机组多采用直接冷却系统。

当前，在北方缺水地区应推广应用现有可行的直接空气冷却技术。同时鼓励空气冷却设备制造企业加快研究采用新型高效热传导技术和材料，提高换热效率，降低设备费用，开发新型高效、经济的直接空气冷却技术和设备，解决目前空气冷却技术存在的冷却效率低、受气候影响、投资较大等问题。

1.1.2 汽化冷却

汽化冷却技术是利用水汽化吸热，带走被冷却对象热量的一种冷却方式。受水汽化条件的限制，在常规条件下汽化冷却只适用于高温冷却对象。对于同一冷却系统，用汽化冷却所需的水量仅为温升为10℃时水冷却水量的2%，且少用90%的补充水量，汽化冷却所产生的蒸汽还可以利用，或者并网发电。

采用汽化冷却代替直接用水冷却，对高温冷却来说是一项十分有前途的冷却节水技术。1kg水汽化成蒸汽可带走250万J（60万卡）的热量，而1kg水只能带走8万J（2万卡）的热量。所以，汽化冷却的优点是吸热效率高、节水减污，运行费用低，废热可以利用，经济效益好。如用于冶金行业诸如高炉、平炉、转炉、各种加热炉的炉体冷却。汽冷比水冷节水90%、节电90%、节省基本建设投资90%左右。

目前美国、日本等国家比较广泛地使用这既能节水又能回收能源的工艺技术，特别符合我国施行的节能减排政策。据计算，对一个年产400万t钢的联合企业，全部采用汽化冷却工艺措施后，每年可节约新水量1亿余立方米，节电4000万kW。我国是钢铁大国，若钢铁企业都能推广运用该项技术，节水节煤效果显著。此冷却技术比大气冷凝器可少用水96%。有的石油炼油厂，因90%～100%的采用汽化冷却技术，使每1t原油取新水量降至0.2m^3。因而，汽化冷却技术在钢铁制造、冶炼、石油生产提炼、纺织等行业中广泛应用具有很大潜力。例如某纺织厂过去用水作为冷源，对39套空调装置进行热交换，需用19℃的水1000m^3/h，若用15℃的深井水550m^3/h。为了缓解用水紧张局面，建成了蒸汽喷射制冷站的一期工程，据开机63天共570h的运行情况看，虽然单元运转率仅37.6%，但其制冷量相当于9.03万m^3水的冷量，扣除10%的补充水和蒸汽用水，相当于节水8.0万m^3，节水效果非常显著。

1.1.3 物料换热节水

在生产过程中，温度较低的进料与温度较高的出料进行热交换，达到加热进料与冷却出料的双重目的，这种方式或类似热交换方式称为物料换热节水技术。采用这种技术，可以完全或部分解决进、出料之间的加热、冷却问题，相应地减少了加热的能耗，也减少了锅炉补给水量和冷却水量。

换热节水技术有：

（1）发展高效换热技术和设备。

（2）推广物料换热节水技术。

（3）优化换热流程和换热器组合，发展新型高效换热器。

发展高效换热技术和设备，关键是换热器（热交换装置），换热器是主要的换热设备，它是冷却对象与冷却水之间进行热交换的关键设备。换热器的形式、构造及其组合方式影响节水效果。为此，须优化换热器组合，研究高效换热技术，发展新型高效换热器。

1.1.4 冷却水冷却

1. 冷却水

国际标准化组织ISO/TC147规定："用于吸热或散热的水就是冷却水。"这种用水来冷却的方法叫水冷。

水冷是工业生产和公共用水中应用最多的冷却方式。在所有的液体中，水的比热容最大，是优良的热交换介质，这是用水作为传热介质的主要原因。其次，水的化学稳定性好，不易分解；水的热容量大，在常温范围内不会产生明显的膨胀或压缩；水的沸点较高，在通常使用条件下，在换热器中不致汽化；水的来源广，流动性好，易于输送和分配；水价较低，处理运行费用低。

2. 冷却水系统

简单地说，冷却水系统就是以水来冷却工艺介质的系统。可以分为 2 类：直流冷却水系统和循环冷却水系统。

(1) 直流冷却水系统

直流冷却水系统是指冷却水只有 1 次经过换热器换热后便直接排入水体的冷却运行系统。这种冷却水称为直流冷却水或 1 次利用水，如图 3-3 所示。其特点：

① 直流水系统中用水量一般较大，排出的水温升较小；

② 直流水系统不需要其他冷却水构筑物，因此投资少，操作简便；

③ 浪费大。因为水没有重复使用，造成了很大的水资源浪费。除特别情况外，如电厂等用海水作为冷却水直接排放，直流水系统被严格禁止使用，特别是在缺水的北方地区。这种冷却方式因系统简单，运行费用低，没有废水产生，在南方水资源充沛地区应用很广。但是，因为直接排放对外部环境产生热污染，现在逐渐在被淘汰。

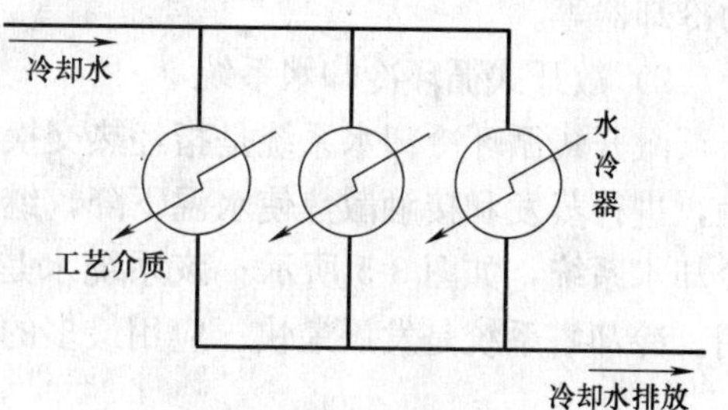

图 3-3　直流冷却水系统

(2) 循环冷却水系统

循环冷却水系统是指以水作为冷却介质并循环使用的一种冷却运行系统，由换热设备(如换热器、冷凝器)、冷却设备(如冷却塔等)、水泵、管道和其他有关设备组成。根据对冷却水降温方式的差别，循环冷却水系统分为密闭式循环冷却水系统和敞开式循环冷却水系统两类。

1) 密闭式循环冷却水系统

密闭式循环冷却水系统也称作封闭式循环冷却水系统。密闭式循环冷却水系统是指热水在一个封闭的循环系统中得到冷却的运行过程，如图 3-4 所示。

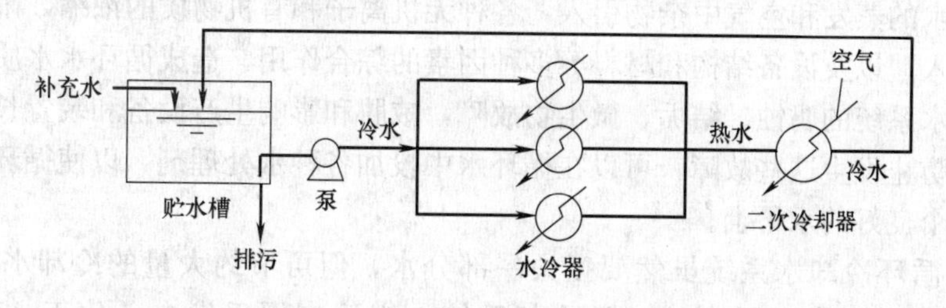

图 3-4　密闭式循环冷却水系统

该系统的冷却水是通过热交换器来冷却工艺介质，在冷却过程中冷却水吸热升温而成为热水，再在换热设备、冷冻站蒸发器或空气冷却设备中进行冷却，不直接与大气接触，冷却方式是强制性的，因此自然气温的影响较小。

封闭式循环冷却水系统常用软化水，脱盐水或冷凝水作为补充水。因是封闭用水系统，没有蒸发、风吹飞溅和水的浓缩问题，水消耗少，补充水亦少，系统内结垢不是主要问题，主要是防腐问题。

密闭式循环冷却水系统特点是：

① 冷却介质全封闭循环，可防止杂物进入冷却管路系统和冷却介质的蒸发损耗。

② 使用软水作为冷却介质，不结垢，不堵塞管路，故障少。

③ 这种系统，因为水的再冷却是在另一台换热器设备中用其他介质来冷却的，主要是用在传热量较小或有特殊工艺要求的生产用水系统中，如小型空调、内燃机、变压器、油冷却器等。

2）敞开式循环冷却水系统

敞开式循环冷却水系统是指经热交换器换热升温的冷却水，在冷却塔内与大气直接接触，进行蒸发和接触散热使水温下降，继而再重复使用的冷却水系统。它又称为开式循环冷却水系统，如图 3-5 所示。该系统水是在高浓缩下运行，实现了冷却水的高度重复利用。冷却塔系统是发展最快、应用最多的一种类型。

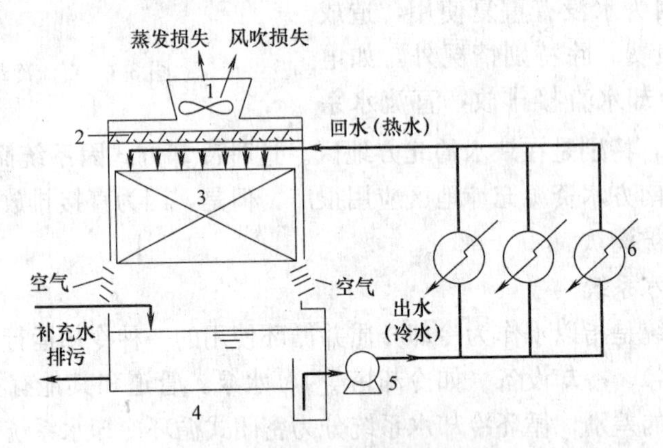

图 3-5 敞开式循环冷却水系统

1—风机；2—收水器；3—淋水装置；4—冷却塔集水池；5—水泵；6—水冷器

敞开式循环冷却水系统的特点是：冷却水在循环系统中循环使用，水温升高，水流速度的变化，水的蒸发和空气中杂物引入，各种无机离子和有机物质的浓缩，阳光照射，灰尘杂物的进入，以及设备结构和材料等多种因素的综合作用，造成循环水水质恶化。这些会加重冷却水系统的腐蚀、结垢、微生物故障，威胁和影响生产设备和装置长周期地安全运行。为了防止发生这些故障，可以在循环水中投加各种水处理剂，以使循环水水质保持和稳定在一个良好的水平上。

敞开式循环冷却水系统虽然要损失一部分水，但可节约大量的冷却水，这种系统是目前应用最广、类型最多的一种冷却系统，广泛应用于发电、化工、医药和公共单位中。

1.2 冷却塔

冷却塔又称为凉水塔，是在塔体内热水从上而下喷散成水滴或水膜状，空气由下而上与水滴或水膜呈逆向流动，或水平方向垂直在塔内流动，与水进行热交换而降低水温的冷却构筑物。冷却塔是敞开式循环冷却水系统的核心设备之一，主要是用来冷却换热器中排放出的热水。

1.2.1 冷却塔的类型

1. 冷却塔的类型

冷却塔的类型很多，根据空气进入塔内的情况分为自然通风和机械通风两大类。机械通风冷却塔中所需要的空气是由通风机（又称风机）供给的，即设有风机。机械通风冷却塔又分为鼓风式和抽风式两种。自然通风冷却塔不设风机，又可分为开放式和风筒式两种。开放式冷却塔的塔体沿塔高呈敞开式，处理水量较小。风筒式冷却塔又称塔式冷却塔，塔体上部设有很高的风筒以利空气流通。

按空气流动的方向，可分为横流式和逆流式两类。在横流式冷却塔的淋水装置区，空气水平方向与水流方向垂直；在逆流式冷却塔的淋水装置区，空气垂直方向流动与水流方向相反。具体分类如图 3-6 所示。

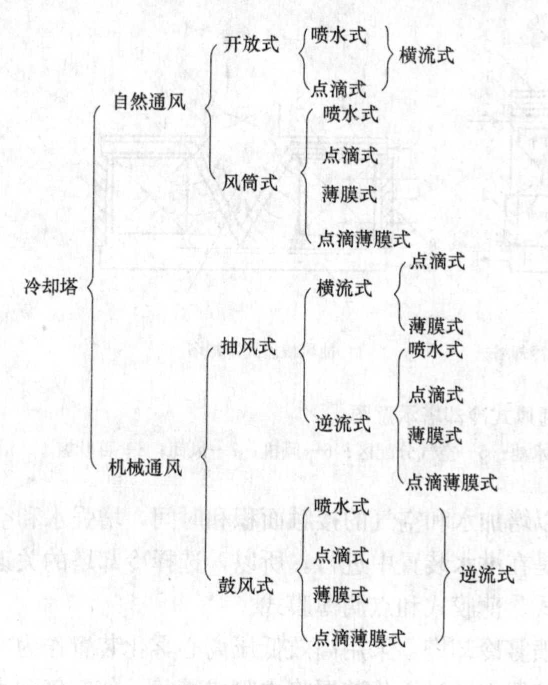

图 3-6 冷却塔的分类

2. 常见类型

常见的冷却塔类型，如图 3-7 所示

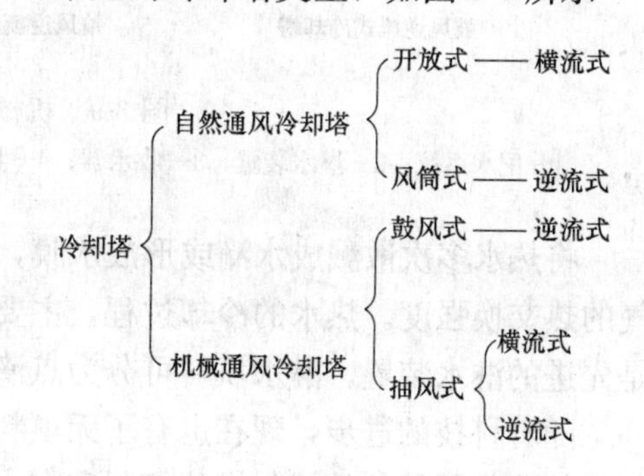

图 3-7 常见的冷却塔类型

自然通风式冷却塔，如图 3-8 所示；机械通风式冷却塔，如图 3-9 所示。

玻璃钢冷却塔是一种现在普遍使用的节水型冷却塔，作用原理与机械通风式冷却塔类似，只不过玻璃钢冷却塔塔体外壳采用玻璃钢材料。因为玻璃钢冷却塔产品已系列化，规格齐全，体积小，占地面积小，拆迁运输方便，造价较低，因而被广泛应用。

1.2.2 冷却塔的基本组成

1. 淋水装置（或称填料）

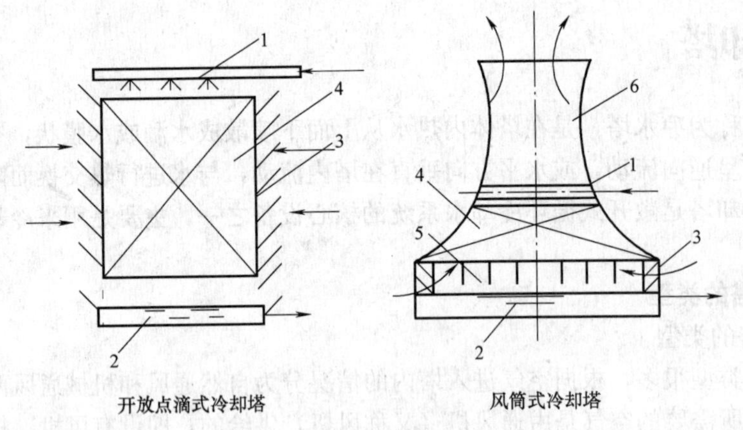

图 3-8　自然通风式冷却塔示意图

1—配水系统；2—集水池；3—百叶窗；4—淋水装置；5—空气分配区；6—风筒

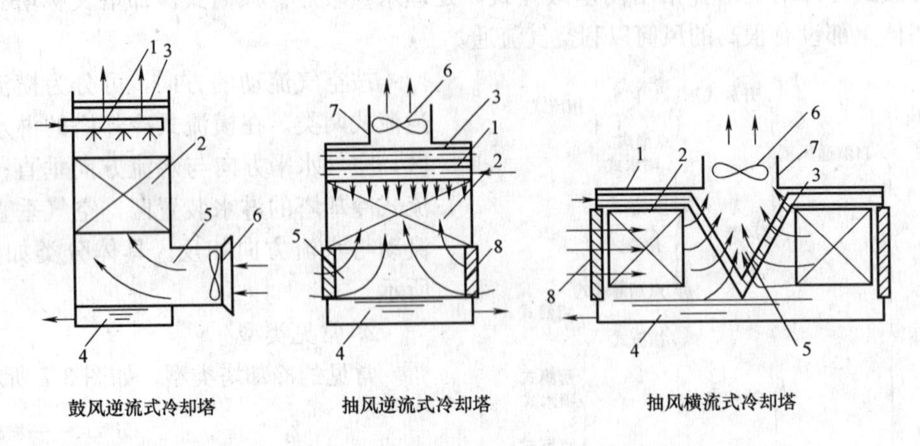

图 3-9　机械通风式冷却塔示意图

1—配水系统；2—淋水装置；3—收水器；4—集水池；5—空气分配区；6—风机；7—风筒；8—百叶窗

将热水多次散溅成水滴或形成水膜，以增加水和空气的接触面积和时间，增强水和空气的热交换强度。热水的冷却过程，主要是在淋水装置中进行。所以，选择冷却塔的关键是先进的淋水装置。淋水填料可分为点滴式、薄膜式和点滴薄膜式。

随着科技的进步，现在也有了无填料喷雾冷却塔，采用高效低压离心雾化装置作为冷却元件取代了传统的填料塔的填料和布水装置，通过雾化装置将水喷成雾状，使空气和水的微小粒状均匀接触。由于无填料，喷雾冷却塔使整塔几乎成为一个空塔，塔体载荷大大减小，结构大大简化，塔的系统阻力降低，冷却温差较填料塔要大。

2. 配水系统

在塔顶淋水填料的上部，将热水均匀分布到冷却塔的整个淋水面积上。热水分布是否均匀，对冷却效果影响很大。如果水量分配不当，不仅直接影响冷却效果，而且造成空气从水量少的部分逸出塔外，降低冷却塔的冷却效果。按照配水方式分为固定式和旋转式。

3. 通风设备

利用通风机械在冷却塔中产生比较稳定的空气流量，提高冷却效率，保证稳定的冷却效果。

4. 空气分配装置

利用进风口、百叶窗和导风板等装置，引导空气均匀分布到冷却塔的整个截面上。

5. 通风箱

通风箱的作用是创造良好的空气动力条件，减少通风阻力，并将排出冷却塔的湿热空气送往高空，减少湿热空气回流。

6. 收水器

使排到空气中的水滴与空气分离，减少循环水被空气带走的水量损失，改善逸出水分对周围环境、生产和建筑物的影响。

7. 塔体

冷却塔的外部围护结构。机械通风冷却塔和风筒式冷却塔的塔体是密封的。开放式冷却塔的塔体沿塔高做成开敞的。

8. 集水池

设于塔的最下部，汇集淋水装置上落下的冷却水。集水池还具有一定的贮备容积，起调节水量的作用。

9. 进出水管道

用进水管将热水送至配水系统。进水管上设置闸阀，以调节冷却塔的水量。用排水管将冷却后的水送往循环水泵站或用户。

10. 其他设施

检修门、走道、步梯、爬梯、避雷装置等。

以上各部件的不同组合，可以组成各种型式和用途的冷却塔。

1.3 循环冷却水系统水量变化

循环冷却水系统水质控制主要是指敞开式循环冷却水系统水质控制。冷却水在循环系统中不断循环使用，由于蒸发损失、风吹损失和排污损失等因素，循环冷却水水质和水量会发生变化，使冷却水系统产生腐蚀、结垢、粘泥、微生物故障，威胁和破坏生产设备和装置长时间地安全运行，造成经济损失。为防止发生这些故障，可以使用各种水处理剂，以使循环水保持和稳定在一个良好的水平，形成了一套循环冷却水处理技术和工艺运行技术。它包括原水的预处理、系统的清洗预膜、处理配方的筛选、腐蚀的控制、结垢的控制、微生物的控制、运行中的浓缩管理等。其中水质控制最为关键，为保证循环冷却水系统的正常运行，必须不断对循环冷却水系统进行水质控制。

1.3.1 循环冷却水系统中各项水的损失

冷却水由循环泵送往系统中各换热器，在冷却循环过程中，冷却水自身温度升高，循环水量为 R 的热水被送往冷却塔顶部，喷淋到塔内填料上。空气从塔底被塔顶风扇抽吸上升进入塔内，与落下的水滴相遇进行热交换，水滴在下降过程中逐渐变冷。空气在塔内上升过程中则逐渐变热，最后由塔顶逸出，同时带走水蒸气，导致部分水的损失，我们把这部分水的损失称为蒸发损失水量 G。热水由塔顶向下喷溅时，由于外界风吹和风扇抽吸的影响，热水会有一定的飞溅损失和随空气带出的雾沫夹带损失，我们把这部分损失掉的水，称为风吹损失水量 F。为了维持循环水中一定的离子浓度，必须不断向系统中加入补充新鲜水量 M 和向系统外面排出一定的污水，我们把这部分水量称为排污损失水量 B。另外，还有管道跑冒渗漏等损失水量，我们把这部分水量称为漏失损失水量 L。

水在循环过程中，除因蒸发损失 G 和维持一定的浓缩倍数而排掉一定的污水 B 外，还由于空气流由塔顶逸出时，带走部分水 F，以及管道渗漏而失去部分水 L，因此补充新鲜水 M 是上述各项损失水量之和。表达式为：$M=G+B+F+L$

1. 蒸发损失 G

G 与气候和冷却幅度有关，当冷却介质的温度较低时，各企业根据自身情况可选择采用式（3-1）：

$$G=R\times S\times \Delta t\% \tag{3-1}$$

式中 G——蒸发损失水量，m^3/h；

R——循环冷却水量，m^3/h；

S——蒸发损失系数（S 的选取参见表 3-1）；

Δt——冷却水进出水温度差，℃。

蒸发损失系数 *S* 表 3-1

气温(℃)	−10	0	10	20	30	40
S	0.08	0.1	0.12	0.14	0.15	0.16

当冷却介质的温度较高时，各企业根据自身情况可选择采用式（3-2）：

$$G=[(R\cdot \Delta t\cdot C)/\lambda]=R\cdot S\cdot \Delta t\cdot C\% \tag{3-2}$$

G——蒸发损失水量，m^3/h；

R——循环冷却水量，m^3/h；

Δt——冷却水进出水温度差，℃；

C——水的比热，℃；

λ——冷却塔进口水温度相应的蒸发潜热，kcal/kg；

S——蒸发损失系数（S 的选取参见表 3-2）。

注：1kcal=4187J

蒸发损失系数 S 表 3-2

进塔水温度(℃)	10	20	30	40	50	60	70
λ	591.6	586.0	580.4	574.7	569.0	563.3	557.4
S	0.00169	0.00171	0.00172	0.00174	0.00176	0.00178	0.00179

考虑到实际工作中的运用，蒸发损失 G 也可以参照下式粗略计算，即：

$$G=R\times \Delta t/580$$

2. 风吹损失（包括飞溅和雾沫夹带）F（m^3/h）

风吹损失除与风速有关外，还与冷却塔的型式和结构有关。一般自然风冷却塔比机械通风冷却塔的风吹损失要大些。若塔中装有良好的收水器，其风吹损失比不装收水器的要小些。风吹损失通常以占循环水量 R 的百分率来估计，其估算公式如式（3-3）所示：

$$F=R\times K \tag{3-3}$$

式中 F——吹散水量，m^3/h；

R——循环冷却水量，m^3/h；

K——吹散损失系数（K的选取参见表3-3)。

吹散损失系数 K **表3-3**

冷却构筑物类型	机械通风式冷却塔（有收水器）	风筒式（双曲线）冷却塔	
		有收水器具	无收水器
K	0.2%～0.3%	0.1%	0.3%～0.5%

注：其他类型冷却塔的吹散损失系数参阅相关标准规定。

3. 排污水损失 B

排污水损失B的大小，由需要控制的浓缩倍数和冷却塔的蒸发量来确定，排污水量B与冷却塔的蒸发损失G和浓缩倍数N有关，即：$B=[G-(N-1)D-(N-1)L]/(N-1)$

当系统中管道连接紧密，不发生渗漏时，则$L=0$；当冷却塔收水器效果较好时，风吹损失F很小，如略去不计，则上式可简化为

$$B=G/(N-1)$$

因此循环冷却水系统运行时，只要知道了系统中循环水量R和浓缩倍数N，就可以估算出蒸发量G、排污水量B以及补充水量M等操作参数。控制好这些参数，循环冷却水系统的运行也就能正常进行。由上述一些关系还可以看出，在一定的系统中，只要改变补充水量或排污水量，就可以改变循环水系统的浓缩倍数。

4. 渗漏损失 L

良好的循环冷却水系统，管道连接处，泵的进、出口和水池等地方都不应该有渗漏。但因管理不善，安装不好，年久失修，则渗漏就不可避免。因此在考虑补充水量时，应视系统实际情况而定。

1.4 循环水运行过程中水质变化

循环冷却水在其运行过程中，由于补充水中一部分水被蒸发，另一部分留在冷却水中的部分被浓缩，冷却水水质会发生以下变化。

1. CO_2 含量的降低

补充水进入循环冷却水系统后，在冷却塔内与空气充分接触，水中游离的和半结合态的CO_2逸入大气而散失，破坏了原来的溶解平衡关系从而使冷却水的离子平衡向产生CO_3^{2-}的一侧移动，当CO_2的含量不足以保证重碳酸盐的平衡时，引起循环水系统的结垢。

2. pH值的升高

补充水进入循环冷却水系统中后，水中游离的和半结合的酸性气体CO_2与大气中的CO_2在曝气过程中逸入大气而散失，故冷却水的pH值逐渐上升，直到冷却水中的CO_2与大气中的CO_2达到平衡为止。此时的pH值称为冷却水的自然平衡pH值。冷却水的自然平衡pH值通常在8.5～9.3之间。

3. 浊度的增加

补充水进入循环冷却水系统中后，由于蒸发浓缩，使水中的悬浮物和浊度升高。同时，循环水在冷却塔内反复与大气接触，把空气中的尘埃洗涤下来并带入循环水中，形成

悬浮物。此外，冷却水系统中生成的腐蚀产物、微生物繁衍生成的粘泥都会成为悬浮物。这些悬浮物约有4/5沉积在冷却塔水池的底部，它们可以通过排污被带出冷却水系统。其余的则会悬浮在冷却水中，使水的浊度增加。悬浮物还会沉积在凝汽器的换热器管壁上，降低冷却的效果。

4. 溶解氧浓度的增大

补充水进入循环冷却水系统后，在冷却塔内的喷淋曝气过程中，空气中的氧大量进入水中，成为水中的溶解氧。由于冷却水与空气在循环过程中反复接触，水中的溶解氧达到接近该温度与压力下氧的饱和浓度，从而增加了冷却水的腐蚀性。

5. 含盐量的升高

补充水在循环过程中被蒸发时，水中的无机盐等非挥发性物质仍留在循环水中，故循环水由于蒸发而被浓缩，从而增大了循环水的结垢倾向和腐蚀倾向。

6. 微生物的滋长

补充水会给循环冷却水系统中带入大量的微生物，循环冷却水的水温通常在32～42℃左右，水中往往含有大量的溶解氧和氮、磷等营养成分，这些条件都有利于微生物的生长。在冷却水系统中，日光可以照到的地方会有大量的藻类生长繁殖；日光照不到的地方，则可以有大量的细菌和真菌繁殖，并生成黏泥覆盖在换热器的金属表面上，降低换热器的冷却效果，引起垢下腐蚀和微生物腐蚀。

7. 有害气体的进入

循环冷却水在冷却塔内与工业大气反复接触时，其中的二氧化硫等有害气体不断进入循环水中，使循环水对钢、铜及铜合金的腐蚀性增大。

8. 工艺泄漏物的进入

循环冷却水在循环运行过程中，换热器有可能发生泄漏，从而使工艺物质（如油类等）进入循环水中，使水质恶化，增加了循环水的腐蚀、结垢或微生物生长的倾向。

1.5 浓缩倍数

1.5.1 浓缩倍数

1. 概念

在敞开式循环冷却水系统中，由于蒸发，使循环冷却水中盐类不断累积浓缩，循环水的含盐量大大高于补充新鲜水的含盐量，两者的比值称为浓缩倍数。通常我们把循环水中某物质的浓度与补充水中某物质的浓度之比 N 表示为浓缩倍数，如式（3-4）所示。

$$N=C_R/C_M \tag{3-4}$$

式中 C_R——循环水中某物质的浓度；

C_M——补充水中某物质的浓度。

通常将循环冷却水及补充水中的某一特征离子（例如 K^+、Cl^-、Ca^{2+}）的浓度的比值作为循环冷却水的浓缩倍数。其中以 K^+ 作为浓缩倍数的标准物最佳。因为钾盐的溶解度较大，在循环冷却水运行中不会析出，一般药剂中不含 K^+。

2. 意义

浓缩倍数是循环冷却水系统日常运行中需要控制的一个很重要的控制和管理指标。提高循环水的浓缩倍数，可以降低补充新鲜水的用量，达到节约水资源的目的；还可以降低排污量，减少对环境的污染。另外还可以节约水质稳定药剂、降低处理费用。但是，过高的浓缩倍数，会造成循环水的硬度、浊度升高，水的结构倾向增大，从而使控制结构的难度增加；还会使水中的腐蚀性离子（如Cl^-和SO_4^{2-}）和腐蚀性物质（如SO_2和NH_3）的含量增加，水的腐蚀性增强，增加了控制水腐蚀的难度。所以，并不是浓缩倍数提高的越高越好，只有把浓缩倍数真正控制在规定的管理指标内，才能保证化学处理的效果，才能节水、节约水质稳定药剂和降低处理费用，使系统运行最佳化。

可用图 3-10 的关系曲线图来说明：用M表示循环冷却水的补充水量，以G表示蒸发水量，用N表示浓缩倍数，可以作出M/G和N的关系曲线。

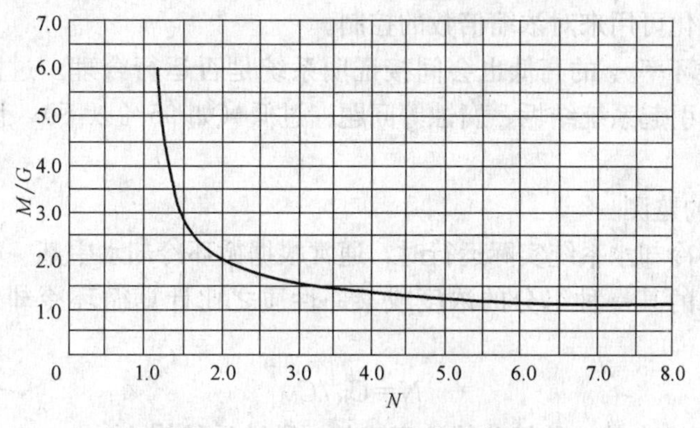

图 3-10 M/G和N的关系曲线

从曲线图可见，M/G比值越小，浓缩倍数N值越大；M/E比值越小，浓缩倍数N值越大，在蒸发水量G和风吹损失水量F不变时，则补充水量越小。为了节约补充水量，应尽量提高浓缩倍数。浓缩倍数不是愈高愈好，是因为：$N<2$时，随着浓缩倍数增加，补充水量迅速减小，但当浓缩倍数$N>5$后，M/G曲线变得很平缓，节水量就不大了，而且此时运行操作十分困难，处理费用会大大增加，在经济上也是不合理的。

1.5.2 浓缩倍数与系统各项水量之间数据关系

假设一敞开式冷却塔系统冷却水循环量R为$10000m^3/h$，冷却塔进水水温40℃，要求出水温度达到30℃，分析浓缩倍数N变化值与循环冷却水系统各项水量数据之间关系。

蒸发损失量：$G=R\times\Delta t/580=10000\times10/580=172.4m^3/h$

风吹损失量：$F=0.05\%R=0.05\%\times10000=5m^3/h$

由此我们可以得出不同浓缩倍数下循环冷却水系统各项水量数据，见表 3-4。

不同浓缩倍数下循环冷却水系统各项水量数据 **表 3-4**

各项指标 \ 浓缩倍数	1.0	2.0	3.0	4.0	5.0	6.0	7.0	8.0
冷却水循环量R	10000	10000	10000	10000	10000	10000	10000	10000
蒸发损失量G	0	172.4	172.4	172.4	172.4	172.4	172.4	172.4
风吹损失量F	0	5	5	5	5	5	5	5
排污水量B	10000	172.4	81.2	52.5	38.1	29.5	23.7	19.6
补充水量M	10000	349.8	258.6	229.9	215.5	206.9	201.1	197
冷却水循环率r_c(%)	0	96.6	97.5	97.8	97.9	97.97	98.03	98.07

从表 3-4 中可以看出：

(1) 当 $N=1$ 时，这种情况就是直流冷却水系统。仅使用一次就直接排放掉，造成了水资源极大浪费，不符合节能减排的要求，必须严格禁止。

(2) 随着浓缩倍数的不断提高，系统排污水量和补充水量在逐渐下降，这就意味着提高浓缩倍数能够节约大量的水资源，减少水资源的浪费。

(3) 浓缩倍数并不是越高越好。浓缩倍数在 5.0 以下时，节水效果明显，冷却水循环率 r_c 提高幅度较大；当浓缩倍数大于 5.0 时，节水效果不明显，冷却水循环率 r_c 提高幅度较小。因此，实际工作中浓缩倍数一般控制在 5.0 以下。

(4) 浓缩倍数的变化会直接影响到系统排污水量和补充水量，反过来说，系统排污水量和补充水量的变化可用来对浓缩倍数的控制。

(5) 冷却水循环率 r_c 的高低也会间接证明系统是否运行合理。过高（如 98%以上）虽然节水，但是会引起系统结垢、腐蚀等问题；过低（如 95%以下），说明系统存在浪费水问题。

1.5.3 浓缩倍数的监测

在敞开式循环冷却水系统实际运行时，通常根据循环冷却水中某一种组分的浓度或某一性质，与补充水的某一种组分的浓度或某一性质之比计算循环冷却水的浓缩倍数 N，如式（3-5）所示。

$$N=C_R/C_M \tag{3-5}$$

式中 C_R——循环水中某一种组分的浓度或某一种性质的值；

C_M——补充水中某一种组分的浓度或某一种性质的值。

对于用来监测浓缩倍数的组分浓度或性质的要求是，它们只随浓缩倍数的增加而成比例地增加，而不受运行中其他条件（加热、曝气、投加水处理剂、沉积或结垢等）的干扰。通常选用的组分浓度和性质有氯离子浓度、二氧化硅浓度、钾离子浓度、钙离子浓度、含盐量和电导率。

1. 氯离子浓度

氯离子浓度的测定方法比较简单，氯离子在循环冷却水的运行过程中既不挥发，也不沉淀，在日常的水质监测项目中就有氯离子浓度一项，所以在浓缩倍数的监测中，人们常用循环冷却水中的氯离子浓度 $[Cl^-]_R$ 与补充水中的氯离子浓度 $[Cl^-]_M$ 之比来计算循环冷却水的浓缩倍数 N，即：

$$N=[Cl^-]_R/[Cl^-]_M$$

在循环冷却水的日常运行中，因为通常要加氯、次氯酸钠、氯化异氰尿酸等含氯离子的药剂去控制水中的微生物，循环冷却水中因此会引入额外的氯离子，从而使测得的浓缩倍数偏高。

2. 二氧化硅浓度

通常用循环冷却水中 SiO_2 的浓度 $[SiO_2]_R$ 和补充水中 SiO_2 的浓度 $[SiO_2]_M$ 之比，来计算循环冷却水的浓缩倍数 N，即：

$$N=[SiO_2]_R/[SiO_2]_M$$

在循环冷却水的日常运行中，一般情况下不向循环冷却水中引入硅酸盐。因此，用二氧化硅浓度计算浓缩倍数受到的干扰较少。但是，当硅酸盐与镁离子浓度都较高时，循环水中会生成硅酸镁沉淀而使监测的结果偏低。

3. 钾离子浓度

大多数钾盐的溶解度相当大，在循环冷却水的运行过程中又不会从水中析出，用循环冷却水中钾离子浓度 $[K^+]_R$ 与补充水中钾离子浓度 $[K^+]_M$ 之比计算浓缩倍数 N 时受到的干扰较少。此时

$$N=[K^+]_R/[K^+]_M$$

多数补充水中钾离子浓度较低，也基本稳定，因此用 K^+ 测定出来的浓缩倍数 N 较准确。

4. 钙离子浓度

用循环冷却水中钙离子浓度 $[Ca^{2+}]_R$ 与补充水中钙离子浓度 $[Ca^{2+}]_M$ 之比去计算浓缩倍数 N，即：

$$N=[Ca^{2+}]_R/[Ca^{2+}]_M$$

除了有时用次氯酸钙作杀虫剂外，人们很少用钙盐作为循环冷却水处理的药剂。因此，加药不易使其中的钙离子浓度受到干扰。但不少循环冷却水系统在运行过程中容易结垢，Ca^{2+} 是结垢因素，尤其在高硬度、高碱度、高 pH 值和高浓缩倍数时，用钙离子浓度计算浓缩倍数时所得到的结果往往偏低。

5. 含盐量或电导率

用循环冷却水的含盐量（或电导率）与补充水的含盐量（或电导率）之比计算浓缩倍数，也是人们常用的一种方法。此时：

$$N=[含盐量]_R/[含盐量]_M \quad 或 \quad N=[电导率]_R/[电导率]_M$$

含盐量或电导率的测定比较简单，电导率的测定迅速、准确。但在循环冷却水的日常运行中，需要向水中加入水处理剂和通入氯气，会增加一些溶解性的 Cl^-，Br^- 等离子。在需要控制 pH 值的循环冷却水系统中，则还要加入硫酸。这些措施会使水的含盐量或电导率增加；工艺物料泄漏入冷却水系统，会引起循环冷却水系统水的含盐量或电导率产生波动，从而使浓缩倍数的测定产生很大的误差。

循环冷却水中的溶解盐类呈离子状态，具有一定的导电能力，因此可用溶液中的电导率间接地表示溶解盐类的含量。所以，对于循环冷却水系统而言，投入氧化性杀菌剂一般都是定期的，物料泄漏也不是经常性的。因此用电导率测定循环水浓缩倍数具有一定的参考意义。

表 3-5 为某单位循环冷却水实际运行过程中不同测定方法监测得到的浓缩倍数。

浓缩倍数不同测定方法的数据统计 **表 3-5**

月份		2	3	4	5	6	7
电导率 ($\mu S/cm^2$)	循环水	660	860	700	820	700	680
	补充水	290	250	220	220	208	200
	N_1	2.3	3.4	3.2	3.7	3.4	3.4
Ca^{2+} (mg/L)	循环水	203.4	282.6	286.2	323.9	266.3	297.3
	补充水	102	95	86.9	78	78.1	90.1
	N_2	2.0	3.0	3.3	4.2	3.4	3.3
K^+ (mg/L)	循环水	4.6	6.3	6.1	6.0	5.9	5.8
	补充水	2.1	1.9	1.9	1.4	1.6	1.6
	N_3	2.2	3.3	3.2	4.3	3.7	3.6

1.6 循环冷却水水质稳定处理方法

在敞开式循环冷却水系统中，冷却水吸收热量后，与空气接触，CO_2 逸入空气中，水中溶解氧和浊度增加，造成循环冷却水系统四大问题：腐蚀、结垢、菌藻滋生及污泥，并将缩短设备的使用寿命，大幅度降低热交换效率，造成能源的浪费。因此，对系统水进行缓蚀、阻垢、杀菌降藻等水质稳定处理是十分必要的。

循环水在运行中，水分的蒸发和散失会引起循环水含盐量的浓缩，并使某些盐类由于超过饱和浓度而沉淀出来，附着于设备和管道的内壁上，这种沉积物称之为水垢。水垢的大量析出会使热交换器热交换效率大大降低，也会使管道堵塞，对冷却水系统危害很大。循环水冷却过程中，冷却水与大气充分接触，冷却水中的溶解氧会增加，水中溶解氧增高后将促进与之接触的金属管材、设备等的腐蚀同时冷却水盐类浓缩也使冷却水导电性增强，腐蚀速度加快。腐蚀会使冷却水系统使用寿命缩短，维修量增加，甚至威胁到安全生产。敞开式循环冷却水的温度、营养成分、溶解氧等条件也非常适合微生物的生长，微生物会产生黏性代谢物质，由微生物产生的垢称为黏垢，这些物质会附着在设备表面。同时大气中的多种杂质会不断通过冷却塔等敞开部分进入系统中，其中尘埃、泥沙、悬浮固体的沉淀会引起结垢，这种垢称为污垢。黏垢、污垢与水垢同样对冷却水系统危害很大。此外，在循环冷却水进行加药处理时，由于循环水处理药剂引起的化学反应产物，在水中还会增加新的沉淀物质。为表述方便，将循环水中的水垢、黏垢、污垢及其他沉淀物质统称为循环水的沉淀物。

循环冷却水的处理问题可大致概括为对沉积物、金属腐蚀和微生物的控制。应该指出，沉积物，腐蚀和微生物三者间是互相影响和可以相互转化的。沉积物可引起腐蚀，为微生物生长创造条件；腐蚀产物能形成沉淀物；微生物会引起沉积物和腐蚀的加重。

1.6.1 水质稳定指数

1. LSI 饱和指数

LSI 饱和指数是最早使用的鉴别水质稳定性的指数，其定义可以表示为：

$$LSI = pHa - pHs$$

式中，pHa 为水的实际 pH 值，pHs 为在同样温度下，原来水-碳酸盐系统处于平衡状态时具有的 pH 值。

LSI 值与结垢的关系如下：

当 LSI>0 时，水中溶解的 $CaCO_3$ 量超过饱和量，产生 $CaCO_3$ 沉淀，产生结垢；

当 LSI<0 时，水中溶解的 $CaCO_3$ 量低于饱和量，溶解固相 $CaCO_3$，产生腐蚀；

当 LSI=0 时，水中溶解的 $CaCO_3$ 量与固相 $CaCO_3$ 处于平衡状态，不腐蚀不结垢。

2. RSI 稳定指数

LSI 饱和指数在实际运用中可能出现两种错误判断：一是对同样的两个 LSI 值不好进行稳定性的比较。如 75℃时 pHs 分别为 6.0 和 10.0 的两个水样，实际 pH 值为 6.5 和 10.5，计算得 LSI 值都是 0.5，单就 LSI 值说明两种情况都表明是结垢，但是实际情况是第一个水样是结垢的，第二个水样是腐蚀性的。二是当 LSI 值在 0 附近时，容易得出与实际相反的结论。RSI 稳定指数就是针对这些问题提出来的一个半经验性指数，其定义为：

$$RSI = 2pHs - pHa$$

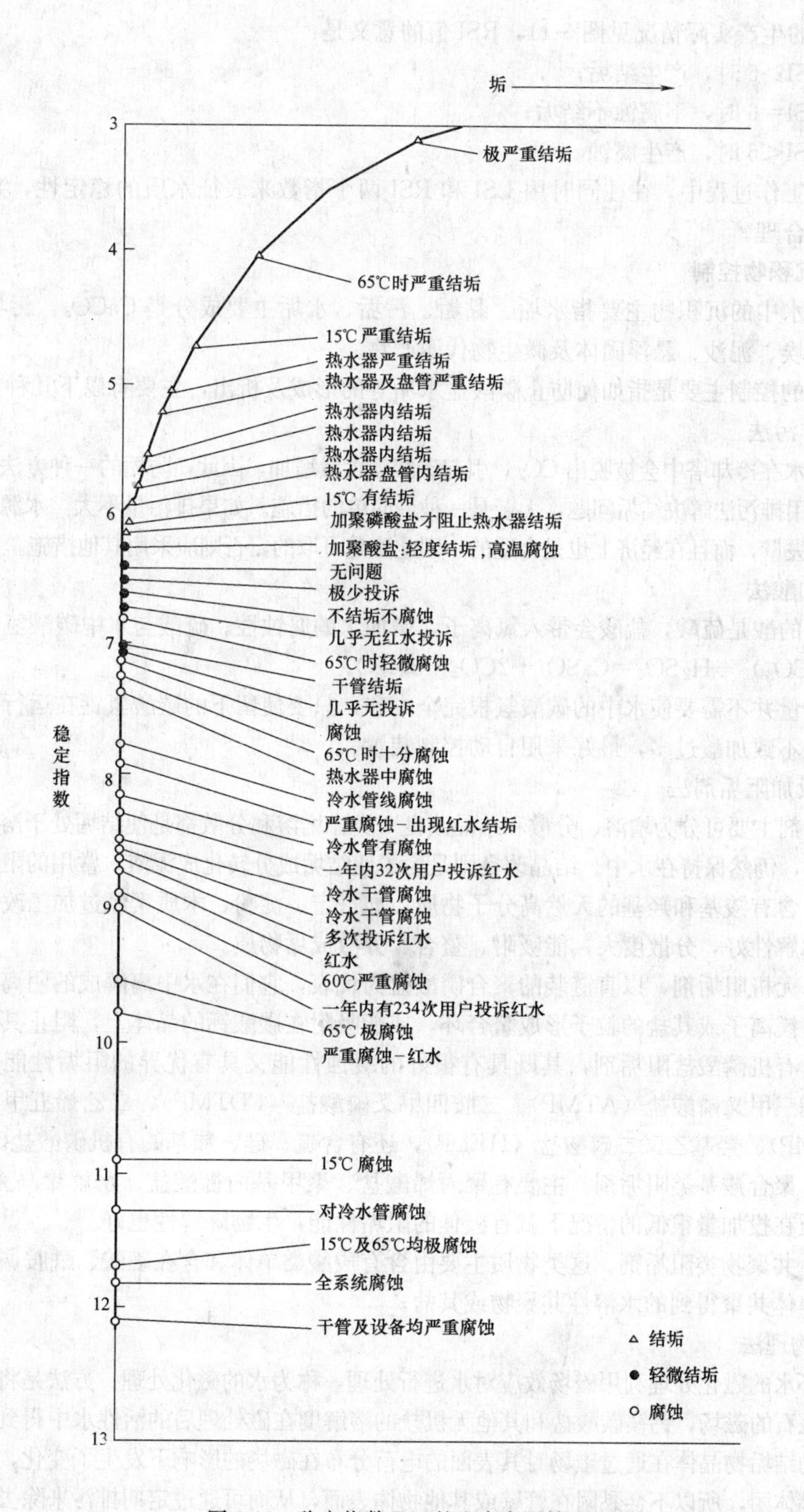

图 3-11　稳定指数 RSI 的生产实际情况

RSI 的生产实际情况见图 3-11，RSI 值的意义是：

当 RSI>6 时，产生结垢；

当 RSI=6 时，不腐蚀不结垢；

当 RSI<6 时，产生腐蚀。

实际工作过程中，往往同时用 LSI 和 RSI 两个指数来表征水质的稳定性，判断结果更趋准确合理。

1.6.2 沉积物控制

循环水中的沉积物主要指水垢、黏垢、污垢。水垢主要成分是 $CaCO_3$，污垢和黏垢主要是尘埃、泥沙、悬浮固体及微生物代谢产物。

水垢的控制主要是指如何防止碳酸盐水垢等的形成及析出，主要有以下几种方法：

1. 排污法

冷却水在冷却塔中会被脱出 CO_2，引起碳酸盐含量增加，因此，防垢的一种方法就是控制排污量。用排污法解决结垢问题，无疑是一种最简单的措施。如果排污量不大，水源水量足以补充此损失量，而且在经济上也是合适的，则此法是可取的，否则应采用其他措施。

2. 加酸法

常用的酸是硫酸，盐酸会带入氯离子，增加水的腐蚀性。硫酸与水中碳酸氢盐的反应为 $Ca(HCO_3)_2+H_2SO_4=CaSO_4+2CO_2+2H_2O$。

加酸量并不需要使水中的碳酸氢根完全中和，只要使留下的碳酸氢钙在运行中不结垢即可。为不致加酸过多，最好采用自动控制装置。

3. 投加阻垢剂法

阻垢剂主要可分为增溶、分散和结晶改良 3 类，增溶和分散都是使结垢处于溶解或分散悬浮状态，仍然保持在水中。结晶改良则是为了使结垢成分转化成泥渣。常用的阻垢剂有：

(1) 含有羧基和羟基的天然高分子物质，如丹宁、淀粉、木质素经过加工改良后的混合物，水解性好，分散度大，能吸附、螯合、分散成垢物质。

(2) 无机阻垢剂，以直链装的聚合磷酸盐为代表，它们在水中离解成的阴离子能与水中的钙、镁离子或其盐的粒子形成螯合环，或能吸附在碳酸钙的晶体上，阻止其长大。

(3) 有机磷酸盐阻垢剂，其既具有很好的缓蚀性能又具有优异的阻垢性能，常用的有，氨基三甲叉磷酸盐（ATMP)、二胺四甲叉磷酸盐（EDTMP)、二乙烯五甲叉磷酸盐(DETPMP)、羟基乙叉二磷酸盐（HEDP)，还有含硫、硅、羧基的有机磷酸盐。

(4) 聚合羧基类阻垢剂。主要有聚丙烯酸盐、聚甲基丙衡酸盐、水解聚马来酸酐等，这些物质在投加量很低的情况下就有极佳的阻垢性能，生物降解性也好。

(5) 共聚物类阻垢剂。这类物质主要由含有羧酸类单体和含在磺酸、酰胺、羟基、醚等不同单体共聚得到的水溶性共聚物或其盐。

4. 物理法

循环水的磁化处理利用磁场效应对水进行处理，称为水的磁化处理。方法是将冷却水通过永久磁石的磁场，钙镁碳酸盐和其他无机盐的溶解度在磁处理后的活性水中得到提高，同时水中的结垢物晶体在通过磁场时其表面的电荷分布在磁场的影响下发生了变化，形成一种松散的晶体团，所以不会黏附在管壁或其他物体表面，从而可通过定期排污来除去。

冷却水的磁化法处理，还有许多问题需要研究和探讨，主要原因是其处理效果不够稳定。根据有关资料介绍，磁化法处理冷却水，效率有时可接近 100%，而有时几乎无效。故在使用前应根据循环冷却水的水质做实验以确定其效果。该法在使用的同时，还需辅以旁滤，缓蚀和杀菌等处理方法。

5. 电子、离子法

循环水的低压电子水处理。电子水处理器由水处理器、电子发生器、管道等组成。水处理器中心装有一金属阳极，壳体为阴极，由镀锌无缝钢管制成，电子发生器提供水处理器产生电子场。流经电子水处理器的冷却水在微弱电流的作用下，水分子受到激发而处于高能状态，水分子电位下降，使水中溶解盐类的离子或带电粒子因静电引力减弱，使之不能相互集聚并失去化合力，从而抑制了水垢的形成。受到激发的水分子还可吸收水中现有的沉积物和积垢的带负电荷的粒子，使积垢疏松，逐渐溶解并最终脱落。水分子的电位下降使水分子与器壁间电位差减小，抑制了金属器壁的离解，起到缓蚀作用。微电流及电子易被 O_2 吸收生成 O_2^- 和 H_2O_2 等物质，这些物质使微生物细胞破裂原生质流出，影响细菌的新陈代谢，从而起到杀菌、灭藻的作用。

循环水的离子高压静电水处理。离子高压静电水处理是由离子棒、高压电源发生器、管道等组成的。所以又称之为离子棒处理。当循环冷却水流经过离子高压静电水处理器时，处理器能够产生一个 7500～12000V 左右的高压静电场，在静电场的作用下，水分子偶极矩增大并定向按正极、负极的顺序呈链状整齐排列。当水中含有溶解盐的离子时，由于静电的作用，这些阳离子和阴离子将分别被水偶极子包围，也将按正极、负极的顺序整齐地排列在水偶极子群中，使之不能自由运动，也就不可能靠近器壁，阻止了钙镁所含阳离子不致趋向器壁，从而达到防垢、除垢的目的。通过实验还表明：经静电处理后，水中将产生活性氧，故它对无垢系统中的金属表面产生一层微薄氧化薄膜防止腐蚀，而在结构系统中能破坏垢分子之间的电子结合力，改变晶体结构，促使硬垢疏松，使已经产生的水垢逐渐剥蚀、脱落，同时还具有一定的杀菌灭藻作用。离子棒法适用在较清洁、循环量较小（循环量<$500m^3/h$）的循环水系统，因处理成本低廉被广泛应用。

1.6.3 金属腐蚀控制

1. 缓蚀剂法

在冷却水系统中防止热交换器金属腐蚀的方法有阴极保护、牺牲阳极、涂层覆盖和缓蚀剂处理等办法，其中以缓蚀剂处理法最为常见并且效果显著。缓蚀的机理是在腐蚀电池的阳极或阴极部位覆盖一层保护膜，从而抑制了腐蚀过程。

缓蚀剂的分类方法有多种，按成分可分为有机缓蚀剂和无机缓蚀剂 2 大类：无机缓蚀剂包括铬酸盐、磷酸盐、锌盐和磷酸盐等；有机缓蚀剂包括胺化合物、膦酸盐、膦羧酸化合物、醛化物、咪唑、噻唑等杂环化合物。按所形成的膜不同有氧化物膜、沉淀膜和吸附膜 3 种类型。铬酸盐所形成的膜属于氧化物膜，磷酸盐、铝酸盐与锌酸盐等则形成沉淀膜型，有机胺类缓蚀剂则形成吸附膜型。

2. 提高 pH 值法

适当提高运行 pH 值可以降低腐蚀速度。某些腐蚀性的水在不加缓蚀剂的情况下，当 pH 值在 6～8 时，往往腐蚀速度大大超过控制指标，但在提高 pH 值至 8.0～9.5 运行时，腐蚀速度就可以大大降低，低于或接近控制指标。通常提高 pH 值并不是在循环系统中加碱，而是尽量在自然 pH 值下运行，不加酸或少加酸。

1.6.4 生物污垢控制

添加杀菌剂是控制微生物生长的主要方法之一。优良的冷却水杀菌剂应具备以下条件：可杀死或抑制冷却水中所有的微生物，具有广谱性；不易与冷却水中其他杂质反应；不会引起木材腐蚀；能快速降解为无毒性的物质；经济性好。

1. 氯

氯是冷却水处理中常用的杀菌剂。氯是一种强氧化剂，能穿透细胞壁，与细胞质反应，它对所有活的有机体都具有毒性，氯除本身具有强氧化性外，还可以在水中离解为次氯酸和盐酸，但当pH升高时，次氯酸会转化为次氯酸根离子，会使杀菌能力降低。以氯为主的微生物控制中，pH值在6.5～7.5范围最佳，pH<6.5时，虽能提高氯的杀菌效果，但金属的腐蚀速度将增加。为杀死换热器中的微生物，系统中要保持一定量的余氯。

2. 次氯酸盐

冷却水系统中常用的次氯酸盐有次氯酸钠、次氯酸钙和漂白粉。一般在冷却水用量较小的情况下，可以用次氯酸盐作为杀菌剂，另外次氯酸盐还是一种黏垢剥离剂。

3. 二氧化氯

用于冷却水杀菌时，二氧化氯与氯相比，有以下特点：二氧化氯的杀菌能力比氯强，且可杀死孢子和病毒；二氧化氯的杀菌性能与水的pH值无很大关系，在pH值为6～10范围内都有效；二氧化氯不与氨、大多数胺起反应，故即使水中有这些物质存在，也能保证它的杀菌能力，而且不像氯那样产生氯化有机物致癌物质。

4. 臭氧

臭氧的化学性质活泼，具有强氧化性。它溶于水时可以杀死水中微生物，其杀菌能力强、速度快，近年来研究发现其还有阻垢和缓蚀作用。虽然如此，因制造臭氧的耗电量大，成本高，所以至今在冷却水处理系统中还没有广泛应用。

1.6.5 旁流处理

旁流处理就是从循环水中引出一部分水进行处理，然后将处理后的水再返回循环水系统。主要的旁流处理工艺有旁流过滤、旁流软化。

循环水旁流过滤的目的是除去水在循环过程中因浓缩、污染、细菌滋生等原因形成的高浓度的悬浮物（包括污泥）和藻类，以减少系统内的积泥。通常采用的旁流过滤设备有纤维过滤器、砂滤池等。如果水中含有油污，不能直接采用旁流过滤器，因为油污有可能污染过滤介质，使过滤器发生堵塞。旁流过滤的水量一般为循环水量的1%～5%。

旁流软化处理的目的是去除循环水中的暂时硬度，降低$CaCO_3$的过饱和度。旁流软化处理可以采用石灰软化或弱酸离子交换软化工艺，软化处理量大约为循环水量的0.5%左右。

【思考题】

1. 常用的冷却节水技术有哪些？
2. 解释空气冷却和汽化冷却。
3. 简述冷却水系统的分类。
4. 简述敞开式循环冷却水系统的特点。
5. 冷却塔的类型和基本构成是什么？
6. 简述浓缩倍数及其应用。
7. 冷却水水质稳定处理方法有哪些？

2 锅炉节水技术

2.1 蒸汽凝结水

2.1.1 概述

蒸汽凝结水是指锅炉产生的蒸汽经使用（例如用于汽轮机做功、加热、供热、汽提分离等）后经冷凝后产生的水。凝结水又称为冷凝水。在工业生产与日常生活中，蒸汽作为一种用途极为广泛的能源与几乎所有的用户有着不可分割的联系。由于我国使用蒸汽的企业众多，涉及行业范围较广，加上各单位的管理水平、技术能力差别很大，导致许多企业蒸汽凝结水利用效率较低。

其实冷凝水经过软化和除盐处理，很纯净，并且有一定的余压。它拥有大量的热量，一般占蒸汽总热量的20%～30%左右，某些设备可高达40%。因此若能将高温冷凝水作为锅炉补水循环使用或作为其他能源再利用，不仅可以节约水资源，更会节约大量的燃料，据统计，锅炉在生产同样多的蒸汽时，就可节约30%～40%的燃料、水和水处理药品。图3-12是凝结水回收示意图。

锅炉产生的蒸汽由蒸汽管道输送到蒸汽使用装置，蒸汽的汽化热被用来进行加热，放出汽化热后蒸汽则成为凝结水，由于对冷凝水回收利用不重视，这部分水往往被直接排放掉，不仅浪费了水资源和热能，还造成了对环境的污染。近年来，随着节能减排工作的深入开展，对蒸汽凝结水的回收越来越重视。目前有关锅炉冷凝水回收的技术已经解决，相当多的企业具备成熟的凝结水回收条件，但仅有为数较少的企业采用了完善的凝结水回收技术，因此凝结水回收的潜力非常大。大多数企业在凝结水回收中面临的主要问题是不能充分地、合理地利用高温凝结水，无法克服严重的汽蚀问题，以及不能正确地使用疏水阀等。

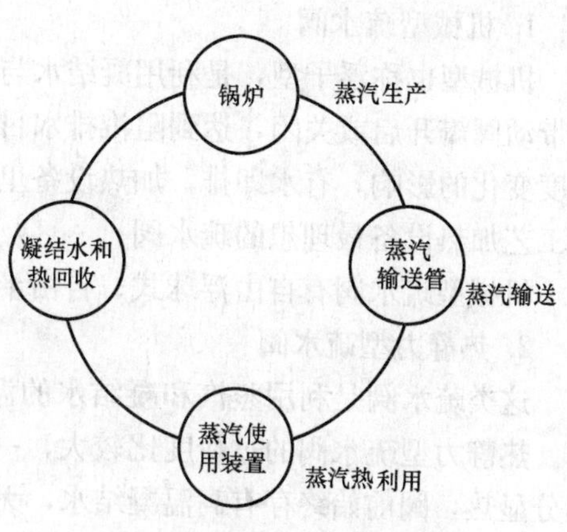

图3-12 凝结水回收示意图

2.1.2 凝结水回收利用的条件

凝结水回收利用的条件有：

（1）要杜绝蒸汽系统向凝结水系统漏气、跑气；

（2）要使高压、高温的凝结水尽可能就地加以利用，使之减压、降温；

（3）要在凝结水收集和输送过程中，防止其遭受污染或夹带脏锈碎屑，要排尽空气，避免和大气接触。

2.2 蒸汽疏水器

2.2.1 疏水器概述

蒸汽疏水器就是使蒸汽与凝结水分开并使凝结水自行排出的疏水装置，也称疏水阀。

疏水器是凝结水回收系统中的关键设备，它直接关系到凝结水回收的成败。多年来，普遍存在着疏水器失灵、漏汽量过大、管道腐蚀快等现象，导致凝结水回收量减少，回用率降低，这不仅降低了凝结水回收的效益，有时还会破坏整个供热系统的正常运行。

疏水器是保证各种加热工艺设备正常工作，并维持其运行所需温度和热量的一种节能设备。及时疏水可以防止设备的水击事故，减小工作蒸汽的带水量，提高用汽设备的热利用效率，以及消除由于水与蒸汽温度差异所引起的受热面热疲劳等损坏事故。疏水器的正常工作对整个系统的高效安全运行具有十分重要的意义。但由于它是一个易于出现故障的薄弱环节，常常由于疏水器失灵而引起一系列严重问题。

2.2.2 疏水器的种类和性能

蒸汽疏水器的分类方法很多。例如可按使用压力、按容量、按连接方式分，日常主要按工作原理分，可以分为机械型疏水器、热静力型疏水器、热动力型疏水器和泵阀式疏水器。

1. 机械型疏水阀

机械型也称浮子型，是利用凝结水与蒸汽的密度差，通过凝结水液位变化，使浮子升降带动阀瓣开启或关闭，达到阻汽排水目的。机械型疏水阀的过冷度小，不受工作压力和温度变化的影响，有水即排，加热设备里不存水，能使加热设备达到最佳换热效率，是生产工艺加热设备最理想的疏水阀。

机械型疏水阀有自由浮球式、自由半浮球式、杠杆浮球式、倒吊桶式等。

2. 热静力型疏水阀

这类疏水阀是利用蒸汽和凝结水的温差引起感温元件的变型或膨胀带动阀心启闭阀门。热静力型疏水阀的过冷度比较大，一般过冷度为15～40℃，它能利用凝结水中的一部分显热，阀前始终存有高温凝结水，无蒸汽泄漏，节能效果显著。在蒸汽管道，伴热管线、小型加热设备，采暖设备，温度要求不高的小型加热设备上，是最理想的疏水阀。热静力型疏水阀有膜盒式、波纹管式、双金属片式。

3. 热动力型疏水阀

这类疏水阀根据相变原理，靠蒸汽和凝结水通过时的流速和体积变化的不同热力学原理，使阀片上下产生不同压差，驱动阀片开关阀门。因热动力式疏水阀的工作动力来源于蒸汽，所以蒸汽浪费比较大。结构简单、耐水击、最大背度为50%，有噪声，阀片工作频繁，使用寿命短。热动力型疏水阀有热动力式（圆盘式）、脉冲式、孔板式。

4. 泵阀式疏水器

采用内置泵阀设计，一般附带电动执行机构，疏水时不必考虑疏水器两侧压力差，从而达到疏水器从低压向高压疏水的目的。

2.3 凝结水回收与利用系统分类

根据回收的凝结水是否和大气相通，可以将凝结水回收与利用系统分为开式和闭式2种类型。根据回收的凝结水输送的方式，可以分为自流凝结水回收系统、余压（背压）凝结水回收系统、满管凝结水回收系统、加压凝结水回收系统、无泵自动压力凝结水回收系统等。

理论上，凝结水是优质的软化水。而在实际中，由于铁锈及蒸汽带水等因素，会使水质有所变化。一般情况下，凝结水可直接作为低压锅炉的给水，或做简单的净化处理后再进行利用。这种直接还原的利用方式是凝结水回收的首选方式。

当凝结水有可能混入腐蚀性污染物时，可采用间接换热方式利用其热量。当凝结水被污染的可能性极大，而所需处理费用又很高时，就应利用换热器加热锅炉给水和其他流体。凝结水温度与被加热介质的温差越大，回收热量就越多。如果凝结水输送的距离较远，也可以采用此方法就近用于生产流程。

2.3.1 开式凝结水回收与利用系统

开式凝结水回收与利用系统是指与锅炉蒸发量相对应的凝结水回收率达40%左右的低回收率场合，把凝结水回收到锅炉的给水罐中。在凝结水的回收和利用过程中，回收管路的一端是向大气敞开的，通常是凝结水的集水箱敞开于大气。

这种系统的优点是设备简单，操作方便，初始投资小。但是经济效益差，难于避免水泵汽蚀，还有大量的热量和软化水损失，且由于凝结水直接与大气接触，凝结水中的溶氧浓度提高，易产生设备腐蚀。这种系统适用于小型蒸汽供应系统，以及凝结水量和二次蒸汽量较少的系统。采用该系统时，应尽量减少冒汽量，从而减少热污染和能量损失。开式凝结水回收与利用系统的典型方式有下面几种：

1. 开式自流凝结水回收系统

自流凝结水回收系统也称为低压重力凝结水回收系统。在这种系统中，热用户须处于高位，凝结水回水箱处于低位，凝结水完全依靠热用户和凝结水箱之间的位差，来克服其在管道中的流动阻力。该系统中凝结水在管内的流动有的是满管流动，有的不是满管流动。管内一部分是凝结水，一部分是空气，管道的腐蚀也比较严重。这种系统简单、运行可靠。

(1) 低压自流凝结水回收系统

低压自流凝结水回收系统是低压蒸汽（$P<70\text{kPa}$）设备排出的凝结水经流水器后，沿着一定的坡度依靠重力流向锅炉房水箱的回水系统，水箱上有排空管。低压自流凝结水回收系统示意图如图3-13所示。该系统适用于供热面积小，地形坡向凝结水箱的蒸汽供热系统，锅炉房应位于全厂最低位置。

(2) 开式背压凝结水回收系统

在背压凝结水回收系统中，用汽设备的凝结水经疏水器分离后，依靠疏水器的背压返回凝结水箱。

开式背压凝结水回收系统，是蒸汽在设备中放热产生凝结水，经疏水器直接进入凝结水管网，依靠疏水器的背压将凝结水送至凝结水箱，最后用凝结水泵将凝结水送至锅炉给水箱或总凝结水箱。开式背压凝结水回收系统示意图如图3-14所示。

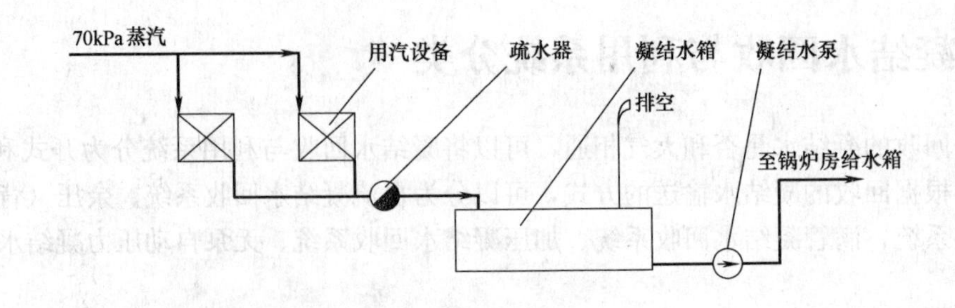

图 3-13　低压自流凝结水回收系统示意图

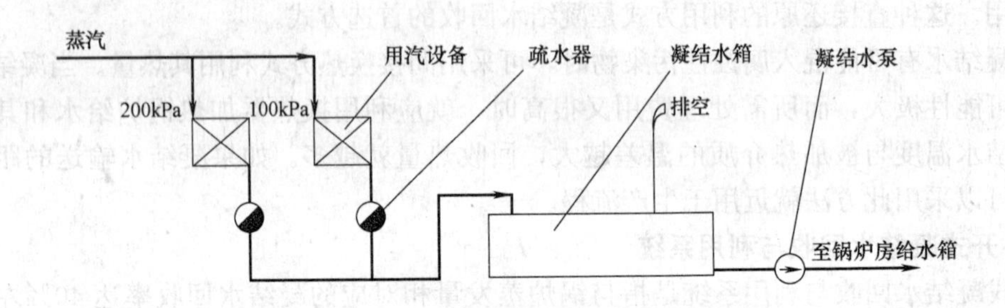

图 3-14　开式背压凝结水回收系统示意图

2. 闭式凝结水回收与利用系统

闭式凝结水回收系统是封闭的，凝结水集水箱以及所有管路都处于恒定的正压下。系统中凝结水的能量大部分通过一定的回收设备直接回收到锅炉里，凝结水的回收热量仅丧失在管网降温部分，且水质有保证，减少了回收进锅炉的水处理费用。闭式凝结水回收系统注重蒸汽输送系统、有汽设备和疏水阀的选型，冷凝水汇集及输送的科学设计、优化选型以及梯级匹配，达到最佳的用能效率。该系统的优点是凝结水回收的经济效益好，设备的工作寿命长，是应当推广的凝结水回收方式。但系统的初始投资大，操作不方便。

下面介绍几个典型的闭式回收系统。

(1) 自冷式凝结水回收系统

自冷式凝结水回收系统适用于用换热器回收和利用二次蒸汽有困难，但又有方便的低温软化水的场合。自冷式凝结水回收系统的一个关键设备是图 3-15 所示的自冷式凝结水回收罐。凝结水从自冷式凝结水回收罐中部的回水入口进入，从罐体夹套上口溢流落入罐下部。凝结水进入自冷式凝结水回收罐后，压力降至大气压力，因而产生二次蒸汽。二次蒸汽向上流经填料层时，由于受到由上部喷淋下来的冷却水的冷却而凝结。冷凝水和软水混合为 90℃左右的热水，落到自冷式凝结水回收罐底部。汇集于自冷式凝结水回收罐底部的热水由泵和地上管道送至锅炉房给水箱，供锅炉给水用。这种凝结水回收装置节水和节煤的效果显著，而且不需要看管，运行可靠，性能稳定。

上述系统也可以通过在凝结水箱（或回水箱）上面装设填料式淋水冷却器来实现。图 3-16 是典型的自冷式凝结水回收系统示意图。

(2) 闭式背压凝结水回收系统

闭式背压凝结水回收系统中用汽设备的凝结水经疏水器分离后，是依靠疏水器的背压

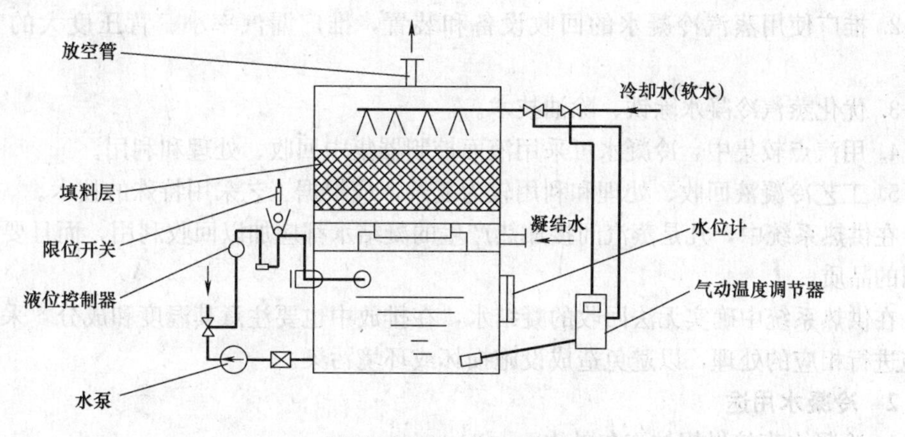

图 3-15　自冷式凝结水回收罐示意图

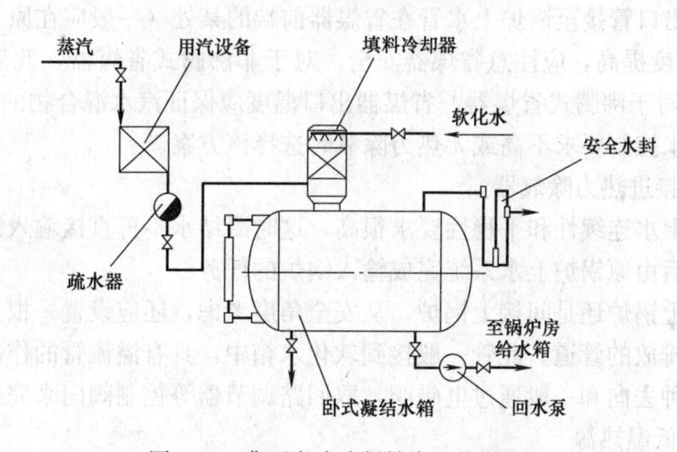

图 3-16　典型自冷式凝结水回收示意图

返回凝结水箱，在一定的条件下要充分利用二次蒸汽。图 3-17 为闭式背压凝结水回收系统示意图。

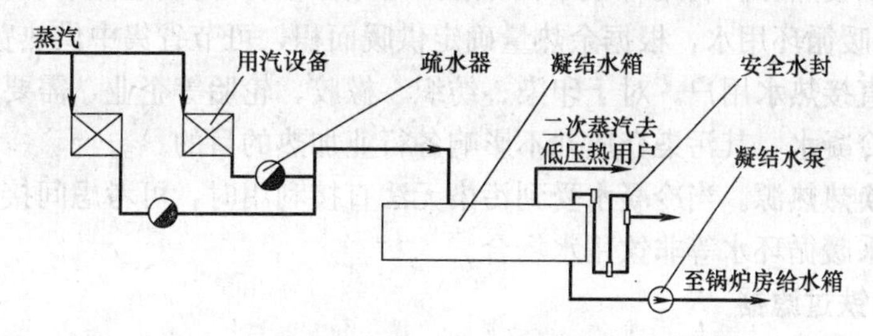

图 3-17　闭式背压凝结水回收系统示意图

2.4　凝结水回收与利用系统选择

2.4.1　凝结水回收与利用的基本原则

凝结水回收与利用的基本原则包括：

1. 优化企业蒸汽冷凝水回收网络，发展闭式回收系统。

2. 推广使用蒸汽冷凝水的回收设备和装置，推广漏汽率小、背压度大的节水型疏水器。

3. 优化蒸汽冷凝水除铁、除油技术。

4. 用汽点较集中，冷凝水可采用液面控制器集中回收、处理和利用。

5. 工艺冷凝液回收、处理和利用较为复杂，应根据工艺采用特殊的技术。

在供热系统中，凡是蒸汽间接加热产生的凝结水都应加以回收利用，而且要注意回收利用的品质。

在供热系统中确实无法回收的凝结水，在排放中也要注意其温度和成分，采取必要的措施进行相应的处理，以避免造成设施损坏或环境污染。

2.4.2 冷凝水用途

1. 冷凝水直接做锅炉汽包补水

将回收装置出口管接至锅炉上水管在省煤器前端的某处（一般应在原上水泵止回阀后端）。由于上水温度提高，应注意省煤器安全。对于非沸腾式省煤器，此温度应至少低于饱和温度 30℃；对于沸腾式省煤器，省煤器出口温度应保证汽水混合物的干度≤20%。

在锅炉原给水控制要求不高或无热力除氧时选择该方案。

2. 冷凝水直接进热力除氧器

大型锅炉对上水连续性和平稳性要求很高，这时凝结水不再直接输入锅炉，而是进入热力除氧器，然后由原锅炉上水系统完成输入锅炉的任务。

不管是直接上锅炉还是间接上锅炉，从安全角度考虑，还应设置一根当锅炉或除氧器满水时供凝结水排放的管道。此管一般接到软化水箱中，具有溢流管的作用。

凝结水的这种去向和一般通过电磁阀，双回路调节器等控制阀门来完成。

3. 冷凝水做低温热源

当企业利用热电厂供汽，由于回收管网太长等原因，无法直接回收到锅炉房时，或当冷凝水水质受到二次污染，不能做锅炉补水时，可作为低温加热热源使用。其方式如下：

（1）用于取暖热源。利用冷凝水的余热，根据供热负荷确定是否需要补充部分软水（或生水）做采暖循环用水，根据余热量确定供暖面积，可节省集中供热费用。

（2）用于直接热水用户。对于印染、纺织、橡胶、轮胎等企业，需要大量自用高温软化热水，利用冷凝水，其污染介质并不影响各行业加热的目的。

（3）间接换热热源。当冷凝水受到污染无法直接利用时，可考虑间接换热方式。如加热工艺用水，采暖循环水等非饮用水场合。

2.4.3 回收除铁过滤器

锅炉回收回来的冷凝水有可能出现不能直接返回锅炉使用的问题，甚至排掉，或者使已安装的回收装置闲置，主要原因是回收回来的冷凝水水质含铁量偏高。

低压锅炉一般用软化水作为锅炉补水，当温度增加时，水中的 HCO_3 分解成 CO_2，CO_2 水蒸气在冷凝管中凝结后，使冷凝水呈酸性，酸性水的腐蚀性是导致铁离子超标的主要原因。对中压锅炉，虽然使用的补水是去离子水，但也存在蒸汽冷凝水铁离子超标问题。因此，必须很好解决回收回来的冷凝水水质含铁量偏高的问题，目前常用的冷凝水处理技术是化学药剂法，通过在蒸汽出口或炉前投加皮膜胺或挥发性氨的方式，在回水管线内成膜或提高回水的 pH 值，阻止腐蚀的发生。但这种方法在很多工艺条件下无法达到预想的处理效果，铁离子超标问题仍然存在。现在很多类型的除铁过滤器被采用，效果良好。

除铁过滤器要满足以下要求：

(1) 可直接除低蒸汽冷凝水中的铁；

(2) 过滤器以除铁、无其他离子析出，保证纯水的电导率，因而可直接回用于锅炉，无需后续的树脂吸附工艺，节省其他设备投资；

(3) 过滤设备具有高可靠性，一次投资，长年使用。

要达到以上要求，过滤器的滤料是关键。陶瓷滤料，相比其他滤料，由于烧结温度高，滤料的比表面积大，吸附能力强，过滤性能稳定，无硬度析出物，纳污量大，使用陶瓷滤料过滤器是现在比较理想的除铁设备。

2.4.4 蒸汽凝结水回收与利用实例

蒸汽冷凝水回收率是指在工业生产中，用于生产的锅炉蒸汽冷凝水回收用于锅炉给水的回收水量占锅炉蒸汽发汽量的百分比。

蒸汽冷凝水回收率用下式表示：

蒸汽冷凝水回收率（%）＝（蒸汽冷凝水回收量/锅炉蒸汽发汽量）×100%

蒸汽冷凝水回收率是考核蒸汽冷凝水回收用于锅炉给水程度的专项指标。它是重复利用率的一个组成部分。

下面介绍某啤酒有限公司进行蒸汽凝结水回收与利用的实例。

1. 基本情况

该公司蒸汽系统的基本情况如下：汽源为 6 台 20t/h 链条锅炉，1.27MPa，年产汽量 45.6 万 t。夏季热负荷 45t/h，运行 3 台锅炉，冬季热负荷 60t/h，运行 4 台锅炉。蒸汽价格 70 元/t，软化水价格 4 元/t。冷凝水回收方式为开式，回收率仅为 17%。

2. 改造前的蒸汽系统存在下列主要问题

(1) 大约有 80%的冷凝水全部排放，直接浪费热量相当于加热蒸汽的 20%左右，加上疏水阀及闪蒸漏汽，估计在 25%以上。

(2) 冷凝水利用方式不对，例如洗罐、洗瓶用冷凝水，不仅浪费了冷凝水的高温余热，且由于冷凝水温度很高，易爆瓶，多余循环量白白溢流。

(3) 开式回收方法存在 2 个问题：一是由于常压下回收，高于常压的饱和冷凝水和剩余压头直接闪蒸，二次蒸汽完全排放，造成大量热量浪费和环境污染；二是离心泵在常压下理论上只能回收 75℃以下的热水，超过 75℃时则因水泵汽蚀而无法工作，并造成叶轮损坏，影响回水系统安全运行。

(4) 疏水阀选型、安装存在问题。糖化车间很多疏水阀选热动力式或热静水式，不能连续疏水，且背压小，过冷度大，疏水阀安装在排放口上部，易造成锅炉内积水。

3. 冷凝水回收改造方案

经过对冷凝水回收情况进行分析，该厂采用了如下的技术方案：以糖化车间为中心回收泵站，就近回收包装车间及采暖的冷凝水。

(1) 三糖化泵站

回收范围：糖化车间、包装车间及蒸汽采暖等所有间接用汽设备的冷凝水。

工艺设计：糖化车间三锅一热水箱改装疏水阀。用汽压力较高的管道疏水、分汽缸疏水和用汽压力较低的蒸汽采暖疏水分设回收管线和回集水罐。

选用装置：CP16H-60/120W 型锅炉给水泵防汽蚀装置。

(2) 四糖化泵站

回收范围：糖化车间、包装车间、饲料、罐装车间及蒸汽采暖等所有间接用汽设备的冷凝水。

工艺条件：糖化车间三锅一热水管改装疏水阀，常年负荷和季节负荷分设回收管线。

选用装置：CP16H-60/120W 型锅炉给水泵防汽蚀装置。

4. 投资与效益

投资包括车间空调、三糖化及包装线、四糖化及包装线、桶装线、饲料干燥 5 部分，总计 67 万元。

改造后蒸汽消耗下降，啤酒能耗指标由 220kg（煤）/t 下降为 147kg（煤）/t，年节能效益 240 万元（扣除运行及维护费用），年节约蒸汽 3528t，折合标准煤气 881t。年减少排二氧化碳 4001t，二氧化硫 249t。投资回收期为：67/240＝0.28 年＝3.4 个月。

2.5 锅炉排污水的回收利用

2.5.1 锅炉排污的现状

1. 锅炉排污

在电站、印染、化工和其他诸多行业的热力系统中，往往都以蒸汽作为介质，做功后的蒸汽一般都全部强制冷却成为凝结水。这些凝结水经给水泵送入锅炉，再次吸热产生高温、高压蒸汽。由于锅水不断蒸发浓缩，剩余水中的杂质含量越来越高。为降低锅水中盐、碱的含量，排放锅水中的水渣和其他杂质，保证锅水的质量，必须经常地从锅水中排放一部分浓缩后的污水。将锅炉工质中的污物排出的过程称为排污。

2. 锅炉排污现状

我国目前大部分的供热蒸汽锅炉，由于连续排污的控制方法不当导致排污率高达 15%～30%。调查显示，供热锅炉普遍存在着排污过量问题。一般情况下，蒸发量较大的锅炉在水处理以及综合管理方面要好于小锅炉，其排污的合理性也优于蒸发量较小的锅炉。一般来说，只要采取合适的水处理工艺和正确的连续排污控制方法，供热蒸汽锅炉的排污率不会超过 10%。

供热锅炉的排污系统随着热用户的不同而存在着很大差别，连续排污和定期排污形式的选择也不尽相同，但供热锅炉的排污系统都有一个显著的特点，那就是排污系统中对工质和热量的回收考虑得很少或者就根本没有考虑，有的甚至将二次蒸汽直接排空，将连续排污水直接排入地沟，造成了大量工质和热量损失，还会造成热污染及水质污染。

有些地区 10～20t/h 锅炉有排污水回收利用装置的不足 1/3，10t/h 以下不足 1/10。许多锅炉定期排放高温热水是通过排入排污降温池自然冷却实现的，锅炉排污高温热水需在排污降温池内加兑自来水冷却，达到国家排放标准后方可排放，既浪费了高温排污水所携带的大量热能又浪费了连续排污用的大量的冷却自来水。

总之，合理排污、锅炉排污水及其热能的开发利用是一项潜力巨大，应用广泛且简单易行的节能措施，应该得到足够的重视。

2.5.2 降低蒸汽锅炉排污率的方法

1. 搞好水质处理

降低排污率的根本措施是搞好水质处理，使锅炉给水水质符合标准要求。一台锅炉排污率的高低，主要取决于给水处理效果和锅炉负荷大小。当锅炉负荷一定时，水质处理越好，排污率越低；反之，给水质量越差，排污率越高。有些供热锅炉原水的硬度、碱度较高，而锅炉给水的除盐系统又始终没有使用，为保证锅炉的正常安全运行，锅炉的排污量必须维持在10%以上。对于原水碱度很高的地区，若给水单纯采用钠型软化处理时，锅炉排污率可高达30%以上，尽管经过扩容器和换热器回收了一部分热能，但仍然有大量的水被排掉。

2. 3种提高锅炉水质的方法

(1) 采用氢钠离子交换器并联水处理方式代替单纯钠型软化方式，降低给水碱度和含盐量。该方法行之有效，但工艺管理复杂，设备投资大，运行费用高，不适合蒸发量低于10t/h的蒸汽锅炉。

(2) 在单纯钠型软化前，增设石灰预处理装置实现软化、降碱和部分除盐。对于无法回收利用蒸汽冷凝回水的锅炉房，可在钠离子交换器前增设石灰预处理装置，这也是一种降低锅水碱度和含盐量，从而减少锅炉排污量的一种行之有效的方法。与氢钠离子并联水处理方法相比，该方法工艺简单，设备投资改造规模小、运行费用低，很适合中小型锅炉房采用。

(3) 增大锅炉冷凝回水的回收利用率。该方法前已叙及，此处不再赘述。

2.5.3 锅炉排污水回收与利用系统

将排污水中的热量最大限度地回收利用，对整个排污系统进行节能改造，需要全面考虑、综合各方面的因素，采用可靠的技术手段和合理的设备结构，以满足其对安全经济运行的要求。

1. 排污作为蒸汽锅炉给水

定期排污水的指标（除碱度略高外）与锅水较接近，其pH值有利于金属形成坚硬的氧化物保护层，降低金属的腐蚀速度，用强酸弱碱系统的阳床正洗水的酸度和定期排污水的碱度中和，使其达到软水的碱度标准，然后送回软水箱供蒸汽锅炉使用。

该定期排污水的回收利用方法适应于对蒸汽品质要求不严的供热锅炉，对蒸汽品质要求严格的电站锅炉等，还应增加脱碳设备。

2. 排污水作为供暖系统补水

锅炉排污水经连续排污扩容器回收蒸汽后余下约70%的排污水，可用于热水采暖系统的补水，锅炉排污水还可做其他蒸发设备的给水。

一般将锅炉排污水用于采暖系统主要有以下几种形式：

(1) 对于原来采暖系统是闭式强制循环系统，可在采暖循环管路上加上一套水-水面式换热器。

(2) 一般锅炉排污水量要远远小于采暖循环水量。锅炉排污水的水质比采暖热网水质好得多，可用混合加热方式直接回收引入采暖热网系统。

(3) 将锅炉的排污水引至蓄热池内的沉淀池内，此蓄热池作为取暖系统的低位水箱，排污多余的水通过浴池使用后排放出去。

3. 排污水的资源化利用

(1) 排污水用作工艺用水

如酒厂连续排污水首先可以通过换热盘管加热软水，换热后的连排水温度还在40～50℃之间，再供给旧瓶洗刷车间使用，节约洗瓶用的蒸汽及新鲜水。

(2) 用来水膜除尘和冲渣。帛方纺织有限公司锅炉水膜除尘原为自来水，后将锅炉排污水用于锅炉水膜除尘用水。现在，他们又将除尘后的废水，以及锅炉部分排污水，锅炉冷却水，化验室排放的反洗水，水泵冷却水不再排放，实现了锅炉污水零排放。首先将现在1号、2号锅炉除尘废水经现有沉淀池沉淀后，进入新建沉淀池，经二次沉淀后，除尘废水再进入清水池。其次将化验室、保全以及水泵冷却等所产生的废水，利用现有排水地沟（需改造）收集到新建沉淀池，与除尘废水充分混合后，也进入清水池。最后，将清水池内的水，利用污水潜水泵加压至水膜除尘器注水槽处，取代原用的自来水。这样水泵加压的水，经除尘器后，又变为废水，再沉淀后，进行循环利用。由于经水膜除尘后的废水显酸性，由于锅炉排污水以及保全生活水显碱性，可使酸性水膜除尘废水得到中和。改造后年节约用水量4.2万t，节约水费17.3万元，改造后年需运行费用1.98万元，年可节约资金15.3万元。

【思考题】

1. 掌握凝结水与疏水器的含义。
2. 熟悉凝结水回收利用系统的分类及特性。
3. 凝结水的用途有哪些？
4. 怎样降低锅炉排污率？
5. 了解凝结水回收除铁过滤器。

3 工艺节水技术

工艺节水技术是指工业生产中，通过改革生产方法、生产工艺和设备或用水方式，减少生产用水的一种节水途径。它是在提高了水的重复利用率的基础上更高一级的节水途径。工艺节水可从根本上减少生活用水，同时还减少用水设备、减少废水排放、节省能源和节省投资和运行费用等。下述5个方面的变化产生的节约用水的效果都属于工艺节水技术的范畴：生产布局、产业与产品结构；生产规模；生产方式、方法和生产工艺流程；生产工艺用水方式；生产设备。可以这样说，除了间接冷却节水和锅炉节水外，其他节水方式基本上可以认为是工艺节水。因为工艺节水的外延较广，而内涵又多，本章主要简要介绍常用节水工艺技术。

3.1 高效洗涤技术

3.1.1 逆流洗涤技术

1. 概念

逆流洗涤是指在多级水洗工艺中，将分流洗涤改变成除在最后一水洗槽加入新水外，其余各水槽均使用后一级水洗槽用过的洗涤水，水被多次回用。

2. 特点

工业生产过程中，对原材料、物料、半成品等的洗涤常用大量的水，如造纸、电镀、印染、纺织、稀土等行业中，用水量大、消耗量小、污染重，对环境的危害很大。因此，在这些行业中推广使用逆流洗涤节水技术，不仅是必要的，而且是必须的。

如国家发改委会同有关部门制定的自2008年3月1日起施行的《印染行业准入条件》中明确规定，连续式水洗装置要求密封性要好，并配有逆流、高效漂洗及热能回收装置，由此可见逆流洗涤节水技术的实用性、重要性。该措施投资省、技术简单，易于推广应用，一般可节水30％～40％。

逆流洗涤措施的工艺流程设计时，新鲜水只用于污染程度最轻、水质要求最高的生产工序，然后水流淌到下一工序，依次用于污染程度次高，水质要求次低的生产工序，水流方向与被洗物体的运动方向相逆向，故称之谓逆流洗涤。若能对最后一道工序排出的废水进行水质处理，达到重复利用的水质要求，重新再用到原来生产工艺流程中，就达到了逆流洗涤闭路循环。若不能回用到原来生产工艺流程中，而是用到其他工艺设备，那就是串联用水，一水多用。

3. 印染行业逆流洗涤用水

水洗是印染行业中不可缺少且反复运用的一道加工工序。利用清水不断与织物上的污物进行交换，使污物逐渐溶解、脱落或扩散于水中而清除掉。织物的退浆、煮炼、漂白、染色、印花等工序一般都要经过水洗，以清除掉织物上的各种不同杂质和化学沾染物（即织物上的浮色和浆料），或通过水洗达到中和、显色、氧化、皂煮等化学处理目的。

例如，以前使用平洗机水槽洗涤，一般有多个水槽，各槽都是互不相连，单独完成洗涤任务，每个槽洗涤完后都要不断地往里面加入新鲜水，用水量大而洗涤效果不好，水资源浪费很大。而改造成逆流洗涤后，各水槽的位置从第一槽至最后一槽逐个相应地抬高，相邻水槽均保持一定的位差；或把各个水槽开口，用管或槽连（焊）接起来，保证最后一个槽的水位最高，以便能够实现水的自然流淌，洗涤时新水只在最后一槽才加入，新水从最后一槽逐槽向前流动直至第一水槽，而织物则从第一槽送进，由最后一槽洗净取出，水流方向与织物运行方向相反，水逆流，洗涤效果更好。因织物带有污物，所以水质逐渐变污，最脏的织物首先在第一槽使用污染最重的水洗涤，经过多槽洗涤后，织物从最后一个清水槽洗涤而出。所以，对逆流式水洗机，新水要经反复使用数次后才排出，既节水，又提高了洗涤效果。现在多数大型生产成套印染设备，在设计生产之初都采用了逆流漂洗工艺，大大推动了逆流洗涤技术的推广应用。

电镀、造纸逆流洗涤与纺织印染工艺基本一致。需要特别指出的是，有些企业不仅仅采取逆流洗涤工艺，还可以加入另外一些节水洗涤技术，达到珠联璧合的目的。如使用喷淋洗涤、气水冲洗、气雾喷洗、高压水洗、振荡水洗等，洗涤和节水效果更好。有一种高效印染洗涤技术，就是指由包括提高水温、延长织物与水的接触时间、机械振荡、浸轧、搓揉、逆流或喷射清洗等方法和措施在内的专门工艺。图 3-18 为电镀行业逆流洗涤示意图。

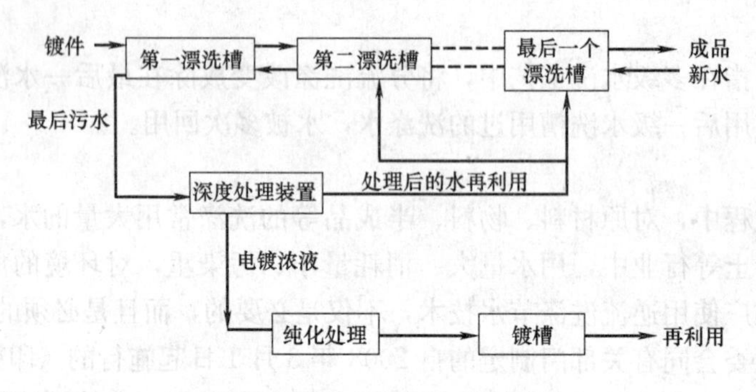

图 3-18　电镀行业逆流洗涤示意图

3.1.2　其他洗涤技术

1. 振荡水洗

振荡水洗是以机械振荡的方法加强清洗对象与水的相对运动，从而增大需清除物质的扩散系数，提高洗涤效果的水洗方法。

2. 气水冲洗

气水冲洗是指用一部分空气代替水进行冲洗，从而减少冲洗水量的一种冲洗方法。此法与气雾喷淋法相似，但不形成雾状气水混合物，有时气、水可以交替使用。

3. 气雾喷洗

气雾喷洗是由特制的喷射器产生的气雾喷洗待清洗的物件。这种气雾是压缩空气通过喷射器气嘴时产生的高速气流在喉管处形成负压，同时吸入清洗水、混合后的雾状气水流。

4. 高压水洗

高压水洗是相对于低压喷水管水洗而言的，是喷水管孔眼改用直径 1mm 的喷嘴，水压由 0.1～0.4MPa 增至 2～3MPa，以增加水射流强度，喷嘴可以往复运动冲洗，以确保冲洗均匀，冲洗效率成倍提高，用水量减少至低压水洗方法的 2%。例如将造纸厂长网纸机原有的外圆网及网部针形冲水管改为高压活动扇形喷嘴，喷头数可减少 80%左右，孔眼直径由原来的 2～4mm 缩小到 1mm，取水量减少 1/3，压力可由原来的 1～4kg/cm^2 升为 20～30kg/cm^2，水直接喷射到铜网、毛布表面。所以，高压水洗具有压力高、水量小、洗涤效果好的特点，并且外流筛不再发生粗浆嵌缝，堵塞筛孔，影响纸张长度，定量波动，避免了停机冲刷筛孔。

5. 喷淋洗涤

喷淋洗涤是指被洗涤对象以一定速度通过喷洗槽，同时用以一定速度喷出的射流水喷射洗涤对象。一般采用二级、三级喷淋洗涤工艺。用过的水被收集到贮水槽中并可以逆流洗涤方式回用。这种喷淋洗涤工艺节水率可达 95%，目前已用于电镀件和车辆的洗涤。

3.2 清洁生产

3.2.1 清洁生产概述

1. 定义

清洁生产在不同的发展阶段或者不同的国家有不同的叫法，包括“无废工艺”、“污染预防”、“废物最小化”、“清洁技术”等。但其基本内涵是一致的，都体现了一种基本精神，即对产品和产品的生产过程采用预防污染的策略来减少或消灭污染物的产生，从而满足生产可持续发展的需要。

1996 年联合国环境规划署（UNEP）对清洁生产的定义是：清洁生产是关于产品的生产过程的一种新的、创造性的思维方式。清洁生产意味着对生产过程、产品和服务持续运用整体预防的环境战略以期增加生态效率并减降人类和环境的风险。对于产品，清洁生产意味着减少和减低产品从原材料使用到最终处置的全生命周期的不利影响。对于生产过程，清洁生产意味着节约原材料和能源，取消使用有毒原材料，在生产过程排放废物之前减降废物的数量和毒性。对服务要求将环境因素纳入设计和所提供的服务中。

《中华人民共和国清洁生产促进法》（2002 年 6 月 29 日第九届全国人民代表大会常务委员会第二十八次会议通过）中对清洁生产的定义为：清洁生产，是指不断采取改进设计、使用清洁的能源和原料、采用先进的工艺技术与设备、改善管理、综合利用等措施，从源头削减污染，以减轻或者消除对人类健康和环境的危害。

2. 内容

从上述清洁生产的定义，我们可以看到，它包含了生产者、消费者、全社会对于生产、服务和消费的希望。清洁生产包括清洁的产品、清洁的生产过程和清洁的服务 3 个方面，主要内容有：

(1) 从资源节约和环境保护两个方面对工业产品生产从设计开始，到产品使用过程直至最终处置，给予全过程的考虑和要求；

(2) 不仅对生产，而且对服务也要求考虑对环境的影响；

(3) 对工业废物实行费用有效的源削减，一改传统的不顾费用有效或单一末端控制的办法；

(4) 它可提高企业的生产效率和经济效益，与末端处理相比，更能受到企业的欢迎；

(5) 它着眼于全球环境的彻底保护，为全人类共建一个洁净的地球带来了希望。

因此，清洁生产可以通俗地表达成：清洁生产是人类在进行生产活动时的出发点，所有的生产活动，都要首先考虑防止和减少产生污染。对产品的全部生产过程和消费过程的每一环节，都要进行统筹考虑和控制，使所有环节都不产生或尽量少产生危害环境的物质，不对人体健康构成威胁。

3. 含义

清洁生产除强调“预防”外，还体现了以下2层含义。

(1) 可持续性：清洁生产是一个相对的、不断持续进行的过程。

(2) 防止污染物转移：将气、水、土地等环境介质作为一个整体，避免末端治理中污染物在不同介质之间进行转移。

清洁生产是要引起全社会对于产品生产及使用全过程对环境影响的关注，使污染物产生量、流失量和处置量达到最小，资源得以充分利用，是一种积极、主动的态度。

综上所述，清洁生产概念中包含了以下4层含义。

(1) 清洁生产的目标是节省能源、降低原材料消耗、减少污染物的产生量和排放量。

(2) 清洁生产的基本手段是改进工艺技术、强化企业管理，最大限度地提高资源、能源的利用水平。

(3) 清洁生产的方法是通过审核发现排污部位和原因，并筛选消除或减少污染物的措施及产品生命周期分析。清洁生产要求2个“全过程”控制：一是产品的生命周期全过程控制，实现产品整个生命周期资源和能源消耗的最小化；另一是生产的全过程控制，防止生态破坏和污染的产生。

(4) 清洁生产的最终目标是保护人类与环境，提高企业自身的经济效益。

因为水的特性，决定了水既是一种宝贵的资源，又可以作为生产过程中的一种原材料，使用过程中又会产生大量污水，因此做好水的清洁生产，可以节约水资源、减少排污、降低成本、意义重大。清洁生产内容广泛繁杂，水只是其中的一个部分，本节工艺节水中只是简单介绍到水的清洁生产问题，目的在于提醒大家要注意水的全过程的使用和管理，达到节水的目的。

3.2.2 循环经济

走循环经济之路是清洁生产的最重要方法。以前粗放式道路是：自然资源—产品和用品—废物排放。这是一种“高开采、低利用、高排放”（二高一低）的线性经济。

循环经济是物质闭环流动型经济的简称，循环经济在系统内部以互联的方式进行物质交换，以达到最大限度利用进入系统的资源和能源，从而能够形成“低开采、高利用、低排放”集约之路。

实施循环经济的基本原则是减量化、再利用、再循环即所谓3R原则。也有人进一步提出所谓6R原则，即减量化、再利用、再循环之外，增加再生、替代、恢复重建三原则。水的循环利用是循环经济的重要一环，是水清洁生产的必要措施，提高水的循环利用效率，是实现节水的最重要手段。

3.2.3 清洁生产节水案例

1. 工作程序

清洁生产一般要按照筹划和组织、预评估、评估、方案的产生和筛选、可行性分析、方案实施及持续清洁生产7个阶段开展。

2. 清洁生产节水案例

(1) 企业概况

该啤酒厂创建于20世纪60年代初，经历了40余年的发展，已从建厂初期的手工作坊逐步建设发展成为了近亿元固定资产，啤酒产量7×10^4t/a、碳酸饮料产量5000t/a的生产厂。厂区占地面积$4\times10^4m^2$，现有职工1200人，厂内设有麦芽、酿造、包装、热力、动力等9个生产车间，生产过程中产生的废水多。

(2) 生产工艺

啤酒的生产过程可分为制麦、糖化（即制麦汁）、发酵过滤及包装4个工序。啤酒生产工艺流程见图3-19。

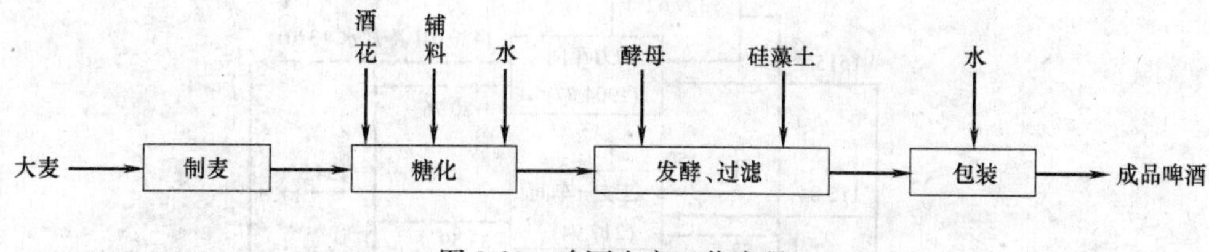

图3-19 啤酒生产工艺流程

(3) 筹划和组织

主要是成立机构，职责分工和人员培训。

(4) 预评估

1) 用水现状分析

从用水情况看，该厂水耗指标较国内外先进水平有着较大差距（扣除麦芽生产等用水，每吨酒耗水量为27.1t、国际先进水平为7t、国内先进水平为10t），水循环利用率低（仅8.02%）。此外，水耗高、水资源浪费严重，全厂每天有2520t可回收利用的冷却水以废水排放，如能加以回收，可降低耗电量、水量约30%以上。

2) 确定审核重点

通过收集并整理相关资料，加以分析总结，确定麦芽车间、酿造车间、包装一、二、三、四车间作为备选审核重点，水消耗等见表3-6。

等物料消耗表 表3-6

序号	备选审核重点	废物量		内部环境代价					外部环境排污费用(10^4元/t酒)	管理水平
		水(t/t酒)	渣(糟)(t/t酒)	能耗(标煤)(t/t酒)	水耗(t/t酒)	原料消耗(t/t酒)	废物回收费用(10^4元/t酒)	末端治理(10^4元/t酒)		
1	麦芽车间	23.7	0.008	0.0320	29.63			0.14	4.2	中等
2	酿造车间	39.9	0.199	0.3365	49.89	0.788	1	5	7.18	一般
3	包装一车间	3.05	0.013	0.1498	3.82				0.55	中上
4	包装二车间	3.4	0.014	0.1510	4.22				0.61	中上
5	包装三车间	44.0	0.023	0.1885	5.03				0.8	中上
6	包装四车间	11.9	0.001	0.0395	2.38				0.34	中上

3）确定目标，见表 3-7。

耗水目标 表 3-7

类别＼项目	单位产品 COD 负荷（kg/t 酒）	耗水量（t/t 酒）	粉碎工序粉尘（mg/m³）
现值	24.47	33	219.05
近期目标(1995.9～1996.6)	18.35(削减 25%)	29	
中期目标(1996.7～1998)	14.68(削减 40%)	14	0

（5）评估

从全厂水平衡图（见图 3-20）可知，全厂每天深井供水量 5040m³，生产中工艺用水及蒸发等总耗 913.76m³，其余 4126.24m³ 生产废水排入下水中。全厂循环水总量 404m³（在动力、包装一、二车间之间循环）、水循环利用率 8.02%，水循环利用率的偏低无疑是耗水量偏高的主要因素。动力车间排水中包含 1320m³ 空压用间接冷却水、酿造车间排

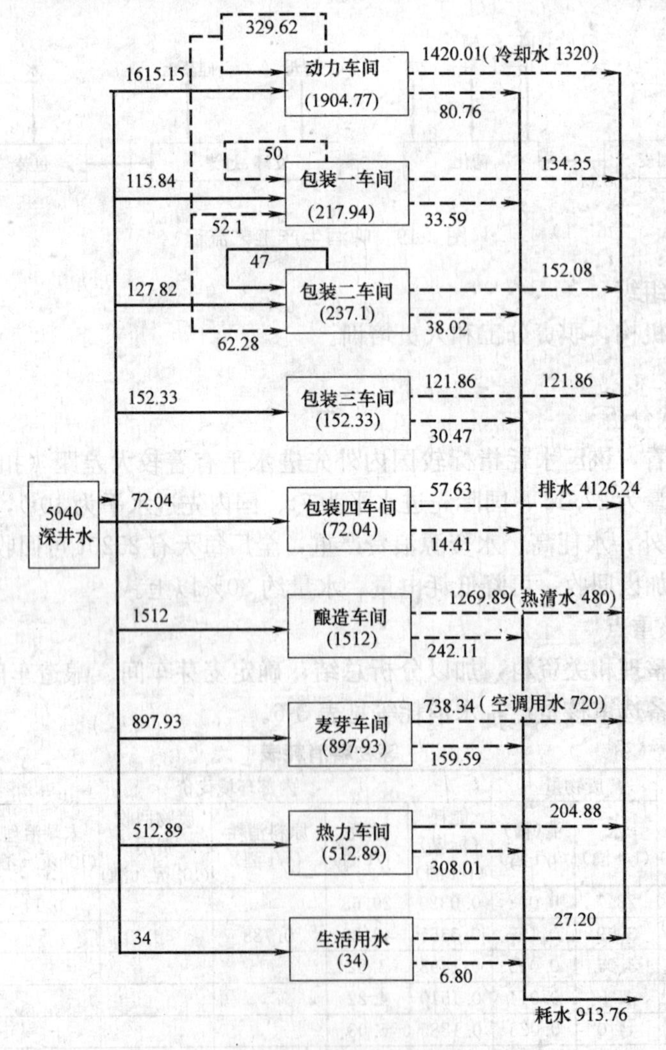

图 3-20 全厂水平衡图

水中有 480m^3 麦汁冷却水（热清水）排出，而麦芽车间排激光器含有 720m^3 空调用水排出。这些水均为清洁的可回收利用水，却未加以循环利用而是被当作放心水排入下水中，因而造成水资源的极大浪费，若要提高水循环利用率、降低水耗，就必须考虑这些清洁水的回收。

（6）方案的产生和筛选

有关水方面技术工艺等改造的方案见表 3-8。

有关水方面技术工艺等改造方案　　表 3-8

方案类型	序号	方案内容	作用及意义
技术工艺改造	F1	将麦汁冷却工艺由二段冷却改为一段冷水冷却	降低成本，提高生产效率，减少排污
	F2	发酵罐采用防腐新工艺	延长涂层寿命，减少清洗用水，保证啤酒质量，减少排污
废物回收利用	F3	回收发酵罐 CIP 清洗最后一次刷罐水用于下一罐清洗	减少水耗、降低排污量
	F4	循环利用生产中的冷却水	节约深井水，延长深井及水泵使用寿命，降低水耗减少排污
加强管理	F5	严格用水，用电管理，杜绝长流水、长明灯	降低水、电消耗
	F6	车间打扫卫生改以水冲地为清扫后拖地	杜绝水源浪费

（7）可行性分析

该厂对所有中、高费方案进行了经济、技术和环境三方面的可行性分析，针对每一个方案提出三种子方案，如该厂为了减少水耗，而 F4 为回收冷却水方案，针对该方案，该厂又提出了三个回收冷却水的子方案，即建造 500m^3 冷却水塔、建 1064m^3 地下水综合水库和改变制冷剂、增加制冷设备。

（8）组织实施和持续的清洁生产

按照边审边改的原则，及时在全厂范围内推行和实施了部分清洁生产方案，取得显著效果。清洁生产没有最好，只有更好，因此，清洁生产是一个持续的不间断的改进过程。特别是在节能减排的大环境下，清洁生产不失为企业节能、节水、降耗和增效的有效途径和最佳选择。一是要制定和不断完善清洁生产管理制度，严格考核和奖惩，认真抓好贯彻执行。二是制定持续清洁生产计划，使清洁生产贯穿于企业生产始终。

【思考题】

1. 逆流洗涤释义。
2. 其他高效洗涤技术有哪些？
3. 简述掌握清洁生产的基本实施步骤。

4 生活节水技术

城市生活用水包括城市居民、商贸、机关、院校、旅游、社会服务、园林景观等用水。随着我国城市化进程的加快和人们生活水平的不断提高，城市生活用水量增长较快，占总用水比例不断上升，目前城市生活用水已占城市用水量的55%左右。因此，加强城市生活节水对于促进节水型城市的建设具有重要意义。

下面主要从市政环境、居民家庭和其他3个方面的用水特点，介绍一下城市生活节水技术。

4.1 市政环境节水技术

市政环境用水在城市用水中所占比例有逐步增大的趋势。《中国节水技术政策大纲》鼓励工程节水技术与生物节水技术、节水管理相结合的综合技术，促进市政环境节水。

4.1.1 绿化节水技术

1. 种植耐旱型植物

耐旱型植物可以节约大量的水分，如柽柳、金叶莸、马蔺等植物，它们耐土壤瘠薄，耐盐碱，抗干旱，萌蘖力强，而且耗水量小，仅相当于草坪用水的1/10～1/15。

2. 改变浇灌方式

绿化用水应优先使用再生水、雨水、河水、湖水。应以喷灌、微喷、滴灌等节水灌溉技术代替皮管的散灌、漫灌，灌溉设备可选用地埋升降式喷灌设备、滴灌管、微喷头、滴灌带等。

3. 建立与光照资源、水资源特别是降水资源相适应的种植结构

合理搭配豆科、乔本科等不同牧草种类，形成乔、灌、花、草相结合的种植结构，可有效地节约水资源和涵养水分。有的城市的实践证明，以乔木和灌木为主体的园林绿化在节水方面远远胜于栽植草坪，10m² 的树木产生的生态效益跟 50m² 的草坪相当。合理选择树种，建立多层次、多树种城市绿化结构，通过合理的植物配置进行节水。

4. 改造硬化地坪

对硬化地坪进行适当改造，增加绿地的透水面积，以提高雨水的利用效率。

4.1.2 景观用水循环利用技术

景观用水的原水主要有自来水、再生水、雨水、海水等，无论采用哪种水作为景观用水，都应积极采用循环利用技术，对景观用水进行处理，使水质达到景观用水的有关标准，提高水的重复利用率。

常用的景观用水处理方法有物理法、物化法、生物处理法。

1. 物理法

(1) 引水换水方式：当水中的悬浮物（如泥、沙）增多，水体的透明度下降，水质发浑时，可以通过引水、换水的方式，稀释水中的杂质，以此来降低杂质的浓度。

（2）循环过滤的方式：在景观设计的初期，根据水体的大小，设计配套的过滤装置和循环水泵，并且埋设循环用的管路，用于以后日常的水质保养，如果水体面积较大，必定延长循环过滤的周期，使水质不能达到预期效果。

2. 物化法

（1）混凝沉淀法：混凝沉淀法的处理对象是水中的悬浮物和胶体杂质。混凝沉淀法具有投资少、操作和维修简便、效果好等特点，可用于含有大量悬浮物、藻类的水的处理，对受污染的水体可取得较好的净化效果。

（2）加药气浮法：按照微细气泡产生的方式，可将气浮净水工艺分为分散空气气浮法、电解凝聚气、生物及化学气浮法和溶气气浮法。目前应用较多的是部分回压力溶气气浮法，其处理效果显著而且稳定，并大大降低能耗。

（3）光催化降解法：水中加入一定量的光敏半导体材料，利用太阳能净化污水。

3. 生物处理法

生物处理技术包括好氧处理、厌氧处理、好氧-厌氧组合处理，利用细菌、藻类、微型动物的生物处理，利用湿地、土壤、河湖等自然净化能力处理等。

生物膜法是指用天然材料（如卵石）、合成材料（如纤维）为载体，在其表面形成一种特殊的生物膜，生物膜表面积大，可为微生物提供较大的附着表面，有利于加强对污染物的降解作用。生物膜法主要工艺方法有生物廊道、生物滤池、生物接触氧化池等。生物膜法具有较高的处理效率，对于受有机物及氨氮轻度污染水体有明显的效果。它的有机负荷较高，接触停留时间短，减少占地面积，节省投资。此外，运行管理时没有污泥膨胀和污泥回流问题，且耐冲击负荷。

4.1.3 游泳池、机动车洗车节水技术

1. 游泳池

游泳池的容积较大，如果水不循环使用，将造成水资源的巨大浪费。因此，应积极采用水循环利用技术，将游泳池回水经净化、消毒符合游泳水质要求后，再送回泳池重复使用。在游泳池安装臭氧、紫外线、二氧化氯发生器等杀菌消毒设备，采用微循环过滤等先进工艺，提高水的重复利用率，减少自来水、海水等补充量。游泳池循环水常规处理流程如下：

池水→毛发过滤器→加凝聚剂→增压泵→机械过滤器→加热→加消毒剂→游泳池

2. 机动车洗车

推广洗车用水循环利用技术；推广采用高压喷枪冲车、电脑控制洗车、微水洗车和环保型无水洗车等节水技术。

4.2 居民家庭节水技术

居民家庭应主要从采用节水型器具和养成良好的用水习惯两方面进行节水。

4.2.1 家庭用节水型器具

1. 水龙头

可采用陶瓷片密封式等节水型水龙头，淘汰铸铁螺旋升降式水龙头、铸铁螺旋升降式截止阀，避免水龙头长流水和滴水现象。陶瓷片密封式水龙头与普通水龙头相比，节水量一般可达 20%～30%。

2. 减压节水阀

在水龙头和淋浴器的入口处安装减压节水阀，当水压高于0.1MPa时，减压节水阀自动启动，通过工学原理自动调节出水量，起到节水效果。和正常用水量相比，可节水25%左右。

3. 便器

使用每次冲洗周期大便冲洗用水量不大于6L或大小便分档式便器，淘汰进水口低于水面的卫生洁具水箱配件、上导向直落式便器水箱配件和冲洗水量大于9L的便器及水箱。

4. 淋浴器、洗衣机

淋浴器应选用有水温调节和流量限制功能的淋浴器产品；洗衣机应选用能根据衣物量、脏净程度自动或手动调整用水量，满足洗净功能且耗水量低的洗衣机产品。

4.2.2 良好的用水习惯

1. 查漏塞流

要经常检查家中自来水管路，防微杜渐，不要忽视水龙头和水管节头的漏水。发现漏水，要及时请人或自己动手修理，堵塞流水。一时修不了的漏水，用总阀门暂时控制水流。

2. 一水多用

(1) 洗脸水用后可以洗脚，然后冲厕所。

(2) 家中应预备一个收集废水的大桶，将家中废水收集起来冲厕所。

(3) 用淘米水、煮过面条的水洗碗筷，既去油又节水。

(4) 养鱼的水浇花，能促进花木生长。

3. 厕所节水

(1) 如果便器水箱过大，可以在水箱里放一块砖头或一只装满水的瓶子，以减少每一次的冲水量。

(2) 不要通过厕所用水冲垃圾。

(3) 有条件利用再生水和海水的，用再生水和海水替代自来水冲厕。

4. 洗澡节水

(1) 学会调节冷热水的比例。

(2) 不要将淋浴器的水自始至终地开着。

(3) 尽可能先从头到脚淋湿一下，就全身涂肥皂搓洗，最后一次冲洗干净。不要单独洗头、洗上身、洗下身和脚。

(4) 在浴盆洗澡，放水不要满，1/3～1/4盆即可。

5. 洗衣节水

(1) 如果将漂洗的水留下来做下一批衣服洗涤水用，一次可以省下30～40L清水。

(2) 衣服太少不洗，等多了以后集中起来洗，达到节水目的。

(3) 洗衣机满负荷使用时用水最省。如用洗衣机洗少量衣服时，水位不要定得太高。

4.3 其他节水技术

生活节水技术除了市政环境和居民家庭节水技术外，还包括再生水利用技术、雨水、海水、苦咸水利用技术、供水管网的检漏和防渗技术、公共供水企业自用水节水技术、公共建筑节水技术。再生水利用技术、雨水、海水、苦咸水利用技术、供水管网的检漏和防渗技术在本书其他章节中已阐述，本节主要介绍公共供水企业自用水和公共建筑所推广应用的节水技术。

4.3.1 公共供水企业自用水节水技术

城市公共供水企业节水主要是反冲洗水回用。以地表水为原水的新建和扩建供水工程项目，应推广反冲洗水回用技术，选择截污能力强的新型滤池技术，配套建设反冲洗水回用沉淀水池，采用反冲洗效果好、反冲水量低的气水反冲洗技术。改建供水工程项目，应积极采用先进的反冲洗技术，通过改造和加强反冲洗系统的结构组织，采用适宜的反冲洗方式，改进滤池反冲洗再生机能。

4.3.2 公共建筑节水技术

1. 空调冷却技术

空调系统是公共建筑节水的重点之一。在公共建筑中应普及空调的循环冷却技术，冷却水循环率应达到98%以上，敞开式系统冷却水浓缩倍数不低于3；循环冷却水系统可以根据具体情况使用敞开式或密闭式循环冷却水系统。推广应用空调循环冷却水系统的防腐、阻垢、防微生物处理技术。鼓励采用空气冷却技术。

2. 推广应用锅炉蒸汽冷凝水回用技术

推广采用密闭式凝结水回收系统、热泵式凝结水回收系统、压缩机回收废蒸汽系统、恒温压力回水器等；间接利用蒸汽的蒸汽冷凝水的回收率不得低于85%；发展回收设备防腐处理和水质监测技术。

【思考题】

1. 绿化节水技术主要有哪几种？
2. 目前在居民家庭中采用的节水型器具主要有哪些？
3. 城市公共供水企业自用水和公共建筑推广应用的节水技术主要有哪些？

5 城市污水再生利用

5.1 污水处理概述

5.1.1 水体污染及其危害

世界各国在工业化、城市化和现代化过程中，许多湖泊、江河、内海及地下水等水体往往遭到不同程度的污染。这些水体污染来自工厂企业排水、城市污水、矿山排水、农田排水、畜禽养殖粪尿污水以及降水地表径流等。水体受污染使水质及水生生态变劣，降低了水体的有益使用价值，严重者还会对人体、植物、动物、土壤造成严重损害，酿成种种公害事故。

在所有的污染物中，有毒有害污染物主要有 5 种，即：病原微生物、需氧有机物、植物营养素、重金属和难降解有机物。其中以病原微生物、重金属及难降解有机物的危害最大。

1. 病原微生物

生活污水，生物制品、制革、屠宰、洗毛等工业废水以及畜禽养殖污水，都是病原微生物的主要来源。病原微生物主要有致病菌、病毒、人寄生虫 3 类。

2. 需氧有机物

需氧有机物包括碳水化合物、蛋白质、油脂、脂肪酸、氨基酸等多种有机物，在生物分解时需消耗氧，故称之需氧有机物。城市生活污水是需氧有机物的主要来源之一。

3. 植物营养素

城市生活污水和食品工业废水以及含磷洗衣粉、磷矿排水中都含有磷、氮等水生植物生长繁殖所需的营养素。湖泊、水库、河口、内海等缓流水体，滞留时间长，特别适宜植物营养素的积聚，促进某些水生植物的繁殖孳生，在适宜条件下，形成“赤潮”，使水质恶化，严重危害水生生态系统。

4. 重金属

重金属，如汞、镉、铬、铅、镍等均来自金属冶炼、矿山、化工（催化剂）、电镀、印刷线路板等工厂、矿山废水，汽车尾气是水体中铅污染的重要来源之一。其中以汞的毒性最大，镉次之，铅、铬等的毒性也较大。此外，还有类金属的砷，也是剧毒污染物。

重金属历来是水体污染的最为重要的污染物。

5. 难降解有机物

随着现代石油化学工业的高速发展，生产出许多种原来自然界罕见的、极难分解的有剧毒的有机物。此类化合物在制造、使用或使用后的过程中，通过各种途径进入水体，从而造成严重污染。此类化合物包括有机氯化合物，如多氯联苯和有机氯农药，多环芳烃化合物及有机重金属化合物等。

5.1.2 水质及水质指标

水质指水和水所含杂质（或污染物）共同体现的特性，它须通过所含杂质（或污染物）的组分、种类与数量等指标表示之，故水质指标是水质性质及其量化的具体表现。

水质指标主要由3类组成，即：物理性水质指标、化学性水质指标与生物性水质指标，每类水质指标由若干能表征其特点的项目组成。

1. 物理性水质指标

物理性水质指标由感官性水质指标（如温度、色度、浑浊度、臭与味）、固体物及电导率等组成。

2. 化学性水质指标

化学性水质指标主要包括：

(1) 表示水中有机物含量的综合性水质指标，如生化需氧量（BOD）、化学需氧量（COD）、总有机碳（TOC）、总需氧量（TOD）。

(2) 表示水中植物营养素（主要是含氮及磷的化合物）含量的水质指标，包括氨氮（NH_3）、总氮、凯氏氮、亚硝酸盐及硝酸盐以及磷酸盐等。

(3) 表示水中无机性非金属化合物含量的水质指标，如总砷（TAs）、硒（Se）、硫化物、氰化物（CN^-）、氟化物等。

(4) 表示水中重金属含量的水质指标，如汞、镉、铅、镍、铬等。

(5) 表示水中有害有毒有机污染物含量的水质指标，如酚类化合物（如挥发酚）、石油类、阴离子表面活性剂、有机磷农药、有机氯农药、多氯联苯（PCBs）及多环芳烃（PAHs）、有机染料、有机金属化合物等。

3. 生物性水质指标

生物性水质指标主要包括：总细菌数、总大肠菌群、病毒等。

5.1.3 污水量及其变化规律

城市污水量主要包括城市生活污水量和工业废水量。通常，大型企业的工业废水由企业单独处理或排放。进入城市排水管网的工业废水，有的未经过处理，有的经过初步处理，不同的城市污水，其工业废水所占的比例差别很大。城市污水量可以采用污水排放系数法、用水定额和产污系数法、趋势预测法等来计算。

1. 污水排放系数法

污水排放系数是在一定的计量时间内（年）污水排放量与用水量的比值。因此，城市污水量可以用城市综合用水量乘以城市污水排放系数见公式（3-6）。同样，城市综合生活污水排放量等于城市综合生活用水量乘以城市综合生活污水排放系数；城市工业废水排放量等于城市工业用水量乘以城市工业废水排放系数，或由城市污水量减去城市综合生活污水量。

城市综合用水量即城市供水总量，包括居民生活、市政、公用设施、工业、其他用水量及管网漏失水量。工业用水量为工业新鲜水用水量，或称工业补充水量，不包括重复利用水量。

$$Q_C = Q_G \cdot \alpha \tag{3-6}$$

式中 Q_C——城市日平均污水量，$10^4 m^3/d$；

Q_G——城市日平均用水量，$10^4 m^3/d$；

α——城市污水分类排放系数。

污水排放系数应根据城市供水量、排水量的统计资料分析确定。影响城市分类污水排放系数大小的主要因素有建筑室内排水设施的完善程度，工业行业的生产工艺、设备及技术、管理水平，城市排水设施普及率等。当缺少城市供水量、排水量的统计资料时，可参考表3-9所给范围选择。

城市废水分类污水排放系数 **表3-9**

城市污水分类	污水排放系数	城市污水分类	污水排放系数
城市污水	0.70～0.80	城市工业废水	0.70～0.90
城市综合生活污水	0.80～0.90		

注：工业废水排放系数不含石油、天然气开采业和煤炭与其他矿采选业以及电力蒸汽热水产供业废水排放系统，其数据应根据厂、矿区的气候、水文地质条件和废水利用排放方式确定。

2. 用水定额法和产污系数法

用水定额为每人每天的用水量指标。

用水定额计算法是在现有用水定额的基础上，根据当地国民经济和社会发展、城市总体规划和水资源充沛程度，考虑产业结构调整及节水后，参照国家有关标准规范，确定预测年的人均综合用水定额，再根据预测年人口数、污水排放系数，预测城市污水量。

也可以分别对综合生活污水量和工业废水量加以预测。

(1) 综合生活污水量预测

城市生活污水包括居民日常生活产生的污水和办公楼、学校、医疗卫生部门、文化娱乐场所、体育运动场馆、宾馆旅店以及各种商业服务业等公共建筑产生的污水。

生活污水量根据综合生活用水定额，采用式(3-7)进行计算：

$$Q_L = 0.365A \cdot F \cdot \alpha \tag{3-7}$$

式中 Q_L——预测年生活污水量，$10^4 m^3/a$；

A——预测年人口数，10^4人；

F——预测年综合生活用水量定额，L/(d·人)；

0.365——单位换算系数。

预测年综合生活用水定额的确定应充分考虑社会经济发展带来的居民生活质量提高所引起的用水量增加和水资源短缺、节水力度加大所带来的用水量减少，并考虑地区、其后的差异。可以参照中华人民共和国国家标准《室外给水设计规范》(GB 50013—2006)及各地区制定的用水定额确定。

(2) 工业废水量预测

工业废水量的计算方法很多。常用的方法是根据万元产值产污量或单位产品产污量以及工业万元产值或产品产量，计算和预测工业废水量。万元产值产生的废水量通常称为产污系数，行业和产品不同，产污系数也不同。

如果某行业通过推行清洁生产，或开展技术革新，使万元产值排污量或单位产品排污量降低，则可按式(3-8)计算工业废水量。

$$Q_I = DG \tag{3-8}$$

式中 Q_I——预测年份工业废水量，m^3/a；

D——预测工业产值/产品数量，元/产品数量计量单位；

G——预测年万元产值产水量/单位产品产水量，(m^3/元)/(m^3/产品单位)

如果某行业工艺成熟，未来以增加水重复利用率为主要节水方案，则可按式(3-9)计算工业废水量。

$$Q_1 = DG_0 = \frac{1-p_2}{1-p_1} \tag{3-9}$$

式中 G_0——现状年万元产值工业废水量，m^3/元；

p_1、p_2——分别为预测年和现状年工业用水循环利用率，%；

其余符号意义同式(3-8)。

(3) 趋势预测法

根据逐年实际统计资料，应用数理统计方法或数学模型法分析变化趋势，对未来某年污水量进行预测。可以分别对生活污水量和工业废水量进行预测，也可以对总污水量进行预测。

5.1.4 污水处理及污水处理技术

污水处理就是把有害污染物从污水中分离出来，予以利用或进行无害化处理，或者直接在污水中使有害物转化为无害物，使污水得以净化。

1. 污水处理方法分类

现代污水处理方法按其作用机理，可分为物理处理法、化学处理法和生物处理法3类。

(1) 物理处理法

物理处理法是通过物理作用分离、回收污水中主要呈悬浮状态的污染物质（包括油膜和油珠），在处理过程中不改变污染物的化学性质。

根据物理作用的不同，物理处理法采用的处理方法与设备主要有：

1) 筛滤截留法——格栅、筛网、滤池、微滤机等；

2) 重力分离法——沉砂池、沉淀池、隔油池与气浮池等；

3) 离心分离法——旋流分离器与离心机等。

此外，以热交换原理为基础的处理方法也属于物理处理法，其处理单元有蒸发、结晶等。

(2) 化学处理法

化学处理法是通过化学反应和传质作用来分离、回收污水中呈溶解、胶体状态的污染物或将其转化为无害物质的方法。

在化学处理法中，以投加药剂产生的化学反应为基础的处理单元有混凝、中和、氧化还原等；而以传质作用为基础的处理单元则有萃取、汽提、吹脱、吸附、离子交换以及电渗析和反渗透等。运用传质作用的处理单元既具有化学作用，又具有与之相关的物理作用，所以也可以从化学处理法中分出来，成为另一类处理方法，称为物理化学处理法。

(3) 生物处理法

生物处理法是通过微生物的代谢作用，使污水中呈溶解状态、胶体状态以及某些不溶解的有机甚至无机污染物质，转化为稳定、无害的物质，从而达到净化的目的。此法根据所用微生物的类别的不同，又可分为好氧生物处理和厌氧生物处理两种类型。

好氧与厌氧两类生物处理法大体上又分活性污泥法和生物膜法两种，每种又有许多形式。传统上好氧生物处理法常用于城市污水和一般有机污水的处理，厌氧生物处理法则多用于处理高浓度有机污水与污水处理过程中产生的污泥。

稳定塘及污水土地处理系统也是污水生物处理设施，属于自然生物处理的方法。

2. 污水处理级别

污水中的污染物是多种多样的，只用一种处理方法往往不能把所有的污染物质全部除去，而是需要通过由集中方法组成的处理系统或处理流程，才能达到处理要求的程度。

按处理程度，污水处理一般可分为一级、二级和三级处理 3 种类型。

（1）一级处理

污水的一级处理，主要任务是去除污水中呈悬浮状态的固体污染物质，故多采用物理处理法中的各种处理单元。污水经过一级处理后，悬浮固体的去除率为 70%～80%，而 BOD 的去除率只有 30%左右，一般达不到排放标准，还必须进行二级处理。有些特殊情况或特殊水，把一级处理作为最终处理后，出水排放或用于灌溉农田。

（2）二级处理

污水的二级处理，主要任务是大幅度去除污水中呈胶体和溶解状态的有机污染物质（即 BOD 物质），去除率可达 90%以上，处理后污水的 BOD 一般可降至 20～30mg/L。二级处理通常采用生物法作为主体工艺，所以人们往往把生物处理与二级处理看做同义语。一般情况下，经二级处理后，污水即可达到排入水体的标准。

应该指出，在污水的二级处理中，所产生的污泥也必须得到相应的处理，否则将造成新的污染。

在进行二级处理前，一级处理经常是必要的，故一级处理又叫预处理。一级和二级处理法，是城市污水经常采用的处理方法，所以又叫常规处理法。

（3）三级处理

污水的三级处理，目的在于进一步处理所未能去除的污染物质，包括微生物未能降解的有机物，以及氮、磷等能加速水体富营养化进程的可溶性无机物等。三级处理的方法是多种多样的，化学处理法和生物处理法的许多处理单元都可以用于三级处理，如生物脱氮除磷、混凝沉淀法、砂滤法、活性炭吸附法、离子交换法和电渗析法等。通过三级处理，BOD 可从 20～30mg/L 降至 5mg/L 以下，同时能够去除大部分的氮和磷。

三级处理是深度处理（或高级处理）的同义语，但两者又不完全相同。如前所述，三级处理是在常规处理之后，为了去除更多有机物及某些特定污染物质（如氮、磷）而增加的一项处理工艺。而深度处理（或高级处理）则往往是以污水回收、再用为目的，而在常规处理之外所增加的处理工艺流程。污水回用的范围很广，回用水水质的要求不尽相同，深度处理一般指回用对象对水质要求较高时所采用的处理工艺流程，如活性炭过滤、反渗透和电渗析等。

污水处理的三种基本方法和大致功能的对应关系，如图 3-21 所示。

3. 污水处理流程的选择

（1）选择的原则

污水处理流程的选择受诸多因素影响，主要如下：

1）污水的水质水量及其变化规律；

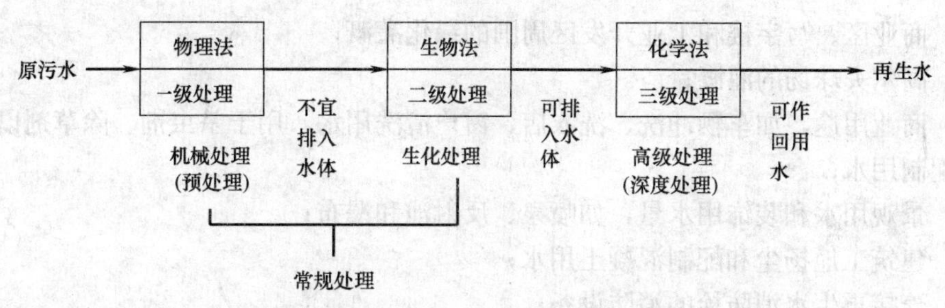

图 3-21　污水处理的三种基本方法和大致功能的对应关系

2）出水水质要求与处理程度；

3）处理厂（站）建设区的地理、地质条件；

4）工程投资和建成后的运行费用。

（2）城市污水处理流程

城市污水处理厂一般是以去除有机物质为主要目标。在大型污水处理厂多采用以沉淀为中心的污水处理一级处理和以生物处理为中心的污水二级处理。图 3-22 所示为城市污水典型处理流程。

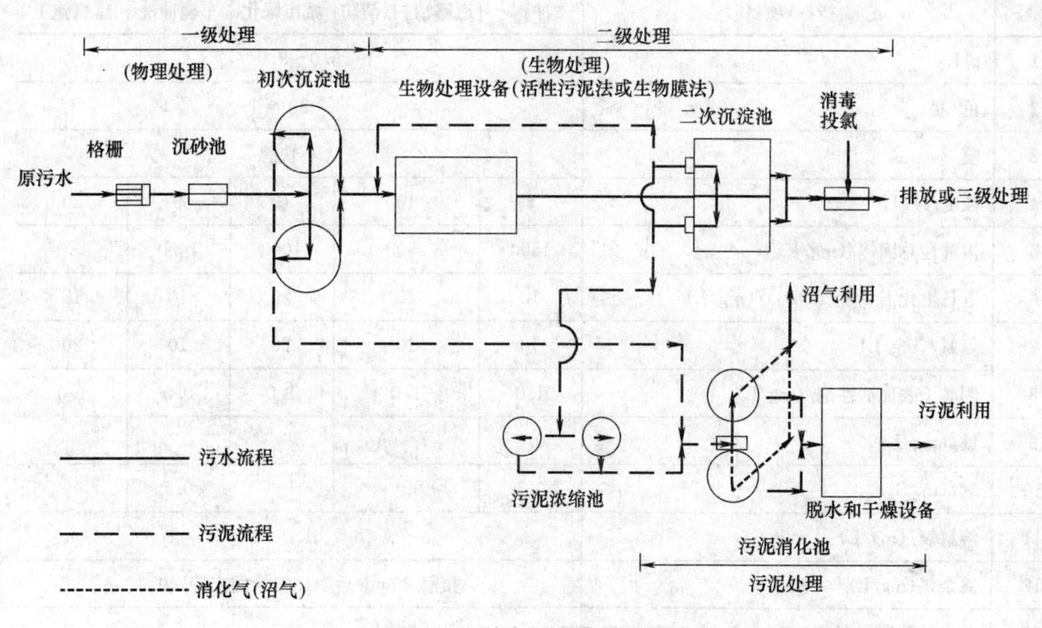

图 3-22　城市污水典型处理流程

5.2　污水再生利用类型和途径

5.2.1　城市杂用水

城市杂用水主要是指为以下用水提供再生水：

（1）公园等娱乐场所，田径场、校园，运动场以及美化区周围公共场所和设施等的灌溉；

（2）独户住宅和多户住所周围的绿化、一般冲洗和其他维护设施等用水；

(3) 商业区、写字楼和工业开发区周围的绿化灌溉；

(4) 高尔夫球场的灌溉；

(5) 商业用途，如车辆冲洗、洗衣店、窗户清洗用水，用于杀虫剂、除草剂以及液态肥料的配制用水；

(6) 景观用水和装饰用水景，如喷泉、反射池和瀑布；

(7) 建筑工地扬尘和配制混凝土用水；

(8) 连接再生水消防栓的消防设备；

(9) 商业和工业建筑内的卫生间和便池的冲洗。

在城市再生水输送系统的设计中，最重要的因素是考虑供水系统的稳定性和公众健康的保护。在设计双管道系统时，必须考虑以下安全措施：(1) 确保为用户输送的再生水水质符合相应的水质标准；(2) 防止与饮用水管路错接；(3) 防止误用作饮用水。

再生水用于城市用水中的冲厕、道路清扫、消防、城市绿化、车辆冲洗、建筑施工等城市杂用水时，其水质可按表 3-10 指标控制。

城镇杂用水水质控制指标 **表 3-10**

序号	指标\项目	冲厕	道路清扫、消防	城市绿化	车辆冲洗	建筑施工
1	pH	6.0～9.0				
2	色/度 ≤	30				
3	嗅	无不快感				
4	浊度/NTU ≤	5	10	10	5	20
5	溶解性总固体/(mg/L) ≤	1500	1500	1000	1000	—
6	五日生化需氧量(BOD_5)/(mg/L) ≤	10	15	20	10	15
7	氨氮/(mg/L) ≤	10	10	20	10	20
8	阴离子表面活性剂/(mg/L)	1.0	1.0	1.0	0.5	1.0
9	铁/(mg/L) ≤	0.3	—	—	0.3	—
10	锰/(mg/L) ≤	0.1	—	—	0.1	—
11	溶解氧/(mg/L) ≥	1.0				
12	总余氯(mg/L)	接触 30min 后≥1.0，管网末端≥0.2				
13	总大肠菌群/(个/L) ≤	3				

注：混凝土拌合用水还应符合 JGJ 63 的有关规定。

5.2.2 工业用水

自 20 世纪 90 年代以来，世界的水资源短缺和人口增长，以及关于水源保持和环境友好的一系列环境法规的颁布，使得再生水在工业方面的利用不断增加。为了满足工业不断增长的用水需求，很多城市增加了再生水的利用，并铺设了所需的再生水输送管道。发电厂是当前再生水利用最为普遍的工业设施，再生水被广泛应用于冷却、水流输灰、放射性废料稀释和烟道废气冲刷等方面。从再生水获益的其他工业企业还有石油精炼厂、化工厂和冶金厂等。另外，再生水不仅可以用来冷却，还可以用于加工处理。

再生水用于工业冷却用水，当无试验数据与成熟经验时，其水质可按表 3-11 指标控制，并综合确定敞开式循环水系统换热设备的材质和结构型式、浓缩倍数、水处理药剂等。确有必要时，也可对再生水进行补充处理。

再生水用作冷却用水的水质控制指标 **表 3-11**

序号	控制项目		直流冷却水	循环冷却系统补充水
1	pH 值		6.5～9.0	6.5～8.5
2	悬浮物(SS)(mg/L)	≤	30	—
3	浊度(NTU)	≤	—	5
4	生化需氧量(BOD_5)(mg/L)	≤	30	10
5	化学需氧量(COD_{Cr})(mg/L)	≤	—	60
6	铁(mg/L)	≤	—	0.3
7	锰(mg/L)	≤	—	0.1
8	氯离子(mg/L)	≤	300	250
9	总硬度(以 $CaCO_3$ 计 mg/L)	≤	850	450
10	总碱度(以 $CaCO_3$ 计 mg/L)	≤	500	350
11	氨氮(以 N 计 mg/L)	≤	—	10①
12	总磷(以 P 计 mg/L)	≤	—	1
13	溶解性总固体(mg/L)	≤	1000	1000
14	余氯(mg/L)	≥	末端 0.1～0.2	末端 0.1～0.2
15	粪大肠菌群(个/L)	≤	2000	2000

当循环冷却系统为铜材换热器时，循环冷却系统水中的氨氮指标应小于 1 mg/L。

再生水用于工业用水中的洗涤用水、锅炉用水、工艺用水、油田注水时，其水质应达到相应的水质标准。当无相应标准时，可通过试验、类比调查或参照以天然水为水源的水质标准确定。

5.2.3 农林牧渔业用水

农业灌溉对于淡水的需求量很大，在目前再生水的各种利用途径中，农业灌溉占很大的比例。再生水在农业上能得到较大范围的应用，主要是因为：（1）农业灌溉需水量很大；（2）农业上使用再生水有利于水土保持；（3）可以与其他再生水使用项目进行有效的整合。

再生水的组成成分相对比较复杂，其中与农业灌溉有关的组分主要包括盐度、钠、痕量元素、余氯和营养物质等。再生水中化学物质的种类和浓度与城市自来水的水质情况、污水的组成（城市污水和工业废水的比例）、渗入污水收集系统的外来水的流量和组分、污水处理工艺和贮存设备的类型等有关。

再生水用于农田灌溉时，其水质应符合国家现行的《农田灌溉水质标准》（GB 5084）的规定。

5.2.4 环境用水

再生水在环境方面的利用途径主要包括改善和修复现有湿地，建立作为野生动物栖息地和庇护所的湿地，以及补给河流等。再生水的娱乐利用途径则包括景观用水和水上娱乐设施（如再生水与人体可能发生偶然接触的垂钓、划船，以及再生水与人体发生全面接触的游泳、涉水等娱乐消遣项目）。

现在国家相关部门已经制定了环境和娱乐再生用水的相关标准。对于娱乐回用方面再生水水质的确定，要充分考虑使用过程中再生水和人体的接触风险。对于用于垂钓、划船等人体非直接接触的再生水，要求进行二级处理，并保证消毒效果。而对于包括涉水、游泳等无限制的娱乐用水，再生水在经过二级处理后，还需要进行混凝、过滤处理，并保证消毒效果。

再生水作为景观环境用水时，其水质可按表 3-12 指标控制。

景观环境用水的再生水水质控制指标（mg/L） **表 3-12**

<table>
<tr><th rowspan="2">序号</th><th rowspan="2" colspan="2">项目</th><th colspan="3">观赏性景观环境用水</th><th colspan="3">娱乐性景观环境用水</th></tr>
<tr><th>河道类</th><th>湖泊类</th><th>水景类</th><th>河道类</th><th>湖泊类</th><th>水景类</th></tr>
<tr><td>1</td><td>基本要求</td><td></td><td colspan="6">无漂浮物，无令人不愉快的嗅和味</td></tr>
<tr><td>2</td><td>pH 值</td><td></td><td colspan="6">6～9</td></tr>
<tr><td>3</td><td>五日生化需氧量(BOD_5)</td><td>≤</td><td>10</td><td colspan="2">6</td><td colspan="3">6</td></tr>
<tr><td>4</td><td>悬浮物(SS)</td><td>≤</td><td>20</td><td colspan="2">10</td><td colspan="3">—</td></tr>
<tr><td>5</td><td>浊度(NTU)</td><td>≤</td><td colspan="3">—</td><td colspan="3">5.0</td></tr>
<tr><td>6</td><td>溶解氧</td><td>≥</td><td colspan="3">1.5</td><td colspan="3">2.0</td></tr>
<tr><td>7</td><td>总磷(以 P 计)</td><td>≤</td><td>1.0</td><td colspan="2">0.5</td><td>1.0</td><td colspan="2">2.0</td></tr>
<tr><td>8</td><td>总氮</td><td>≤</td><td colspan="6">15</td></tr>
<tr><td>9</td><td>氨氮(以 N 计)</td><td>≤</td><td colspan="6">5</td></tr>
<tr><td>10</td><td>粪大肠菌群(个/L)</td><td>≤</td><td colspan="2">10000</td><td>2000</td><td>500</td><td colspan="2">不得检出</td></tr>
<tr><td>11</td><td>余氯[①]</td><td>≥</td><td colspan="6">0.05</td></tr>
<tr><td>12</td><td>色度（度）</td><td>≤</td><td colspan="6">30</td></tr>
<tr><td>13</td><td>石油类</td><td>≤</td><td colspan="6">1.0</td></tr>
<tr><td>14</td><td>阴离子表面活性剂</td><td>≤</td><td colspan="6">0.5</td></tr>
</table>

① 氯接触时间不应低于 30min。对于非加氯消毒方式无此项要求。

注：1. 对于需要管道输送再生水的非现场回用情况必须加氯消毒；对于现场回用情况不限制消毒方式。

2. 若使用未经过除磷脱氮的再生水作为景观环境用水，鼓励在回用地点积极探索通过人工培养具有观赏价值水生植物的方法，使景观水体的氮磷满足本表要求，使再生水中的水生植物有经济合理的出路。

5.2.5 补充水源水

1. 地下水补给

利用再生水补给地下水的主要目的有：

（1）在沿海的地下蓄水层中建立防止含盐水侵入的屏障；

（2）为将来的回用提供深度处理；

（3）增加可饮用或非饮用的地下蓄水层；

（4）为后续的回收和回用贮备再生水源；

（5）控制和防止地面沉降。

地下水补给可以通过地表撒布、渗流区注水井或直接注入的方式实现。这些地下水补给方式使用了较为先进的工艺系统。除直接注入外，所有的工程措施都需要设置开放蓄水层。

对于补给地下水的再生水系统，污染物的去除是非常重要的过程。生物降解、吸附、过滤、离子交换、挥发、稀释、化学氧化和还原、化学沉淀以及光化学反应（在喷水池中）等过程都可以去除水中的污染物。

地下水的安全使用、地下水对人体健康的影响、经济可行性、自然条件、法律规定、水质条件以及再生水的可用性成为地下水补给的限制条件。在这些条件中，健康问题是最重要的限制条件，因为它涉及几乎所有的补给工程。长期暴露于低浓度污染物所产生的健康影响以及由病原体或有毒物质造成的急性毒性问题都必须慎重考虑。

2. 补充地表水

当再生水同时用于多种用途时，其水质标准应按最高要求确定。对于向服务区域内多用户供水的城市再生水厂，可按用水量最大的用户的水质标准确定；个别水质要求更高的用户，可自行补充处理，直至达到该水质标准。

5.3 污水再生处理技术

5.3.1 污水再生处理工艺

对污水进行有效处理，以满足水质目标，并保护公众健康，是再生水回用系统的要素之一。城市污水处理包含了物理、化学和生物的处理工艺和操作，去除污水中的固体、有机物、病原菌，有时也包括对营养物的去除。以处理水平升序排列，用来描述不同处理程度的通用术语包括初步、初级、二级、三级和深度处理。用来控制病原微生物的消毒通常是再生水进行分配或者贮存前的最后一个处理步骤。

1. 污水处理工艺的选择

为了保证污水再生利用设计科学合理、经济可靠，城市污水再生处理，宜选用下列基本工艺：

（1）二级处理—消毒；

（2）二级处理—过滤—消毒；

（3）二级处理—混凝-沉淀（澄清、气浮）—过滤—消毒：

（4）二级处理—微孔过滤—消毒。

2. 城市污水深度处理的基本单元技术

混凝（化学除磷）、沉淀（澄清、气浮）、过滤、消毒是城市污水深度处理的基本单元技术。随着再生利用范围的扩大，优质再生水将是今后发展方向，深度处理技术，特别是膜技术的迅速发展展示了污水再生利用的广阔前景，补给给水水源也将会变为现实，污水再生的基本工艺也会随着改变。当用户对再生水水质有更高要求时，可增加深度处理其他单元技术中的一种或几种组合。其他单元技术有：活性炭吸附、臭氧-活性炭、脱氨、离子交换、超滤、纳滤、反渗透、膜-生物反应器、曝气生物滤池、臭氧氧化、自然净化系统等。

3. 单元过程或单元组合的选择

某种单元过程或单元组合的选择取决于：（1）处理后废水的用途；（2）原水水质与处

理后目标水质；（3）单元工艺可行性与整体流程的适应性；（4）运行控制难度、设备国产化程度、固体和气体废物的产生与处置方法；（5）对工人健康的影响、生产的安全保障；（6）工程投资与运行成本。工艺流程的确定最好通过实验室试验，并借鉴国内外已经成功的运行经验，避免出现技术错误。

表3-13是根据有关参考文献改编的污水深度处理单元过程可达到的处理指标，表3-14是混凝沉淀、过滤工艺对城市污水处理厂二级出水的处理效率以及目标水质。在无试验资料情况下，各表所列数据可供参考。

污水深度处理单元过程可达到的处理目标　　表3-13

二级处理	深度处理	典型出水水质						
		SS（mg/L）	BOD_5（mg/L）	COD_{Cr}（mg/L）	总氮（mg/L）	磷（mg/L）	浊度（度）	色度（度）
活性污泥法	无	20～30	15～25	40～80	20～60	6～15	5～15	15～80
	过滤	5～10	5～10	3～70	15～35	4～12	0.3～5	15～60
	过滤、炭柱	<3	<1	5～15	15～30	4～12	0.3～3	5
	混凝沉淀	<5	5～10	40～70	15～30	1～2	10	10～30
活性污泥法	混凝沉淀、过滤	<1	<5	30～60	2～10	0.1～1.0	0.1～1.0	10～30
	混凝沉淀、过滤、氨解析	<1	<5	30～60	2～10	0.1～1.0	0.1～1.0	10～30
	混凝沉淀、过滤、氨解析、炭柱	<1	<1	1～15		0.1～1.0	0.1～1.0	<5
生物滤池	无	20～40	15～35	40～100	20～60	6～15	5～15	15～80
	过滤	10～20	10～20	30～70	15～35	6～15	<10	15～60
	曝气、沉淀、过滤	5～10	5～10	30～60	15～35	4～12	0.5～5	15～60

二级出水进行混凝沉淀、过滤的处理效率与目标水质　　表3-14

项目	处理效率（%）			目标水质
	混凝沉淀	过滤	综合	
浊度（度）	50～60	30～50	70～80	3～5
SS（mg/L）	40～60	40～60	70～80	5～10
BOD_5（mg/L）	30～50	25～50	60～70	5～10
COD_{Cr}（mg/L）	25～35	15～25	35～45	40～75
总氮（mg/L）	5～15	5～15	10～20	
总磷（mg/L）	40～60	30～40	60～80	1
铁（mg/L）	40～60	40～60	60～80	0.3

而作为深度处理技术的活性炭吸附、脱氨、离子交换、折点加氯、反渗透、臭氧氧化等单元过程，当无试验资料时，去除效率可参照相似工程运行数据确定，见表3-15。

其他单元过程的去除效率（%）　　表3-15

项目	活性炭吸附	脱氮	离子交换	折点加氯	反渗透	臭氧氧化
BOD_5（mg/L）	40～60	—	25～50	—	≥50	20～30
COD_{Cr}（mg/L）	40～60	20～30	25～50	—	≥50	≥50
SS（mg/L）	60～70	—	≥50	—	≥50	—
NH_4^--N（mg/L）	30～40	≥90	≥50	≥50	≥50	—
总磷（mg/L）	80～90	—	—	—	≥50	—
色度（mg/L）	70～80	—	—	—	≥50	≥70
浊度（度）	70～80	—	—	—	≥50	—

5.3.2 污水再生处理构筑物设计

污水再生处理构筑物设计包括：

（1）再生处理构筑物的生产能力应按最高日供水量加自用水量确定，自用水量可采用平均日供水量的5%～15%。

（2）各处理构筑物的个（格）数不应少于2个（格），并宜按并联系列设计。任一构筑物或设备进行检修、清洗或停止工作时，仍能满足供水要求。

（3）各构筑物上面的主要临边通道，应设防护栏杆。

（4）在寒冷地区，各处理构筑物应有防冻措施。

（5）再生水厂应设清水池，清水池容积应按供水和用水曲线确定，不宜小于日供水量的10%。

（6）再生水厂和工业用户，应设置加药间、药剂仓库。药剂仓库的固定贮备量可按最大投药量的30d用量计算。

（7）供水稳定是水源安全保障的重要标志。污水厂变为再生水厂，标志着从为环境保护服务到为城市供水直接服务，因此再生水厂的设计中，清水池、泵站等都应按常规供水考虑。

5.3.3 污水再生处理单元技术及设计要求

1. 混凝、沉淀、澄清、气浮

（1）混凝

混凝是向水中投加药剂，通过快速混合，使药剂均匀分散在污水中，然后慢速混合形成大的可沉聚体。胶体颗粒脱稳碰撞形成微粒的过程称为“凝聚”，微粒在外力扰动下相互碰撞、聚集而形成较大絮体的过程称为“絮凝”，“絮凝”过程过去称为“反应”。混合、凝聚、絮凝合起来称为混凝，它是化学处理的重要环节。混凝产生的较大絮体通过后续的沉淀或澄清、气浮等从水中分离出来。混凝基本去除或降低的物质如下：

1）悬浮的有机物和无机物，可去除1μm以上的颗粒，进而也去除了由这些颗粒，主要是生物处理流失出的生物絮体碎片、游离细菌等形成的COD。

2）溶解性磷酸盐，通常可降至1 mg/L以下。

3）用石灰可去除一些钙、镁、硅石、氟化物。在碳酸盐硬度高的污水中，用石灰可去除更多的钙和镁。

4）去除某些重金属，石灰对沉淀镉、铬、铜、镍、铅和银特别有效。

5）降低水中细菌和病毒的含量。混凝处理对象是二级出水，二级出水中所含的物质与天然水所含的物质不同。天然水形成浊度的主要是泥沙等无机物，而二级出水中是胶体和菌胶团微粒，因而污水深度处理的混凝不同于给水处理的混凝。污水处理混凝的特点是，由于污水中生物微粒的存在，并且这种微粒与药剂相互间亲和力强，因而投加药剂后，絮凝过程可在较短时间内完成。

药剂混合通常用机械搅拌装置，停留时间为15～60s，絮凝时间宜为10～15min，对于石灰宜为5min，其速度梯度G值在10～200s^{-1}，总速度梯度G_t值在10000～100000s^{-1}之间。絮凝可在单独的池中进行，也可在澄清池或气浮池反应区中进行。混凝过程需要投加混凝剂，它们是拥有高价正离子和良好吸附架桥能力的无机或有机物，当只靠混凝剂难以保证处理效果时，还要投加助凝剂。

传统混凝剂主要是硫酸铝，它的絮凝效果好，使用广泛。近年来聚合氯化铝也得到了广泛应用。其次是铁盐，如三氯化铁、硫酸亚铁等。助凝剂主要有聚丙烯酰胺、活化硅酸、骨胶等高分子药剂。

（2）沉淀

沉淀是在重力作用下，将重于水的悬浮物从水中分离出去的方法。颗粒在沉淀过程中，形状、尺寸、质量以及沉速都随沉淀过程的进展而发生变化，絮凝的沉淀物形成层状呈整体沉淀，有较明显的固-液界面，后期产生压缩现象，悬浮颗粒相聚于水底，互相支撑互相挤压，发生进一步沉降。

常用的沉淀池类型有4种：平流式沉淀池、辐流式沉淀池、竖流式沉淀池、斜板（斜管）沉淀池。大型沉淀池附带机械刮泥排泥设备。

当二级出水再混凝沉淀时，则平流沉淀池设计参数如下：1）表面水力负荷：铁盐或铝盐混凝时，按平均日流量计的表面水力负荷不大于1.25 $m^3/(m^2 \cdot h)$；按最大时流量计的表面水力负荷不大于1.6 $m^3/(m^2 \cdot h)$。2）停留时间：2～4 h。3）池深：4.5 m。4）池内流速：4～10mm/s。5）进水渠流速：0.15～0.6m/s。6）出水堰的溢流负荷：1～3L/(s·m)。

（3）澄清

澄清池是一种将絮凝反应过程与澄清分离过程综合于一体的构筑物。在澄清池中沉泥被提升起来并使之处于均匀分布的悬浮状态，在池中形成高浓度稳定的活性泥渣层阻留下来，清水在澄清池上部排出。

正确选用澄清池上升流速，培育并保持稠密泥渣悬浮层，是澄清池取得良好效果的基本条件。国内外在污水深度处理上采用澄清池的较多，运行效果都较好。因生物絮体轻而易碎，所以污水澄清池上升流速要比给水澄清池低，以取0.4～0.6mm/s为宜。

（4）气浮

气浮是向水中通入空气，使水产生大量的微细气泡，并促其黏附于杂质颗粒上，形成比重小于水的漂浮絮体，絮体上浮至水面然后刮开，以此实现固液分离。

气浮技术目前已经在工业废水处理、污泥浓缩以及给水除藻上得到应用。对于大水量的城市污水回用尚缺实践经验，但从生物絮体和化学絮体轻柔的特点看，采用气浮法来进行固液分离更合适些。

根据《污水再生利用工程设计规范》（GB 50335）的要求，当采用混凝、沉淀、澄清、气浮工艺时，其设计宜符合下列要求：

1）絮凝时间宜为10～15min。

2）平流沉淀池沉淀时间宜为2.0～4.0h，水平流速可采用4.0～10.0mm/s。

3）澄清池上升流速宜为0.4～0.6mm/s。

4）当采用气浮池时，其设计参数宜通过试验确定。

2. 过滤

过滤是使二级生物处理或物理化学处理的出水通过颗粒滤料，将水中悬浮杂质截留到滤层上，从而使其澄清的过程。过滤可作为三级处理流程中间的一个单元，也可作为回用之前的最后把关步骤。过滤是保证处理水质的不可缺少的关键过程。

起初人们将给水处理中的过滤技术直接用于污水处理。但没有成功。因为污水处理滤池所截留的污泥黏而易碎，且很快在滤料表面积聚，形成泥封，当提高水头时污泥又很容易穿透滤层。针对污水处理的特点，经过多年的精心试验研究，人们开发出适用于污水的过滤技术，并应用到大规模污水处理厂中。

(1) 过滤的作用

1) 进一步去除污水中的生物絮体和悬浮物，使出水浊度大幅度降低。

2) 进一步降低出水的有机物含量，对重金属、细菌、病毒也有很高的去除率。

3) 去除化学絮凝过程中产生的铁盐、铝盐、石灰等沉积物，去除水中的不溶性磷。

4) 在活性炭吸附或离子交换之前，作为预处理设施，可提高后续处理设施的安全性和处理效率。

5) 通过进一步去除污水中的污染物质，可以减少后续的杀菌消毒费用。

(2) 滤池的分类

1) 按水流方向分为降流式滤池、升流式滤池、升降流结合滤池、水平流式滤池。

2) 按滤料分为单层滤料滤池、双层滤料滤池、混合滤料滤池。

(3) 过滤效果

污水经过不同类型工艺处理后的出水过滤效果见表 3-16。

二级出水过滤效果 **表 3-16**

滤池进水类型	无化学混凝	经化学混凝(经双层或多层滤池)		
	SS(mg/L)	SS(mg/L)	PO_4^{3-}(mg/L)	浊度(NTU)
高负荷生物滤池出水	10～20	0	0.1	0.1～0.4
二级生物滤池出水	6～15	0	0.1	0.1～0.4
接触氧化出水	6～15	0	0.1	0.1～0.4
普通活性污泥法出水	3～10	0	0.1	0.1～0.4
延时曝气法出水	1～5	0	0.1	0.1～0.4
好氧/兼氧出水	10～50	0～30	0.1	

(4) 滤池的设计要求

《污水再生利用工程设计规范》(GB 50335) 中规定滤池的设计要求如下：

1) 滤池的进水浊度宜小于 10NTU。

2) 滤池可采用双层滤料滤池、单层滤料滤池、均质滤料滤池。

3) 双层滤池滤料可采用无烟煤和石英砂。滤料厚度：无烟煤宜为 300～400mm，石英砂宜为 400～500mm。滤速宜为 5～10m/h。

4) 单层石英砂滤料滤池，滤料厚度可采用 700～1000mm，滤速宜为 4～6m/h。

5) 均质滤料滤池，滤料厚度可采用 1.0～1.2m，粒径 0.9～1.2mm，滤速宜为 4～7m/h。

6) 滤池宜设气水冲洗或表面冲洗辅助系统。

7) 滤池的工作周期宜采用 12～24h。

8) 滤池的构造形式，可根据具体条件，通过技术经济比较确定。

9) 滤池应备有冲洗滤池表面污垢和泡沫的冲洗水管。滤池设在室内时，应设通风装置。

3. 曝气生物滤池

曝气生物滤池简称BAF，是20世纪80年代末在欧美发展起来的一种新型生物膜法污水处理工艺。该工艺具有去除SS、COD、BOD、硝化、脱氮、除磷、去除AOX（有害物质）的作用，其特点是集生物氧化和截留悬浮固体于一体，节省了后续沉淀池（二沉池），与普通活性污泥法相比，具有有机负荷高、占地面积小（是普通活性污泥法的1/3）、投资少（节约30%）、不会产生污泥膨胀、氧传输效率高、出水水质好等优点，但它对进水SS要求较严（一般要求SS≤100mg/L，最好SS≤60mg/L），因此对进水需要进行预处理。同时，它的反冲洗水量、水头损失都较大。

世界上首座曝气生物滤池于1981年在法国投产，随后在欧洲各国得到广泛应用。美国和加拿大等美洲国家在20世纪80年代末引进此工艺，日本、韩国和中国台湾也先后引进了此项技术。目前世界上较大的环保公司如法国得利满公司、德国菲力普穆勒公司、法国VEOLIA公司均把它作为拳头产品在全世界推广。在中国内地，曝气生物滤池正处于推广阶段。大连市马栏河污水处理厂是我国第一个采用曝气生物滤池工艺的城市污水处理厂，广东新会东郊污水处理厂采用了水解——曝气生物滤池污水处理工艺。另外，我国一部分工业废水的处理也采用了此项技术。国内许多科研设计单位对曝气生物滤池也进行了试验研究。随着曝气生物滤池在世界范围内不断推广和普及，很多学者在其结构形式、功能、启动和滤料等方面进行了具体的研究，取得了很多成果。

曝气生物滤池的应用范围较为广泛，其在水深度处理、微污染源水处理、难降解有机物处理、低温污水的硝化、低温微污染水处理中都有很好的、甚至不可替代的功能。

按照《污水再生利用工程设计规范》（GB 50335）的要求，当采用曝气生物滤池时，其设计参数可参照类似工程经验或通过试验确定。

4. 膜生物反应器（MBR）

膜生物反应器简称MBR，是一种生物技术与膜技术相结合的高效生化水处理技术，膜生物反应器是结合了膜分离技术和传统的污泥法的一种高效污水处理技术，由于膜的过滤作用，生物完全被截留在生物反应器中，实现了水力停留时间和污泥龄的彻底分离，使生物反应器内保持较高的MLSS。硝化能力强，污染物去除率高。

膜生物反应器是一种高效膜分离技术与活性污泥法相结合的新型水处理技术。中空纤维膜的应用取代活性污泥法中的二沉池，进行固液分离，有效地达到了泥水分离的目的。充分利用膜的高效截留作用，能够有效地截留硝化菌，完全保留在生物反应器内，使硝化反应保证顺利进行，有效去除氨氮，避免污泥的流失，并且可以截留一时难于降解的大分子有机物，延长其在反应器的停留时间，使之得到最大限度的分解。应用MBR技术后，主要污染物的去除率可达：COD≥93%、SS=100%。产水悬浮物和浊度几近于0，处理后的水质良好且稳定，可以直接回用，实现了污水资源化。

膜生物反应器（MBR）主要应用于城市污水的回收净化，污水经MBR处理后，出水水质已达到相关标准，可直接用于绿化、冲洗、消防、楼房中水回用、补充观赏水体等非饮用水的目的，MBR具有实现自动控制和操作管理方便等优点，因此在城市污水和工业废水处理与回用等方面已得到了应用。

膜生物反应器（MBR）技术是膜分离技术与生物技术有机结合的新型废水处理技术，它利用膜分离设备将生化反应池中的活性污泥和大分子有机物截留住，省掉二沉池。膜-

生物反应器工艺通过膜的分离技术大大强化了生物反应器的功能，使活性污泥浓度大大提高，其水力停留时间（HRT）和污泥停留时间（SRT）可以分别控制。

膜生物反应器的优越性主要表现在：

（1）对污染物的去除率高，抗污泥膨胀能力强，出水水质稳定可靠，出水中没有悬浮物；

（2）膜生物反应器实现了反应器污泥龄 STR 和水力停留时间 HRT 的分别控制，因而其设计和操作大大简化；

（3）膜的机械截留作用避免了微生物的流失，生物反应器内可保持高的污泥浓度，从而能提高体积负荷，降低污泥负荷，具有极强的抗冲击能力；

（4）由于 SRT 很长，生物反应器又起到了“污泥硝化池”的作用，从而显著减少污泥产量，剩余污泥产量低，污泥处理费用低；

（5）由于膜的截流作用使 SRT 延长，营造了有利于增殖缓慢的微生物。如硝化细菌生长的环境，可以提高系统的硝化能力，同时有利于提高难降解大分子有机物的处理效率和促使其彻底的分解；

（6）MBR 曝气池的活性污泥不会随出水流失，在运行过程中，活性污泥会因进入有机物浓度的变化而变化，并达到一种动态平衡，这使系统出水稳定并有耐冲击负荷的特点；

（7）较大的水力循环导致了污水的均匀混合，因而使活性污泥有很好的分散性，大大提高活性污泥的比表面积。MBR 系统中活性污泥的高度分散是提高水处理的效果的又一个原因。这是普通生化法水处理技术形成较大的菌胶团所难以相比的；

（8）膜生物反应器易于一体化，易于实现自动控制，操作管理方便；

（9）MBR 工艺省略了二沉池，减少占地面积。

5. 微孔过滤技术

微孔过滤是一种较常规过滤更有效的过滤技术。微滤膜具有比较整齐、均匀的多孔结构。微滤的基本原理属于筛网状过滤，在静压差作用下，小于微滤膜孔径的物质通过微滤膜，而大于微滤膜孔径的物质则被截留到微滤膜上，使大小不同的组分得以分离。

微孔过滤工艺在国外许多污水再生利用工程中得到了实际应用，例如：澳大利亚悉尼奥运村污水再生利用、新加坡务德区污水厂污水再生利用、日本索尼显示屏厂污水再生利用、美国 WEST、BASIN 市污水再生利用等工程。由于微滤技术属于高科技集成技术，因此，宜采用经过验证的微滤系统，设备生产商需有不少于 3 年的制作及系统运行经验。

根据《污水再生利用工程设计规范》（GB 50335）的要求，当采用微孔过滤工艺时，其设计宜符合下列要求：

（1）微孔过滤处理工艺的进水宜为二级处理的出水，二级处理出水应符合国家《污水综合排放标准》的要求。

（2）微滤膜前根据需要可设置预处理设施。微滤系统对进水中的悬浊物质虽有较好的适应性，但为了保证微滤系统更加高效运行，延长微滤膜的使用寿命，宜在微滤系统之前采用粗滤（一般孔径为 500μm）装置。

（3）由于微生物中一些细菌的大小只有 0.5μm，故为了防止细菌穿透微滤膜，应选择孔径为 0.2μm 或 0.2μm 以下的微滤膜。

(4) 二级处理出水进入微滤装置前，应投加抑菌剂。向二级出水中投加少量抑菌剂（如氯氨等）是为了抑制管路及膜组件内微生物的过分生长。

(5) 微滤膜虽然具有高效的除菌能力，并同时能减少采用大量液氯消毒时产生的致癌副产物，但为了确保再生水的安全性，在微滤系统之后仍然要采用必要的消毒处理措施，如采用臭氧、紫外线或液氯消毒。

(6) 微滤系统当设置自动气水反冲系统时，空气反冲压力宜为 600kPa，并宜用二级处理出水辅助表面冲洗。也可根据膜材料，采用其他冲洗措施。采用空气反冲是指压缩空气由微滤膜内向外将附着在微滤膜上的杂质和沉积物冲掉，然后用二级出水进行微滤膜表面辅助冲洗。这种反冲方式能够在短时间内有效地去除微滤膜内外的杂质和沉积物，并能够再生微滤膜表层的过滤功能，延长微滤膜使用寿命，具有低耗能和反冲不需使用滤后水的特点。

(7) 微滤系统宜设在线监测微滤膜完整性的自动测试装置。微滤系统的膜完整性自动测试装置，只是需要较少的测试设备就可以在线监测到微滤膜的破损情况，预知故障的发生，监测结果准确，从而能够保证处理出水的水质。

(8) 微滤系统宜采用自动控制系统，在线监测过膜压力，控制反冲洗过程和化学清洗周期。微滤系统的过膜压力是指微滤膜前后的压力差，实际中可以通过设定的过膜压力来启动反冲系统；当过膜压力达到 100kPa 时，则需要对微滤膜进行化学清洗。

(9) 在有除磷要求时，可在微滤系统前采用化学除磷措施，通过投加化学絮凝剂来形成不溶性磷酸盐沉淀物，再利用微滤膜来截留所形成的不溶性磷酸盐沉淀物。

(10) 微滤系统反冲水是采用二级处理出水，反冲后不能直接排放，需要回流至污水处理厂前端汇入原污水中，与原污水一并进行处理。

6. 化学除磷

污水中的磷有 3 种存在形式，即有机磷酸盐、聚磷酸盐和正磷酸盐。磷主要通过人体排泄物、食堂粉碎机排入下水道的废食品和多种家用去污剂而进人污水中。有机磷存在于有机物和原生质细胞中，洗涤剂含有较多的聚磷酸盐，正磷酸盐是磷酸循环中最后分解的产物，它容易被生物法和化学法去除。

常规污水处理厂中的预处理和二级处理只能部分除磷，专门设计的生物除磷工艺可以取得较好的除磷效果，但有时也达不到排放标准。当出水水质对磷的要求很高时，或条件更适宜用化学法而不适宜用生物法时，通过技术经济比较，可以选用化学除磷，或者将生物除磷与化学除磷结合起来使用，经验表明，两种方法结合除磷可能更为经济。

化学法除磷就是向污水中投加药剂与磷反应，形成不溶性磷酸盐，然后通过沉淀过滤，将磷从污水中除去。用于化学除磷的常用药剂有 3 大类，即石灰、铝盐和铁盐。

投加石灰是国外早期常用的方法。石灰与磷酸盐反应生成羟基磷灰沉淀，其反应式如下：

$$5Ca^{2+}+4OH^{-}+3HPO_4^{2-} \longrightarrow CaOH(PO_4)_3+3H_2O$$

石灰首先与水中碱度发生反应形成碳酸钙沉淀：

$$Ca(OH)_2+Ca(HCO_3)_2 \longrightarrow 2CaCO_3+2H_2O$$

然后，过量的钙离子才能与磷酸盐反应生成羟基磷灰石沉淀。因此，通常所需的石灰量主要取决于污水的碱度含量，而不取决于污水中的磷酸盐含量。

石灰的投加点有3种选择：一是在初沉池之前，在除磷的同时，也提高了初沉池有机物和悬浮物的去除率，从而减轻二级处理负担；二是投加到生物处理之后的二沉池中，将磷在生物处理之后去除，不影响生物处理本身对磷的需求；三是加到生物处理之后并带有再碳酸化的系统。再碳酸化是通入 CO_2 中和过高的 pH。投加铝盐除磷，其除磷反应式为：

$$Al(SO_4)_3(14H_2O)+2H_2PO_4^-+4HCO_3^- \longrightarrow 2AlPO_4+4CO_2+3SO_4^{2-}+18H_2O$$

铝盐的投加点比较灵活，可以加在初沉池前，也可以加在曝气池和二沉池之间，还可以以二沉池出水为原水投加铝盐，和生物处理分开。最佳投药量不能按计算决定，因为除磷的化学反应是个复杂的过程，有些化合物的构成还不完全清楚，加上污水本身的复杂性，因此最佳投药量需要用实验确定，对于大型工程来说，还要经过中试、生产性试验等摸索到投药量规律，用以指导生产运行。

投加铁盐除磷，则氯化铁、氯化亚铁、硫酸亚铁、硫酸铁等都可用来除磷，但常用的是氯化铁（$FeCl_3$），其反应式为：

$$FeCl_3(6H_2O)+H_2PO_4^-+2HCO_3^- \longrightarrow FePO_4+2CO_2+3Cl^-+8H_2O$$

城市污水投加量大约在15～30mg/L Fe（45～90mg/L $FeCl_3$）时可以除磷85%～90%。同铝盐一样，铁盐投加点可在预处理、二级处理或三级处理阶段，使用铁盐或铝盐除磷时，在处理厂出水中增加了可溶固体含量。在固液分离不好的处理厂中，铁盐会使出水略带红色。

化学除磷会显著增加污泥量，因为除磷时产生金属磷酸盐和金属氢氧化物絮体，它们是以悬浮固体形式存在，最终变为处理厂污泥。在初沉池前投加金属盐，初沉池污泥量增加50%～100%，全厂污泥量增加60%～70%。在二级处理中投加金属盐，剩余污泥量增加35%～45%，整个污水厂污泥增加5%～25%。化学除磷不仅使污泥量增加，而且因为污泥浓度降低20%而使污泥体积增大，在设计化学法除磷的污水厂时，要充分重视污泥处理与处置问题。

当再生水水质对磷的指标要求较高，采用生物除磷不能达到要求时，应考虑增加化学除磷工艺。

（1）化学除磷处理工艺设计必须具备设计所需的基础资料。基础资料应包括二级污水处理厂的设计污水量、再生水量及它们的变化系数，处理厂进出水中磷、碱度的含量，再生利用对磷及其他指标的要求等。

（2）化学除磷的药剂宜采用铁盐或铝盐或石灰。常用的铁盐絮凝剂有：硫酸亚铁、氯化硫酸铁和三氯化铁；常用铝盐絮凝剂有硫酸铝、氯化铝和聚合氯化铝；当污水中磷的含量较高时，宜采用石灰作为絮凝剂，并用铁盐作为助凝剂。

（3）化学除磷工艺分为前置沉淀工艺、同步沉淀工艺和后沉淀工艺。前置沉淀工艺和同步沉淀工艺宜采用铁盐或铝盐作为絮凝剂；后沉淀工艺宜采用粒状高纯度石灰作为絮凝剂、采用铁盐作助凝剂，并应调整 pH 值。前置沉淀工艺将药剂加在污水处理厂沉砂池中，或加在沉淀池的进水渠中，形成的化学污泥在初沉池中与污水中的污泥一同排除。前置沉淀工艺常用药剂为铁盐或铝盐，其流程如下：

投药点（↓）　↓　（↓）

原污水→格栅→泵房→沉砂池→初沉池→曝气池→二沉池→出水

↓混合污泥

化学除磷采用前置沉淀工艺时，若二级处理采用生物滤池，不允许使用 Fe^{2+}。前置沉淀工艺特别适用于现有污水厂需增加除磷措施的改建工程。

同步沉淀工艺将药剂投加在曝气池进水、出水或二沉池进水中，形成的化学污泥同剩余生物污泥一起排除。同步沉淀工艺是使用最广泛的化学除磷工艺，其流程如下：

投药点（↓）　↓

原污水→格栅→泵房→沉砂池→初沉池→曝气池→二沉池→出水

↓混合污泥

采用同步沉淀工艺会增加污泥产量。

后沉淀工艺药剂不是投加在污水处理厂的原构筑物中，而是在二沉池出水后另建混凝沉淀池，将药剂投在其中，形成单独的处理系统。石灰法除磷宜采用后沉淀工艺，其流程如下：

石灰助凝剂↓　↓ CO_2 或硫酸

二沉池出水→一级混凝沉淀池→二级混凝沉淀池→滤池→出水

↓　石灰泥脱水　↓

石灰宜用高纯度粒状石灰；助凝剂宜用铁盐；CO_2 可用烟道气、天然气、丙烷、燃料油和焦炭等燃料的燃烧产物，或液态商品二氧化碳。石灰泥浓缩脱水后可再生石灰或与生化处理污泥一起脱水作为它用。石灰作为絮凝剂时，石灰用量与污水中碱度成正比，与磷浓度无关。一般城市污水需投加 400mg/L 以上石灰，并应加 25mg/L 左右的铁盐作助凝剂，准确投加量宜通过试验确定。

(4) 铁盐作为絮凝剂时，药剂投加量为去除 1mol 磷至少需要 1mol 铁（Fe），并应乘以 2～3 倍的系数，该系数宜通过试验确定。

(5) 铝盐作为絮凝剂时，药剂用量为去除 1mol 磷至少需 1mol 铝（Al），并应乘以 2～3倍的系数，该系数宜通过试验确定。

(6) 石灰作为絮凝剂时，石灰用量与污水中碱度成正比，并宜投加铁盐作助凝剂。石灰用量与铁盐用量宜通过试验确定。

(7) 化学除磷专用设备，主要有溶药装置、计量装置、投药泵等。石灰法除磷，用 CO_2 酸化时需用 CO_2 气体压缩机等。化学除磷设备应符合计量准确、耐腐蚀、耐用及不堵塞等要求。

7. 活性炭吸附

在污水处理中使用活性炭，可去除水中残存的有机物、胶体粒子、微生物、余氯、痕量重金属等，并可用来脱色、除臭。

活性炭是由煤或木材等材料经一次碳化制成的，其生产过程是在干馏釜中加热分馏，同时以不足量的空气使其继续燃烧，然后在高温下用 CO 使其活化，使炭粒形成多孔结构，造成一个极大的内表面面积，所形成的表面特性与所用原料和加工方法有关。由于活性炭表面积巨大，所以吸附能力很强。活性炭有颗粒状与粉末状之分，目前应用较多的是颗粒状活性炭。活性炭在污水处理中一般用在生物处理之后，为了延长活性炭的工作周期，常在炭柱前加过滤，典型的流程如下：

原水→[预处理]→[生物处理]→[过滤]→[炭吸附]→[消毒]→出水

污水处理厂二级出水经物化处理后，其出水中的某些污染物指标仍不能满足再生利用水质要求时，则应考虑在物化处理后增设粒状活性炭吸附工艺。《污水再生利用工程设计规范》（GB 50335—2002）对采用活性炭吸附工艺的设计要求如下：

（1）因活性炭去除有机物有一定选择性，其适用范围有一定限制。当选用粒状活性炭吸附工艺时，需针对被处理水的水质、回用水质要求、去除污染物的种类及含量等，通过活性炭滤柱试验确定工艺参数。确定用炭量、接触时间、水力负荷与再生周期等。

（2）用于水处理的活性炭，其炭的规格、吸附特征、物理性能等均应符合《颗粒活性炭标准》的要求。用于污水再生处理的活性炭，应具有吸附性能好、中孔发达、机械强度高、化学性能稳定、再生后性能恢复好等特点。

（3）当活性炭使用一段时间后，其出水不能满足水质要求时，可从活性炭滤池的表层、中层、底层分层取炭样，测碘值和亚甲蓝值，验证炭是否失效。失效炭指标见表3-17。

失效炭指标　　表 3-17

测定项目	表　层	中　层	底　层
碘吸附值(mg/L)	≤600	≤610	≤620
亚甲蓝吸附值(mg/L)	≤85	—	≤90

（4）活性炭再生宜采用直接电加热再生法或高温加热再生法。活性炭吸附能力失效后，为了降低运行成本，一般需将失效的活性炭进行再生后继续使用。我国目前再生活性炭常用两种方法，一种是直接电加热，另一种是高温加热。活性炭再生处理可在现场进行，也可返回厂家集中再生处理。

（5）活性炭吸附装置可采用吸附池，也可采用吸附罐。其选择应根据活性炭吸附池规模、投资、现场条件等因素确定。

（6）在无试验资料时，当活性炭采用粒状炭（直径 1.5mm）情况下，宜采用设计参数：接触时间≥10min；炭层厚度 1.0～2.5m；滤速 7～10m/h；水头损失 0.4～1.0m。

活性炭吸附池冲洗：经常性冲洗强度为 15～20L/(m^2·s)，冲洗历时 10～15min，冲洗周期 3～5d，冲洗膨胀率为 30%～40%：除经常性冲洗外，还应定期采用大流量冲洗；冲洗水可用砂滤水或炭滤水，冲洗水浊度<5NTU。

（7）当无试验资料时，活性炭吸附罐宜采用设计参数：接触时间 20～35min；炭层厚度 4.5～6m；水力负荷 2.5～6.8L /(m^2·s)（升流式），2.0～3.3L/(m^2·s)(降流式)；操作压力每 0.3m 炭层 7kPa。

8. 反渗透

反渗透是 20 世纪 60 年代发展起来的一项新的膜分离技术，是依靠反渗透膜在压力下使溶液中的溶剂与溶质进行分离的过程。其原理是在高于溶液渗透压的作用下，依据其他物质不能透过半透膜而将这些物质和水分离开来。由于反渗透膜的膜孔径非常小（仅为10A 左右），因此能够有效地去除水中的溶解盐类、胶体、微生物、有机物等（去除率高达 97%～98%）。

目前，反渗透技术已经应用到海水淡化、纯净水制取、污水的再生利用以及工业供水等多方面领域。20世纪70年代美国21世纪水厂成功地应用反渗透技术回收城市污水，然后注入地下，以防止海水入侵。

反渗透系统的组成为供水单元、预处理系统、高压泵入单元、膜装配单元、仪表及控制系统、反渗透处理及储存单元、清洗单元。

9. 消毒

再生水厂应进行消毒处理。可以采用液氯、二氧化氯、紫外线等消毒。当采用液氯消毒时，加氯量按卫生学指标和余氯量控制，宜连续投加，接触时间应大于30min。与给水处理不同的是投加量大，要保证消毒剂的货源充足和一定量的贮备。

【思考题】

1. 污水指标主要有哪几类组成?
2. 现代污水处理方法按其作用机理，可分为哪3类?
3. 按处理程度，污水处理一般可分为几种类型?
4. 污水再生利用的类型主要有哪几种?
5. 请列举城市污水深度处理的基本单元技术，并列举4～5种其他深度处理单元技术。

6 建筑中水

6.1 概述

水资源短缺是未来人类生存所面临的最严峻的挑战之一。解决水资源短缺的根本出路，除了尽快加强对水资源流域生态环境的恢复与保护，大力提倡节约用水外，最直接有效的措施就是增加水的重复利用。作为节水技术之一，建筑中水回用技术已日渐引起人们的关注。城市建筑中水可回用于小区绿化、景观用水、洗车、清洗建筑物和道路以及室内冲洗厕所等。中水回用对水质的要求低于生活用水标准，具有处理工艺简单、占地面积小、运行操作简便、征地费用低、投资少等特点。近年来，城市建筑小区中水回用的实践证明，中水回用可大量节约饮用水的用量，缓和城市用水的供需矛盾，减少城市排污系统和污水处理系统的负担，有利于控制水体污染，保护生态环境。同时，面对国家实施的“用水定额管理”和“超定额累进加价”制度，中水回用将为建筑小区居民和物业管理部门带来可观的经济效益。随着建筑小区中水回用工程的进一步推广，其产生的环境效益、经济效益和社会效益将更趋明显。

6.1.1 建筑中水回用概况

1. 国外的发展情况

中水技术作为水回用技术，早在20世纪中叶就随工业化国家经济的高度发展，世界性水资源紧缺和环境污染的加剧而出现了。据统计，国外不同类型住宅商业小区内设立中水道，其节水率可达70%，居民住宅区设立中水系统，可节水30%。

面对水资源危机，日本早在20世纪60年代中期就开始污、废水回用，主要回用于工业农业和日常生活，称为“中水道”，至1997年底，在日本供建筑物、建筑物群、居民小区的冲厕或其他非生活饮用的杂用水的污水净化设施，有1475套。新加坡早在20年前开始普遍利用建筑中水。而美国和西欧发达国家也很早就推出了成套的处理设备和技术，他们比较崇尚物理化学处理方法，这些国家的处理设备比较先进，水的回用率较高。

2. 国内的发展情况

20世纪80年代初，随着我国改革开放后对水的需求的增加以及北方地区的干旱形势，促使中水回用技术得到发展，1987年至20世纪末，是技术规范的初步建立和中水工程建设的推进阶段。从国内来看，北京市开展建筑中水技术的研究和推广工作较早，此外，上海、大连、昆明、青岛和济南等城市的中水设施建设也初见成效，但总体来看，建筑中水回用在我国仍处于起步阶段。

6.1.2 基本概念

中水的概念来源于20世纪60年代日本的“中水道”，意指水质介于上水（饮用水）和下水（污水）之间的一种水路系统。中水是对应给水、排水的内涵而得名的，翻译过来的名词有再生水、中水道、回用水、杂用水等，我们通常所称的中水是对建筑物、建筑小区的配套设施而言，又称为中水设施。

(1) 中水：指各种排水经处理后，达到规定的水质标准，可在生活、市政、环境等范围内重复使用的非饮用水。

(2) 建筑物中水：指一栋或几栋建筑物内建立的中水系统。

(3) 小区中水：在小区内建立的中水系统。小区主要指居住小区，也包括院校、机关大院等集中建筑区，统称建筑小区。

(4) 建筑中水：建筑物中水和小区中水的总称。

(5) 中水系统：由中水原水的收集、贮存、处理和供给等工程设施组成的有机结合体。是建筑物或建筑小区的功能配套设施之一。

(6) 杂排水：民用建筑中除粪便污水外的各种排水，如冷却排水、泳池排水、沐浴排水、盥洗排水、洗衣排水、厨房排水等。

(7) 优质杂排水：其污染程度较低的排水，如冷却排水、泳池排水、沐浴排水、盥洗排水、洗衣排水等。

(8) 中水设施：指中水原水的收集、处理，中水的供给、使用及其配套的检测、计量等全套构筑物、设备和器材。

(9) 水量平衡：对原水水量、处理量与中水用量和自来水补水量进行计算、调整，使其达到供与用的平衡和一致。

(10) 中水原水：选作为中水水源而未经处理的水。

中水水源应根据排水的水质、水量、排水状况和中水回用的水质、水量选定。可作为建筑中水水源的有冷凝冷却水、沐浴排水（卫生间、公共浴室的浴盆、淋浴等）、盥洗排水、空调循环冷却系统排水、游泳池排水、洗衣排水、厨房排水、厕所排水。建筑屋面雨水可作为中水水源或水源的补充。小区中水可选择的水源有建筑小区内建筑物杂排水、城市污水处理厂出水、相对洁净的工业排水、小区生活污水或市政排水、建筑小区内的雨水以及可利用的天然水体（河、塘、湖、海水等）。当城市污水回用处理厂出水达到中水水质标准时，建筑小区可直接连接中水管道使用；当城市污水回用处理厂出水未达到中水水质标准时，可作中水水源进一步的处理，达到中水水质标准后回用。应当注意，含有《污水综合排放标准》规定的一类污染物的排水不得作为中水水源，综合医院污水可作为独立的不与人接触的土壤系统中水水源，传染病医院、结核病医院污水和放射性污水不得作为中水水源，二类污染物超标的排水也不宜作为中水水源。

城市最大限度地利用中水资源的方法之一是采取分质供水，即建造并运行两套供水系统，其一输送优质饮用水或高水质要求用水，另一输送经深度处理后的回用水，供给工业用水及城市杂用水。这种方式需双管路供水，造价高，且在城市道路交通繁忙，地下管线拥挤、居住人口密集的市区难以实现。而建筑中水系统则是利用建筑本身排出的生活污水作为水源，就地收集，就地处理回用，投资不高，具有一定的社会经济效益，是国内外普遍采用的中水利用方式之一。

6.1.3 建筑中水回用的意义

建筑中水工程属于小规模的污水再生利用工程，相对于大规模的城市污水再生利用而言，具有分散、灵活、无需长距离输水和运行管理方便等特点。大量工程实践证明，建筑中水回用具有显著的环境效益、经济效益和社会效益。

（1）建筑中水回用可减少自来水消耗量，缓解城市用水的供需矛盾。

（2）建筑中水回用可减少城市生活污水排放量，减轻城市排污系统和污水处理系统的负担，并可在一定程度上控制水体的污染，保护生态环境。

（3）建筑中水回用的水处理工艺简单，运行操作简便，供水成本低，基建投资小。

应该指出，由于目前大部分地区的水资源费和自来水价格偏低，对于大多数实施建筑中水回用的单位来讲，其直接经济效益尚不尽如人意，但考虑到水资源短缺的大趋势及引水排水工程的投资越来越大等因素，各城市的水资源增容费用和自来水价格必将逐步提高，而随着建筑中水技术的日益成熟和设计、管理水平的不断提高，中水的成本将会呈下降趋势。可以预计，在许多缺水城市和一些正在或即将实施"用水定额管理"和"超定额累进加价"制度的地区，中水回用的经济效益将会越来越显著。

6.2 建筑中水系统的类型和组成

6.2.1 建筑中水系统的类型

建筑中水系统是给排水工程技术、水处理工程技术及建筑环境工程技术相互交叉、有机结合的一项系统工程。中水系统不能简单地理解为污水处理厂的小型化，更不是给排水工程和水处理设备的简单拼接。

1. 中水系统分类

（1）《建筑中水设计规范》将建筑小区中水系统分为以下几种形式：

1）原水分流管系和中水供水管系覆盖全区的完全系统；

2）原水分流管系和中水供水管系均为区内部分建筑的部分完全系统；

3）无原水分流管系（原水为综合污水或外界水源），只有中水供水管系的半完全系统；

4）只有原水分流管系而无中水供水管系（景观、河湖补水）的半完全系统；

5）无原水分流管系，中水专供绿化的土壤渗透系统。

（2）根据国内外已建成的中水工程，中水系统可以分为以下几种类型：

1）建筑排水采用分流制

建筑排水采用分流制，杂排水（住宅）或优质杂排水（公共建筑）与粪便污水分开排放，用于中水的水源为杂排水或优质杂排水。处理后的中水回用有多种途径，可以采用供整个小区或建筑使用的完全系统，也可是某一单一用途的不完全系统。

2）建筑排水采用合流制

建筑排水采用合流制，中水水源为综合污水。这种系统的中水水源为建筑或小区排放的混合污水，污染物的浓度较高，中水处理设施投资及处理成本相对较大。室内排水一般采取分流制，到室外后废、污合二为一，共用一套排水系统。中水回用管网可以覆盖至整个小区，也可以只用于景观、河湖的补水。

当中水回用量较小时，只利用部分污水作为中水水源，多余部分污水只要处理到相应的排放标准后即可排放，不必进行深度的处理。当建筑或小区所在地城市污水管网完善时，污水也可以只经简单的化粪池处理后排入污水管网。

3）采用外接水源的中水系统

采用外接水源作为建筑中水水源，外接水源可以是城市污水处理厂的二级处理出水，也可以是小区的雨水或附近河道的河水，建筑或小区排放的污水经处理后排放。

2. 按服务范围和规模分类

建筑中水系统按服务范围和规模可分为：单幢建筑中水系统、建筑小区中水系统和区域性水循环建筑中水系统3大类。

（1）单幢建筑中水系统

单幢建筑中水系统的中水水源取自本系统内的杂排水（不含粪便排水）和优质杂排水（不含粪便和厨房排水）。

对于设置单幢建筑中水系统的建筑，其生活给水和排水都应是双管系统，即给水管网为生活饮用水管道和杂用水管道分开，排水管网为粪便排水管道和杂排水管道分开的给、排水系统。

单幢建筑中水系统处理流程简单、占地面积小、投资少、见效快，适用于用水量较大，尤其是优质杂排水水量较大的各类建筑物。

（2）建筑小区中水系统

建筑小区中水系统的水源取自建筑小区内各建筑物排放的污水。

根据建筑小区所在城镇排水设施的完善程度确定室内排水系统，但应使建筑小区室外给、排水系统与建筑物内部给、排水系统相配套。

建筑小区中水系统工程规模较大、管道复杂，但中水集中处理的费用较低，多用于建筑物分布较集中的住宅小区和高层楼群、高等院校等。

目前，设置中水工程的建筑小区室外排水多为粪便、杂排水分流系统，中水水源多取自杂排水。建筑小区和建筑物内部给水管网均为生活饮用水和杂用水双管配水系统。

（3）区域性水循环建筑中水系统

区域性水循环建筑中水系统一般以本地区城市污水处理厂的二级处理水为水源。

区域性水循环建筑中水系统的室外、室内排水系统可不必设置成分流双管排水系统，但室内、室外给水管网必须设置成生活饮用水和杂用水双管配水的给水系统。

区域性水循环建筑中水系统适用于所在城镇具有污水二级处理设施，并且距污水处理厂较近的地区。

3. 小区中水原水集流系统分类

建筑小区中水原水集流系统分类方法有3种，其一是按用水设备排放水种类分、其二是按小区雨水集流排放系统组成分、其三按排水体制分。

（1）按用水设备排放水种类分类

建筑小区中水原水集流系统按用水设备排放水种类分类，包括：便溺排水集流系统、盥洗排水集流系统、淋浴排水集流系统、厨房水排水集流系统。

（2）按小区雨水集流排放系统组成分类

建筑小区中水原水集流系统按小区雨水集流排放系统组成分类，包括：屋面雨水收集和排除系统（檐沟排水系统、天沟排水系统、内排水系统）、地面雨水收集和排除系统。

（3）按排水体制分类

建筑小区中水原水集流系统按排水体制分类，包括合流制和分流制2种。

6.2.2 建筑中水系统的组成

建筑中水系统由中水原水系统（中水水源集流设施）、中水处理系统（中水处理设施）和中水供水系统3部分组成。

1. 中水原水系统（中水水源集流设施）

中水原水系统是指收集、输送中水原水到中水处理设施的管道系统和相关的附属构筑物。主要包括室内、外的排水集流管道系统，即室内外杂排水（优质杂排水）、粪便污水排水管道，或室内分流排水管道、室外合流排水管道。各种集流系统包括：

（1）全集流方式：即把建筑物排放的污水全部集流，经处理达到中水水质标准后回用。采用这种集流方式收集的污水水质较差，要先进行污水处理，达到一定标准后再进一步进行深度处理，达到中水水质要求。因此，中水工程费用大，处理成本较高。

（2）部分集流和部分回用方式：这种方式集流污水的水质，一般均不含有粪便冲洗污水，因此用于回用的中水水源水质较好，处理相对简单，工程造价较低，处理成本也较低，但需双排水管网和双配水管网，适用于办公楼、宾馆、饭店、综合商业大厦等新建工程。

（3）为全集流、部分回用方式：当建筑物内的污水采用合流管道排放，根据中水用水量情况，仅使用部分合流排水即可满足需要，可以采用这种方式。

2. 中水处理系统（中水处理设施）

中水处理系统是指对中水原水进行净化处理的工艺流程、处理设备和相关构筑物。

中水设施指中水水源的收集、处理，中水的供给、使用及其配套的检测、计量等全套建构筑物、设备和器材。按水处理工程工艺流程可划分为预处理阶段、主要处理阶段和深度处理阶段，各阶段的设施和设备有：

（1）预处理阶段：一般指污水的预处理，包括格栅或滤网对悬浮物的截留、油水分离、毛发截流、水量调节、水质调整等，污水处理设施有各种格栅或滤网、油水分离器、毛发过滤器、化粪池、调节池。

（2）主要处理阶段：根据生活污水的水质，包括生物处理和物化处理，主要处理设施和设备有生物处理设施和设备与物理化学处理设施和设备。

（3）后处理阶段：主要是经生化或物化处理后污水的深度处理，分别采用如深度过滤设备、超滤设备、电渗析设备、反渗透设备、混凝沉淀、气浮、吸附交换、化学氧化以及消毒等设施或设备，使处理出水达到中水水质标准。

3. 中水供水系统

中水供水系统是指把处理合格后的中水从水处理站输送到各个用水点的管道系统、输送设备和相关构筑物。实行中水回用的建筑或小区，其建筑内和外都应设置中水管网，以及增压贮水设备。增压贮水设备有饮用水池、高架中水贮存池、中水高位水箱、水泵或气压供水设备等。

6.3 建筑中水的水质和水量

6.3.1 原水

1. 原水的概念和种类

原水系指中水水源，该水源水经处理后达到中水水质标准，中水水质介于饮用水水质和生活污水水质之间、即中水原水水质低于中水水质标准，更低于生活饮用水水质标准。

建筑中水原水主要是指建筑小区居民生活排水。

2. 建筑中水原水的选取

建筑中水原水是保证小区中水供水的必要条件，没有可靠的中水原水保证不了中水的供应。建筑中水原水的选择条件是：

（1）有一定的水量，且水量稳定可靠，能够满足中水供应的水量要求。

（2）原水污染较轻，易于处理和回用，投资费和运行管理费较低。

（3）原水易于收集和集流，减少集流系统的投资费用。

（4）原水本身和经处理回用对人体、中水用水器具、环境无害。

（5）原水处理过程中不产生严重污染。

（6）节约水资源效果明显，减少小区用水费用和排污费用。

（7）有利于保护水环境。

（8）促进当地社会效益、经济效益和环境效益的提高。

（9）有助于小区建设。

根据建筑中水原水的选择条件，除雨雪水受季节影响外，锅炉排污水和软化水排水水量较少且排放不稳定，所以建筑中水用原水目前常用有粪便污水、洗涤水、淋浴水、洗衣水、厨房排水、冷却水。

3. 中水原水水质

原水水质一般随建筑物类型和用途不同而异，各类建筑物各种排水污染浓度见表3-18。

各类建筑物各种排水污染浓度（单位：mg/L） **表 3-18**

类别	住宅			宾馆、饭店			办公楼、教学楼			公共浴室			餐饮业、营业餐厅		
	BOD_5	COD_{Cr}	SS	BOD_5	COD_{Cr}	SS	BOD_5	COD_{Cr}	SS	BOD_5	COD_{Cr}	SS	BOD_5	COD_{Cr}	SS
冲厕	300—450	800—1100	350—450	250—300	700—1000	300—400	260—340	350—450	260—340	260—340	350—450	260—340	260—340	350—450	260—340
厨房	500—650	900—1200	220—280	400—550	800—1100	180—220	—	—	—	—	—	—	500—600	900—1100	250—280
沐浴	50—60	120—135	40—60	40—50	100—110	30—50	—	—	—	45—55	110—120	35—55	—	—	—
盥洗	60—70	90—120	100—150	50—60	80—100	80—100	90—110	100—140	90—110	—	—	—	—	—	—
洗衣	220—250	310—390	60—70	180—220	270—330	50—60	—	—	—	—	—	—	—	—	—
综合	230—300	455—600	155—180	140—175	295—380	95—120	195—260	260—340	195—260	50—65	115—135	40—65	490—590	890—1075	255—285

中水原水的选取按照下列顺序进行排列：

（1）卫生间、公共浴室的盆浴和淋浴等的排水；

（2）盥洗排水；

（3）空调循环冷却系统排污水；

（4）冷凝水；

（5）游泳池排污水；

（6）洗衣排水；

（7）厨房排水；

（8）冲厕排水。

实际建筑中水原水一般不是单一的，多为上述各种原水的组合。一般可分成下列3种组合：

（1）盥洗排水和淋浴排水（有时也包括冷却水）组合，该组合称为优质杂排水，为建筑中水原水最好者，应优先选用。

（2）盥洗排水、淋浴排水和厨房排水组合，该组合称为杂排水，比（1）组合水质差一些。

（3）生活污水，即所有生活排水之总称，由于包括粪便水，所以这种水质最差。

6.3.2 中水

1. 建筑小区中水用途

小区中水用于不与人体直接接触的用水处，其用途有以下几个方面。

（1）冲厕用水

用于各种便溺卫生器具的冲洗用水。在住宅内，便溺用卫生器具最好是坐式大便器，该器具有盖可以封闭，用中水更为安全。

（2）绿化用水

在小区内有绿化地带，栽有各种花草树木，需定期浇灌养护，可用中水代替自来水浇灌。用于绿化用水，可采用滴灌、喷灌等技术，节约中水用量。

（3）浇洒道路用水

为防止小区道路起灰或清除道路上的污泥脏物，采用中水进行浇洒和冲洗。

（4）水景补充用水

小区内设有水景，能改变小区气候环境，也使小区增加了美感，各种水景因漏失或蒸发而减少了水量，可用中水补充。

（5）消防用水

在设有消防设施的建筑小区，可用中水替代自来水进行消防。

（6）汽车冲洗用水

随着国民经济和小区建筑的发展，住户拥有各式汽车数量增加，采用中水对汽车的冲洗保洁可减少自来水的用量。

（7）小区环境用水

小区垃圾场地冲洗、锅炉的湿法除尘等均可采用中水。

（8）空调冷却水补充

在设有集中空调的建筑，空调冷却水因漏失和蒸发而减少，可以用中水补充。

2. 中水水质要求

不同用途的中水其水质是不同的，其要求如下：

(1) 满足卫生要求

中水的卫生要求是保证用水的安全性，其指标有大肠菌数、细菌总数、余氯量、悬浮物、生物需氧量、化学需氧量等。

(2) 满足感官要求

中水通过人们的感觉器官不应有不快的感觉，其指标有浊度、色度和嗅味等。

(3) 满足设备和管道的使用要求

中水中的pH、硬度、蒸发残渣、溶解性物质是保证设备和管道使用要求的指标，可使管道和设备不腐蚀、不结垢，不堵塞等。

以冲厕所需的中水水质为例：

(1) 卫生项目：通常控制大肠杆菌群数在10个/mL以下，故在设备出口处投氯量不应小于1mg/L，在中水管网末端余氯量在0.2mg/L以上。

(2) 感官上：无不快感；色度一般在40度以下，若使用彩色便器，其色度可更高一些；浊度一般在20度以下；悬浮物一般在10mg/L以下；阴离子合成洗涤剂一般在10mg/L以下，可不会产生泡沫。

(3) 在设备和管道上：pH值控制在6.5～9.0范围内，不会产生腐蚀。

3. 中水水质规定

为贯彻我国水污染防治和水资源开发方针，提高用水效率，做好城镇节约用水工作，合理利用水资源，实现城镇污水资源化，减轻污水对环境的污染，促进城镇建设和经济建设可持续发展，国家标准化管理委员会组织编制颁布了《城市污水再生利用》系列标准。

《建筑中水设计规范》(GB/T 50336—2002) 中对中水水质标准规定如下：

(1) 中水用作建筑杂用水和城市杂用水，如冲厕、道路清扫、消防、城市绿化、车辆冲洗、建筑施工等杂用，其水质应符合国家标准《城市污水再生利用　城市杂用水水质》(GB/T 18920—2002) 的规定。

(2) 中水用于景观环境用水，其水质应符合国家标准《城市污水再生利用　景观环境用水水质》(GB/T 18921—2002) 的规定。

(3) 中水用于食用作物、蔬菜浇灌用水时，应符合《农田灌溉水质标准》(GB 5084) 的要求。

(4) 中水用于采暖系统补水等其他用途时，其水质应达到相应使用要求的水质标准。

(5) 当中水同时满足多种用途时，其水质应按最高水质标准确定。

标准中，关于城市污水再生利用的城市杂用水水质、景观环境用水水质、工业用水水质具体水质要求分别见表3-19、表3-20、表3-21。

6.3.3　小区中水系统水量平衡

1. 水量平衡的作用

小区中水系统水量平衡指中水原水量、处理水量和中水用量三者之间形成平衡，亦即中水原水量、处理水量能够满足中水用量的要求。

城市杂用水水质标准　　表 3-19

序号	项　目	冲厕	道路清扫、消防	城市绿化	车辆冲洗	建筑施工
1	pH	6.0～9.0				
2	色(度) ≤	30				
3	嗅	无不快感				
4	浊度(NTU) ≤	5	10	10	5	20
5	溶解性总固体(mg/L)≤	1500	1500	1000	1000	—
6	五日生化需氧量(BOD_5) (mg/L) ≤	10	15	20	10	15
7	氨氮(mg/L) ≤	10	10	20	10	20
8	阴离子表面活性剂(mg/L)	1.0	1.0	1.0	0.5	1.0
9	铁(mg/L) ≤	0.3	—	—	0.3	—
10	锰(mg/L) ≤	0.1	—	—	0.1	—
11	溶解氧(mg/L) ≥	1.0				
12	总余氯(mg/L)	接触 30min 后≥1.0,管网末端≥0.2				
13	总大肠菌群(个/L) ≤	3				

景观环境用水的再生水水质指标（单位：mg/L）　　表 3-20

序号	项　目	观赏性景观环境用水			娱乐性景观环境用水		
		河道类	湖泊类	水景类	河道类	湖泊类	水景类
1	基本要求	无漂浮物,无令人不愉快的臭和味					
2	pH 值(无量纲)	6～9					
3	五日生化需氧量(BOD_5) ≤	10	6		6		
4	悬浮物(SS) ≤	20	10		—		
5	浊度(NTU) ≤	—			5.0		
6	溶解氧 ≥	1.5			2.0		
7	总磷(以 P 计) ≤	1.0	0.5		1.0	0.5	
8	总氮 ≤	15					
9	氨氮(以 N 计) ≤	5					
10	粪大肠菌群(个/L) ≤	10000		2000	500	不得检出	
11	余氯[①] ≥	0.05					
12	色度（度） ≤	30					
13	石油类 ≤	1.0					
14	阴离子表面活性剂 ≤	0.5					

注:1. 对于需要管道输送再生水的非现场回用情况采用加氯消毒方式;对于现场回用情况不限制消毒方式。
　2. 若使用未经过除磷脱氮的再生水作为景观环境用水,鼓励在回用地点积极探索通过人工培养具有观赏价值水生植物的方法,使景观水体的氮磷满足本表的要求,使再生水中的水生植物有经济合理的出路。

"—"表示对此无要求。

①氯接触时间不应低于 30min。对于非加氯消毒方式无此项要求。

再生水用作工业用水水源的水质标准 **表 3-21**

序号	控制项目		冷却用水		洗涤用水	锅炉补给水	工艺与产品用水
			直流冷却水	敞开式循环冷却水系统补充水			
1	pH 值		6.5～9.0	6.5～8.5	6.5～9.0	6.5～8.5	6.5～8.5
2	悬浮物(SS)(mg/L)	≤	30	—	30	—	—
3	浊度(NTU)	≤	—	5	—	5	5
4	色度(度)	≤	30	30	30	30	30
5	生化需氧量(BOD_5)(mg/L)	≤	30	10	30	10	10
6	化学需氧量(COD_{Cr})(mg/L)	≤	—	60	—	60	60
7	铁(mg/L)	≤	—	0.3	0.3	0.3	0.3
8	锰(mg/L)	≤	—	0.1	0.1	0.1	0.1
9	氯离子(mg/L)	≤	250	250	250	250	250
10	二氧化硅(SiO_2)	≤	50	50	—	30	30
11	总硬度(以 $CaCO_3$ 计,mg/L)	≤	450	450	450	450	450
12	总碱度(以 $CaCO_3$ 计,mg/L)	≤	350	350	350	350	350
13	硫酸盐(mg/L)	≤	600	250	250	250	250
14	氨氮(以 N 计,mg/L)	≤	—	10①	—	10	10
15	总磷(以 P 计,mg/L)	≤	—	1	—	1	1
16	溶解性总固体(mg/L)	≤	1000	1000	1000	1000	1000
17	石油类(mg/L)	≤	—	1	—	1	1
18	阴离子表面活性剂(mg/L)	≤	—	0.5	—	0.5	0.5
19	余氯②(mg/L)	≥	0.05	0.05	0.05	0.05	0.05
20	粪大肠菌群(个/L)	≤	2000	2000	2000	2000	2000

注:①当敞开式循环冷却水系统换热器为铜质时,循环冷却系统中循环水的氨氮指标应小于 1 mg/L。
②加氯消毒时管末梢值。

水量平衡是进行中水原水集流和处理，中水输配水系统的设计、施工、投资的重要依据。

2. 水量平衡的原理

在建筑小区中，自来水供给卫生器具、用水器具用水，用后水即成污水，污水经处理后再回用至卫生器具和用水器具。若是中水系统，上述污水为中水原水，处理后水为中水，原水量与中水量相等，无需自来水补充，它们之间形成一闭合循环系统。它们之间即中水原水量和中水量相等，处于水量平衡。若上述情况，中水输送和使用过程中有漏失和蒸发量，使得中水原水量减少，也减少了中水量，需部分自来水补充，则有自来水补充。中水量、自来水补充量和原水量应有一种水量平衡关系。

在实际的建筑小区中，有些卫生器具和用水只能用自来水，而有些器具和用水可用低于自来水水质的其他水，即中水。中水系统中的原水量、中水量、补充水量应进行水量平衡计算。

3. 中水原水量计算

中水原水量按下式计算：

（1）按日用水量定额分配比例法计算

按日用水量定额分配比例法计算公式如式（3-10）所示：

$$Q_y = \sum \alpha \cdot \beta \cdot Q \cdot b \tag{3-10}$$

式中 Q_y——中水原水量（m^3/d）；

α——最高日给水量折算成平均日给水量的折减系数，一般取 0.67～0.91；

β——建筑物按给水量计算排水量的折减系数，一般取 0.8～0.9；

Q——建筑物最高日生活给水量，按《建筑给水排水设计规范》中的用水定额计算（m^3/d）；

b——建筑物用水分项给水百分率。各类建筑物的分项给水百分率应以实测资料为准，在无实测资料时，可参照表 3-22 选取。

各类建筑物分项给水百分率（%） **表 3-22**

项目	住宅	宾馆、饭店	办公楼、教学楼	公共浴室	餐饮业、营业餐厅
冲厕	21.3～21	10～14	60～66	2～5	6.7～5
厨房	20～19	12.5～14	—	—	93.3～95
淋浴	29.3～32	50～40	—	98～95	—
盥洗	6.7～6.0	12.5～14	40～34	—	—
洗衣	22.7～22	15～18	—	—	—
总计	100	100	100	100	100

（2）按排水器具排水量计算

按排水器具排水量计算，其公式如式（3-11）所示：

$$Q_y = \sum c \cdot q \cdot m \cdot n / 1000 \tag{3-11}$$

式中 Q_y——小区日中水原水量，m^3/d；

c——折减系数，一般为 0.8～0.9；

q——用水器具一人一次使用排水量，L/h，见表 3-23。

m——使用次数，次/(d·人)；

n——使用人数。

（3）按最高日中水用水量不同用途计算

最高日中水用水量根据中水的不同用途计算累加公式如式（3-12）所示：

$$Q_z = Q_c + Q_s + Q_q + Q_b + Q_n + Q_x \tag{3-12}$$

式中 Q_z——中水用水量，m^3/d；

Q_c——冲厕中水用水量，m^3/d；

Q_s——浇洒、绿化、道路保洁中水用水量，m^3/d；

Q_q——汽车冲洗中水用水量，m^3/d；

Q_b——空调冷却水中水补水量，m^3/d；

Q_n——中水作采暖系统补充水量，m^3/d；

Q_x——汽车库地面冲洗用水，m^3/d。

用水器具一人一次使用排水量 **表 3-23**

序号	卫生器具名称	1次用水量(L/次)	1h用水量(L/h)	
			住宅	公用和公共建筑
1	污水盆(池)	15～25		45～360
2	洗涤盆(池)		180	60～300
3	洗脸盆、盥洗槽水龙头	3～5	30	50～150
4	洗手盆			15～25
5	浴盆:带淋浴器 无淋浴器	150 125	300 250	300 250
6	淋浴器	70～150	140～200	210～540
7	大便器:高水箱 低水箱 自闭式冲洗阀	9～14 9～16 6～12	27～42 27～48 18～36	27～168 27～256 18～144
8	大便槽(每蹲位)	9-12		
9	小便器:手动冲洗阀 自闭式冲洗阀 自动冲洗水箱	2～6 2～6 15～30		20～120 20～120 150～600
10	小便槽(每m长) 多孔冲洗管 自动冲洗水箱	 3.8		 180 180
11	化验盆:单联化验水龙头 双联化验水龙头 三联化验水龙头			40～60 60～80 80～120
12	净身器	10～15		120～180
13	洒水栓:$\phi15$ $\phi20$ $\phi25$	60～720 120～1440 210～2520		60～720 120～1440 210～2520

4. 中水用水量计算

(1) 冲厕用水量计算

冲厕用水量计算方法有2种。

1) 按冲厕用水占用水量的百分比计算，计算公式如式 (3-13) 所示：

$$Q_c = 1.2 \cdot b \cdot Q_d \tag{3-13}$$

式中 Q_c——冲厕中水用水量，m^3/d；

b——冲厕所用水占日用水量的百分数，%；

1.2——考虑漏损的附加系数；

Q_d——小区日生活给水量，m^3/d。

2) 按厕所蹲 (坐) 位冲洗次数计算，计算公式如式 (3-14) 所示：

$$Q_c = 1.2 \cdot q \cdot m \cdot n/1000 \tag{3-14}$$

式中　q——每次冲洗用水量 6～12L/次，采用节水器具为 6～9L/次；

m——使用厕所人数，人/d；

n——每人每天冲洗次数，次/(人·d)；

Q_c、1.2 同公式（3-13）。

（2）浇洒、绿化、道路保洁用水量计算

1）按洒水强度计算水量，计算公式如式（3-15）所示：

$$Q_s = 0.001h \cdot S \cdot n \tag{3-15}$$

式中　Q_s——浇洒道路、绿化用水量，m^3/d；

h——洒水强度，mm（水泥路面 $h=1\sim5$mm，土路面 $h=3\sim10$mm，绿化 $h=10\sim50$mm）；

S——道路或绿化面积，m^2；

n——每日浇洒次数。

2）按洒水喷头数计算水量，计算公式如式（3-16）所示：

$$Q_s = 3.6q \cdot n \cdot T \tag{3-16}$$

式中　q——洒水栓出流量，L/s；

n——洒水栓个数，个；

T——洒水历时，h/d；

Q_s——同公式（3-15）。

（3）汽车冲洗用水量计算

汽车冲洗用水量计算公式如式（3-17）所示：

$$Q_q = \sum q \cdot n \cdot b \tag{3-17}$$

式中　Q_q——汽车冲洗用水量，L/d；

q——汽车冲洗用水量定额，L/(辆·d)，小轿车：250～400L/(辆·d)，公汽、载重汽车 400～600L/(辆·d)；

n——车辆总数；

b——同时冲洗率，按洗车台数定。

汽车库地面冲洗用水量计算如式（3-18）所示：

$$Q_x = q \cdot F/1000 \tag{3-18}$$

式中　Q_x——汽车库地面冲洗用水量，m^3/d；

q——地面冲洗用水定额，L/m^2，按 2～3 L/m^2 确定；

F——冲洗地面面积，m^2。

（4）空调冷却水补水量计算

补水量计算公式如式（3-19）所示：

$$Q_b = 1.10(Q_z + Q_p + Q_f) \tag{3-19}$$

其中 $Q_z=(0.004\sim0.008)Q_x$，按气温＝10～40℃的中值内插取值，$Q_p=(0.016\sim0.001)Q_x$，按浓缩倍数 $n=1.5\sim10$ 内插取值，$Q_f=0.025Q_x$。

式中　Q_b——空调冷却水补水量，m^3/h；

Q_z——蒸发损失水量，m^3/h；

Q_p——排污及渗漏水量损失，m^3/h；

Q_f——风吹损失，m^3/h；

Q_x——冷却循环水量，m^3/h。

(5) 中水作采暖系统补充水量计算

中水作采暖系统补充水量计算公式如式（3-20）所示：

$$Q_n=(0.02\sim0.03)Q_x \tag{3-20}$$

式中 Q_n——采暖系统循环水量，m^3/h；

Q_x——采暖系统补水量，m^3/h。

5. 水量平衡

如前所述，中水系统水量平衡是使中水原水量、处理水量、中水用水量均衡，保障供需吻合。

(1) 水量平衡设计步骤

1) 根据所定中水用水时间及计算用量拟定出中水用量逐时变化曲线。

2) 给出中水站处理水量变化曲线，其由处理设备工作状况所决定。处理量如式（3-21）所示：

$$q=(1.10\sim1.15)Q_d/t \tag{3-21}$$

式中 q——设计处理能力。m^3/h；

Q_d——最大日中水用量，m^3/d；

t——处理站每 1d 设计运行时间，h。

3) 根据以上两条曲线之间所围面积最大者确定中水系统中原水、处理水、用水之间的调节量。

4) 如中水最大用量是连续发生在几小时间，可将这连续几小时的最大用量之和，作为中水调节池容积，一般连续最大小时数不会超过 6h。

(2) 水量平衡措施

为使中水原水量、处理水量、中水用量保持均衡，使中水产量与中水用量在 1d 内逐时地不均匀变化以及一年内各季的变化得到调节，必须采取水量平衡措施。

平衡措施有中水原水贮存池（如调节池），中水贮存池（如中水池），还有自来水补充调节和水的溢流超越等。

(3) 水量平衡图

为使中水系统水量平衡规划更明显直观，应作出水量平衡图。该图是用图线和数字表示出中水原水的收集、贮存、处理、使用之间的关系。主要内容包括如下：

1) 小区建筑各用水点的总排放水量（包括中水原水量和直接排放水量）。

2) 中水处理水量、原水调节水量。

3) 中水总供水量及各用水点的供水量。

4) 中水消耗量（包括处理设备自备水量、溢流水量和放空水量）、中水调节水量。

5) 自来水的总用水量（包括各用水点的分项水量及对中水系统的补充水量）。

6) 给出自来水量、中水回用量、污水排放量三者的比率关系。

计算并表示以上各量之间的关系，可以借此协调水的平衡，也能表明水资源合理利用效果。

6.4 建筑中水处理系统设计

6.4.1 建筑中水处理系统

如前所述，建筑中水系统由中水原水系统（中水水源集流设施）、中水处理系统（中水处理设施）和中水供水系统3部分组成。

1. 中水原水系统

中水原水集水系统分为合流系统和分流系统2种类型。

(1) 合流集水系统

将生活污水和废水用一套排水管道排出的系统，即通常的排水系统。合流集水系统的集流干管可根据中水处理站位置要求设置在室内或室外。这种集水系统具有管道布置设计简单、水量充足稳定等优点，但是由于该系统将生活污废水合并，即系统中的污水为综合污水，因此它还具有原水水质差、中水处理工艺复杂、用户对中水接受程度差等缺点，同时处理站容易对周围环境造成污染。

合流集水系统的管道设计要求和计算同室内排水设计。

(2) 分流集水系统

将生活污水和废水根据其水质情况的不同分别排出的系统，即污、废水分流系统。排水分流后，将水质较好的排水作为中水原水，水质较差的排水则进入污水处理构筑物或直接排入下水道。

分流集水系统具有以下特点：

1) 中水原水水质较好。分流出来的废水一般不包括粪便污水和厨房的油污排水，有机污染较轻，BOD_5、COD均小于200mg/L，优质杂排水可小于100mg/L，这样可以简化处理流程，降低处理设施造价。

2) 中水水质保障性好，符合人们的习惯和心理要求，使用户容易接受。

3) 处理站对周围环境造成的影响较小。

缺点是原水水量受限制，并且需要增设一套分流管道，增加了管道系统的费用，同时给设计带来一些麻烦。

(3) 分流集水系统的设计

1) 适于设置分流管道的建筑：

① 有洗浴设备且和厕所分开布置的住宅、公寓等。

② 有集中盥洗设备的办公楼、写字楼，旅馆、招待所、集体宿舍。

③ 公共浴室、洗衣房。

④ 大型宾馆、饭店的客房和职工浴室。

以上建筑自然形成立管分流，只要把排放洗浴、洗涤废水的立管集中起来，即形成分流管系。

2) 分流集水系统设计要点：

① 在管道间内设置专用废水立管，无管道间时宜在不同的墙角设置废水立管。

② 便器与洗浴设备宜分设或分侧布置，为接管提供方便。

③ 废水支管应尽量避免与污水支管交叉。

④ 集流干管设在室内外均可，应根据原水池的位置关系确定。

⑤ 尽量提高中水原水集流干管的管道标高，从而保障处理站的原水溢流能够靠重力流排入下水道。

⑥ 当有厨房排水作为中水原水时，厨房排水应经隔油处理后，方可进入原水集水系统。

⑦ 原水集水系统应有防止不符合水质要求的排水接入的措施，如在露明管道和附属构筑物设有明显标志等。

(4) 分流制原水系统的组成

1) 建筑物室内污水分流（原水集流）管道和设备

建筑物室内污水分流（原水集流）管道和设备的作用是收集洗澡、盥洗和洗涤污水。集流的污水排到室外集流管道，经过建筑物或建筑小区中水处理站净化后回送到建筑小区内各建筑物，作为杂用水使用。室内集流的污水排到室外集流管道时，集流排水的出户管处应设置排水检查井，与室外集流管道相接。

2) 建筑小区污水集流管道

建筑小区污水集流管道可布置在庭院道路或绿地以下，应根据实际情况尽可能地依靠重力把污水输送到中水处理站。建筑小区集流污水管分为干管和支管，根据地形和管道走向情况，可在管网中适当的位置设置检查井、跌水井和溢流井等，以保证集流污水管网的正常运行以及集流污水水量的恒定。

3) 污水泵站及压力管道

当集流污水不能依靠重力自流输送到中水处理站时，需设置泵站进行提升。在这种情况下，泵站到中水处理站间的集流污水管道，应设计为压力管道。

2. 中水处理系统

(1) 中水处理流程

1) 确定处理流程的依据

① 中水原水水质。取用的中水原水是合流的污水还是经过分流的废水：截取的废水污染程度，应有实测或类似的水质资料，如无实测资料，可按一般水质资料。

② 中水的水质。中水有特殊使用要求时，应符合有关水质标准，如无特殊要求，应按国家和地方的水质标准执行。

③ 处理场地及环境条件是否适应所选定的处理工艺流程，污泥处理及污水的排放条件如何。

④ 是否适应建筑环境的要求，如噪声、气味、美观、生态等。

⑤ 投资条件及所能允许的程度。

⑥ 缺水节水的背景条件及管理水平是否与采取的处理工艺相适应。

⑦ 各流程的经济技术比较情况。

2) 中水处理工艺流程的类型

中水处理的工艺流程按水处理的方法不同，可分为以生物处理为主、以物理化学处理为主和以膜处理为主 3 大类。

生物处理是指通过微生物的代谢作用，使污水中呈溶解状态、胶体状态以及某些不溶解的有机物和无机污染物质转化为稳定的、无害的物质，从而达到水质净化的目的。这种方法根据所用的微生物种类的不同，又可分为好氧生物处理和厌氧生物处理2大类。其中每一类又分为许多形式。

物理处理是通过物理作用分离、回收污水中呈悬浮状态的污染物质，在处理过程中不改变污染物的化学性质。根据物理作用的不同，物理法大致可分为筛滤截流法（如格栅、格网、滤池等）、重力分离法（如沉淀池、气浮池等）和离心分离法（如旋流分离器、离心机等）。

化学处理是通过化学反应和传质作用来分离、回收污水中呈溶解、胶体状态的污染物质或将其转化为无害物质。

膜处理又叫膜分离，是利用特殊膜的选择透过性对水中溶解的污染物质或微粒进行分离或浓缩，并最终去除污染物，以达到净化水质的目的。

3）处理工艺流程

当以优质杂排水和杂排水作为中水水源时，可采用以物化处理为主的工艺流程，或采用生物处理和物化处理的工艺流程。

① 物化处理工艺流程（适用于优质杂排水）：

混凝剂（加入絮凝沉淀或气浮）；消毒剂（加入消毒）

原水→格栅→调节池→絮凝沉淀或气浮→过滤→消毒→中水

② 生物处理和物化处理相结合的处理工艺流程：

消毒剂（加入消毒）

原水→格栅→调节池→生物处理→沉淀→过滤→消毒→中水

③ 预处理和膜分离相结合的处理工艺流程：

消毒剂（加入消毒）

原水→格栅→调节池→预处理→膜分离→消毒→中水

当以含有粪便污水的排水作为中水原水时，宜采用二段生物处理与物化处理相结合的处理工艺流程。

① 生物处理和深度处理相结合的工艺流程：

混凝剂（加入沉淀）；消毒剂（加入消毒）

原水→格栅→调节池→生物处理→沉淀→过滤→消毒→中水

② 生物处理和土地处理：

消毒剂（加入消毒）

原水→格栅→厌氧调节池→土地处理→消毒→中水

③ 曝气生物滤池处理工艺流程：

消毒剂（加入消毒）

原水→格栅→调节池→预处理→曝气生物滤池→消毒→中水

④ 膜生物反应器处理工艺流程：

消毒剂（加入消毒）

原水→调节池→预处理→膜生物反应器→消毒→中水

利用污水处理站二级处理出水作为中水水源时，宜选用物化处理或与生化处理结合的深度处理工艺流程。

① 物化法深度处理工艺流程：

二级处理出水→调节池→(混凝剂)混凝沉淀或气浮→(消毒剂)过滤→消毒→中水

② 物化与生化相结合的深度处理流程：

二级处理出水→(混凝剂)调节池→微絮凝过滤→生物活性炭→(消毒剂)消毒→中水

③ 微孔过滤处理工艺流程：

二级处理出水→调节池→微孔过滤→(消毒剂)消毒→中水

采用膜处理工艺时，应有保障其可靠进水水质的预处理工艺和易于膜的清洗、更换的技术措施。

在确保中水水质的前提下，可采用耗能低、效率高、经过实验或实践检验的新工艺流程。中水用于采暖系统补充水等用途，采用一般处理工艺不能达到相应水质标准要求时，应增加深度处理设施。中水处理产生的沉淀污泥、活性污泥和化学污泥，当污泥量较小时，可排至化粪池处理；当污泥量较大时，可采用机械脱水装置或其他方法进行妥善处理。

4）选择流程应注意的问题

① 根据实际情况确定流程。确定流程时必须掌握中水原水的水量、水质和中水的使用要求。由于中水原水收取范围不同而使水质不同，中水用途不同而对水质要求不同以及各地各种建筑的具体条件的不同，其处理流程也不尽相同，选择流程时切忌不顾条件生搬硬套。

② 由于建筑物排水的污染主要为有机物，因此绝大部分处理流程是以生物处理为主。生物处理中又多以接触氧化和生物转盘的生物膜法为常用。

③ 当以优质杂排水或杂排水为中水水源时，一般采用以物化处理为主的工艺流程或采用一段生化处理辅以物化处理的工艺流程。当以生活污水为中水水源时，一般采用二段生化处理或生化、物化相结合的处理流程。为提高中水水质，增加水质稳定性，可结合活性炭吸附、臭氧氧化等处理工艺。

④ 为了使用安全，必须保障中水的消毒工艺。

⑤ 为了满足环境要求和方便管理，应注意处理设备装置化及管理自动化。

⑥ 应充分注意中水处理给建筑环境带来的臭味、噪声的危害。

⑦ 选用定型设备尤其是一体化设备时，应注意其功能和技术指标，确保出水水质。

⑧ 切忌将常规的污水处理厂缩小后，搬入建筑或建筑群内。

(2) 工艺设计及处理设施

中水处理设施处理能力按式（3-22）计算：

$$q=Q_{PY}/t \tag{3-22}$$

式中 q——设施处理能力，m^3/h；

Q_{PY}——经过水量平衡计算后的中水原水量，m^3/d；

t——中水设施每日设计运行时间，h。

1）以生活污水为原水的中水处理工程，应在建筑物粪便排水系统中设置化粪池，化粪池容积按污水在池内停留时间不小于12h计算。

2）中水处理系统应设置格栅，格栅宜采用机械格栅。格栅可按下列规定设计：

① 设置一道格栅时，格栅条空隙宽度小于10mm；设置粗细2道格栅时，粗格栅条空隙宽度为10～20mm，细格栅条空隙宽度为2.5mm。

② 设在格栅井内时，其倾角不小于60°。格栅井应设置工作台，其位置应高出格栅前设计最高水位0.5m，其宽度不宜小于0.7m，格栅井应设置活动盖板。

3）以洗浴（涤）排水为原水的中水系统，污水泵吸水管上应设置毛发聚集器。毛发聚集器可按下列规定设计：

① 过滤筒（网）的有效过水面积应大于连接管截面积的2倍。

② 过滤筒（网）的孔径宜采用3mm。

③ 具有反洗功能和便于清污的快开结构，过滤筒（网）应采用耐腐蚀材料制造。

4）调节池可按下列规定设计：

① 调节池内宜设置预曝气管，曝气量不宜小于$0.6m^3/(m^3 \cdot h)$。

② 调节池底部应设有集水坑和泄水管，池底应有不小于0.02的坡度，坡向集水坑，池壁应设置爬梯和溢水管。当采用地埋式时，顶部应设置人孔和直通地面的排气管。

注：中、小型工程调节池可兼作提升泵的集水井。

③ 调节容积

调节池的调节容积应按中水原水量及处理量的逐时变化曲线求算。在缺乏上述资料时，其调节容积可按下列计算：

a. 连续运行时，其调节容积可按公式（3-23）计算

$$V_c = Q_c \cdot C \tag{3-23}$$

式中 V_c——调节池有效容积，m^3；

Q_c——中水日处理水量，m^3；

C——调节池有效容积占日处理量的百分数，%，一般$C=30\%\sim40\%$。

b. 间歇运行时，调节池的调节容积应按处理工艺的运行周期计算。

④ 中水贮存池的调节容积

中水贮存池的调节容积应按处理量及中水用量的逐时变化曲线求算；缺乏资料时，当连续时，其中水贮存池的调节容积可按式（3-24）计算：

$$V_t = Q_z \cdot C \tag{3-24}$$

式中 V_t——中水贮存池的调节容积，m^3；

C——中水贮存池的容积占日中水用量的百分数，%，一般$C=20\%\sim30\%$；

Q_z——中水日用水量，m^3/d。

5）初次沉淀池的设置应根据原水水质和处理工艺等因素确定。当原水为优质杂排水或杂排水时，设置调节池后可不再设置初次沉淀池。

6）生物处理后的二次沉淀池和物化处理的混凝沉淀池，其规模较小时，宜采用斜板（管）沉淀池或竖流式沉淀池。规模较大时，应参照《室外排水设计规范》中有关部分设计。

7）斜板（管）沉淀池宜采用矩形，沉淀池表面水力负荷宜采用 $1\sim3m^3/(m^2\cdot h)$，斜板（管）间距（孔径）宜大于 80mm，板（管）斜长宜取 1000mm，斜角宜为 60°。斜板（管）上部清水深不宜小于 0.5m，下部缓冲层不宜小于 0.8m。

8）竖流式沉淀池的设计表面水力负荷宜采用 $0.8\sim1.2m^3/(m^2\cdot h)$，中心管流速不大于 30mm/s，中心管下部应设喇叭口和反射板，板底面距泥面不小于 0.3m，排泥斗坡度应大于 45°。

9）沉淀池宜采用静水压力排泥，静水头不应小于 1500mm，排泥管直径不宜小于 80mm。

10）沉淀池集水应设出水堰，其出水最大负荷不应大于 1.70L/(s·m)。

11）建筑中水生物处理宜采用接触氧化池或曝气生物滤池，供氧方式宜采用低噪声的鼓风机加布气装置、潜水曝气机或其他曝气设备。

12）接触氧化池处理洗浴废水时，水力停留时间不应小于 2h；处理生活污水时，应根据原水水质情况和出水水质要求确定水力停留时间，但不宜小于 3h。

13）接触氧化池宜采用易挂膜、耐用、比表面积较大、维护方便的固定填料或悬浮填料。当采用固定填料时，安装高度不小于 2m；当采用悬浮填料时，装填体积不应小于池容积的 25%。

14）接触氧化池曝气量可按 BOD_5 的去除负荷计算，宜为 $40\sim80m^3/kgBOD_5$。

15）中水过滤处理宜采用滤池或过滤器。采用新型过滤器、滤料和新工艺时，可按试验资料设计。

16）选用中水处理一体化装置或组合装置时，应具有可靠的设备处理效果参数和组合设备中主要处理环节处理效果参数，其出水水质应符合使用用途要求的水质标准。

17）中水处理必须设有消毒设施。

18）中水消毒应符合下列要求：

① 消毒剂宜采用次氯酸钠、二氧化氯、二氯异氰尿酸钠或其他消毒剂。当处理站规模较大并采取严格的安全措施时，可采用液氯作为消毒剂，但必须使用加氯机。

② 投加消毒剂宜采用自动定比投加，与被消毒水充分混合接触。

③ 采用氯化消毒时，加氯量宜为有效氯 5～8mg/L 消毒接触时间应大于 30min。余氯量应保持 0.5～1mg/L；加氯量可按式（3-25）计算：

$$Q_L = q_L \cdot Q_h \tag{3-25}$$

式中 Q_L——中水处理加氯量，g/h；

q_L——加氯指标 mg/L，一般 $q_L=5\sim8mg/L$；

Q_h——中水设备的处理能力，m^3/h，当中水水源为生活污水时，应适当增加加氯量。

19）污泥处理的设计，可按《室外排水设计规范》中的有关要求执行。

20）当采用其他处理方法，如混凝气浮法、活性污泥法、厌氧处理法、生物转盘法等处理的设计时，应按国家现行的有关规范、规定执行。

3. 中水供水系统

中水供水系统的作用是把处理合格的中水从水处理站输送到各个用水点。凡是设置中水系统的建筑物或建筑小区，其建筑内、外都应分开设置饮用水供水管网和中水供水管网，以及两个管网各自的增压设备和贮水设施。常用的增压贮水设备（设施）有饮用水蓄水池、饮用水高位水箱、中水贮水池、中水高位水箱、水泵或气压供水设备等。

（1）中水供水系统形式和类型

中水供水系统与给水系统相似，主要有水泵水箱供水系统、气压供水系统和变频调速供水系统等形式，高层建筑中水供水系统的竖向分区要求与给水系统相同。

中水供水系统按其用途可分为2类：

1）生活杂用中水供水系统

该种系统的中水主要供给公共、民用建筑和工厂生活区冲洗便器、冲洗或浇洒路面、绿化和冷却水补充等杂用。

2）消防中水供水系统

该种系统的中水主要用作建筑小区、大型公共建筑的独立消防系统的消防设备用水。

（2）中水供水系统设计的要点

1）中水系统应是完全独立的。中水管与自来水管严禁任何方式的接通。

2）中水管道一般采用塑料管、衬塑复合管或镀锌钢管。由于中水具有轻微腐蚀性，因此中水管不得采用非镀锌钢管。

3）中水管道在室内一般采用明装，且应按规定涂成浅绿色。

4）中水用水应采用使中水不与人直接接触的密闭器具，冲洗浇洒应用地下式给水栓。

5）设计计算：中水供水泵按中水用水最大时用水量和供水最不利点所需总水头选择，管道水力计算与给水管相同。

（3）建筑小区室外中水供水系统

1）室外中水供水系统的组成

室外中水供水系统的组成与一般给水系统的组成相似，一般由中水配水干管、中水分配管、中水配水闸门井、中水贮水池、中水高位水箱（水塔）和中水增压设备等组成。

经中水处理站处理合格的中水先进入中水贮水池，经加压泵站提送到中水高位水箱或中水水塔后进入中水配水干管，再经中水分配管输送到各个中水用水点。

在整个供水区域内，中水管网根据管线的作用不同可分为中水配水干管和中水分配管。干管的主要作用是输水，分配管主要用于把中水分配到各个用水点。

2）室外中水供水管网的布置

根据建筑小区的建筑布局、地形、各用水点对中水水量和水压的要求等情况，中水供水管网可设置成枝状或环状。对于建筑小区面积较小、用水量不大的，可采用枝状管网布置方式；对于建筑小区面积较大且建筑物较多、用水量较大，特别是采用生活杂用—消防共用管网系统的，宜布置成环状管网。

室外中水供水管网的布置应紧密结合建筑小区的建设规划，做到全盘设计、分期施工，既能及时供应生活杂用水和消防用水，又能适应今后的发展。在确定管网布置方式时，应根据建筑小区地形、道路和用户对水量、水压的要求提出几种管网布置方案，经过技术和经济比较后再最终确定。

（4）室内中水供水系统

1）室内中水供水系统的组成

室内中水供水系统与室内饮用水管网系统类似，也是由进户管、水表节点、管道及附件、增压设备、贮水设备等组成，室内杂用—消防共用系统则还应有消防设备。

① 中水进户管

中水进户管又称中水引入管，是室外中水管网与室内中水管网之间的联络管段，一般从室外中水分配管段上引入。

② 水表节点

水表节点是指在中水引入管上或在各用户的中水支管上装设的水表及其前后设置的闸门、泄水装置的总称，与一般生活给水水表节点相同。

③ 中水管道系统

中水管道系统由水平干管、立管和支管组成，其布设方式取决于所采用的供水方式。

④ 管道附件

管道附件是指管路上的闸门、止回阀及各种水龙头和管件。

⑤ 中水增压和贮水设备

在室外中水管网的水压不能满足高层建筑或地势相对较高的供水点的中水水压要求时，必须在这些高层建筑或地势较高的供水点的中水管网系统上增设诸如水泵、高位水箱之类的设备，以保证安全供水。

⑥ 室内消防设备

根据建筑消防规定，当建筑物需要设置独立消防设备时，可采用中水作为消防水源。室内消防设备一般采用消火栓，有特殊要求时，应专门设置自动喷水消防设备或水幕消防设备。

2）供水方式

室内中水系统的供水方式一般应根据建筑物高度、室外中水管网的可靠压力、室内中水管网所需压力等因素确定，通常分为以下 5 种：

① 直接供水方式

当室外中水管网的水压和水量在一天内任何时间均能满足室内中水管网的用水需要时，可采用这种供水方式。这种方式的优点是设备少、投资省、便于维护、节省能源，是最简单、经济的供水方式，应尽量优先采用。该方式的水平干管可布设在地下或地下室的天花板下，也可布设在建筑物最高层的天花板下或吊顶层中。

② 单设屋顶水箱的供水方式

当室外中水管网的水压在一天内大部分时间能够满足室内中水管网的水压要求，仅在用水高峰期时段不能满足供水水压时，可采用这种供水方式。当室外中水管网水压较大时，可供到室内中水管网和屋顶水箱；当室外中水管网的水压因用水高峰而降低时，高层用户可由屋顶水箱供给中水。

③ 设置水泵和屋顶水箱的供水方式

当室外中水管网的水压低于室内中水管网所需的水压或经常不能满足室内供水水压，且室内用水不均匀时，可采用这种供水方式。水泵由吸水井或中水贮水池中将中水提升到屋顶水箱，再由屋顶水箱以一定的水压将中水输送到各个用户，从而保证了满足室内管网的供水水压和供水的稳定性。这种供水方式由于水泵可及时向水箱充水，所以水箱体积可以较小；又因为水箱具有调节作用，可保证水泵的出水量稳定，在高效率状态下工作。

④ 分区供水方式

在一些高层建筑物中，室外中水管网的水压往往只能供到建筑物的下面几个楼层，而不能供到较高的楼层。为了充分利用室外中水管网的水压，通常将建筑物分成上下两个或两个以上的供水区，下区由室外中水管网供水，上区通过水泵和屋顶水箱联合供水。各供水区之间由一根或两根立管连通，在分区处装设阀门，在特殊情况时可使整个管网全部由屋顶水箱供水。

⑤ 气压供水方式

当室外中水管网的水压经常不足，而建筑物内又不宜设置高位水箱时，可采用这种供水方式。在中水供水系统中设置气压给水设备，并利用该设备的气压水罐内气体的可压缩性，贮存、调节和升压供水。气压水罐的作用相当于屋顶水箱，但其位置可根据需要设置。

水泵从贮水池或室外中水管网吸水，经加压后送至室内中水管网和气压罐内，停泵时，再由气压罐向室内中水管网供水，并由气压水罐调节、贮存水量及控制水泵运行。

这种供水方式具有设备可设置于建筑物任意位置、安装方便，水质不易受到污染，投资省、便于实现自动化控制等优点。其缺点是供水压力波动较大、管理及运行费用较高、供水的安全性较差。

3）室内供水系统的管道布置

室内供水系统的管道布置与建筑物的结构、性质、中水供水点的位置及数量和采用的供水方式有关。管道布置的基本原则如下：

① 管道布置时应尽可能呈直线走向，力求长度最短，并与墙、梁、柱平行敷设。

② 管道不允许敷设在排水沟、烟道和风道内，以免管道被腐蚀。

③ 管道不应穿越橱窗、壁橱和木装修，以便于管道维修。

④ 管道应尽量不直接穿越建筑物的沉降缝，如果必须穿越时应采取相应的保护措施。

6.4.2 中水处理站

1. 中水处理站位置的确定

中水处理站应设置在所收集中水原水的建筑和建筑群与中水回用地点便于连接的地方，并应满足建筑的总体规划、周围环境卫生及管理维护等要求。中水处理站一般设置在比较隐蔽的地方。

单体建筑的中水处理站位置确定原则如下：

(1) 设置在靠近中水水源和中水用户楼层的地下室或裙房内。

(2) 应避开建筑的主立面、主要通道人口和重要场所，选择靠辅助入口方向的边角，并与室外结合方便的地方。

(3) 室内外进出方便、并具有良好的通风条件，不会对建筑环境产生任何不良危害。

(4) 高程上应满足中水原水的自流引入和自流排人下水道。

(5) 可作双层布置的地方，有利于水池和设备的合理布置。

建筑小区的中水处理站应设置在靠近主要集水和用水地点，并应注意建筑隐蔽、隔离和环境的美化，其地上建筑宜与建筑造型相结合。中水处理站应有单独的进出口和道路，以便于进出设备、药品及排除污物。

2. 中水处理站设计

(1) 中水处理站设计要点

1) 中水处理站的面积按处理工艺需要确定，处理间高度应满足最高处理构筑物及设备的施工安装和维修要求。

2) 具备人员进出的方便条件，并应考虑设备进出的可能。

3) 处理构筑物及设备布置应合理、紧凑，可按工艺流程顺序排列布置，从而简化管路设计。

4) 处理构筑物及设备相互之间应留有操作管理和检修的合理距离，其净距一般不应小于0.7m。处理间主要通道不应小于1.0m。

5) 在满足处理工艺要求的前提下，高程设计中应充分利用重力水头，尽量减少提升次数，节省电能。

6) 各种操作部件和检测仪表应设在便于操作观察的地方。

7) 处理间和化验间内应设有自来水龙头，以满足管理人员的正常需要。其他工艺用水应尽量使用中水。

8) 加药贮药间和消毒制备间宜与其他房间隔开，并有直接通向室外的门。

9) 根据处理站规模和条件，设置值班、化验、贮藏、厕所等附属房间。

10) 处理站的处理水量、中水水量、自来水补给量、用电量应单独计量，以便进行运行成本核算。

11) 处理站应设有适应处理工艺要求的采暖、通风换气、照明及给水排水设施。

12) 处理站应根据处理工艺及处理设备情况采取隔音降噪及防臭气污染等措施。

(2) 中水处理站的隔音降噪及防臭措施

1) 隔音降噪

中水处理站设置在建筑内部时，必须与主体建筑及相邻房间严密隔开，并应做建筑隔音处理以防空气传声，如采用隔音门或隔音前室等。所有转动设备的基座均应采取减震处理，一般采用橡胶隔振垫或隔振器。连接振动设备的管道应做减振接头和吊架，以防固体传声。当设有空压机、鼓风机时，其房间的墙壁和顶棚宜采用隔音材料进行处理。

2) 防臭措施

对中水处理中散发出的臭气应采取有效的防护措施，以防止对环境造成危害。设计中尽量选择产生臭气较少的工艺和封闭性较好的处理设备，从而尽少地产生和逸散臭气，对于不可避免产生的臭气，工程中一般采用下列方法进行处置：

① 防臭法：对产生臭气的处理构筑物和设备加做密封盖板或收集处理。

② 稀释法：把收集的臭气高空排放，在大气中稀释。设计时要注意对周围环境的影响。

另外，还有燃烧法、化学法、吸附法、土壤除臭法等除臭措施，设计中可根据具体情况采用不同的方法。

6.5 安全防护和监测控制

6.5.1 安全防护

在中水处理回用的整个过程中，中水系统的供水可能产生供水中断、管道腐蚀及中水与自来水系统误接误用等不安全因素，设计中应根据中水工程的特点，采取必要的安全防护措施：

（1）严禁中水管道与自来水管道有任何形式的连接。

（2）室内中水管道的布置一般采用明装，不宜埋于墙体或楼面内，以便于检修。

（3）中水管道外壁应涂成浅绿色，以与其他管道相区别。中水高位水箱、阀门、水表及给水栓上均应有明显的“中水”标志。

（4）为避免误饮误用，中水管道上不得设置可直接开启使用的水龙头，便器冲洗宜采用密闭型设备和器具，绿化、浇洒、汽车清洗宜采用壁式或地下式给水栓。

（5）中水管道与给排水管道平行埋设时，其水平净距不得小于0.5m，交叉埋设时，中水管道应位于给水管道的下面，排水管道的上面，其净距均不小于0.15m。

（6）为保证不间断向各中水用水点供水，应设有应急供应自来水的技术措施，以防止中水处理站发生突然故障或检修时，不至于中断中水系统的供水。补水的自来水管必须按空气隔断的要求，自来水补水管出口与中水池（箱）内最高水位间距应有不小于2.5倍管径的空气隔断层。

（7）原排水集水干管在进入中水处理站之前应设有分流井和跨越管道。

（8）贮水池（箱）均应设有溢水管，中水贮水池（箱）设置的溢水管、泄水管，均应采用间接排水方式排出。

（9）严格控制中水的消毒过程，均匀投配，保证消毒剂与中水的接触时间，确保管网末端的余氯量。

（10）中水管道的供水管材及管件一般采用塑料管、镀锌钢管或其他耐腐蚀的复合管材，不得使用非镀锌钢管。

6.5.2 监测控制

为保障中水系统的正常运行和安全使用，做到中水水质稳定可靠，应对中水系统进行必要的监测控制和维护管理：

（1）当中水处理采用连续运行方式时，其处理系统和供水系统均应采用自动控制，以减少夜间管理的工作量。

（2）当中水处理采用间接运行方式时，其供水系统应采用自动控制，处理系统也应部分采用自动控制。

（3）对于处理系统的数据监测方式，可根据处理站的处理规模进行划分：

1）对于处理水量≤200m^3/d的小型处理站，可安装就地指示的检测仪表，由人工进行就地操作，以加强管理来保证出水水质。

2）对于处理水量＞200m^3/d≤1000m^3/d的处理站，可配置必要的自动记录仪表（如流量、pH值、浊度等仪表），就地显示或在值班室集中显示。

3）对于处理水量＞1000m^3/d的处理站，才考虑水质检测的自动系统，当自动连续检测水质不合格时，应发出报警。

（4）中水水质监测周期，如浊度、色度、pH值、余氯等项目要经常进行，一般每日1次，SS、BOD、COD、大肠菌群等必须每月测定1次，其他项目也应定期进行监测。

（5）设有臭氧装置或氯瓶消毒装置时，应考虑自动控制臭氧发生及氯气量，防止过量臭氧及氯气泄漏。

(6) 要求操作管理人员必须经过专门培训，具备水处理常识，掌握一般操作技能，严格岗位责任制度，确保中水水质符合要求。

6.6 建筑中水应用实例

6.6.1 国内建筑中水应用实例

1. 实例一：某广场中水回用工程

某广场有建筑面积约 90 万 m^2。某广场中水回用工程日处理水量 $1206m^3$，采用生物接触氧化、机械过滤与活性炭吸附的组合处理流程；进水经自动格栅，调节池内设预曝气装置，并设溢流池，当进水量大于处理水量时或因故暂停处理时，调节池水被送入溢流池，再由污水泵自动打入下水道。中水经生物接触氧化池后，进入沉淀池；再经砂滤和活性炭过滤吸附后，把消毒后的中水送入贮存池，随时准备送至回用系统。

工艺流程如下：

原水→进水槽→自动格栅→调节池→毛发过滤器→生物接触氧化池→沉淀池→集水池1→泵→砂滤缸→炭滤缸→消毒接触池→集水池 2→泵→中水贮存池→中水

操作基本自动化，根据水位计量设备自动启闭水泵。沉淀池污泥每半个月用排泥泵排泥 10min 即可。过滤前自动投加混凝剂。自动投加消毒剂，用余氯控制仪自动控制出水余氯量，当余氯量小于 0.5mg/L 时，自动关闭中水池进水阀，打开回流阀，直到合格后再打开中水池进水阀。滤池工作周期为一周，用中水反洗，反洗时间 8min。

2. 实例二：某大学中水回用工程

某大学是教育部直属重点大学。该学校占地面积近千亩，建筑面积 70 万 m^2，全校用水人数 35000 人，年用水量 110 万 m^3，是北京市的用水大户之一。

校历届党政领导都十分重视节水工作，2002 年投资 430 万元建设中水回用工程。该工程采用生化处理工艺，特别应用了进口高效过滤器、噪声小的水下曝气机。设计能力为每 1h 处理废水 25～30m^3。

工艺流程：

原水→格栅→集水器→毛发聚集器→机械搅拌反应器→初次沉淀池→曝气调节池→一级接触氧化池→二级接触氧化池→中间沉淀池→中间水箱→高效过滤器→中水回用水池→用水点

该校的中水水源主要来自浴室洗澡水、学生宿舍盥洗水和少量操场雨水，经过处理后的水 80%用于学生宿舍楼厕所冲便，20%用于 5 万多平方米的草坪喷灌及 2 个大操场塑胶跑道的冲洗。

另外，中水回用工程还作为学校的教学基地，为学生提供实习场所，把中水回用与教学科研相结合。

初步计算，此项工程年节水量可达到 20 万 m^3，中水处理成本 1.2 元/m^3，如果按照现行水价 5 元/m^3 计算，6 年可回收全部投资。

6.6.2 国外建筑中水应用实例

1. 实例一：悉尼奥运村中水回用工程

悉尼奥运村中水回用工程，是2000年悉尼举办世界奥林匹克运动会实施的环保工程之一，是悉尼奥运会倡导的保护资源环境友好活动的一部分。该工程2000年兴建，当年投入运行，设计规模为7500m³/d。

(1) 中水回用工艺

本工程的核心工艺采用先进的连续膜过滤系统和反渗透膜过滤系统，工艺流程见图3-23。

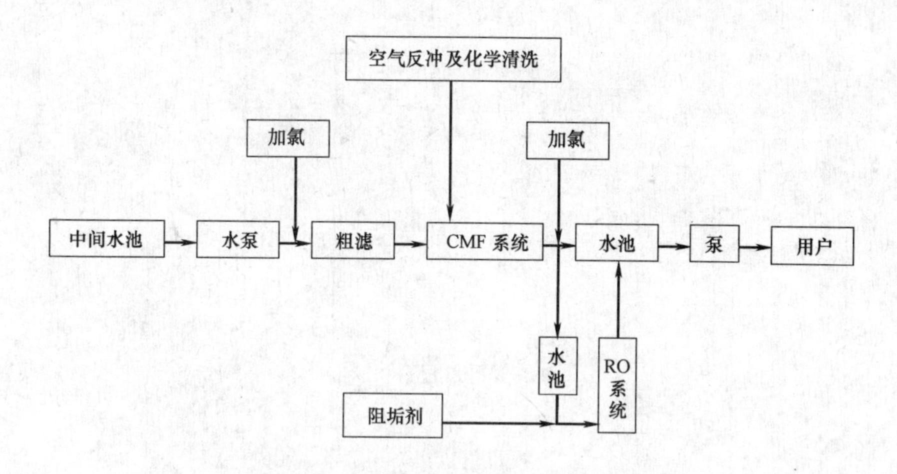

图 3-23　悉尼奥运村中水回用工程工艺流程图

(2) 主要特点

本工程大部分时间只是CMF单独运行，当来水含盐量高时，启动RO系统，以降低回用水中的含盐量。

中水回用厂的水源来自奥运村污水处理厂，污水处理厂的来水有奥运村景地排水，生活污水和雨水。中水厂出水回用于奥运村和Homebush Bay公共服务设施的绿地灌溉和冲厕。每年可节省淡水资源200万m³，价值640000澳元。

悉尼奥运村中水回用厂基本实现自动化操作，全厂1个人管理，管理人员有半天时间在厂内巡视工作，其他时间厂内无人。系统如有故障，故障信号与管理人的传呼机连接。一般的故障管理人员在家中便可处理，如遇难以解决的问题管理者则立刻返回厂内处理。水质分析送专职部门完成。

悉尼奥运村中水回用工程的成功，证实了连续膜过滤系统在中水回用中优点突出，能大量节约水资源和大大减轻环境污染，运行稳定可靠。现本技术已引入国内，天津市泰达开发区污水厂中建成的1500m³/d中水回用厂已建成投入使用，供应区内各工业民用用户，至今运行供水正常。

2. 实例二：A制造会社总部大楼中水回用系统

中水用途：冲厕用水。

原水水质：生活杂排水，BOD=200mg/L，COD=150mg/L，SS=250mg/L。

日处理量：140m³/d。

处理流程：原水→油水分离器→生物旋转转盘→快滤→活性炭吸附

出水水质：BOD=5mg/L，COD=5mg/L，SS=1mg/L。

【思考题】

1. 请简述一下建筑中水回用的意义。
2. 建筑中水系统由几部分组成？分别是什么？
3. 中水系统有哪几种类型？
4. 中水原水的选取一般按照什么顺序进行排列？
5. 请列举 3 种中水不同用途时中水水质所须达到的要求。

7 海水利用

地球表面积的70%为海洋所覆盖，其平均深度约为3800m，海水的体积为$13.7\times10^{15}m^3$，以其平均密度1.03kg/L，海水总质量为$14.11\times10^{15}t$。

海水综合利用作为解决淡水资源危机的有效途径，已经得到世界各国的普遍重视。中国是世界上最为缺水的国家之一，特别是沿海地区水资源严重不足。开发利用海水资源是增加我国沿海地区淡水资源的重要战略途径。2003年5月，国务院颁布实施的《全国海洋经济发展规划纲要》已将海水淡化与综合利用列为未来重点发展的新兴产业之一，明确提出"在北方沿海缺水城市建立海水综合利用示范基地，建设一批大规模海水利用的沿海示范城市"，并进一步提出："积极发展青岛等缺水城市的海水利用"。

7.1 海水水质特征

7.1.1 海水的主要成分

海水的化学成分十分复杂，主要离子含量均远高于淡水，尤其是Cl^-、SO_4^{2-}、Na^+和Mg^{2+}离子，其含量是淡水的数百倍乃至上千倍，见表3-24。

海水主要成分的平均含量　　表3-24

成分	含量(mg/L)	占总含盐量的份额(%)	成分	含量(mg/L)
Cl^-	18980	5.17	B	4.6
Na^+	10560	30.70	F	1.4
SO_4^{2-}	2560	7.44	Rb	0.2
Mg^{2+}	1272	3.70	Al	0.16～0.19
Cl^{2-}	400	1.16	Li	0.1
K^+	380	1.10	P	0.001～0.1
HCO_3^-	142	0.41	Ba	0.05
Br^-	65	0.19	I	0.05
Sr^{2+}	13	0.04	Cu	0.001～0.09
SiO_2	6		Fe	0.002～0.02
NO_3^-	2.5		Mn	0.001～0.01
总含盐量	34400	Σ99.91	As	0.003～0.02

海水中Ca^{2+}含量是淡水的数十倍，pH值略高于淡水。海水中的盐分主要是NaCl，其次是$MgCl_2$和少量的$MgSO_4$、$CaSO_4$等，见表3-25。

7.1.2 海水水质标准

我国现行海水水质标准为《海水水质标准》（GB 3097—1997），该标准从1998年7月1日起实施，同时代替标准GB 3097—82。各类海水水质标准列于表3-26。

海水盐分组成 **表 3-25**

盐分的分子式	海水中盐分的含量(g/kg)	盐分质量含量(%)
$NaCl$	27.213	77.751
$MgCl_2$	3.807	10.877
$MgSO_4$	1.658	4.738
$CaSO_4$	1.260	3.600
K_2SO_4	0.863	2.466
$CaCO_3$	0.123	0.351
$MgBr_2$	0.076	0.217
合计	35.000	100.00

海水水质标准（单位：mg/L） **表 3-26**

序号	项　　目	第一类	第二类	第三类	第四类
1	漂浮物质	海面不得出现油膜、浮沫和其他漂浮物质			海面无明显油膜、浮沫和其他漂浮物质
2	色、臭、味	海水不得有异色、异臭、异味			海水不得有令人厌恶和感到不快的色、臭、味
3	悬浮物质	人为增加的量≤10	人为增加的量≤100		人为增加的量≤150
4	大肠菌群(个/L)≤	10000 供人生食的贝类增养殖水质≤700			—
5	粪大肠菌群(个/L)≤	2000 供人生食的贝类增养殖水质≤140			—
6	病原体	供人生食的贝类养殖水质不得含有病原体			
7	水温(℃)	人为造成的海水温升夏季不超过当时当地1℃，其他季节不超过2℃			人为造成的海水温升不超过当时当地4℃
8	pH	7.8～8.5同时不超出该海域正常变动范围的0.2pH单位			6.8～8.8同时不超出该海域正常变动范围的0.5pH单位
9	溶解氧＞	6	5	4	3
10	化学需氧量(COD)≤	2	3	4	5
11	生化需氧量(BOD_5)≤	1	3	4	5
12	无机氮(以N计)≤	0.20	0.30	0.40	0.50
13	非离子氨(以N计)≤	0.020			
14	活性磷酸盐(以P计)≤	0.015	0.030		0.045
15	汞≤	0.00005	0.0002		0.0005
16	镉≤	0.001	0.005	0.010	
17	铅≤	0.001	0.005	0.010	0.050
18	六价铬≤	0.005	0.010	0.020	0.050
19	总铬≤	0.05	0.10	0.20	0.50
20	砷≤	0.020	0.030	0.050	
21	铜≤	0.005	0.010	0.050	
22	锌≤	0.020	0.050	0.10	0.50
23	硒≤	0.010	0.020		0.050
24	镍≤	0.005	0.010	0.020	0.050
25	氰化物≤	0.005		0.10	0.20

续表

序号	项目	第一类	第二类	第三类	第四类
26	硫化物(以S计)⩽	0.02	0.05	0.10	0.25
27	挥发性酚⩽	0.005		0.010	0.050
28	石油类⩽	0.005		0.010	0.050
29	六六六⩽	0.05	0.30	0.50	0.005
30	滴滴涕⩽	0.00005		0.0001	
31	马拉硫磷⩽	0.0005	0.001		
32	甲基对硫磷⩽	0.0005	0.001		
33	苯并(a)芘(μg/L)⩽	0.0025			
34	阴离子表面活性剂(以LAS计)	0.03	0.10		
35	*放射性核素(Bq/L) ^{60}Co	0.03			
	^{90}Sr	4			
	^{106}Rn	0.2			
	^{134}Cs	0.6			
	^{137}Cs	0.7			

本标准在下列内容和章节有所改变：一是海水水质分类由3类改为4类；二是补充和调整了部分污染物项目；三是增加了海水水质监测样品的采集、贮存、运输和预处理的规定；四是增加了海水水质分析方法。

按照海域的不同使用功能和保护目标，海水水质分为4类：

(1) 第一类　用于海洋渔业水域，海上自然保护区和珍稀濒危海洋生物保护区；

(2) 第二类　适用于水产养殖区，海水浴场，人体直接接触海水的海上运动或娱乐区，以及与人类食用直接有关的工业用水区；

(3) 第三类　适用于一般工业用水区，滨海风景旅游区；

(4) 第四类　适用于海洋港口水域，海洋开发作业区。

7.2 海水利用现状

7.2.1 国外海水利用现状

地球上水资源总量，淡水资源仅占2.5%左右，而海水资源占97.5%左右，海水利用已经成为许多国家解决淡水资源短缺问题、促进社会经济可持续发展的重要战略措施。

1. 直接利用概况

利用海水在国内外已非常广泛。据有关资料介绍，国外拥有海水资源的国家和地区工业用水量的40%～50%都是用海水作冷却水。早在20世纪60年代日本用于工业海水量占总用水量60%以上，每年高达3000亿m^3，1980年日本仅电力行业冷却用海水就达1000亿m^3，1995年达1200亿m^3。20世纪70年代末，美国的海水用量为750亿m^3，大约25%的工业冷却用水直接取自海洋，年用量约1000亿m^3。西欧六国海水取水量将达到2500亿m^3。

2. 海水淡化概况

海水淡化技术的大规模应用始于干旱的中东地区，但并不局限于该地区。由于世界上

70%以上的人口都居住在离海洋120km以内的区域，因而海水淡化技术近20多年迅速在中东以外的许多国家和地区得到应用。目前海水淡化已遍及全世界125个国家和地区，淡化水大约养活世界5%的人口。海水淡化，事实上已经成为世界许多国家解决缺水问题，普遍采用的一种战略选择，其有效性和可靠性已经得到越来越广泛的认同。

自本世纪初船用蒸馏淡化装置使用以来，海水淡化技术已经成熟。根据国际脱盐协会（IDA）统计，截止1997年底，世界各国日产百万立方米以上的海水和苦咸水淡化装置已近万台，总产水能力每日达2300万m^3，而且还在10%～30%的年增长率增加。多级闪蒸大型海水淡化装置，单机日产水能力达2.3万m^3，反渗透大型海水淡化装置，单机日产水也可达6395m^3。海水淡化不仅在中东国家广泛应用，美国、俄罗斯、日本、意大利、西班牙等国的部分地区也有应用。

以色列70%的饮用水源来自于海水淡化水，2005年日产海水淡化水量达73.8万m^3；阿联酋饮用水主要依赖海水淡化水，2003年日产海水淡化水量达546.6万m^3；意大利西西里岛500万居民，2005年日产海水淡化水量为13.5万m^3，约占全部可饮用水源的15%～20%。

目前全球海水淡化的市场年成交额已达到数十亿美元。主要的海水淡化公司有：法国Sidem公司、英国Weir热能公司、韩国斗山重工公司、以色列IDE公司、意大利Fisia公司等。截止到2003年12月，全球已有130多个国家应用海水淡化技术，海水淡化日产水量约3775万m^3，在海水淡化中，蒸馏法淡化占86%，反渗透法占14%；在苦咸水淡化中，反渗透占76%，电渗析法占15.6%，蒸馏法占2.8%。海水淡化的79%作为饮用水，15%作工业用水，3%作为锅炉用水。

7.2.2 国内海水利用现状

1. 海水直接利用概况

我国利用海水已有60余年的历史，利用海水的城市十几个，海水利用量较大的有青岛、大连、天津、深圳等城市，全国年取海水量约为150亿m^3，与发达国家相比尚有一定差距。海水主要用于火力发电、核电、化工等行业。在用途上以工业冷却水为主，在生产工艺和辅助生产用水、冲厕、消防等方面也有应用。如青岛碱业股份有限公司将海水用于冷却外，还用于还原剂、化盐、冲灰等方面。

海水脱硫在我国处于起步阶段，中国第一套海水脱硫装置建在深圳，采用挪威ABB环境工程公司技术，1997年建成投产以来，运行良好。青岛发电厂二期采用海水脱硫也已经投入使用。海水脱硫技术适合中国综合技术水平与运行管理水平，在中国推广应用潜力巨大。

我国香港特区自20世纪50年代末开始将海水用于冲厕，形成了一套完整的处理系统和管理体系，并制定了海水冲厕方面的相关法律。目前香港有76%的人口采用海水冲厕，每年海水用量达1.99亿m^3。

“九五”、“十五”期间，我国对海水冲厕应用技术进行了研究，并列入“九五”、“十五”国家重大科技攻关计划，“十一五”也将海水冲厕的深入研究列入计划。如青岛市与国家海洋局天津海水淡化与综合利用研究所联合承担国家“十五”科技重点攻关项目“大生活用海水技术示范工程研究”，已通过科技部技术验收，建筑面积25万m^2居民小区的海水冲厕示范工程也已经建成投入使用。

海水消防方面，我国也有应用。厦门博坦仓贮油库位于海岸，可谓拥有一座无限容量的天然消防水池，该消防设施自1997年投入运行以来，完全能够保障油库区和码头的防火要求。

2. 海水淡化概况

我国于1958年开始了海水淡化的研究，起步技术为电渗析，1965年开始研究反渗透技术，1975年开始研究大中型蒸馏技术。1986年批准引进建设日产$2\times3000m^3$的电厂用多级闪蒸海水淡化装置，国内设计的$1200m^3/d$多级闪蒸淡化装置1997年在大港电厂调试成功，1997年在舟山市的嵊山岛建成日产$500m^3$的海水反渗透淡化装置，1999年4月大连长海县$1000m^3/d$海水反渗透淡化工程投入使用。青岛华欧海水淡化有限公司于2004年6月建成我国第一个自主知识产权的海水淡化示范工程，该工程采用低温多效工艺，设计规模3000t/d。

我国海水淡化已从用于舰船、海岛等的小型化装置，向大型化、工业化方面发展。目前青岛市、天津市在海水淡化方面位居全国前列。青岛市已建成的海水淡化工程总设计能力约2万m^3/d，与西班牙合资建设的青岛百发海水淡化项目已经开工，该工程总投资约1亿欧元，设计能力10万m^3/d，采用反渗透处理工艺，建成后全部用于城市公共供水。天津市早在20世纪80年代，大港电厂就在全国率先引进了2套日产3000t多级闪蒸海水淡化装置；2003年建成千吨级反渗透海水淡化示范工程；2004年建成2500t/h海水循环冷却示范工程。2006年，单套装置日产水1万t的海水淡化工程正式在天津滨海新区建成通水。总投资1.6亿元，总设计规模为2万t/d，一期建设规模1万t/d，是当前国内第一台自主制造的万吨级海水淡化设备。国内部分已建和拟建的主要海水淡化厂参见表3-27。

国内部分已建和拟建的主要海水淡化厂 **表3-27**

序号	地点	规模(m^3/d)	工艺	投产年份
1	天津大港电厂	2×3000	多级闪蒸	1990
2	浙江舟山嵊山镇	500	反渗透	1997
3	浙江舟山马迹山	350	反渗透	1997
4	辽宁长海县大长山岛镇	1000＋500	反渗透	1999
5	辽宁长海县大长山岛镇	2×500	反渗透	2000
6	沧州化学工业公司	18000(苦咸水)	反渗透	2000
7	山东长岛县长山岛	1000	反渗透	2000
8	浙江嵊泗县驷礁岛	2×1000	反渗透	2000,2002
9	山东省荣成市	2×5000	反渗透	2004,2005
10	山东黄岛发电厂	3000＋10000 3000	反渗透,低温多效	2004～2006
11	河北黄骅发电厂	2×10000	低温多效	2006
12	天津开发区	2×10000	低温多效	2004
13	大连实德公司	12000	反渗透	2004
14	河北王滩发电厂	10800	反渗透	2004
15	山东烟台市	2×80000	多效蒸发	2006
16	青岛发电厂	8000	反渗透	2006
17	鲁北化工	2×10000	反渗透	2006
18	唐山市	2×10000		2007
19	大连市	30000		2007
20	青岛市	100000	反渗透	2011

3. 我国海水利用的主要问题及原因

我国海水利用虽然起步较早，但存在发展慢、规模小、市场竞争不强等问题，主要表现在：

(1) 海水利用发展慢、规模小。如，我国海水淡化日产量仅占世界的1%左右，海水冷却利用量仅占世界的6%左右。

(2) 海水淡化成本仍然相对较高。海水淡化吨水成本虽然最低已经降至五六元，但是相对于偏低的自来水价格，仍然偏高，这是海水淡化发展最主要的制约因素之一。

主要原因如下：

(1) 对海水利用的重要性认识不足；

(2) 具有自主知识产权的关键技术较少；

(3) 设备制造及配套能力较弱；

(4) 缺少统筹规划和法规政策的引导；

(5) 我国水资源开发利用市场机制不完善。

4. 我国发展海水利用的重要意义

向大海要淡水，充分利用“取之不尽、用之不竭”的海水资源，是我国解决21世纪淡水资源危机问题的重要举措，是以水资源安全供给保障沿海地区可持续发展的必由之路，对国民经济持续快速发展具有重大的现实意义和长远的战略意义。大力发展海水利用，可以从根本上解决我国沿海地区淡水资源短缺问题，保持水生态环境平衡，节省土地资源，实现国家社会经济的可持续发展。

(1) 海水利用是解决我国沿海地区水资源短缺的战略途径

中国是最为缺水的国家之一，人均淡水占有量2200m^3，仅是世界人均占有量的1/4。淡水资源时空分布不均衡。水资源污染和社会经济发展不均衡造成沿海地区淡水资源严重短缺，多数地区人均淡水资源量低于500m^3，处于极度缺水状态。淡水资源紧缺已成为制约我国沿海地区国民经济和社会可持续发展亟待解决的关键问题。

我国有18000km多的海岸线，海水资源丰富。海水综合利用可提供安全、可靠、不受季节与气候影响的稳定水源，实现淡水资源大规模的开源节流与增量，从根本上解决沿海地区淡水资源紧缺的局面。

(2) 海水利用是发展循环经济、实现可持续发展的迫切需要

蓄水、跨流域调水和过度开发地下水等传统解决水资源短缺的方式既不同程度地影响生态环境，又大量占用土地资源。而海水综合利用在有效解决淡水资源短缺的同时，对于改善环境也具有积极作用。沿海地区大规模开展海水综合利用意味着减少淡水资源的消耗，增加生态用水，有利于维持生态平衡。

7.3 海水利用方式

7.3.1 海水直接利用

海水直接利用范围主要是工业用水（包括用作工业冷却用水、海水脱硫、或用于洗涤、除尘、冲灰、冲渣、化盐碱及印染等方面）、生活用海水、海水热泵和农业灌溉等方面。

1. 工业用水

(1) 工业冷却水

工业生产中海水被直接用为冷却水的量占海水总用水量的90%左右。几个应用行业的主要冷却对象为：火力发电行业的冷凝器、油冷器、空气和氨气冷却器等；化工行业的吸氨塔、炭化塔、蒸馏塔等；冶金行业的气体压缩机、炼钢电炉、制冷机等；水产食品行业的醇蒸发器、酒精分离器等。

海水冷却包括直流冷却和循环冷却2种。其中以间接换热冷却方式居多，包括制冷装置、发电冷凝、纯碱生产冷却、石油精炼、动力设备冷却等。其次是直接洗涤冷却，即海水与物料接触冷却或直喷降温等。

在生产用水系统方面，海水冷却的利用有直流冷却和循环冷却2种系统，目前以直流冷却为主。海水直流冷却技术已有近百年的发展历史，相关设备、管道防腐和防海洋生物附着的处理技术已经比较成熟，具有深海取水温度低且相对恒定，冷却效果好，系统运行简单等优点，但排水量大，对海水污染相对严重（如热污染）。海水循环冷却技术始于20世纪70年代，具有取水量小，排污量也小，可减轻海水热污染程度，有利于环境保护。当工厂远离海岸或所处海拔较高时较直流冷却更为经济合理。在美国等国家已开始大规模应用，单机海水循环量达15000m^3/h。我国通过实施国家重大科技攻关项目，正在建立千吨级和万吨级海水循环冷却示范工程，国内电力系统已有应用实例。

利用海水冷却主要有以下优点：

1）水质稳定。海水水质较为稳定，水量很大，无需考虑水量的充足程度。

2）水温适宜。海水全年平均水温0～25℃左右，深海水温更低，有利于迅速带走生产过程中的热量。

3）动力消耗较低。一般采用近海取水，可减少管道水头损失，节省输水的动力费用。

4）设备投资较少。据估算，一个年产30×10^4t乙烯的工厂，采用海水做冷却水所增加的设备投资，仅是工厂设备总投资的1.4%左右。

(2) 离子交换再生剂

在工业低压锅炉的给水软化处理中，多采用阳离子交换法，当使用钠型阳离子交换树脂层时，需用5%～8%的食盐溶液对失效的交换树脂进行再生还原。沿海地区可采用海水（主要利用其中的NaCl）作为钠离子交换树脂的再生还原剂，这样既节省药剂又节约淡水。

(3) 化盐溶剂

纯碱或烧碱的制备过程中均需食盐水溶液，传统办法是用自来水化盐，如此要使用大量的淡水，而且盐耗也高。用海水作化盐溶剂，可降低成本、减轻劳动强度、节约能源，经济效益明显。

(4) 海水脱硫

海水脱硫就是利用海水中的镁离子和其天然碱性脱除烟气中二氧化硫，是一种湿式烟气脱硫方法，具有投资少、脱硫效果高、运行费用低等优点。

此外，海水还可用于除尘、压力传递、海产品洗涤用水、海水热源、印染用水等方面。

2. 大生活用海水

(1) 冲厕用水

城市生活用水占城市用水的 20%，把海水用于冲厕可节约 30%左右城市生活用水，是节约水资源的一项重要措施，具有重要的社会效益和经济效益，推广前景广阔。

（2）消防用水

消防用水主要起灭火作用，用海水作为消防给水不仅可能而且完全可靠。以海水作为消防给水具有水量可靠的优势，如日本阪神地震发生后，由于城市供水系统被破坏，其灭火的水源几乎全部采用的是海水。

7.3.2 海水淡化

海水淡化，是指经过除盐处理后使海水的含盐量减少到所要求含盐量标准的水处理技术。海水淡化后，可应用于生活、生产等各个领域。

1. 水的纯度

（1）纯度及其表示

在工业上，水的纯度常以水中含盐量或水的电阻率来衡量。电阻率是指断面 1cm×1cm，长 1cm 的体积的水所测得的电阻，单位为欧姆·厘米（Ω·cm）。理论上的纯水在25℃时的电导率为 18.3×16^{6} Ω·cm。

（2）水的纯度类型

根据各工业部门对水质的不同要求，水的纯度可分为 4 种（见表 3-28）。

水的纯度类型　　表 3-28

序　号	类　型	含盐量(mg/L)	电阻率(Ω·cm)	备注
1	淡化水	n～n×100	n×100	25℃时的电阻率
2	脱盐水	0.1～5.0	$0.1\sim1.0\times10^{6}$	25℃时的电阻率
3	纯水	＜10	$1.0\sim10\times10^{6}$	25℃时的电阻率
4	高纯水	＜0.1	$>10\times10^{6}$	25℃时的电阻率

1）淡化水：系指高含盐量的水经过局部除盐处理后，变成生活及生产用的淡水。海水及苦咸水的淡化即属此类。

2）脱盐水：相当于普通蒸馏水，水中的强电解质大部分已被去除。

3）纯水：亦称去离子水，水中的强电解质大部分几乎已被去除，弱电解质如硅酸和碳酸等也去除到一定程度。

4）高纯水：又称超纯水，水中的导电介质几乎已全部去除，而水中的胶体微粒、微生物、溶解气体和有机物等也已去除到最低程度。

上述第一种水的制取属于局部除盐范畴，通常称之为苦咸水淡化，后 3 种水的制取则统称为水的除盐。

2. 海水淡化技术

目前，海水淡化的主要方法有蒸馏法、反渗透法、电渗析法和冷冻法。

（1）蒸馏法

蒸馏法虽然是一种古老的方法，但由于技术不断地改进与发展，该法至今仍占统治地位。蒸馏淡化过程的实质就是水蒸气的形成过程，如同海水受热蒸发形成云，云在一定条件下遇冷形成雨，而雨是不带咸味的。根据设备大致分为低温多效蒸馏法、蒸汽压缩蒸馏法、多级闪急蒸馏法、太阳能法等。

1）低温多效。多效蒸发是让加热后的海水在多个串联的蒸发器中蒸发，前一个蒸发器蒸发出来的蒸汽作为下一蒸发器的热源，并冷凝成为淡水。其中低温多效蒸馏是蒸馏法中最节能的方法之一。低温多效蒸馏技术由于节能的因素，近年发展迅速，装置的规模日益扩大，成本日益降低，主要发展趋势为提高装置单机造水能力，采用廉价材料降低工程造价，提高操作温度，提高传热效率等。

2）多级闪蒸。所谓闪蒸，是指一定温度的海水在压力突然降低的条件下，部分海水急骤蒸发的现象。多级闪蒸海水淡化是将经过加热的海水，依次在多个压力逐渐降低的闪蒸室中进行蒸发，将蒸汽冷凝而得到淡水。目前全球海水淡化装置仍以多级闪蒸方法产量最大，技术最成熟，运行安全性高弹性大，主要与火电站联合建设，适合于大型和超大型淡化装置，主要在海湾国家采用。多级闪蒸技术成熟、运行可靠，主要发展趋势为提高装置单机造水能力，降低单位电力消耗，提高传热效率等。

3）压汽蒸馏。压汽蒸馏海水淡化技术，是海水预热后，进入蒸发器并在蒸发器内部蒸发。所产生的二次蒸汽经压缩机压缩提高压力后引入到蒸发器的加热侧。蒸汽冷凝后作为产品水引出，如此实现热能的循环利用。

4）太阳能法。人类早期利用太阳能进行海水淡化，主要是利用太阳能进行蒸馏，所以早期的太阳能海水淡化装置一般都称为太阳能蒸馏器。被动式太阳能蒸馏系统的例子就是盘式太阳能蒸馏器，人们对它的应用有了近150年的历史。由于它结构简单、取材方便，至今仍被广泛采用。目前对盘式太阳能蒸馏器的研究主要集中于材料的选取、各种热性能的改善以及将它与各类太阳能集热器配合使用上。与传统动力源和热源相比，太阳能具有安全、环保等优点，将太阳能采集与脱盐工艺两个系统结合是一种可持续发展的海水淡化技术。太阳能海水淡化技术由于不消耗常规能源、无污染、所得淡水纯度高等优点而逐渐受到人们重视。

（2）反渗透法

通常又称超过滤法，是1953年才开始采用的一种膜分离淡化法。该法是利用只允许溶剂透过、不允许溶质透过的半透膜，将海水与淡水分隔开。在通常情况下，淡水通过半透膜扩散到海水一侧，从而使海水一侧的液面逐渐升高，直至一定的高度才停止，这个过程为渗透。此时，海水一侧高出的水柱静压称为渗透压。如果对海水一侧施加大于海水渗透压的外压，那么海水中的纯水将反渗透到淡水中。反渗透法的最大优点是节能。它的能耗仅为电渗析法的1/2，蒸馏法的1/40。因此，从1974年起，美、日等发达国家先后把发展重点转向反渗透法。

反渗透海水淡化技术发展很快，工程造价和运行成本持续降低，主要发展趋势为降低反渗透膜的操作压力，提高反渗透系统回收率，廉价高效预处理技术，增强系统抗污染能力等。

（3）电渗析法

该法的技术关键是新型离子交换膜的研制。离子交换膜是0.5～1.0mm厚度的功能性膜片，按其选择透过性区分为正离子交换膜（阳膜）与负离子交换膜（阴膜）。电渗析法是将具有选择透过性的阳膜与阴膜交替排列，组成多个相互独立的隔室海水被淡化，而相邻隔室海水浓缩，淡水与浓缩水得以分离。电渗析法不仅可以淡化海水，也可以作为水质处理的手段，为污水再利用作出贡献。此外，这种方法也越来越多地应用于化工、医药、食品等行业的浓缩、分离与提纯。

（4）冷冻法

冷冻法，即冷冻海水使之结冰，在液态淡水变成固态冰的同时盐被分离出去。冷冻法与蒸馏法都有难以克服的弊端，其中蒸馏法会消耗大量的能源并在仪器里产生大量的锅垢，而所得到的淡水却并不多；而冷冻法同样要消耗许多能源，但得到的淡水味道却不佳，难以使用。

实际上，一个大型的海水淡化项目往往是一个非常复杂的系统工程。就主要工艺过程来说，包括海水预处理、淡化（脱盐）、淡化水后处理等。其中预处理是指在海水进入淡化功能的装置之前对其所作的必要处理，如杀除海生物，降低浊度、除掉悬浮物（对反渗透法），或脱气（对蒸馏法），添加必要的药剂等；脱盐则是通过上列的某一种方法除掉海水中的盐分，是整个淡化系统的核心部分，这一过程除要求高效脱盐外，往往需要解决设备的防腐与防垢问题，有些工艺中还要求有相应的能量回收措施；后处理则是对不同淡化方法的产品水针对不同的用户要求所进行的水质调控和贮运等处理。海水淡化过程无论采用哪种淡化方法，都存在着能量的优化利用与回收，设备防垢和防腐，以及浓盐水的正确排放等问题。

7.4 海水利用中的问题及解决途径

7.4.1 海水对构筑物及设备的危害

海水因其特殊的水质和水文特性，以及生物繁衍场所等，会对用水系统的构筑物和设备造成一些危害，主要有以下几方面：

（1）海水是含盐量很高的强电解质，对一般金属材料有着强度不同的电化学腐蚀作用；

（2）海水对混凝土具有腐蚀性，因此对构筑物主体会产生不同程度的破坏作用；

（3）在加热条件下，海水中的 Ca^{2+}、Mg^{2+} 等构成硬度的离子极易在管道表面结构，影响水力条件和热效率；

（4）海水富含多种生物，可造成取水构筑物、设备和管道的堵塞。如海虹（紫贻贝）、牡蛎、藤壶、海藻等海生物的大量繁殖，可造成取水头部、格栅和管道的阻塞，使管径缩小，输水能力降低，对取水安全构成很大威胁；

（5）潮汐和波浪具有很大的冲击力和破坏力，会对取水构筑物产生不同程度的破坏。

7.4.2 海水用水系统的防腐

1. 选用耐腐蚀材质

合理采用海水用水系统中管道、管件、箱体和设备的材质，对防止腐蚀有决定性影响。可供选择的材质见表 3-29。

2. 防腐涂层

涂层或衬里是应用最为广泛的防腐方法。涂料材质有富氧锌、酚醛树脂、环氧树脂、环氧焦油或沥青等涂料或硬质橡胶、塑料等，衬里材质主要有水泥砂浆、环氧树脂等。如水泥喷砂衬里的铸铁管输送海水，使用期可达 20～30 年。

3. 电化学的防腐

海水用水系统耐腐蚀材质和材料　　表 3-29

序号	材质	材料	产品类别
1	金属	低合金钢	Manner(Ni、Cu、P)、902、921、907、402、10MnPNbXt、10CrMoAl、09MnCuPTl、10NiCuAl、10CuMoAlXt、08PVXt
		铸铁	普通铸铁、铝铸铁、铝硅铸铁、含铜高硅铸铁
		不锈钢	20Cr-24Ni-6Mo、27.5Cr-3.5Mo-1.2Ni、25Cr-4Mo-Ti
		铜和铜合金	加砷铝黄铜、磷青铜、海军铜、铜镍合金
		钛和钛合金	钛、钛-钢复合板
2	非金属	混凝土	各类钢筋混凝土管材
		塑料	聚四氟乙烯、聚氯乙烯、聚乙烯、ABS工程塑料、玻璃钢

电化学防腐主要有牺牲阳极法和外加电流等阴极保护法，其在防腐领域应用日趋广泛。如黄岛电厂和青岛电厂的海水冷却系统都采用了上述阴极保护措施，防腐效果较好，其保护度牺牲阳极为93.8%～98.1%，外加电流保护为97.4%。

(1) 牺牲阳极法

在被保护的金属上连接由镁、铝、锌等具有更低电位的金属组成阳极，在海水中被保护金属与阳极之间形成电位差，金属表面始终保持负电位并被极化，使金属不致腐蚀。这种方法只适用表面积小且外形简单的金属物体防腐。

(2) 外加电流等阴极保护法

将被保护金属同直流电源的负极相连，另用一辅助阳极接电源正极，与海水构成回路，使被保护金属极化不致腐蚀。

4. 投加缓蚀剂

在使用的海水中加入缓蚀剂，可在金属表面形成保护膜，起到抑制腐蚀的作用。缓蚀剂有无机物和有机物两类，常见的无机缓蚀剂有：铬酸盐、磷酸盐、聚磷酸盐、钼酸盐及硅酸盐等；常见的有机缓蚀剂有：有机胺、有机磷酸酯、有机磷酸盐等。

5. 除氧

去除海水中的溶解氧也是防腐措施之一，除氧的方法一般有热力除氧、化学除氧、真空除氧、离子交换树脂除氧等。

7.4.3　海水用水系统阻垢

阻垢方法主要有酸化法、软化处理法和投加阻垢剂法。酸化法通过降低水的pH值和总碱度减少结垢；软化处理法是通过软化工艺减少海水中钙、镁离子含量以达到少结垢的目的；投加阻垢剂法是向使用的海水中投加如羧酸型聚合物、聚合磷酸盐、含磷有机缓蚀剂阻垢剂等，以抑制垢在管道等金属表面的沉积。此外，通过增加管壁光洁度，减少管道摩擦阻力等方法，也可起到一定的阻垢作用。

7.4.4　海生物防治

海生物附着不仅影响设备的运行，而且会造成巨大的经济损失。防污堵的方法主要有投放药物、窒息法、电解海水法、涂料防污、加热法、臭氧或射线法等。

1. 投加药物法

在海水中投加氯气、漂白粉等消毒剂，氯可杀死海水中的微生物，可有效地防治所有海生物在管道和设备上的附着。对于藻类，可间歇投氯，剂量约为3～8mg/L，1～

4次/d，余氯量保持在1mg/L以上，持续时间10～15min。对甲壳类海生物，在每年春秋两季连续投氯数周，剂量为1～2mg/L，余氯量约保持0.5mg/L，当水温高于20℃时要不间断地投氯。

为保护海洋环境，应限制过度使用氯消毒剂，可用臭氧代替，除具有防治海生物大量附着外，还有脱色、除臭、降低COD、BOD等功效，但臭氧处理费用较高，难以推广使用。

2. 电解海水法

电解海水产生次氯酸盐，或在海水中电解铜，由电解产生的次氯离子或亚铜离子杀死海生物幼虫或虫卵，一般连续进行，余氯量约为0.01～0.03mg/L。如青岛发电厂等单位即采用电解法。

3. 防污涂料

在管道内壁涂以专用防污涂料，利用涂料缓慢渗出形成有毒性表面，防止海生物附着。

4. 防污结构材料

如用防污铜合金制作构件，依靠材料自身腐蚀过程中产生的亚铜离子防污。

5. 热水法

贻贝在48℃的水中仅3min即被杀灭。在每年8～10月份，隔断待处理的管段并向其中注入60～70℃的热水，约30min后即可用水冲刷贻贝残体，清洗管路。

7.4.5 海水取水技术

利用海水的取水方式主要有岸边取水、潮汐取水、打井取水和深槽取水等方式。

岸边取水是将取水口设于低潮位以上，而潮汐取水则是以蓄水池作调节构筑物，利用涨潮时进水贮存以供使用的取水方式。两者均系取用表层水，故存在水温变化幅度大和浊度高的问题，尤其是潮汐取水，水温随季节变化很大，悬浮物和推移质较多。虽经海水池的自然沉降，仍含有大量泥沙，作为冷却用水，则在设备中发生沉积和磨损现象，以致降低热交换效率和缩短使用设备寿命等。据青岛碱厂测算，冷却用水夏季水温每降低1.5℃，能提高碱产量13800t。据青岛化工厂统计，冷却水水温每降低2℃，每年可节电100×10^4kW·h。因此降低水温具有明显的经济效益和社会效益。

为降低冷却用海水的温度，改善海水水质，一是采用岸边打井取水，二是采用深槽取水。岸边打井取水的特点是水质好、水温低，不存在海生物附着问题，投资也较少，但一般适用取水量少且有良好沙层的地区，对用水大户，则井多而分散，维护管理不便。引深槽海水，即将取水头部尽量设置在海中深槽处和污染较轻的水域，可有效地获得清澈且受阳光辐射温升小的海水，其缺点是投资一般较大，施工较为复杂。但由于深槽取水有着其他方式不可比拟的优点，如青岛发电厂、青岛碱厂等单位都根据各自的条件，将取水头部设于靠近胶州湾东部的“沧口水道”，采取深槽取水。

总的来说，不同的取水方式各具特点，应根据实际情况采用合适的取水方式。

【思考题】

1. 我国大力发展海水利用的重要意义是什么？
2. 海水淡化有哪几种主要方法？
3. 海水对构筑物及设备主要有哪些危害？
4. 如何解决海水利用中的腐蚀问题？
5. 防止海生物附着的主要措施有哪些？

8 城区雨洪水利用

8.1 城区雨洪水利用现状

8.1.1 城区雨洪水利用的意义

1. 城区雨洪水的形成

雨，即降水，尤其是暴雨。我国位于亚洲季风气候区，季风气候决定了我国雨季年内的高度集中。每当夏季风北上，西南、东南暖湿气流与西风带系统冷空气相遇，或者有台风影响，往往会产生强度很大的暴雨。洪，即洪水，尤其是平原区洪水。我国不仅年内降水高度集中，而且西高东低，平原中的平地大多位于江河洪水位以下，是洪水、洪灾易发区。滨海地区由于海平面以上地面沉降，又加剧了洪水位抬高，增加了洪水、洪灾发生的几率。

城市是人类社会的产物，是生态系统最脆弱的环节，生物多样性最贫乏的区域。同时，由于人口及资产的高度集中，城市也是水问题最集中、水管理最复杂的区域。城市化对市区水资源产生的影响主要表现为：（1）城市化将使水循环的下垫面发生变化。城市化的特征之一是楼房、道路、广场等大量人工建筑使透水地面减少，不透水地面增加，截断了雨水通过地表下渗土壤的途径，从而导致地表径流产流系数加大；（2）随着城市的扩大和居民生活质量的提高，城市用水量不断增加，对现有水资源造成巨大压力，发生缺水的机会增多；（3）工业污水、生活污水、固体废弃物增多，对城区河流等地表水产生污染，使原本紧张的水资源供给更加紧张，使水环境恶化；（4）城市自然景观贫乏，随着人们生态环境意识的提高，人们对水边自然景观及生态系统的恢复有较高的期望。恢复“碧水蓝天”的生态环境必然要从城市水资源中留出部分水量用于生态环境建设。

近年来，随着我国城市建设的飞速发展，建筑物、道路不透面积快速增长。屋面、道路等不透水表面的径流系数一般取 0.9，即降雨量的 90%将形成径流，因此快速增长的不透水面积必然造成径流的增加。

目前城区排除雨水的指导思想主要是：及时、迅速地排除降雨形成的径流，尽可能地减少积水所造成的影响。在分流制排水体系中雨水经雨水管道收集后排入水体。在合流制排水体系中，初期雨水经截污管道输送至污水处理厂，随着降雨历时的增长，雨水混合污水排入水体。

2. 城区雨洪水利用的含义

所谓雨洪水利用，就是针对开发建设区域内不同下垫面所产生的降雨径流，采取相应的措施，或贮存利用，或渗入地下，以达到充分利用雨水资源、改善小区生态环境、减轻区域防洪压力的目的，寓资源利用于灾害防范之中的系统工程。

城区雨洪水利用是采取工程性和非工程性措施人为干预城市区域的降雨径流水循环过

程，达到开发新的水资源、保护城市区域水环境和减少城市区域洪涝灾害等多重效果的一项系统工程，属于非常规水资源开发范畴。

城区雨洪水利用的根本目的是变弃水为资源水、产品水或商品水；基本思路是恢复自然，就地拦蓄，改变时间分布；主要方式是分散拦蓄、贮存，分散利用；主要手段是以非工程性措施为主，以工程性措施为辅。

3. 城区雨洪水利用的意义

城区雨洪水利用兼有节约水资源、减缓洪涝灾害、补充地下水，控制径流污染和改善城市生态环境等多重意义，不仅具有环境生态效益和社会效益，还有巨大的直接和间接经济效益，是项多目标的综合技术。

(1) 节省巨额市政投资。小区雨洪水利用工程可以减少需由政府投入的用于大型污水处理厂、收集污水管线和扩建排洪设施的资金。将地面雨洪水就近收集并回灌地下，不仅可以减少雨季溢流污水，改善水体环境，还可以减轻污水厂负荷，提高城市污水厂的处理效果。

(2) 节省市政和居民用水开支。雨洪水利用运行费用低廉，比较效益十分突出。使用 $1m^3$ 的自来水费用（含污水处理费）为 2～3 元，而收集 $1m^3$ 雨洪水的年运行费用不足 0.10 元。

(3) 有良好的发展前景。雨洪水利用的市场前景巨大。雨洪水与中水利用设备产业可以吸引大量的民间资本进入，形成一个新产业。这项产业在减少政府财政支出、促进经济增长、吸纳就业、促进小城镇建设等方面都会发挥出积极作用。

下面仅以某居民小区雨水集流为例，分析城市雨水利用的经济效益。某小区面积 25.20 万 m^2，其中建筑物占地 6.30 万 m^2，道路 3.70 万 m^2，绿地 12.40 万 m^2，其他 2.80 万 m^2（含球场），可居住 2400 余户，人口 9000 多人。如果屋顶集雨可利用面积 6.30 万 m^2，按小区所处城市年降水 640.9mm 计，年蓄水量为 4.01 万 m^3；道路、空地雨污分流集雨面积 5.00 万 m^2，年蓄水量为 3.20 万 m^3。两项合计 7.21 万 m^3，其中有效集流利用量约为 6.70 万 m^3。根据国家城镇居民用水定额（GB/T 113—86）规定，该小区所在城市有给排水设备、无沐浴设备的住户，人均年耗水量为 $40.15m^3$，户均年耗水量为 $120.45m^3$，该小区年耗水量约为 29 万 m^3，则可减少 6.70 万 m^3 供水，约占耗水量的 20%左右，节约直接费用 13.4 万元。除此之外，还可减少 6.70 万 m^3 的雨污混流，可节省相应的排污、治污费用。如果全市有 1/3 地区应用这种措施，还可减少相应的暴雨汇流的水量，免去内涝。

雨洪水利用开展将会对城市区域的再生水利用系统、雨水排水系统、合流制排水系统、河湖水环境、城市防洪体系和城市道路、建筑等产生深远影响。

8.1.2 国内外雨洪水利用情况

1. 国外雨洪水利用情况

近 20 年来，由于全球范围内水资源紧缺和暴雨洪水灾害频繁，美国、加拿大、墨西哥、德国、印度、土耳其、以色列、日本、泰国、苏丹等 40 多个国家相继开展了雨洪水利用的研究与实践，并召开过 10 届国际雨洪水利用大会。其中，德、日、美等经济发达、城市化进程发展较快的国家，将城区雨洪水利用作为解决城市水源问题的战略措施，进行试验、推广、立法、实施。

德国是欧洲开展雨洪水利用工程最好的国家之一。目前德国的雨洪水利用技术已经进入标准化、产业化阶段，市场上已大量存在收集、过滤、贮存、渗透雨洪水的产品。德国的城区雨洪水利用方式主要有3种：一是屋面雨洪水集蓄系统，二是雨洪水截污与渗透系统，三是生态小区雨洪水利用系统。在雨洪水利用方面，德国还制定了一系列法律法规，规定在新建小区之前，无论是工业、商业还是居民小区，均要设计雨洪水利用设施，若无雨洪水利用措施，政府将征收雨洪水排放设施费和雨洪水排放费。

日本的城区雨洪水利用在亚洲先行一步，1980年日本建设省就开始推行雨洪水贮留渗透计划，1988年成立"日本雨洪水贮留渗透技术协会"，1992年颁布"第二代城市下水总体规划"正式将雨洪水渗沟、渗塘及透水地面作为城市总体规划的组成部分，要求新建和改建的大型公共建筑群必须设置雨洪水就地下渗设施。日本"降雨蓄存及渗滤技术协会"经模拟试验得出：在使用合流制雨洪水管道系统地区，合理配置各种入渗设施的设置密度，使降雨以5mm/h的速率入渗地下可使该地区每年排出的BOD总量减少50%，有效促进了城区雨洪水资源化进程。

丹麦98%以上的供水是地下水。但是由于目前的地下水开发利用率除了在哥本哈根市周围的地区外，都小于1，一些地区的含水层已经被过度开采。为此在丹麦开始寻找可替代的水源，以减少地下水的消耗。在城市地区从收集后的雨水经过收集管底部的预过滤设备，进入贮水池进行贮存。使用时利用泵经进水口的浮筒式过滤器过滤后用于冲洗厕所和洗衣服。丹麦通过屋面收集的最大年降水量为2290万m^3，相当于目前饮用水生产总量的24%。每年能从居民屋顶收集645万m^3的雨水，如果用于冲洗厕所和洗衣服，将占居民冲洗厕所和洗衣服实际用水量的68%。相当于居民总用水量的22%，占市政总饮用水产量的7%。

美国的雨洪水利用是以提高天然入渗能力为宗旨，针对城市化引起河道下游洪水泛滥问题，科罗拉多州（1974年）、佛罗里达州（1974年）和宾夕法尼亚州（1978年）分别制定了《雨洪水利用条例》。这些条例规定新开发区的暴雨洪水洪峰流量不能超过开发前的水平。所有新开发区（不包括独户住家）必须实行强制的"就地滞洪蓄水"。

综合国外发达国家城区雨洪水的利用，其主要经验是：制定了一系列有关雨洪水利用的法律法规；建立了完善的屋顶蓄水和由入渗池、井、草地、透水地面组成的地表回灌系统；收集的雨洪水主要用于冲厕所、洗车、浇灌庭院、洗衣和回灌地下水。

2. 国内雨洪水利用情况

我国城区雨洪水利用的思想具有悠久的历史，新疆的"坎儿井"、北京北海团城古代雨洪水利用工程，都是古代雨洪水利用的典范。但是长期以来，我国的城市规划对于雨洪水利用却一直未能给予足够的重视，对雨洪水利用也缺乏一套较为明确的规划指标体系。传统的雨水和防洪规划侧重于雨水的排放，没有考虑到雨水的资源化。虽然近年来国内许多城市进行了大量雨洪水利用技术研究和工程建设，但针对雨洪水利用规划的研究甚少，这从根本上有悖于可持续发展的规划理念。我国真正意义上的城区雨洪水利用的研究与应用却开始于20世纪80年代，发展于90年代，目前呈现出良好的发展势头。

北京、上海、大连、哈尔滨、西安等许多城市相继开展雨洪水收集利用研究，尤其是北京近几年雨洪水集蓄利用技术发展步伐较快。北京市节水办和北京建筑工程学院从

1998年开始立项研究，北京市水利局和德国埃森大学的合作项目于2000年启动，已建成雨洪水利用工程等示范工程10多处。2003年4月起施行《关于加强建设工程用地内雨洪水资源利用的暂行规定》，要求凡在本市行政区域内，新建、改建、扩建工程均应进行雨洪水利用工程设计和建设，雨洪水利用工程应与主体建设工程同时设计、同时施工、同时投入使用。

从总体上看，我国城市雨水利用目前还处于初期发展阶段。由于缺水形势严峻，北京城市雨水利用的研究和应用走在了全国前列。据专家介绍，北京城区雨洪水最大可利用量多年平均为1.93亿m^3，按北京年均595mm降雨量和平均每年新增建筑面积500万m^3，如果有80%的建筑设有雨水收集设施，北京每年就可以留下238万m^3“天上之水”。2001年，国务院批准了包括雨洪水利用规划内容的“21世纪初期首都水资源可持续利用规划”。同年，北京市开始在8个城区建立雨水利用示范工程，截至目前，已完成的雨水利用工程22项，在建雨水利用工程近20项。2003年7月，北京市第一个大型雨水综合利用工程在丰台大桥泵站启动，此工程竣工后，每年可节水1.5万m^3以上。2004年8月，北京市第一个利用收集的雨水进行绿地灌溉的蓄水装置在朝阳区双井街道双花园社区投入使用，预计年节水约6000m^3。

我国许多建筑已建有完善的雨水收集系统，但是没有处理和回用系统。城市雨水集蓄、回灌技术及管理措施等方面与发达国家相比还存在着较大差距。

8.2 城区雨洪水的特征

8.2.1 城区雨洪水的水质特征

城市化的快速发展使不透水地面面积迅速增长，雨水径流量也随之增加，雨水径流中污染的问题不容忽视。

城市雨水径流内的污染物，主要是降水淋洗空气污染物，特别是工业区这一现象尤为明显，而降水污染物含量有两部分组成，一部分为降水污染物背景值，另一部分为降水通过大气而引起的湿沉降，其中背景值一般比较稳定，地表污染物可被认为是雨洪水径流污染物的主要部分。污染物以各种形式积蓄在街道、阴沟和其他与排水系统直接相连的不透水面积上，例如，行人抛弃的废物，在庭院和其他开阔地上冲刷到街道上的碎屑和污染物，建造和拆除房屋的废土、垃圾、粪便和随风抛洒的碎屑、汽油漏油，轮胎破损和排出废气，从空中沉降的污染物等。下水道系统对雨洪水径流水质的影响，主要是沉积池中沉积物和排水系统漫溢出的污水，降水径流首次冲洗下水道是污染物的一个重要来源，这是由于降水时产生较大径流会替换下水道里积存的污水，前次径流过程剩留在沉积池里的水体很易腐败，其中固体也表现为腐败和厌氧的污泥性质。

由以上可知，影响雨洪水径流污染物种类和含量的因素很多。这些污染物大概可分为以下几大类：悬浮固体、耗氧物质、重金属（如镉、铜、铬、镍、铅、锌）、富营养化物质、细菌和病毒、油脂类物质等。

雨洪水的水质受降雨时间、地域、地面植被覆盖情况、屋面和地面污染程度等因素的影响，水质差别较大。但总体来说有以下几个规律：

(1) 屋面雨水径流水质

屋顶雨水水质主要受屋面沉积物和屋面防水材料的析出物以及大气污染的影响。通过对降雨径流全过程水质的分析测定，发现屋面初期雨水径流污染最为严重，水质浑浊色度大，主要污染物为有机物质和悬浮颗粒，而总氮、总磷、重金属、无机盐等污染物浓度较低；后期径流一般水质良好。有试验表明，屋面材料和结构的差异会引起雨水细菌含量的不同，其污染程度由低到高依次为：铁质屋面、塑料屋面、石棉屋面、红瓦屋面、混凝土屋面。

（2）路面径流水质

路面除受大气污染外，还受汽车排放物、城市废弃物以及路面材料的影响，路面径流污染物含量明显高于屋顶和绿地径流中的污染物含量。路面径流水质与其所承担的交通密度有关，其主要污染物是路面的沉积物、行人和车辆的交通垃圾等。机动车辆往往使道路上的雨水含有金属、橡胶和燃油等污染物质，其地表降水径流的雨水水质要比屋面的雨水水质差。除此之外，还有非车道的雨水径流，如广场、人行道、停车场等，其对雨水径流的污染多数是人为造成的。非车道路面上人们随意丢弃的物品、任意倾倒的污水和清洁工扫入雨水口的垃圾，都会对雨水径流造成比较严重的污染。

（3）绿地径流水质

天然降水经过绿地渗流后，有机物质很快得到分解，无机物如硫酸盐和硝酸盐也因被滞留而降低，充分反映了城市绿地净化水质的作用。然而若延长消纳时间仍可继续降解而使绿地内的水质达标，故城区可充分利用绿地拦截雨洪水入渗，补给地下水。从降雨径流水质优劣角度看，绿地径流水质优于屋顶径流的水质，道路径流的水质最差。

8.2.2 城区雨洪水利用的水质要求

一般情况下，不经过处理或者简单处理的雨水用于城市绿化用水、洗涤用水、工业循环水以及景观娱乐用水是完全可行的。

城区雨洪水主要用在生活杂用、市政杂用、地下水回灌等方面。不同的用途应满足相应的水质标准。

（1）冲洗厕所用雨水对水质的要求：从实际使用来看，冲洗厕所的雨水只要看上去干净，无不良气味即能满足使用要求。雨水中的重金属和盐类对冲厕使用影响不大。

（2）洗衣用雨水对水质的要求：洗衣用水要保证良好的洗涤效果，不应在衣物上留下任何会影响外观和人体健康的物质。由于雨水中含有一定的钙离子和镁离子，具有硬度水的特性，就此而言它比源自地下水、地表水的城市给水系统的饮用水水质更适合衣物清洗，如此可减少洗衣时洗衣剂的用量，也可不再用织物柔软剂。但是公路附近的雨水含有有害健康的芳香烃物质，当这类有害物含量高时不适合洗衣。

（3）灌溉用雨水对水质的要求：目前对观赏植物浇灌用水无特殊水质要求，对于农作物浇灌用水水质应防止芳香烃类物质及重金属物质在植物中聚积，通过生物链进入人体，而城市绿化使用雨水应是较佳选择。

总体来说，冲厕、洗衣、洗车、灌溉等市政与生活杂用水应符合《城市污水用水利用、城市杂用水水质》（GB 18920—2002）。回用于景观用水水质应符合《景观娱乐用水水质标准》（GB 3838—2002）。食用作物、蔬菜浇灌用水还应符合《农田灌溉水质标准》（GB 5084—92）的要求。雨水用于空调系统冷却水、采暖系统补水等其他用途时，其水质应达到《空调用水及冷却水水质标准》（DB131/T 143—94）。

8.3 城区雨洪水利用技术与设施

城区雨洪水利用是针对城市开发建设区域内的屋顶、道路、庭院、广场、绿地等不同下垫面降水所产生的径流，采取相应的集、蓄、渗、用、调等措施，以达到充分利用资源、改善生态环境、减少外排径流量、减轻区域防洪压力的目的。与缺水地区农村雨水收集利用不同，城区雨洪水利用不是狭义的利用雨水资源和节约用水，它还包括减缓城区雨水洪涝，回补地下水减缓地下水位下降趋势，控制雨水径流污染、改善城市生态环境等广泛的意义。因此，城区雨洪水利用是一项多目标综合性技术，我国在这方面的研究和应用尚处在起步阶段，需要在全面把握国内外现状的基础上明确方向，更加深人、系统地开展研究，为进一步推广应用奠定基础。

8.3.1 城区雨洪水利用的主要途径

1. 雨水集流

城市雨水利用目前成熟的技术和成功经验主要有 2 种：屋顶集流和马路分流。

(1) 屋顶集流，就是利用建筑物屋顶拦蓄雨水，地面或地下贮存，过滤和反渗透过滤，利用原有水管输送，供用户就地使用。对此法国、比利时等欧洲国家已取得成功的经验，屋顶集流被广泛应用。据介绍，这种方法不仅造价低廉，简单易行，而且得到的水是优质水，各项指标和矿泉水不相上下，远远超过自来水和纯净水。如单户应用这种方法集雨，以购买矿泉水计价，1.5 年即可收回成本；以自来水计价，3 年内即可收回成本。

(2) 马路分流，即分设城市排污管道和雨水集流管道。雨水集流管道分散设置，蓄水池置于绿地下，雨天集存，晴天利用，无需处理。雨水是微带酸性的天然水，经蓄水池碱性物质中和，即变为含少量矿物盐的软水。关于这方面，日本已有成熟的经验，如横滨等城市，可以借鉴。另外，我国西北地区也有不少干旱乡村采取坡面集流、水窖贮存用于灌溉的成熟技术和经验，可以借鉴。

2. 空间返还，恢复自然

随着城市化进程的加快，人口增多，土地成了稀缺资源。许多城市为多争一块地，盲目填充河道，改为管道排水，侵占河流漫滩、湖泊边缘及湿洼地，清除树木草地，不仅减少了市内拦蓄，增加了暴雨汇流速度，常导致内涝，而且减少了外水蓄洪能力，提高了洪水强度和洪灾几率。更为严重的是，积水面积的萎缩，降低了城市生态系统的重要要素水环境的应有作用，导致热岛效应、气候失常、蒸发量增加、降水量集中。因此，应提倡返还河流、湖泊空间，恢复自然的拦蓄雨洪水方式。目前，我国城市比较重视防外水，即防洪，忽视预防内水，即暴雨汇流产生的涝灾。我国城市的排涝标准较低，一般不足 10 年一遇，加之填充排水河道、用混凝土覆盖空地，一遇大雨，市区到处是水，交通堵塞，雨污混流，导致城市功能不能正常发挥，甚至造成巨大的经济损失。如武汉市 1998 年长江发生大水时，军民严防死守保住了大堤，但 7 月 21 日一场暴雨，却导致交通、电力、通信等城市生命线工程瘫痪。因此，在进行城市规划时应保留城市原有河流、湖泊、洼地，适当恢复已被挤占、填充的蓄洪水面，退堤还漫滩，还边缘。有条件的还可以开挖人工湖和运河，提高蓄洪、排涝能力，改善城市景观和生态环境。

3. 生态河堤，营造水环境

改革开放以来，不少城市不仅在新城建设、旧城改造中用砖、混凝土覆盖裸露地面，而且在城市防洪中采用混凝土覆盖河堤、衬砌河道，从而不仅减少了城市绿地、植被，而且降低了植被拦蓄、土壤下渗能力，增加了暴雨汇流和洪水的流速、流量。因此，今后除在城市建设中恢复绿地外，还需借鉴发达国家的成功经验，建设生态河堤。

生态河堤是融现代水利工程学、环境学、生物学、生态学、美学等为一体的水利工程。它以保护、创造生物良好的生存环境和自然景观为前提，以具有一定强度、安全性和持久性为标准，把河堤由混凝土人工建筑改造成水体、土体和生物体相互涵养、适合生物生长的仿自然状态的护堤，并结合河堤、河道的具体情况，以“水”和“绿”作为空间基质，营造安全、舒适、富有生机活力的水边环境。

4. 标本兼治，控制污染

从生态环境保护的观点看，城市河流、湖泊不应作为工业、生活污水排放之地，而应成为涵养和维护城市生态的重要要素。因此，一定要采用行政、经济和技术等措施，控制污水排放，建立污水处理厂，减少污染源，使“水脏”变为“水清”。

5. 全河统筹，上下同蓄

城区雨洪水利用，绝不能走“单纯防洪、单纯供水、各防各的、各供各的”老路，一定要统一管理，上下同治。现在大家对水资源开发、利用和保护，不能条块分割，只能流域统一管理，已取得共识。城区雨洪水利用也是如此，虽然是分散实施，就地拦蓄，就地利用，但却要上下行动，共同实施，只有这样才能积少成多，发挥综合效应。否则，虽然也能取得一城一市的免涝、增水、减少雨污混流，却难以减免洪水发生的几率和强度。

8.3.2 城区雨洪水利用主要形式和技术

城市的下垫面主要包括屋顶、道路、绿地（含公园及水面）、庭院、广场等类型。不论哪种类型的下垫面，基本的雨水利用形式可以归纳有3类，即渗入地下、收集回用和调控排放。

1. 渗入地下

渗入地下是采用能够下渗雨水的绿地、透水地面、专用渗透设施等，使更多的雨水尽快渗入地下的方法。渗入地下的具体措施很多，一般有下凹式绿地、渗透性铺装地面和诸如渗沟、渗井等的增渗设施。

下凹式绿地是低于周围地面适当深度的绿地，以便自身雨水不外排，同时周围地面的地表径流能流入绿地下渗。研究结果表明，在北京城区，当绿地下凹5～10cm时，能够消纳自身和相同面积不透水地面流入的雨水，使5年一遇日降雨无径流外排。对于一些难以低于周围地面的绿地，如果其四周的围挡高于绿地5～10cm，也可使5年一遇日降雨无径流外排。

渗透性铺装地面是指在较大降雨情况下，能够较快地下渗雨水、使地表不积水或少积水的铺装地面，通常由铺装面层、垫层和基层3部分组成（见图3-24）。

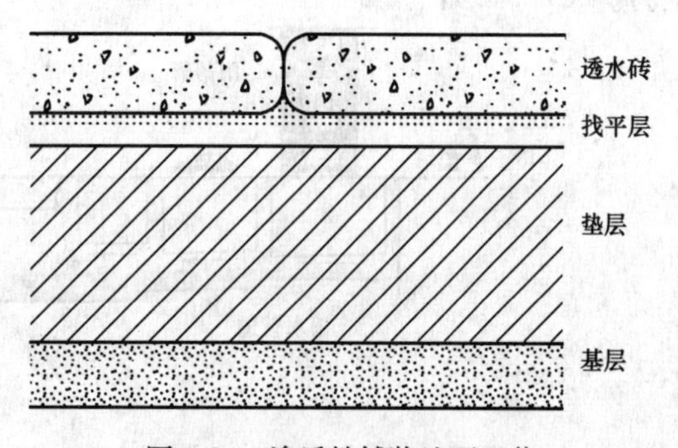

图3-24 渗透性铺装地面工艺

降雨先下到面层，因此要求面层有很强的透水性，能够使可能发生的所有强度的降雨很快入渗到下层，下部垫层除了应当有较大的渗透能力外，还应当有较大的孔隙率，以便滞蓄渗入的雨水。基层通常为密实的土壤，有较强的承载能力，但也有一定的下渗能力，可使暂时停留在铺装层的雨水逐渐渗入地下。所采用的面层材料有透水砖、草坪砖、透水沥青、透水混凝土等。透水混凝土砖是一种压制的无砂混凝土砌块，有很多连通的空隙，能很快的渗透雨水，是目前采用最多的一种透水面层材料。渗透性铺装地面通常用在人行道、庭院、广场、停车场、自行车道和小区内小流量的机动车道。

在表面下渗能力不够的情况下，如果一定深度内有透水性较强的砂层或砂砾层，可将雨水经过适当处理，在保证安全的前提下，通过渗水管沟、渗水井或回灌井等增渗设施，引入该层进行渗透，这可大大加快下渗速度。渗水管沟是在地下浅层建设的能滞蓄和下渗雨水的沟槽，属于条状或带状渗水设施；渗水井相对是一种点状增渗设施，深度可比管沟深一些，雨水主要通过渗井底部或侧壁渗入地下；回灌井的深度更深，底部通常与范围较大的粗砂或砂砾层接触，渗水能力更强。

2. 收集回用

收集回用是将屋顶、道路、庭院、广场等下垫面的雨水进行收集，经适当处理后回用于灌溉绿地、冲厕、洗车、景观补水、喷洒路面等。这种方法能够使雨水得到直接利用，减少自来水的用量，从而既减少了雨水排放量，又节约了水资源。收集回用系统通常包括收集管线、初期径流弃除设施、调蓄池、处理设施、清水存贮池、回用管线等。应根据原水水质和回用目的选择相应的处理方法。由于通常降雨的时空分布很不均匀，不能只靠雨水作为上述用途的水源，应考虑采用再生水或其他水源补充。

3. 调控排放

调控排放是在雨水排出区域之前的适当位置，利用洼地、池塘、景观水体或调蓄池等调蓄设施和流量控制井和溢流堰等控制设施，使区域内的雨洪水暂时滞留在管道和调蓄设施内，并按照应控制的流量排放到下游。其原理如图 3-25 所示。当汇集的降雨径流小于控制井限定的过流量时，按照汇集的流量排入市政管道，当大于限定的过流量时，将按限定的过流量外排，同时将在管道和滞蓄系统内产生积水。如果降雨小于溢流堰的设计标准，系统内积水的最大水位不会超过溢流堰，所滞蓄的雨水会逐渐地以不大于限定值的流量排走。如果降雨大于溢流堰的设计标准，将会通过溢流堰溢流到外部市政管道。这样调控排放系统的下泄流量通常会被控制在限定的较小范围之内，从而减少了下游管道的排水压力。

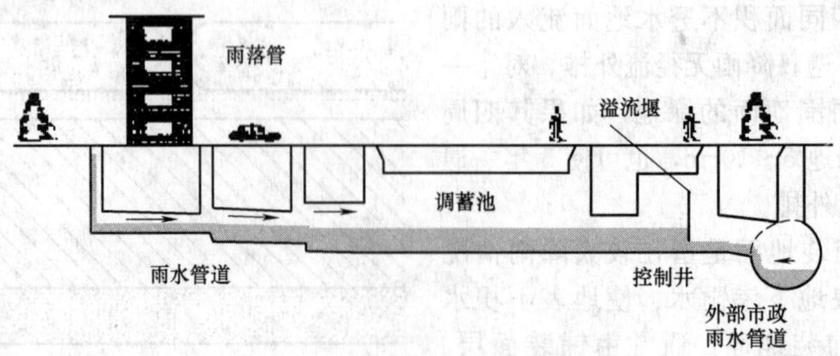

图 3-25　雨洪水调控排放流程示意

实际应用中可以将上述形式进行有机的组合，形成适合区域自身特点的、科学的最佳雨水利用体系。

8.3.3 城区雨洪水利用设施

本着“雨水是资源，综合利用在前，排放在后”的指导思想，根据城市生态环境用水和建筑物分布的特点，因地制宜的建造雨水直接和间接利用设施，以达到充分利用城市雨水、提高城市雨水利用能力和效率的目的。常见的城市雨水利用设施有以下几种。

1. 雨水贮存设施——雨水综合池

雨水综合池是雨水综合系统中具有简单处理能力的贮水构筑物，是实现雨水综合系统多重效益的重要保障。它不仅具有平抑雨洪水峰值、减少下游管段容量的功能，而且是雨水回用、减污等多种功能的载体，图 3-26 所示为居民小区雨洪水利用示意图。在原有排水系统不变的情况下，利用综合池的调洪能力可提高设计区域的防洪标准；综合池中的简单处理设施可去除雨水中的部分污染物，提供符合要求的回用水。同时综合池建造也可与周边环境配合设计，成为区域水景观的组成部分。

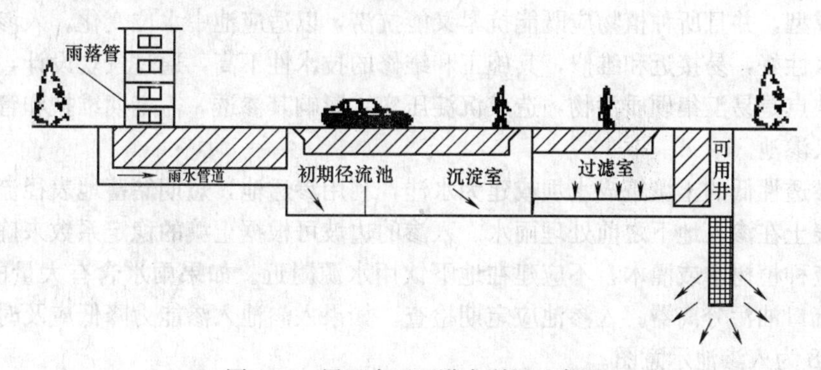

图 3-26 居民小区雨洪水利用示意图

根据汇水面积，通过相关计算，将雨水收集与输送，经处理贮存到地下蓄水池中。道路雨水的收集与输送既可采用管道，也可采用渠道。

根据北京市水利科学研究所对小区屋顶、道路径流水质的监测结果分析，降水初期径流水质较差，随着降雨历时的延长趋于好转，只要采取措施趋利避害，其中绝大部分可以利用，因此可根据雨水利用所要求的水质标准对径流进行处理。一般来说，在去除前期降雨径流后，只要经过沉淀过滤，基本上能够满足洗车、浇灌树木和绿地等其他用水要求。如对水质要求高，则应增加雨水处理设施，如离心分离机、活性炭吸附塔等。

2. 雨水渗透设施

雨水渗透可以分为地面蓄水入渗和地下蓄水入渗。蓄水入渗的主要目的是：通过蓄水和入渗减低径流量和径流峰值；通过植被和植被下的土壤过滤提高水质和改善表土的细菌活动；用于地下水补给以保持地下水位，用于以后的抽采和利用。

当土地空间允许，且土壤渗透性能较好时，可集蓄雨水于洼地、水池或池塘中，进行地面蓄水入渗。在土地有限的情况下，可通过地表下填满碎石的沟、井和管道滞蓄雨水入渗。

(1) 入渗洼地

洼地类似于“水盆”，其四周有斜坡，坡度一般小于 1∶3。表面宽度和深度的比例约为 6∶1 或更大。通过草中和表土上的活性生物处理以及通过表土和表土下层的渗透过程减低污染物，可用于蓄水或水预先处理和渗透。若利用天然低洼地或起伏地形接纳道路径流，进行蓄水渗透最为经济，只要对其作些简单处理，如铺设砂卵石等透水性材料，其渗透过滤性能会大大提高。图 3-27 是入渗洼地结构示意图。

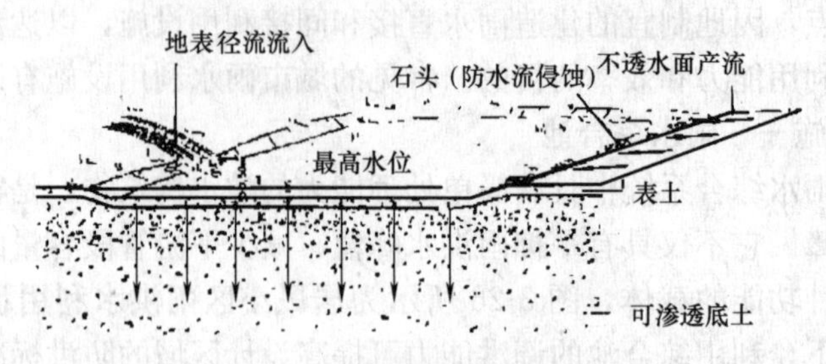

图 3-27　入渗洼地结构示意图

入渗洼地的充水表现为季节性充水，水位变化很大，因此洼地种植植物应在洼地承载径流之前成型，并且所种植物应既能抗旱又能抗涝，以适应池中水位变化。入渗洼地的优点是滞蓄水性好，易接近和维修，其施工和维修的技术性不高，通过景观设计，易融入市区风景。缺点是易汇集硬质污物，造成沉淀压实，影响其渗透，需定期维护和管理。

（2）入渗池

可用渗透性低的土壤筑成水坝或建为水洼，利用渗透池，短期储蓄地表径流，通过渗透和活性表土在渗入地下之前处理雨水。入渗的边坡可根据土壤的稳定系数来确定，入渗池的边缘应种植树木或灌木，不应建在地下饮用水源附近。如果雨水含有大量的沉淀物，建议在入流口油污分离器。入渗池应定期检查。如果入渗池入渗能力降低应及时清除沉淀物。图 3-28 为入渗池示意图。

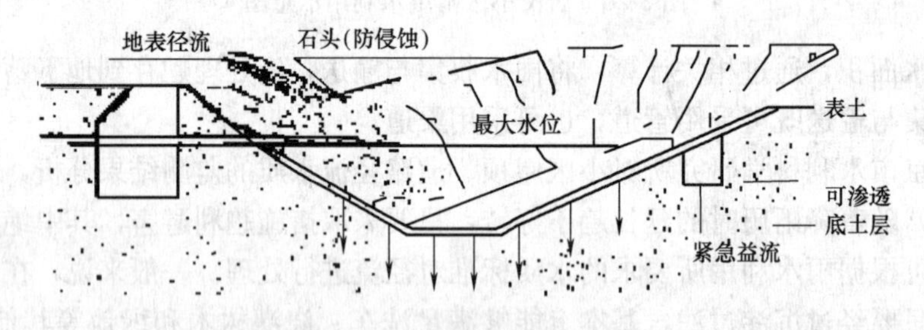

图 3-28　入渗池结构示意图

（3）渗透管沟

渗透管沟一般采用穿孔 PVC 管或渗水片材等透水材料制成。汇集的雨水通过透水性灌渠进入四周的碎石层。碎石层具有一定的贮水、调节作用，然后再进一步向四周土壤渗透。相对于渗透池而言，渗透管沟占地较少，便于在城区及生活小区设置。他可以与雨水管系、渗透池、渗透井等综合使用，也可以单独使用。图 3-29 为渗透管沟结构示意图。

（4）入渗井

虽然入渗井对地下水的补给能力比较高，但其去污染物能力相对较低，因此，对回灌水质有一定的要求，必须对回灌的雨水进行处理后方可回灌。为了防止地下水污染，只能在无法通过绿地和透水地面入渗时才考虑使用入渗井。

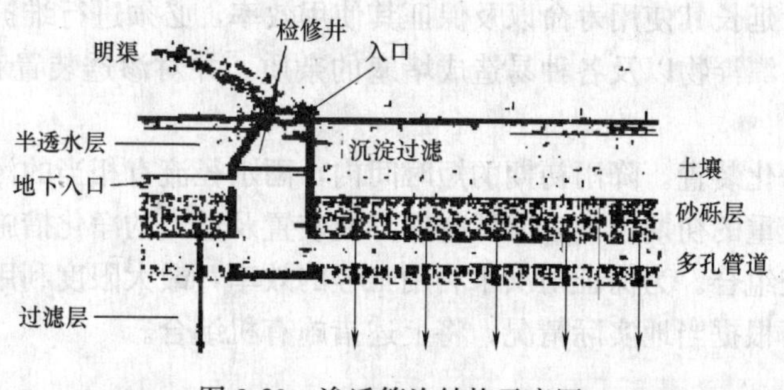

图 3-29 渗透管沟结构示意图

通过无底入渗井入渗是入渗井最简单的入渗方法，包括间接入渗井和直接入渗井两种。间接入渗井不到达地下水位，径流的入渗通过土壤渗透；直接入渗井则与含水层相通，水直接渗入地下水层而不通过土壤。

(5) 人工渗透性铺装地面

人工渗透地面分为两种，一类是材料渗透，路面铺装材料本身具有渗透能力，如多孔沥青、无砂混凝土地面以及透水砖等。另一类是结构渗透，通过结构空间进行渗透，如草坪砖。人工渗透性铺装地面可用于停车场、交通流量较少的道路及人行道，特别适用于居民小区。

1) 透水性地面。无砂混凝土地面构造与多孔沥青地面类似，其厚度约为 12.5cm，孔隙率 15%～25%。多孔沥青及无砂混凝土地面自 1973 年在美国使用以来，至今已广泛应用于发达国家。在国内还没有得到大范围推广。透水砖路面是在无砂混凝土地面的基础上发展而成，所不同的是无砂混凝土地面是一次浇注而成，而透水砖路面是铺装利用无砂混凝土压制成型的预制件——透水砖。透水砖制作在配方上与无砂混凝土有所不同。透水砖路面在日本有所研究和使用，但在国内鲜有报道。

2) 草坪砖地面。草坪砖是带有各种形状空隙的混凝土块，开孔率可达 20%～30%，因在空隙中可种植草类而得名。多用于城区各类停车场、生活小区及道路边。草坪砖地面因有草类植物生长，能滞缓地表径流，净化过滤雨水，调节温湿度，对重金属如铅、锌、铬等有一定去除效果。

8.3.4 雨洪水利用设施建设应注意的方面

雨洪水利用应立足于 5 年一遇以下的一般降雨，同时应避免对生态与环境造成不利影响，尤其在直接回灌地下水时，不应对地下水水质造成污染。为了充分利用现有设施，应和小区人工湖、喷泉水池、中水回用等设施有机联合，以获取较大的防洪、供水、环境等综合效益。

修建雨洪水利用的工程措施时，应注意以下几点：

(1) 工程措施选址。使用渗透设施的适宜地点为地下水最高水位或地下不透水岩层至少低于渗透表面 1.2m，土壤渗透率不小于 2×10^{-5}m/s，地面坡度不大于 15%，离房屋基础至少 3m 远。而对于雨水处理贮存设施而言，只要遵守相关规范，选址要求不是特别严格。雨水利用工程还需考虑表层及下层土壤结构、表面植被种类、土壤含水率、车辆及行人交通密度等一些必要因素。

(2) 维护管理。无论是雨水贮存设施还是雨水渗透设施，在经历一段时间后，其功能都会有所下降。为延长其使用寿命以及保证其使用效率，必须进行维护管理。尽可能去除设施中的沉淀物、漂浮物以及各种易造成堵塞的杂质，并对渗透装置和沉淀池加强管理，定期清理。

（3）弃流及净化装置。降雨初期的短时间内，雨水径流有相当的污染性。因此，为安全起见，对污染较重的初期径流宜设置初期弃流装置及适当的净化措施。

（4）优化系统组合。为保证雨洪水利用工程的效率，最大限度利用雨水，在选择雨洪水利用工程时，可根据当地实际情况，将上述措施有机组合。

8.4 城区雨洪水利用中的问题及解决途径

8.4.1 城区雨洪水利用中存在的主要问题

城区雨洪水利用，目前尚未引起足够的重视，其瓶颈问题主要有3个：

（1）观念落后。人类几千年以来对雨水放任自流，已形成根深蒂固的思维定式。

（2）经济账不清。对城市水危机和雨水资源化认识不足，对雨水利用投入产出没有从长计议。

（3）缺乏政府行为。规划、立法、规范等问题亟待解决。

8.4.2 城区雨洪水利用有关问题的解决途径

1. 加大城市雨水资源利用的宣传力度

城市水资源危机加重，雨洪水灾害加剧，地质环境与生态环境恶化已是摆在我们面前的事实。在严峻的形势面前，需要做好全方位的宣传。通过各种媒体的宣传，从开发资源、生态补偿和城市可持续发展的高度重视和关注雨水资源利用问题，唤起全社会各方的支持和理解，是实现城市雨水利用、促进城市经济可持续发展的重要环节。

2. 合理的划分雨水水权，确定雨水的供应价格

城市雨水资源化应在综合评价城市可利用雨水资源量的基础上，考虑在技术上可行，经济、社会、生态环境综合效益最大的前提下，尽可能采取工程措施，宏观调控利用雨水资源，有效地进行雨洪水控制，尽可能减小城市防洪排涝负担，最大程度地减轻城区雨洪水灾害的损失，同时防止过度开发水资源造成负面影响。

政府通过公共服务部门建立必要的雨水收集和蓄积的公共设施，通过政策的引导确立雨水水权的归属，只有水权的归属问题得到解决才能为建立雨水市场准备必要的条件。合理的雨水价格对雨水资源化的开展和雨水的充分利用具有十分重要的意义。

3. 制定相应的政策法规

城市雨水利用不仅是水利和城建系统的任务，也牵涉到许多部门。如何有效地进行合理的开发和利用是一个相当复杂又必须处理好的技术、经济和政策问题。雨水利用要从开发资源、生态补偿与城市可持续发展的高度加以重视，给予政策法规的支持和支撑。

（1）制定城市雨水收集利用设施建设管理办法。尽快由政府制订出台《城市雨水设施建设管理办法》，明确雨水利用的基本原则是“保证开发建设项目建成前后降水径流系数不能增加”，规定新建小区，无论是工业、商业还是居民小区，均要设计雨水利用设施。凡是按标准建设雨水利用工程并保证正常运行的新建小区，将雨水留在地面，回补地下或利用，因而不增加排洪量，应免收其防洪费。建设雨水利用工程，但未达到标准的单位，

可适当减收防洪费。

（2）制定适当的城市雨水利用管理办法。明确城市雨水利用与城市雨水管理、城市供水的关系，改变目前许多城市水务多部门分割管理现状，建议成立统一的水务协调领导机构，负责协调和管理包括防洪、蓄水、供水、用水、节水、排水、水资源保护与配置、污水处理和再生水利用等诸方面水务制定雨水利用工程建设和运行的相应政策和规范，并负责工程的具体实施和监督。

（3）出台城市雨水利用商业化政策，促进雨水利用交易市场的形成。政策应明确3点：一是交易主体是小区物业管理部门；二是剩余水量可以进行市场交易；三是对达到一定规模出水量的小区给予相应的支持与奖励，充分利用经济杠杆调动人们利用雨水的积极性。凡按标准建设雨水利用工程并保证正常运行的新建小区，将雨水留在地面，回补地下或利用，不增加排洪量，可享受环保优惠政策。建设雨水利用工程，但未达到标准的单位，可适当减收相关费用。

（4）设立专项基金，扶植雨水利用产业的发展。雨水利用作为环保产业，政府应给予各种环保优惠政策，通过各种优惠政策和利益机制调动开发商和企事业单位的积极性，政府应加大资助力度，将效果明显的雨水利用技术尽快推广应用。

（5）鼓励多种渠道投资建设雨水利用工程，实行谁投资谁受益。谁投资谁就对集蓄的雨水资源有使用权与转让权，地方政府对建设城市雨水利用工程应像农村建设节水灌溉工程那样给予经济上的补贴和政策上的扶持。

4. 把城市雨水资源利用纳入城市整体规划

城市雨水资源利用是一项造福子孙后代的系统工程，应纳入城市整体规划。把城市雨水利用与城市建设、水资源优化配置、生态建设统一考虑，把集水、蓄水、处理、回用、入渗地下、排水等纳入城市建设规划之中。

【思考题】

1. 城区雨洪水利用的含义及意义是什么？
2. 城区雨洪水有哪些水质特征？
3. 城区雨洪水利用主要有哪些途径和形式？
4. 城区雨洪水利用设施主要包括哪些？各有什么特点？
5. 在雨洪水利用设施建设过程中应注意哪些方面？
6. 如何加大城区雨洪水利用力度？

9 节水型器具

9.1 节水型器具概述

9.1.1 节水型器具的含义

一般来讲，节水型器具的含义是满足相同的用水功能，较同类常规产品能减少用水量，达到国家有关节水要求的器件、用具。节水型器具首先应做到不跑、冒、滴、漏，在满足使用功能下节约用水。城市生活用水主要通过给水器具的使用来完成，因此，节水型器具的开发、推广和管理对于节约用水的工作是十分重要的。节水型器具种类很多，主要包括龙头阀门类、淋浴器类、卫生器具类、水位和水压控制类等。

2002年，建设部《节水型生活用水器具标准》（CJ 164—2002）分别对节水型生活器具、节水型水嘴（水龙头）、节水型便器、节水型便器系统、节水型便器冲洗阀、节水型淋浴器、节水型洗衣机进行了如下定义：

（1）节水型生活用水器具：满足相同的饮用、厨用、洁厕、洗浴、洗衣等用水功能，较同类常规产品能减少用水量的器件、用具。

（2）节水型水嘴（水龙头）：具有手动或自动启闭和控制出水口水流量功能，使用中能实现节水效果的阀类产品。

（3）节水型便器：在保证卫生要求、使用功能和排水管道输送能力的条件下，不泄漏，一次冲洗水量不大于6L水的便器。

（4）节水型便器系统：由便器和与其配套使用的水箱及配件、管材、管件、接口和安装施工技术组成，每次冲洗周期的用水量不大于6L，即能将污物冲离便器存水弯，排入重力排放系统的产品体系。

（5）节水型便器冲洗阀：具有延时冲洗、自动关闭和流量控制功能的便器用阀类产品。

（6）节水型淋浴器：采用接触或非接触控制方式启闭，并有水温调节和流量限制功能的淋浴器产品。

（7）节水型洗衣机：以水为介质，能根据衣物量、脏净程度自动或手动调整用水量，满足洗净功能且耗水量低的洗衣机产品。

9.1.2 节水型器具的节水方法

节水型器具节水的主要方法是：

（1）限制水流量或减压，如各类限流装置、减压阀；

（2）限时，如延时自闭阀和水嘴；

（3）限定水量，如限量水表；

（4）定时控制，如定时冲洗装置；

（5）防漏，如低位水箱的各类防漏阀；

(6) 改进操作或提高操作控制的灵敏性，前者如冷热水混合器，后者如自动水龙头、电磁式淋浴节水装置；

(7) 提高用水效率。

9.1.3 节水型器具的基本要求

目前，同一类节水型器具往往有许多种类，其质量参差不齐，节水效果不一。因此，在鉴别或选择时，应依据其作用原理，着重考察是否达到下列基本要求：

(1) 与水接触的部位不使用易腐蚀材料；

(2) 没有使用含有害添加物的材料或涂装；

(3) 实际节水效果好；

(4) 使用寿命长且经济；

(5) 操作使用方便；

(6) 达到国家有关节水要求。

9.2 节水型水龙头与阀门

9.2.1 节水型水龙头

节水型水龙头（水嘴）应在水压 0.1MPa 和管径 15mm 下，最大流量不大于 0.15L/s。

国家要求，自 2000 年 1 月 1 日起淘汰使用铸铁螺旋升降式水嘴、铸铁螺旋升降式截止阀，现推广使用陶瓷磨片密封式、非接触自动控制式、延时自闭、停水自闭、脚踏式等节水型水龙头。

1. 陶瓷片密封式水嘴

陶瓷片密封式水嘴是用优质黄铜作为体材，选用精密陶瓷磨片为密封元件，90°开关，具有耐磨、密封性能好、开关快速、不漏水、耐腐蚀、无水锤声，使用寿命长（大于 20 万次）等特点。陶瓷片密封式水嘴的阀体强度应符合 GB/T 18145—2000 中 6.4.1 的规定，密封性能应符合 GB/T 18145—2000 中 6.4.2 的规定。

2. 延时自闭水龙头

延时自闭水龙头，有用于陶瓷洗面盆立式安装的，有类似普通水龙头横式安装的。它多数是直动式水阻尼结构，靠弹簧张力封闭阀口。使用时，按下按钮，弹簧被压缩，阀口打开，水流出。手离按钮，阻尼结构使弹簧缓慢释放，延时数秒，然后自动关闭。有的增加续放功能，按下按钮向右旋，锁住按钮，持续放水，与普通水龙头相同。旋回按钮，延时数秒，水流停止。

延时自闭水龙头在出水一定时间后自动关闭，可避免长流水现象，减少水的浪费，据估计其节水效果约 30%。延时自闭水龙头出水时间可在一定范围内调节，但出水时间固定后，不能满足不同使用对象的要求，比较适用于使用性质相对单一的公共建筑和公共场所，比如车站，码头等地方。

3. 感应式水龙头

全自动感应式水嘴是采用红外线感应原理或电容感应效应及相应的控制电路执行机构的连续作用设计制造而成。感应式水嘴不需要人触摸操作，感应距离可自动调节，具有自动出水及关水功能，清洁卫生，用水节约。感应式水嘴有交流、直流两种供电方式，使用寿命应大于5万次。它适用于医院、宾馆饭店等公共场所。

4. 磁控水龙头

磁控水龙头是以ABS塑料为主材，并由包有永久高效磁铁的阀芯和耐水胶圈为配套件制作而成。工作原理是利用磁铁本身具有的吸引力和排斥力启闭水龙头，控制块与龙头靠磁力传递，整个开关全封闭动作，具有耐腐蚀、密封好、水流清洁卫生，节能和磁化水功能。启闭快捷，轻便，控制块可固定在龙头上或另外携带，对控制外来用水有很好的作用。从而克服了传统水龙头因机械转动而造成的跑、冒、滴、漏现象。

5. 多功能水龙头、无泄露水龙头

多功能水龙头集节流、充气、喷淋、延时自闭、续放于一体，可适应多种不同的需要。

无泄露水龙头是用橡胶折囊密封，取代了平面阀芯及阀杆的密封填料，杜绝了阀杆处漏水。

9.2.2 节水型阀门

1. 延时自闭冲洗阀

延时自闭式便池冲洗阀是一种理想新型便池冲洗洁具，是利用阀体内活塞两端的压差和阻尼进行自动关闭的，该阀具有延时冲洗和自动关闭功能；具有节约空间、节约用水、安装容易、操作简单并带有防污器、能防止水源污染等优点，但需有一定的正常水压。

2. 无压自闭阀

无压自闭阀是一种由自动控制和人工控制相结合的两用阀，其工作原理是在管路“停水”时，靠阀瓣或活塞的自重，或弹簧复位关闭水流通道，管路“来水”时，由于水压作用，水流通道被阀瓣或活塞压得更加紧密，故不致漏水。如需重新开启阀门则需要靠外力提升推动阀瓣或活塞打开通道，这时作用于阀瓣或活塞上下侧的力在水流作用下应处于平衡状态，是一种理想的节水产品。适用于水压不稳或定时供水的地区。无压自闭阀具有以下特点：

（1）停水自闭功能　当管道停水时，节水阀自动关闭，可防止管道再次供水时，水龙头未关闭而造成的水患和水资源浪费。

（2）自动判断功能　当管道停水后再次供水时，节水阀能根据水龙头的开关情况判断是否供水。如果水龙头处于关闭状态，则节水阀自动开通，将水送至水龙头；如果水龙头处于开启状态，则节水阀自动关闭，不供水。

（3）操作简单方便　该节水阀操作手柄为提拉式，只需提起或压下，即可切断水源或开通水源，既省时又省力。

（4）使用寿命长。

3. 表前专用控制阀

表前专用控制阀主要适用于城镇和大型企业，供水部门对单位或居民用水实施有效控制，达到方便管理的节水目的。其主要特点是：在不改变国家标准阀门安装口径和性能规范条件下，通过改变上体结构，采用特殊生产工艺，使之达到普通工具打不开，而必须由专用的“调控器”方能启闭的效果。从而解决了长期以来阀门人人皆可开关，部分单位个人偷水、拒交水费、无节制用水，甚至破坏水表和影响管道安全等问题。在单位或居民计量水表前安装此阀门后，发生上述情况，管理人员只需用“调控器”轻轻一拨，即可达到关闭、减压或限制用水目的。

4. EKB 软密封闸阀

EKB（环氧树脂粉末静电涂装）是指环氧树脂粉末在高温及静电的作用下，经特殊处理在金属表面形成保护层，它与普通家电的喷塑及轿车的烤漆有着本质区别，EKB 材料工艺与橡胶包覆技术的发展，使阀门在设计制造和应用上发生了巨大的变革，推动了阀门行业的进一步发展，主要性能特点是：

(1) 结构简洁紧凑，拆装方便；

(2) 壳体采用球墨铸铁，大大提高了产品的机械性能；

(3) 密封性能优异，寿命长、免维护，保证零泄漏，防止内漏，可节约用水；

(4) 启闭摩擦力极小，扭矩低；

(5) 流阻系数极低；

(6) 优异的高保洁，耐腐蚀性能，根据使用要求，阀门可内衬搪瓷；

(7) 阀门通道畅通无阻，不留锈蚀及杂物；

(8) EKB 软密封闸阀及阀杆密封上的独特设计和整体 EKB 涂装的采用，彻底解决了传统水道闸阀由于下列 3 大因素影响而进行的维修和更换：1) 闸板密封面冲蚀划伤、锈蚀咬死；2) 阀杆填料弹性失效；3) 阀体各部件锈蚀严重等，大大延长了阀门的使用寿命，具有可靠的免维护特性，所以可以采取无阴井地埋式安装，从而极大地节省了工程整体造价。

5. 疏水阀

疏水阀是蒸汽加热系统的关键附件之一，主要作用是阻气排水，在蒸汽冷凝水回收系统中起关键作用，由于传热要求的不同选用疏水器的形式也不相同，疏水阀有倒吊桶式、浮球式、热动式、温控式等。

(1) 倒吊桶式疏水阀　它利用水的浮力原理进行排水，具有耐磨损、耐腐蚀、耐水击、抗背压、处理污物能力强、使用寿命长等特点。倒吊桶式疏水阀优点：

1) 部件耐磨损，耐腐蚀；

2) 可以自动连续排放空气和二氧化碳气体；

3) 对背压具有很好的适用性；

4) 无污物困扰，自我清洗。

(2) 浮子型双金属疏水阀　浮子型双金属疏水阀特点：

1) 冷状态时，排水阀门可自动打开，因此能及时自动地排除用汽设备和蒸汽管网中的不凝结气体和冷水，不需人工排气；

2) 动作灵敏可靠，只要排量选择正确，能及时排除饱和状态的蒸汽凝结水；

3) 排水口间隙可调，可按需要调节排水温度，可使过冷度为零，也可微量漏气；

4) 背压率高，可达 90%，漏气率为零，自动倒密封，阀后不必装止回阀，也不需安装旁路，因此特别适用于密封式蒸汽冷凝水回收系统；

5) 除在密闭回收系统中应用外，安装角度合适，可防冻，不需保温；

6) 除阀体、阀盖外，其他零部件都为不锈钢和硬质合金材料，因此耐磨，耐腐蚀，正常情况寿命 8000h 以上；

7) 产品规格与型号系列化，应用范围广泛，法兰按标准连接，安装方便。

6. 减压阀

减压阀是一种自动降低管路工作压力的专门装置。它可将阀前管路较高的水压减少至阀后管路所需的水平。减压阀广泛用于高层建筑、城市给水管网水压过高的区域、矿井及其他场合，以保证给水系统中各用水点获得适当的服务水压和流量。鉴于水的漏失率和浪费程度几乎同给水系统的水压大小成正比，因此减压阀具有改善系统运行工况和潜在节水作用，据统计其节水效果约30%。

7. 恒温混水阀

恒温混水阀主要用于机关、团体、旅馆以及社会上的公共浴室中，是为单管淋浴器提供恒温热水的一种装置，也可用于洗涤、印染、化工等行业中需要恒温热水的场合。

恒温混水阀与单管淋浴器配合使用，可比门式双调节淋浴器节约用水30%～50%以上。该阀为自力式工作方式，即依靠流经阀内液体的压力、温度驱动混水阀自动工作，将进入混水阀的冷热水调整成规定温度的水。它不需要外接电源，因此它是一种节水节能的产品。这种混水阀只能用于热水与冷水的混合，而不能用于蒸汽与冷水的混合。

恒温混水阀的特点：

(1) 恒温精度高，避免了洗浴时忽冷忽热的现象；

(2) 有防烫伤、防冷敷的功能。当由于某种原因，冷水或热水中有一路突然停水时，混水阀可自动关闭，防止烫伤、冷激事故的发生；

(3) 体积小，安装方便，节省投资。可将混水阀直接安装在墙面上，占空间小，是使用混水箱投资的1/10～1/5；

(4) 输出水温能在一定范围内设定，当季节、气候变化时，水温可人为调整。

8. 水位控制阀

水位控制阀是装于水箱、水池或水塔水柜进水管口，并依靠水位变化控制水流的特种阀门。阀门的开启和关闭借助于水面浮球上下时的自重、浮力及杠杆作用。浮球阀即为一种常见的水位控制阀，此外还有一些其他形式的水位控制阀。

(1) 带限位浮球的液压自闭式阀门。这种水位控制阀实际上为带有限位浮球的一种液压自闭式阀门。其作用原理是：当水位下降到极限位置时，由浮球的重力作用通过推导拉杆调动吊阀，使活塞上空间的水通过内泄通道排出，从而使活塞与活瓣因其上、下空间水压差的作用而上升，这时通道开启注水；反之，当水位上升浮球上浮时，吊阀回复原先位置，管路中的压力水流通过阻尼孔进入活塞上空间，使上、下空间水压趋于平衡，活塞和阀瓣借助重力下降开关关闭水流通道，这时阀门关闭。这种阀门减少了阀门的频繁动作，延长了使用寿命。

(2) 水池水位差控制阀。水池水位差控制阀的主阀由一个浮球控制，当水位达到最高点时，阀门关闭。当水位降到最低点时，阀门开启。最高与最低水位之间的位差是可调的，本阀相对于普通浮球阀的优点是动作频率低、噪声低、使用寿命长，可避免系统频繁启动，减少了故障率。

9.2.3 节水型淋浴器具

淋浴器具是各种浴室的主要洗浴设施。浴室的年耗水量很大，据不完全统计约占生活用水量的1/3。过去建立的淋浴设施多采用单手轮或双手轮调节给水，而洗浴又是一种断续的用水方式，用手轮调节水温比较麻烦，一旦打开淋浴开关后（调好水温），人们不愿频繁地开关操作，这样造成无效给水时间长，既浪费了水，又浪费大量能源，为了改变这一浪费现象，最有效的方法是采用非手控给水，例如，脚踏式淋浴器，电控、光控、超声控制等多种淋浴阀。

对各种淋浴阀的共同要求如下：

(1) 耐压强度，应能承受 0.9MPa 水压无损坏。

(2) 密封性能，在通入 0.6MPa 压力水时（逆水流密封的产品按其规定的最高适用压力值的 1.1 倍)，出水口及阀杆密封处不准渗漏；顺水流密封入水口的淋浴阀，阀杆密封处应能耐 1MPa 的压力水不渗漏。

(3) 不得使用混有石棉或有其他有害添加物的材料做密封件及涂装。

(4) 淋浴阀与人体接触部位应光滑、圆顺，不准对人体造成伤害。

(5) 同一厂生产的同一型号产品的零部件应能互换。

(6) 阀门密封面表面粗糙度不得大于 Ra3.2μm，阀杆滑动密封处表面粗糙度不得大于 Ra0.8μm。

(7) 作用于踏板中心的力小于 30N。

(8) 淋浴阀全开，流出水头为 0.02MPa 时，流量应不少于 0.12L/s。流出水头为 0.2MPa 时，流量应不大于 0.3L/s。

节水型淋浴阀，除应满足上述 (1)～(7) 的要求外，其流量不应随给水压力的增高而波动太大，例如压力由 0.02MPa 升至 0.2MPa 时，流量变化宜在 0.12～0.2L/S 之间。这样既能满足淋浴的需要又能达到节水的目的。脚踏淋浴器与传统的淋浴阀相比节水量可达 30%～70%。

(1) 机械式脚踏淋浴器

当人站在淋浴喷头下方，利用人的重力直接作用或通过杠杆、链绳等力传递原理开启阀门，人离阀闭，水自停，达到节水的目的。从淋浴阀结构上分为单管和双管，单管是控制已经调节好 35～40℃水温的混合水，双管是通过分别装设于冷、热水管路上的两个截止阀（有的用安装于冷、热汇合处的单柄调节阀)，调冷、热水混合比，取得满意的水温。

(2) 电磁式淋浴器

电磁式淋浴器也简称“一点通”。整个装置由设于莲蓬头下方墙上（或墙体内）的控制器、电磁阀等组成。使用时只需轻按控制器开关，电磁阀即开启通水（“一点通”以此得名)，延续一段时间后，电磁阀自动关闭停水，如仍需用水，可再按控制器开关。这种淋浴器节水装置克服了沿袭多年的脚踏开关的缺点，脚下无障碍，其节水效果越加显著。据已经使用的浴池统计，其节水效率约在 48%左右。

考虑到浴室的环境条件，电磁式淋浴器的控制器采用全密封技术，防水防潮；采用感应式开关；其使用寿命长。

电磁式淋浴器的控制电压为 12～36V，电磁开关功率仅 0.5W，工作压力为 0～0.15MPa，适用于单管（冷热水混合管路）系统。

(3) 红外传感式淋浴器

红外传感式淋浴器类似反射式小便池冲洗控制器，红外发射器和接收控制器装在一个平面上，当人体走进探测有效距离之内，电磁阀开启，喷头出水。人体离开探测区，电磁阀关闭，喷头停止出水。目前只有单管式，适用于混合水。

9.3 节水型卫生洁具

2005年4月21日，国家发展和改革委员会、科技部、水利部、建设部、农业部联合发布实施了《中国节水技术政策大纲》。《大纲》中推广使用两档式便器，新建住宅便器小于6L。公共建筑和公共场所使用6L的两档式便器，小便器推广非接触式控制开关装置。淘汰进水口低于水面的卫生洁具水箱配件、上导向直落式便器水箱配件和冲洗水量大于9L的便器及水箱。下面介绍几种目前比较常用的节水型卫生装置。

9.3.1 节水型水箱配件

1. 水箱配件的作用与要求

水箱配件是坐便器的主要工作部件，其作用是控制水箱进水及进水量，执行水箱排水冲洗便器。水箱配件要求开关灵活、防虹吸、进水噪声低、材料耐老化、严密不漏水。国内旧的便器，特别是背挂式坐便器，水箱配件大多为上导向直落式排水结构，质量差、定位不准、漏水严重，1988年国家已淘汰了该配件。

2. 水箱配件的组成和类型

水箱配件由3部分组成：进水阀、排水阀、控制开关。按控制开关形式有顶盖式、侧挑式和水压式等；按进水阀形式分有压力自锁式、浮球阀式等；按排水阀形式有翻板式、翻球式、虹吸式、液控式、吸盘式等；按排水量分单档式、双档式配件。

9.3.2 坐便器

1. 节水型坐便器

（1）节水型坐便器类型　坐便器用水量由其本身构造决定，冲洗用水量从过去到现在变化情况：17L-15L-13L-9L-6L-3/6L。坐便器是卫生间必备设施，用水量占到家庭用水量的30%～40%，所以坐便器节水非常重要。

坐便器按冲洗方式分为3类，即冲落式、虹吸式和冲洗虹吸式。

冲落式坐便器采用直冲式冲洗，杂音较大。

虹吸式坐便器采用下上水式，当形成水压后产生虹吸现象，实现冲洗，用水量较大。

目前，坐便器从冲洗水量和噪声上有了很大改进，产生了节水型坐便器，节水型坐便器在市场投放的有很多款式。

（2）节水型坐便器主要特点

1）节水性能好，便器一次理想冲洗用水量不大于6L，试件能够全部冲入排污主管，便器内表面能够被全面冲洗，存水湾水封已被置换，小便3L冲洗；

2）冲水噪声小，噪声峰值小于45dB；

3）自洁性能好，便器坐圈有特殊设计的喷射孔，在污物排出后，便器的内表面能够全部被冲洗，且存水弯全部被施釉，使污物很难附着在管道内壁上，产品的使用寿命得到延长；

4）高档产品也有抗菌效果。

2. 感应式坐便器

感应式坐便器是在满足节水型坐便器的条件下改变控制方式，根据红外线感应控制电磁阀冲水，从而达到自动冲洗的节水效果。其功能与特点如下：

(1) 节水：便器每次使用后冲水量为 6L；

(2) 可调冲水：机器在水压较低的环境使用时，为使清洗彻底，可按说明书指导，将冲水时间调整为 8s，另外可根据需要，调整人离开感应范围后至开始冲水的时间间隔；

(3) 定时冲水：当便器长期处于不使用的状态，冲水阀将每隔 24h 自动冲水 1 次，以防存水弯中存水干涸，导致臭气回窜；

(4) 维护方便：内设易清洗过滤装置，非专业人员即可进行维护；

(5) 卫生：一切冲洗动作由机器自动完成，无需人为操作，冲洗彻底，不留异味，并有效避免细菌交叉感染；

(6) 省电：直流产品使用 4 节 5 号碱性电池供电时，每天使用 100 次，2 年内无需更换电池；

(7) 安装特性：藏墙式安装设计，长方体外形，适合标准墙体的安装。

9.3.3 小便器

1. 男厕所的小便器分为同时冲洗和个别冲洗 2 种方法。

(1) 同时冲洗方法

1) 感应控制方式：光电传感器可反馈小便器的使用，当达到调整好的时间和设计好的条件时，电磁阀和冲洗阀工作，使数个小便斗同时进行冲洗。

2) 计时控制方式：根据白天和黑夜或假日冲洗时间的不同，冲洗间隔和使用情况不同，任意选定冲洗时间，按选定好的时间，由计时器定时统一控制，使数个小便斗同时进行冲洗。

(2) 个别冲洗方法

采取感应控制方式，即以各小便器安装的红外线等光电传感器，反馈小便器的使用情况，电磁（阀）闸及时工作，进行个别冲洗。

2. 感应式小便器

感应式小便器也是根据红外线感应控制电磁阀冲水，达到冲洗的效果。其功能与特点如下：

(1) 节水：在使用频率高处，平均每次冲水量为 1.2～3L，在使用频率低处，每次冲水量为 2～4L；

(2) 定时冲水：当小便斗长期处于不使用状态，冲水阀将每隔 24h 自动冲水一次，以防存水弯中存水干涸，导致臭味回窜；

(3) 智能：采用微电脑控制，根据小便斗的使用频率及每次使用时间的长短，进行智能化冲洗控制，可有效节约水量；

(4) 维护方便：内设水量调节阀及过滤网，非专业人员即可调节水量和清洗过滤网；

(5) 卫生：冲洗动作由机器自动完成，无需人为操作，冲洗彻底、不留异味，并可有效避免细菌交叉感染；

(6) 省电：直流产品使用 4 节 5 号碱性电池供电时，若每天使用 100 次，则 2 年内无需更换电池；

(7) 安装特性：藏墙式安装设计，适合标准墙壁的安装。

3. 免冲式小便器

(1) 原理：小便槽用不透水保护涂层预涂过，以阻止细菌生长和结垢，避免细菌和结垢后所产生的臭气扩散。

（2）特点

1）不用水，节省了水和污水处理费用，减少污水管结垢；

2）高效液体存水弯衬垫，可免除臭味；

3）非触摸式操作，安全卫生；

4）无冲洗阀，免除了阀门的修理或更换费用，维护工作量小；

5）改型费用低于传感器操作的冲洗阀；

6）表面防水涂层，无锈斑产生；

7）存水弯液体可生物降解，存水弯衬垫可再循环使用；

8）存水弯便于移动，为清洗提供了附加功能。

（3）用途：适用于机关团体、商业、工业、学校、公园、体育场所等处的卫生间使用。

9.3.4 沟槽式公厕自动冲洗装置

沟槽式公厕由于它的集中使用性和维护管理简便等独特的性能，目前，大部分学校、公共场所仍在使用，所以卫生和节水成为主要考核指标。

1. 水力自动冲洗装置的发展

水力自动冲洗装置由来已久，其最大的缺点是只能单纯实现定时定量冲洗，这样在卫生器具使用的低峰期照样冲洗，造成水的大量浪费。

（1）单虹吸水箱：单虹吸水箱结构简单，成本低，用于沟槽式蹲便冲洗，但虹吸管作为冲洗管，所需要的虹吸管直径较大，这就要求有较大的进水量才能形成虹吸进行冲洗，否则，成长流水状态，达不到冲洗目的，其冲洗周期在3～4min，用水量达10～30m^3/d。

（2）双虹吸水箱：由1∶2体积2个串联的虹吸冲洗水箱组成。一级水箱体积小，可设小管径虹吸管，在水流小的情况下便于形成虹吸，一级水箱的排水可集中作为二级水箱的进水，由于水量大，瞬间可形成虹吸，这样一级水箱可以适应较小的进水量，二级水箱可以提供足够的冲洗水量为1.3～4m^3，比一级节水50％。

（3）虹吸阀冲洗水箱：虹吸阀冲洗水箱用于公共厕所，排水虹靠水箱达到一定水位时，小水流形成虹，量作保证，否则会长流水。形成差后，打开橡胶膜进行排水，该虹吸阀必须有可靠的质量，缺点是无人使用时照样冲洗。

2. 感应控制冲洗装置

感应控制冲洗装置原理及特点：采用先进的人体红外感应原理及微电脑控制，有人如厕时，定时冲洗；夜间、星期天及节假日无人如厕时，自动停止冲洗。

感应式控制冲洗器是用于学校、厂矿、医院等单位沟槽式厕所的节水型冲洗设备。

应用此产品组成的冲洗系统，不仅冲洗力大，冲洗效果好，而且解决了旧式虹吸水箱一天24h长流不停、用水严重浪费的问题。每个水箱每天可较旧式虹吸水箱节水16m^3以上，节水率超过80％。

9.4 水的显示与控制装置

9.4.1 水位检测与控制

水位的检测与控制是确保水塔（或水池）不溢流，减少水的浪费和保证水泵安全运行的重要手段。所以水位的控制是节水的重要保证措施之一，应根据供水设施情况合理选择水位检测控制装置。水位控制探测有压力式、浮球磁电式、电容式、超声波探测式，这里介绍几种普通水位控制器：

1. YWJK-1 无线遥测水塔水位监控仪

该仪器利用无线传输方式实现对远距离水塔或水池水位测量和控制。

（1）主要功能

1）投入式压力传感器，实现水位连续测量、连续数字显示；

2）灵活设置上、下水位警戒线；

3）水位超限声光报警；

4）自动控制水泵开停；

5）具有对讲功能；

6）0-5V 电压输出，可供微机采集；

7）发送机具有交直流两用电源，当停电时，外接电源自动接入，仪器仍正常工作。

（2）技术指标

1）电源：AC220V±10％，50Hz；

2）测量范围：0～10m；

3）测量精度：＜±0.05m；

4）分辨率：0.01m；

5）遥测距离：0～10km。

2. WK-A 深井水位测量仪

功能与指标：

（1）连续测量动静水位变化；

（2）量程：0～220m、0～2000m；

（3）测量精度：±0.1m；

（4）压力探头：普通型、高温型。

3. WK-3 液位数字监控仪

该仪器由投入式压力探头、变送器、显示控制仪组成，安装简单，使用灵活，是浮球、电容、接点式水位测量的换代产品。

（1）主要功能

1）水位连续数字显示；

2）水位超过上、下警戒线声光报警；

3）自动控制水泵的开停；

4）有 0～5V 及 0～20mA 模拟信号输出；

5）二线制信号传输。

（2）主要指标

1）测量范围：0～10m；

2）测量精度：＜±0.05m；

3）分辨率：0.01m；

4）遥测距离：0～4km；

5）显示仪开口尺寸：150mm×75mm。

4. KEY浮动开关

KEY浮动开关是利用重力与浮力的原理设计而成，结构简单合理。主要包括浮漂体、设置在浮漂体内的大容量微型开关和能将开关处于通、断状态的驱动机构，以及与开关相连的三芯电缆。液位的控制高度是由电缆在液体中的长度及重锤在电缆上的位置决定的。

特点是性能稳定可靠（不因液面的波动而引起误动作）。同时，它还具有无毒、耐腐蚀、安装方便、价格低廉、使用寿命长等优点。可与各种液泵配套，广泛用于给水、排水及含腐蚀性液体的液位自动控制。1kW及1kW以下的单相泵，可将KEY浮动开关直接串联在电路中直接控制；1kW以上的泵，可将KEY浮动开关连在电控箱的控制电路中。

5. 远距离水位控制器

该仪器是专为水塔、水池及高位水箱的远距离显示、控制而开发研制的。采用先进的单片机控制，并配以专用浮子，解决了传统探针式探头易上锈、结污垢影响准确性的问题，并具有手动与自动控制相兼容的优点，是传统水位控制器的理想换代产品。

技术指标

（1）工作电压：交流220V；

（2）控制电路电压：交流220V；

（3）控制电路电流：≤5A；

（4）平均功耗：＜5W；

（5）工作环境温度：0～＋45℃。

6. 通用型水位控制器

该控制器专用于水塔、高位水池（箱）的水位控制，在水位的下限自动开启水泵或电磁阀，在水位的上限自动关闭水泵或电磁阀，是传统水位控制的理想换代产品。

（1）主要特点　采用高质量浮子式水位传感器，性能可靠。不存在极式传感器的电解极化现象，产品可靠性好。

（2）技术指标

1）工作电压：交流220V；

2）控制负载能力：220V，2A；

3）平均功耗：＜1W；

4）工作环境温度：－10～＋45℃。

9.4.2　变频恒压给水装置

变频调速恒压变量供水系统通过压力传感器感知管网内压力变化，并将信号传输给供水控制器，经分析运算后，控制器输出信号给变频器，由变频器控制电机，从而改变水泵转速。这种供水系统在严格保证水泵出口或管网内最不利点水压恒定（恒压值可根据实际情况设定）的前提下（误差±0.01MPa），根据用水量的变化，随时调节水泵转速，达到恒压变量供水，可改变在用水量减小时超压供水或为稳压溢流排放的状况，从而大幅度地节约电能和用水量。

变频调速恒压变量供水系统不需水塔、高位水箱及气压罐就可做到高质量安全供水，占地面积小、投资少，全自动控制，不需专人值班。

9.4.3 新型水表

流量测量是能源计量的重要一环，而水表是流量测量中使用最广泛和最重要的仪表之一，所以水表的使用量大面广，既与千家万户的切身利益密切相关，也是各企业节约和控制用水、降低生产成本的必需手段。

1. 水表分类

(1) 按测量原理分为：速度式水表、容积式水表

1) 速度式水表　安装在封闭管道中，由一个运动元件组成，并由水流运动速度直接使其获得动力速度的水表。典型的速度式水表有旋翼式水表、螺翼式水表。旋翼式水表中又有单流束水表和多流束水表，螺翼式水表中又分水平螺翼式水表和垂直螺翼式水表。

2) 容积式水表　安装在管道中，由一些被逐次充满和排放流体的已知容积的容室和凭借流体驱动的机构组成的水表，或简称定量排放式水表。容积式水表一般采用活塞式结构。

(2) 按计量等级分为：A级表、B级表、C级表、D级表

计量等级反映了水表的工作流量范围，尤其是小流量下的计量性能。按照从低到高的次序，一般分为A级表、B级表、C级表、D级表，其计量性能分别达到国家标准中规定的计量等级A、B、C、D等级的相应要求。

但该分类方式为按照GB 778—1996版水表的国家标准中的规定，现该标准已经被GB 778—2007版新的水表方面的国家标准所替代。

(3) 按公称口径分为：大口径水表、小口径水表

公称口径40mm及以下的水表通常称为小口径水表，公称口径50mm以上的水表称为大口径水表。这两种水表有时又称为民用水表和工业用水表。

(4) 按安装方向分：水平安装水表、立式安装水表

按安装方向通常分为水平安装水表和立式安装水表（又称立式表），是指安装时其流向平行或垂直于水平面的水表，在水表的标度盘上用“H”代表水平安装、用“V”代表垂直安装。

(5) 按介质的温度分为：冷水水表、热水水表

按介质温度可分为冷水水表和热水水表，水温30℃是其分界线。

1) 冷水水表：介质下限温度为0℃、上限温度为30℃的水表。

2) 热水水表：介质下限温度为30℃、上限为90℃或130℃或180℃的水表。

(6) 按介质的压力分为：普通水表、高压水表

按使用的压力可分为普通水表和高压水表。在我国，普通水表的公称压力一般均为1MPa。高压水表是最大使用压力超过1MPa的各类水表，主要用于流经管道的油田地下注水及其他工业用水的测量。

(7) 按计数器是否浸在水中分为：湿式水表、干式水表、液封水表

湿式水表：计数器浸入水中的水表，其表玻璃承受水压，传感器与计数器的传动为齿轮联动，使用一段时间后水质的好坏会影响水表读数的清晰程度。

干式水表：计数器不浸入水中的水表，结构上传感器与计数器的室腔相隔离，水表玻璃不受水压，传感器与计数器的传动一般用磁钢传动。

液封水表：用于抄表的计数字轮或整个计数器全部用一定浓度的甘油等配制液体密封

的水表，密封隔离的计数器内的清晰度不受外部水质的影响，其余结构性能与湿式水表相同。

(8) 按驱动叶轮的水流束数

分为：多流束水表和单流束水表（见图 3-30）。

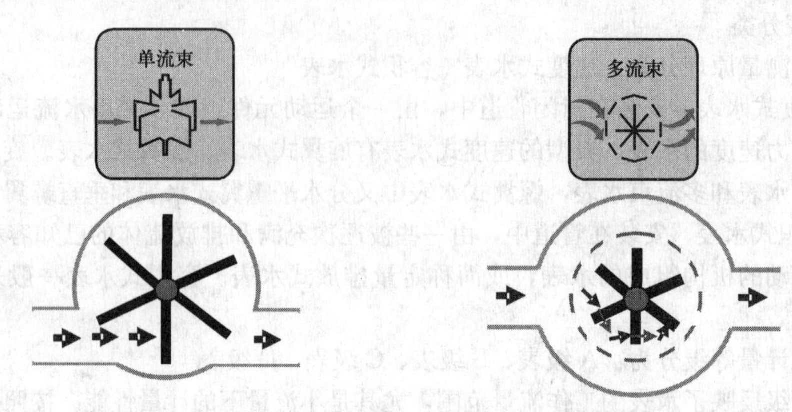

图 3-30 多流束水表和单流束水表示意图

(9) 远传水表的分类

远传水表通常是以普通水表作为基表、加装了远传装置的水表，远传输出装置可以安置在水表本体内或指示装置内，也可以配置在外部。

目前远传水表的信号有 2 类，一类是包括代表实时流量的开关量信号、脉冲信号、数字信号等，传感器一般用干簧管或霍尔元件，另一类代表累积流量的数字信号和经编码的其他电信号等，这两类均成为累计脉冲计数方式，还有另外一种采用编码器方式的直读水表，编码器一般由光电发射二极管与集成电路组成，直接输出数字信号。

远传输出的方式包括有线和无线。

(10) 预付费类水表

预付费类水表主要有 3 种：IC 卡水表、TM 卡水表、代码数据交换式水表。

IC 卡水表：以 IC 卡为媒体的预付费水表。按 IC 卡与外界数据传送的形式等来分，有接触型 IC 卡和非接触型（又称射频感应型）IC 卡两种。接触型 IC 卡的触点可与外界接触；非接触型 IC 卡带有射频收发电路及其相关电路，不向外引出触点。

TM 卡水表：一种非接触式的智能预付费水表，TM 卡是一种具有 IC 卡功能的碰触式存储卡。

代码数据交换式水表：用一组变形的数据码来传输交换预付的水购置量数据，采用这种数据控制技术的智能预付费水表。

(11) 定量水表

采用电气控制或数控方式，在一定范围内设置和控制用水量的水表。这是在 IC 卡类预付费表研制成功前的同类型表，用于工业生产过程（如化工生产、建筑工程混凝土搅拌等）和投币取水的场合。

(12) 检查用的标准水表

检查用的标准水表一般采用制造精良的容积式水表或流量计，在一定的流量范围内准确度可达到 0.5%，可以在现场对在用水表进行检定，并且可以检查管漏情况。

2. 几种常用水表

从前面我们可以看出，水表按照不同的分类方式，可以有多种叫法，下面主要介绍几种实用水表。

(1) 速度式水表

速度式水表是我们现在最常用的水表，也是在我国大面积使用的水表。

1) 测量原理

速度式水表的测量原理是将管道内水流冲击水表中叶轮的旋转，同时，叶轮的转速又和水流流速成正比，然后再通过一定的数学计算，得出了某个时间段流经水表的水量。

2) 种类与特点

① 种类

典型的速度式水表有旋翼式水表、螺翼式水表。旋翼式水表中又有单流束水表和多流束水表，螺翼式水表又分为水平螺翼式水表和垂直螺翼式水表。

② 特点

旋翼式多流束水表：误差和压力损失较大、耐压强度较高，其示意图见图 3-31。

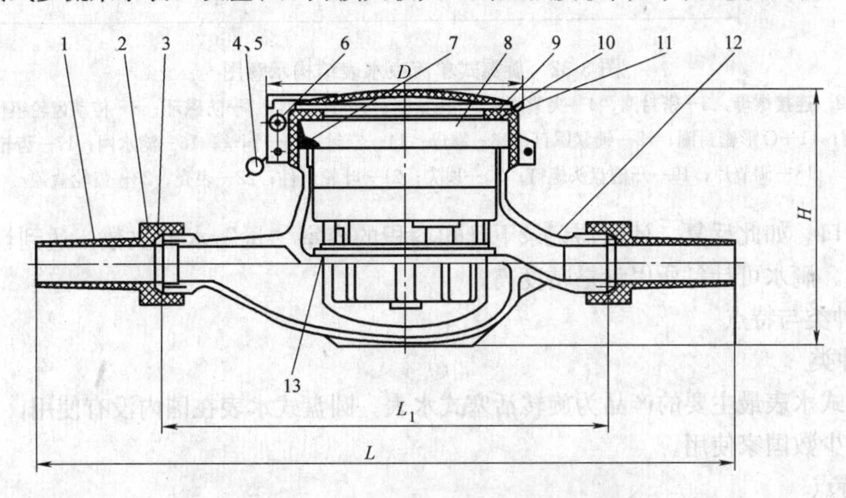

图 3-31　旋翼多流束水表的结构示意图

1—接管；2—连接螺母；3—接管密封垫圈；4—铅封；5—铜丝；6—销子；7—“O” 形密封垫圈；8—叶轮计量机构；9—罩子；10—盖子；11—罩子衬垫；12—表壳；13—碗状滤丝网

旋翼式单流束水表：成本较低、抗杂质能力强、计量精度高，其示意图见图 3-32。

水平螺翼式水表：误差较大、压力损失低、过载流量大，但最小流量相对较高、安装要求严格。

垂直螺翼式水表：压力损失较大、小流量性能出色、抗击水锤能力较强、具有较强的抗杂质能力。

(2) 容积式水表

1) 测量原理

容积式水表又称活塞式水表，是一种定排量式的水表。当水流入水表时，随即进入已知容积的容室，当已知容积的容室充满水之后，在水流压力差推动下，已知容积的容室将其内的水向水表出水口送去，并同时带动计数器运动。已知容积的容室再重新充满水，并

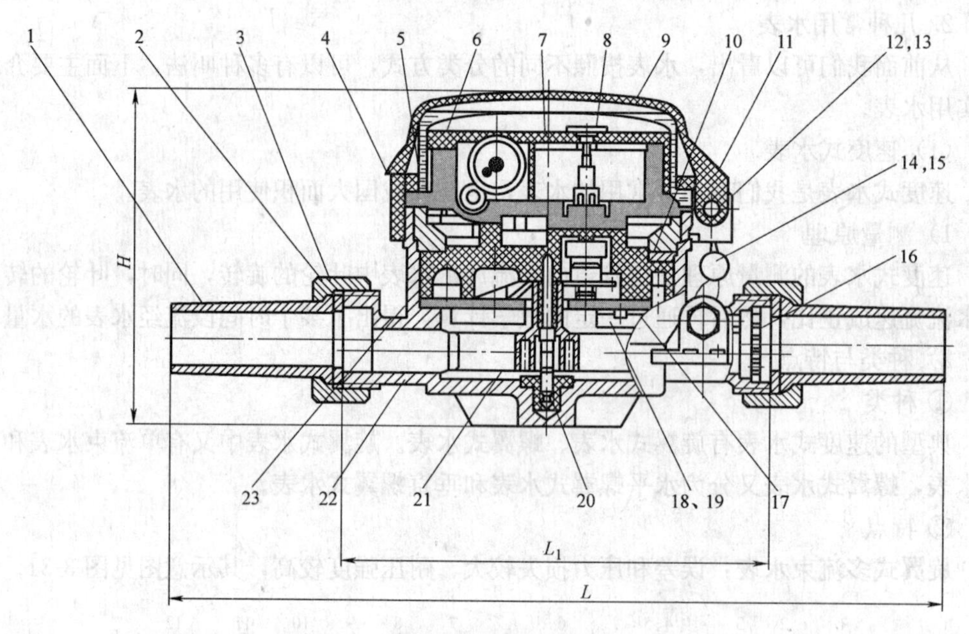

图 3-32　旋翼式单流束水表结构示意图

1—接管；2—连接螺母，3—密封圈，4—夹紧圈；5—压紧圈；6—计数器；7—防磁环；8—传动齿轮组件；9—盖；10—垫圈；11—O形密封圈；12—锁紧螺钉；13—螺母；14—铅封；15—铜丝；16—滤水网；17—齿轮盒组件；18—调节片；19—开槽盘头螺钉；20—顶尖；21—叶轮组件；22—表壳；23—齿轮盒盖

送向出水口。如此反复，计数器记录下已知容积的容室“量”水的次数，达到计量目的，不满不流、滴水可计，所以计量精度高。

2）种类与特点

① 种类

容积式水表最主要的产品为旋转活塞式水表。圆盘式水表在国内没有使用，国外也只有美国等少数国家使用。

② 特点

容积式水表的计量等级较高，一般可达到 C 级或 D 级，压力损失较小，对水质要求较高，磨损比旋翼式水表大，因此要求容积式水表所用的工程塑料卫生和强度方面要更可靠。

（3）磁卡水表

目前常用的磁卡水表主要是 IC 卡智能冷水水表，这种水表是机电一体智能化的高新技术产品，由于采用预付费方式，可从自动交费方式上提高人们的节水意识。其主要功能是：

1）显示功能：LCD 液晶显示用水量、剩余水量、本次购买水量。

2）防窃功能：反向水流亦按正向水流计量；打开外壳，自动关闭。

3）提示功能：剩余水量小于一定数值时，执行器进入半关闭状态。

4）关断功能：剩余水量为零，执行器自动关闭。

5）加密功能：自动识别 IC 卡密码，实行一表一卡的数据处理。

6）使用寿命较长。

【思考题】

1. 节水型生活器具、节水型水嘴（水龙头）、节水型便器、节水型便器系统、节水型便器冲洗阀、节水型淋浴器、节水型洗衣机的定义是什么？

2. 常用的节水型水龙头、阀门有哪些？

3. 常用的节水型淋浴器具有哪些？对它们的共同要求是什么？

4. 水表主要分哪几类？

5. 常用水表有几种？各自特点是什么？

10 城市供水管网检漏防漏

10.1 城市供水管网的漏损

10.1.1 供水管网的漏损指标

城市供水管网漏损是一个普遍存在的问题，直接表现为供水系统的总供水量大于售水量。杜绝或减少漏损现象的发生是所有供水企业面临的重大课题，也是城市节水的一项重要任务。

从系统的供售水量差值分析，管网漏损有真漏和假漏之分。真漏是由于输水管道、配水管道、用户管道以及管道附件等不严密而造成自来水流出管道之外的现象；假漏是指由于供水单位的测量误差、用户水表误差等原因反映出供售水量不符的现象。本书所指漏水量是前者，因它是由于供水系统设施损坏而造成的损失，所以也称“漏损量”。

一个大城市的供水管网要准确地检测出它的漏损率几乎是不可能的，无论是国内或国外，管网漏损率始终是一个推测数。目前常用的城市供水漏损考核指标有以下几个：

1. 供销差率

供销差率=(供水总量－销售水总量)/供水总量×100%

供销差率这一指标，既包括供水管网真正漏损造成的水量，也包括免费供水量以及水表误差产生的水量。

由于供水量仅统计几个水厂、水库加压站流量计等的数据，可以在任何时段都可获得较恰当的数值；销售水量是累计成千上万支水表的数据，这些水表是由抄表人员轮流进行抄录，不可能在同一时间汇集它们的数据。因此，从理论上分析，即使供水管道没有任何漏失，在同一时段内的供水量与销售水量的统计也不可能完全吻合。但统计时段越长，差距就越少，因而供销差率计算通常以月、年为单位。

2. 漏损率

漏损率= 管网漏水量/供水总量×100%=(供水总量－有效供水量)/供水总量×100%

管网漏水量是指供水总量与有效供水量之差。

供水总量是指水厂供出的经计量确定的全部水量。

有效供水量是指水厂将水供出厂外后，各类用户实际使用到的水量，包括收费的（即售水量）和不收费的（即免费供水量）。

3. 单位管长漏水量

单位管长漏水量=管网年漏水量/(管网管道总长×8760)×100%

单位管长漏水量是指单位长度管道（$DN \geqslant 75$）在单位时间内的平均漏损水量。所要统计的城市供水漏损只包括真漏损。如要比较不同城市的自来水漏损情况，只有单位管长漏水量才具可比性。

10.1.2 供水管网漏损的主要原因

供水管网深埋于地下，受到多种因素的作用，当管道破裂或接口松动时便造成漏水。

造成管道破损的原因除管材质量差外，主要是受到物理破坏和化学破坏。物理破坏如土壤松动、道路交通负载、管内水压、施工开挖不当等，化学破坏主要有管道老化和管道腐蚀等。

1. 管材质量

管道材质低劣、耐压性差是管道爆裂的内在因素。将我国 30 座城市 1989、1990 年的调查资料按爆管、折管和口漏等进行统计分析（见表 3-30），金属管材中球墨铸铁管事故率最少，钢管和铸铁管的事故率相近。非金属管材中预应力钢筋混凝土管事故率较低（与钢管和铸铁管相近），石棉水泥管次之，塑料管事故率最高，尤其是小口径塑料管。

我国部分城市上水工程各种管材使用中事故情况一览 表 3-30

管材	总长度（km）	发生事故（次）							平均事故率（次/km）
		总次数	爆管	折管	口漏	未分项统计数	其他		
铸铁	22054	12209	1157	2234	4689	3319	810		0.55
钢	776	457	23	57	81	212	84		0.59
预应力钢筋混凝土	2587	1354	108	59	909	114	204		0.54
球墨铸铁	163	24			19	5			0.14
石棉水泥	99	170	28	98	19		25		1.72
镀锌	8322	8880	2576	1290	3037	1121	856		1.06
黑铁	199	312	124	35	128		25		1.57
塑料	319	1494	849	210	311	19	105		4.68

从事故情况看，铸铁管和钢管的主要事故是口漏，其次是折管，爆管事故较少；球墨铸铁管主要事故是口漏，产生爆管和折管的机率很低；预应力钢筋混凝土管的事故机率从大到小依次为口漏、爆管和折管。石棉水泥管由于抗压性差，易产生折管事故；塑料管的主要事故是爆管，其次是口漏，爆管主要是管壁较薄所致。

近年来，随着产品设计的优化和生产工艺的改进，球墨铸铁管和给水塑料管的质量得以大幅提高，成为建设部推荐使用的管材。

球墨铸铁管耐腐蚀、强度高、承压大，抗压抗冲击性能好，它对较复杂的土质状况适应性较好。它采用胶圈接口，只要管道两端沉降差在允许范围内，接口不致发生渗漏。给水塑料管如 UPVC 管道，一般为承插连接，橡胶圈密封，管道柔性好，克服了其他管材由于不均匀沉降而产生破裂的缺点，但将管道直接敷设于较干硬的原状土沟底时，造成管道受力的不均匀，出现某点或局部过载，导致管段承受过大应力而发生爆管事故。

2. 设计缺陷

有的设计单位专业性不强，管道埋设过深、过浅没有严格的结构计算及相应措施；管道对温度变化考虑不周；管道支礅、阀井设计欠妥；大口径管道上通气阀和水锤消除设施选型、分布不当等，造成管网在运行中产生爆管。

（1）设计水压偏低。供水单位为提高供水能力，在原来管网条件下，将出厂水压提高，超过了这些旧管的最大承压设计能力而发生漏水事故。

（2）埋设深度过浅。由于设计原因，一些小管径的供水管道埋深过浅，特别是埋深小于0.7m的，导致管道抗重压、抗振动能力差。

（3）支墩要求不明确。很多管道工程的施工图中没有对弯头、三通等施工细节加以明确表示，导致施工过程中随意性较大，支墩设置标准偏低甚至不设支墩，致使管道通水后，弯头、三通处持续受到较大的推力发生移位变形而漏水。

（4）刚性接口较多。早期敷设的铸铁管和水泥管限于当时工艺技术，接口大多采用麻油辫加水泥的施工工艺，且没有伸缩器，管道安装完成接口形成刚性后，当管道产生不均匀沉降或由于温差引起伸缩时，刚性水泥接口因松动脱落而引起漏水。

3. 地层土质条件的影响

土壤的性质是影响漏损量的首要因素，它对漏损量的影响远大于其他诸因素。主要表现为以下几点：

（1）对于可腐蚀性管道（如铸铁管、钢管等），不同性质土壤对管道的腐蚀性不同。一般黏性土壤对管道的侵蚀性比非黏性土壤强。

（2）管道在不同性质土壤中的沉降不同。当水量变化时，黏性土壤中管道比非黏性土壤中的管道容易发生沉降。当管道沿线基础处于不同性质土层中，将产生不均匀性沉降，导致管件、管段薄弱处产生松动或破裂。

（3）管道基坑表面土质良好，但是在某些地段隐藏着腐殖土。

（4）在管道沿线较长距离存在腐殖土或含水量较高的淤泥质土层，施工过程未进行处理。

（5）寒冷地区不同土质具有不同的冻胀程度，在每年的春秋和封冻季节，产生频繁的不均匀性沉降。

4. 施工质量

高质量的管道安装是减少管道漏水的重要环节。然而下列施工问题可能导致管道漏水。

（1）敷设管道时管沟处理不当，使水管沉陷较多，甚至产生不均匀沉陷，以致逐步使接口松动，甚至使管道断裂。

（2）管顶覆土未按施工规范分层夯实，管道两边回填土的密度不均匀，使管道承受压力增加。

（3）大口径管道的弯头和“T”形管处在管内水流的作用下会受到较大的推力，因此需设支墩支撑。支墩后的土壤松动后将引起支墩位移，弯头或“T”形管位移时连动管段，使接口松动。

（4）铸铁管以石棉水泥接口时，如果石棉水泥接口敲打不密实，或橡胶接口的胶圈未就位等接口施工的质量问题都会导致接口处漏水。

（5）局部异常地基未做处理，可能使管道产生不均匀深陷。

（6）法兰接连不规范。

5. 接口质量

接口漏水是造成管道漏水的重要原因。管线上接口多，漏水的概率大，施工质量的合格率难以保证。最重要的是接口处往往是应力集中点，当管段发生伸缩、不均匀沉降时，应力传递至接口处，经不起应力作用产生松动、甚至破裂。

根据不同的管材选用合适接口管件十分重要。铸铁管承插接口方式有灌铅、普通石棉水泥口或膨胀水泥灰口等。石棉水泥或纯水泥接口的抗压强度及捣固能力很大，当管段降温收缩或由于下沉而拉伸时，由于管材强度低，接头刚性强，极易拉断管段。钢管的焊接处如有夹渣、气孔。焊缝宽厚不匀，易发生渗漏水。球墨铸铁管采用的橡胶接口韧性大，抗振动性强，但初装时管口如不到位，也会漏水。水泥管承插口不配套，橡胶圈无法到位或松脱，管内水压变化波动，管外动静负载变化，管基不均匀沉降，管道伸缩接口受挤拉等，势必在某一薄弱接口处发生松动，而致爆管漏水。

6. 温度的影响

低温时管道收缩使管道增加的应力，如一根长5m的铸铁管在敷设时温度为26℃，冬季最低温度为1℃时，变形为1.50mm，变形应力为3.6kg/mm²。温度反复升降的循环作用，引起刚性接口松动而漏水。

许多大城市爆管次数与月份统计显示，每年的11月份至次年的3月份是爆管事故的高峰期，这也说明了低温时可增大管道漏水的几率。

7. 附近施工影响

管道附近开挖管渠、深沟、打桩、拔桩、降低地下水位和堆土等施工过程，可能引起地下管道损坏，主要表现为：

(1) 附近开挖深沟时，沟底越深，距离水管越近，管道下土壤产生的沉降量越大。

(2) 管道附近的地下水水位每下降1m，相当于使管道承受土壤的压力增加1t/m²。不均匀的水位下降和不同的土壤条件，将使管道承受不均匀沉降的应力，导致管道或接头损坏。

(3) 打桩时，由于土壤挤压和振动会使管道周围的土壤变形。一般在管道附近打深桩，易使管道向上（偏桩的另一侧）方向凸起，引起管道损坏。拔桩可能引起相反的结果。

8. 管道防腐不佳

内壁防腐不佳的金属管道遇到软水或pH值偏低的水就可能造成腐蚀。内壁腐蚀会显著影响管道输水能力和水质，也使管壁减薄，强度降低，形成爆管隐患。如外壁防腐不好，由于土壤和电化学腐蚀等因素，也会使管壁减薄，引起局部阀孔漏水，严重的则发生爆裂。

9. 人为破坏

主要表现在工程施工挖断和道路交通负载压断城市供水管道。近年来，随着城市建设的快速发展，道路开挖比较频繁。大型工程机械挖掘设备在作业时由于对地下管线情况没有提前查明，或者操作不当，经常出现挖断供水管道现象。另外，部分大型载重车辆违规在市区道路上行驶（主要发生在夜间），当埋设较浅的管道受到重车碾压时，如果路基质量不佳、路面凹凸不平，管道承受的活负载就会增加，过大的活负载容易引起接口或管段漏水甚至爆裂。

10. 其他因素

(1) 管网老化。目前我国城市供水管网老化问题比较严重，正在运行使用的40年以上灰铸铁管材和老旧钢管占有相当比例，有的已使用了50年以上，由于灰铸铁管材铸造工艺的缺陷和老旧钢管锈蚀严重，造成爆管和漏水。

(2) 水压过高。水压过高时水管受力也相应增大，漏水与爆裂的几率也会增加。英国某城市给水系统水压由108m降到73m，水管爆裂次数降低80%。

（3）水锤。由于水泵突然停止运转、闸门关闭过速等因素，使管内水的流速和流态突然变化，从而引起水锤现象。水锤可在管内产生很高的压力，极有可能使管道、管件或水泵爆裂。

（4）排气不畅。当管道中空气未能彻底排出时，就会在管线的高点形成气囊。气体在水流挤压下，体积会迅速缩小，转化为高压贮气窝，从而在管道的薄弱点发生破裂、爆管漏水等事故。

（5）地震、城市地面不均匀沉降、滑坡、塌方等引起管道损坏而漏水。

10.1.3 城市供水漏损控制目标

据全国500个城市供水企业调查，我国城市供水平均漏失率为12%～13%。与发达国家相比，我国单位管长漏水量高达2.77m^3/(h·km)，是瑞典的11.54倍、德国的8.15倍、美国的2.77倍、泰国的1.2倍。因此，进一步降低漏损是今后节水的重要任务。

根据《城市供水管网漏损控制及评定标准》（CJJ 92—2002）的规定，城市供水企业管网基本漏损率不应大于12%。城市供水企业管网实际漏损率应按基本漏损率结合本标准6.2节的规定修正后确定。

城市供水管网漏损评定标准的修正方法如下：

1. 当居民用水按户抄表的水量大于70%时，漏损率应增加1%。

2. 评定标准应按单位供水量管长进行修正，修正值应符合表3-31的规定。

单位供水量管长的修正值 表3-31

供水管径 *DN*	单位供水量管长	修正值
≥75	＜1.40km/(km^3·d^{-1})	减2%
≥75	≥1.40km/(km^3·d^{-1})，≤1.64km/(km^3·d^{-1})	减1%
≥75	≥2.06km/(km^3·d^{-1})，≤2.40km/(km^3·d^{-1})	加1%
≥75	≥2.41km/(km^3·d^{-1})，≤2.70km/(km^3·d^{-1})	加2%
≥75	≥2.70km/(km^3·d^{-1})	加3%

（1）年平均出厂压力＞0.55MPa≤0.7MPa时，漏损率应增加1%；

（2）年平均出厂压力＞0.7MPa时，漏损率应增加2%。

10.2 供水管网漏损检测

10.2.1 供水管网漏损检测主要方法

1. 音听检漏法

（1）基本原理

音听检漏法是通过听取管道漏水时产生的声音来判断漏水地点的方法。原理如下。

1）当管壁有小孔时，管中有压的水流从小孔喷出，水流与孔口产生摩擦，引起孔口金属产生振动，振动频率一般为500～800Hz，振动波会沿管壁传送。传送的距离与漏水孔的孔径、水压、管道材质、管道直径和土壤条件等有关。漏水声传导基本特性见表3-32。

漏水声传导基本特性 表 3-32

影响因素	传送距离长	传送距离短	影响因素	传送距离长	传送距离短
水管直径	小	大	漏水孔面积	大	小
管道材质	钢管，铸铁管，铝管	石棉水泥管，塑料管	水压	高	低
接头种类	钟栓式接头	橡胶接头			

2）漏水孔喷出的水遇到周围的泥土时，产生频率为 25～275Hz，或 100～250Hz 的声波，这种频率的声波易被泥土吸收，因此在地面上不易听到。

传出声音的大小与水压、漏水量、土质和路面等因素有关。水压越高、漏水越大，则声音越响，传播范围也越大。一般用音听法检漏水点水压须在 $1kg/cm^2$ 以上。当闸门的垫衬漏水而水压又较高时，则频率高声音响。沙的传音特性比泥土好得多，硬路面比泥土或砂石容易传送声音，因而能比较容易测定漏点。

3）通常漏水点附近因水流冲刷而产生空穴，水在空穴内转动会产生声音，频率约为 20～250Hz，传送距离较短。

（2）测定方法

音听检漏法分为阀栓听音和地面听音 2 种，前者用于查找漏水的线索和范围，简称漏点预定位；后者用于确定漏水点位置，简称漏点精确定位。

漏点预定位是指听漏棒、电子听漏仪或噪声自动记录仪来探测供水管道漏水范围的方法。根据使用仪器的不同，操作的方法也不尽相同。阀栓听音法是一种比较实用的、有效的、成本低的预定位技术。为避免环境噪声影响，音听法检漏宜在晚上进行。

1）阀栓听音法

阀栓听音法是用听漏棒或电子放大听漏仪直接在管道暴露点（如消火栓、阀门及暴露的管道等）听测由漏水点产生的漏水声，从而确定漏水管道，缩小漏水检测范围。金属管道漏水声频率一般在 300～2500Hz 之间，而非金属管道漏水声频率在 100～700Hz 之间。听测点距漏水点位置越近，听测到漏水声越大；反之，越小。

2）地面听音法

当通过预定位方法确定漏水管段后，用电子放大听漏仪在地面听测地下管道的漏水点，并进行精确定位。听测方式为沿着漏水管道走向以一定间距逐点听测比较，当地面拾音器靠近漏水点时，听测到的漏水声越强，在漏水点上方达到最大。

拾音器放置间距与管道材质有关，一般说来，金属管道间距为 1～2m，而非金属管道为 0.5～1m，水泥路面间距为 1～2m，土路面为 0.5m。

2. 区域装表法

（1）基本原理

区域装表法就是把供水区分为较多的小区，在进入每个小区的管道中安装水表，根据这些水表即可知道一定时间内进入该小区的净水量。

（2）测定方法

将该区内用户水表和区域水表的同期流量记录进行对比，两者之间的差额就是该区域在抄表间隔期间的漏损水量。如漏失率未超过允许值，可认为漏损正常不必进行一步检漏工作；如超过允许值，则须在该区检漏。

3. 区域测漏法

(1) 基本原理

将连续用水户较少地区的管网分隔为若干个测漏区。在干管上安装测漏表（能准确测定最小流量，并能记录瞬时流量），关闭所有连通该区的阀门。在用水低峰时测定一定时间，其最低流量扣除用户用水量即为该区的漏损量。

(2) 测定方法

1）直接测漏法。在测定时同时关闭所有进入该区的闸门（不包括测漏水表）和用户水表前的进水闸门，测漏表测得的流量就是此时该区内管网的漏水量。

2）间接测漏法。在测定时关闭所有进入该区的闸门（不包括测漏水表），原则上不关闭用户的进水闸门，这样测得的流量为管网漏水量和个别户的用水量，扣除用户用水量后即为管网漏水量。

4. 区域装表和测漏复合法

按照区域表法在管道上安装测漏水表，当需要按区域装表法测漏时，这些表起区域表法的作用，当进行区域测漏时，起区域测漏法的漏水表作用。

该法的优点是测漏水表兼有 2 种用途，可节省投资。但由于 2 种方法测得流量范围大，因此需选用量程较大的水表。如果没有量程大灵敏度高的水表，可以用大小水表组合成复合水表替代使用。

5. 相关检漏法

相关检漏法是第三代技术，是世界上包括中国用得最多的先进、有效的一种精确确定漏点的检漏方法，特别适用于环境干扰噪声大、管道埋设较深或不适宜用地面听漏法的区域。用相关仪可快速准确地测出地下管道漏水点的准确位置。

一套完整的相关仪主要是由 1 台相关仪主机（无线电接收机和微处理器等组成）、2 台无线电发射机（带前置放大器）和 2 个高灵敏度振动传感器组成。其工作原理为：当管道漏水时，在漏口处会产生漏水声波，并沿管道向远方传播，当把传感器放在管道或连接件的不同位置时，相关仪主机可测出由漏口产生的漏水声波传播到不同传感器的时间差 T_d，只要给定两个传感器之间管道的实际长度 L 和声波在该管道的传播速度 v，漏水点的位置 L_x 就可按式（3-26）计算出来。

$$L_x=(L-v\times T_d)/2 \tag{3-26}$$

式中的 v 取决于管材、管径和管道中的介质，单位为 m/ms，并全部存入相关仪主机中。

相关仪也经历了从低到高性能的发展过程，现代高性能的相关仪具有时间域和频率域（FFT）时实相关处理功能，同时具有高分辨率（0.1ms）、频谱分析及陷波、自动滤波、测管道声速和距离等功能，如德国 SEBA 的相关仪 SEBADYNACORR，新型相关仪 CORRELUXPL 都具备这些功能。

6. 漏水声自动记录监测法

以德国 SEBA 泄漏噪声自动记录仪为例，德国 SEBA 的 GPL99 是由多台数据记录仪和 1 台控制器组成的整体化声波接收系统。当装有专用软件的计算机对数据记录仪进行编程后，只要将记录仪放在管网的不同位置，如消火栓、阀门及其他管道暴露点等，按预设时间（如深夜 2：00～4：00）同时自动开关记录仪，可记录管道各处的漏水声信号，该信号经数字化后自动存入记录仪中，并通过专用软件在计算机上进行处理，从而快速探测装有记录仪的管网区域内是否存在漏水。人耳通常能听到30dB以上的漏水声，而泄漏噪声自动记录仪可探测到10dB以上的漏水声。

数据记录仪放置距离视管材、管径等情况而定，一般说来，金属管道可选200～400m的间距，非金属管道应在100m之内的间距。

判别漏水的依据是：每个漏水点会产生一个持续的漏水声，根据记录仪记录的噪声强度和频繁度来判断在记录仪附近是否有漏水的存在，计算机软件自动识别并作二维或三维图。

7. 分区检漏法

分区检漏法，主要是应用流量计测漏。首先关闭与该区相连的阀门，使该区与其他区分离，然后用一条消防水带一端接在被隔离区的消火栓上，另一端接到流量计的测试装置上；再将第二条消防水带一端接在其他区的消火栓上，另一端接在流量计的测试装置上，最后开启消火栓，向被隔离区管网供水。借助于流量计，测量该区的流量，可得到某一压力下的漏水量。如果有漏水，可通过依此关开该区的阀门，可发现哪一段管道漏水。德国SEBA的流量计TDM10-60正是为分区检漏而设计的。

采用分区检漏法检漏的优点：

(1) 能迅速排除大的漏水点；

(2) 系统地测试，可进行管网状况分析；

(3) 用所测流量与正常流量比较，可以发现漏水的早期迹象。

其不足之处就是可能会影响部分居民用水。

10.2.2 供水管网漏损检测设备

由于供水管道大部分都埋在地下，寻找漏点困难较大，通过多年实践证明，检漏工作主要以音听法为主，设备包括听漏棒、检漏仪、相关仪及寻管仪等。简单介绍如下：

(1) 听漏棒：由棒体和听筒组成，棒体用于从底部传导声音到听筒，听筒是一个带振动膜片的共振腔，耳朵紧贴听筒进行听音。听漏棒主要用于将底端接触管道或管道设施如阀门等听音，检测漏水声音及确定管道漏点。

(2) 检漏仪：由耳机、放大器、滤波器、探头组成，它具有选择接受各种不同频率声音，捕捉放大漏水声的能力。主要用于将探头置于地面、管道及其附属设施上把漏水点发出的漏水振动音，通过主机将信号增幅传至耳机，用耳朵监听；也可根据所示幅值的大小来显示漏水的有无。因仪器受到车辆、行人、机械等噪声干扰，所以多在深夜外界干扰较少的情况下使用。检漏仪的使用同听漏棒一样，都要求有一定的实践经验。

(3) 相关仪：由相关仪主机、无线电发射机和高灵敏度振动传感器组成。通过装设在泄漏管线两端的传感器接受漏水所产生的连续的不规则振动音，根据两传感器间的距离、声音到达的时间差、振动音传播速度等数据进行相关计算，确定漏水点的位置。主要用于过河、过桥、穿越房屋、埋设较深的管道漏点位置的确定。

(4) 寻管仪：是寻找和确定地下管线位置的仪器。寻管仪由发射机和接收机组成，是通过对地下金属管线产生的电磁场的探测来获得管线的信息，对查找不明管线走向非常实用。

10.2.3 供水管网检漏工作流程

检漏工作是一项长期的、经验和专业性都较强的工作，因此采取周期巡检与重点巡检相结合方法比较合适。检漏工作流程如下：

（1）周期巡检：制订计划对管网进行有计划、按顺序进行巡回检测。

（2）重点巡检：根据掌握的资料对区域漏水状况进行评估，重点且迅速组织力量进行检测。

（3）漏水检测：通过仪器对管道阀、栓等设施听音、路面听音、相关分析等初步检测管道漏水状况。

（4）管道及周边环境调查：对供水管网的阀门井、计量井、水表池等以及周边的雨、污水井、电缆井等设施状况进行调查，对井室中出现的清水情况应进行认真调查，弄清原因。井室检查对检漏工作非常重要。

（5）漏水点确认及定位：管道漏水初步定位后，采用钻探设备，进行路面钻孔、听音，对漏水点进行准确定位。

（6）采用区域计量方法：划小计量单位，进行检测和控制。区域水平衡测试利用夜间贮水池最小配水量的时间段对贮水池供水区域进行区域划分"区块"测试，再通过各区的配水量划定异常与正常供水区域，对异常"区块"开展有针对性的查核水表水量和逐条管线检漏行动。

（7）管段水平衡测试：确定重点管道，选择最佳测试点，安装便携式超声波流量计，以测出该管段总用水量为依据，查核水表水量，分析用户的用水量及管道漏失情况。通过水平衡测试，可以摸清上述区域的大用户用水现状和水表运行和管道漏失状况，计算出漏失的水量，从而发现管道是否漏水、水表是否正常计量等问题。

10.3 供水管网漏损的控制与防范

10.3.1 被动检修

发现管道明漏后再去检修控制漏损的方法称为被动检修法。根据管材及接口的不同选择相应的堵漏方法。

1. 接口堵漏

若漏水处是管道接口，可采用停水检修或不停水检修两种方法。停水检修时，若胶圈损坏，可直接将接口的胶圈更换；灰口接口松动时，将原灰口材料抠出，重新做灰口；非灰口时应加装夹子或灌铅。不能停水检修时，一般采用钢套筒修漏。

采用钢套筒修漏的方法为：承插接口漏水时，将套筒夹于其上，两端做灰口。套筒下部设有排水阀，其作用是排除漏水。当套筒安装并做灰口时，在原给水管不停水的情况下不断会有水从承插口处流出，不排除时就无法做成灰口。当套筒两端灰口凝固，并可抗压后用丝堵堵死该排水阀，堵漏即告完成。

2. 管段堵漏

当管段出现裂缝而漏水时，可采用水泥砂浆充填法和 PBM 聚合物混凝土等方法堵漏。

（1）水泥砂浆法：先在管道破裂处用玻璃纤维布包裹一层，以防止水泥砂浆漏入管道内。然后在管道破裂处加包卡箍式钢套筒，用紧固螺栓箍紧后将大于100号的流动性水泥砂浆从进料管填入套筒内。待水泥砂浆终凝后，即可拆除进料管，完成堵漏。

(2) PBM聚合物混凝土法：PBM聚合物混凝土是以PBM树脂为粘合剂，以石子、沙和水泥为骨料而组成的聚合物混凝土。它具有在水下不分散、自密实、自平流、不需振捣和稠度可自由调节的突出优势，而且在水中固化快，固化后强度发展也快，一天的抗压强度可达35～40MPa。使用该材料施工简便，可直接通过水层浇筑。

10.3.2 压力调整

管道的漏损量与漏洞大小和水压高低有密切关系。当压力一定时，漏水量随孔径增大而增大；当孔径一定时，漏水量随压力的增大而增大。因此可以用降低管道压力的方法降低漏损量。

1. 适用范围

只要压力在较多时间超过服务需要，降低后又不影响下游地区供水的，均可采用压力调整法。

2. 调节方法

(1) 如果全区压力偏高，则应考虑降低出厂压力。如果是某加压泵站所控制的地区压力过高，则应考虑降低该泵站的出站压力。

(2) 如靠近水厂地区或标高较低地区压力经常偏高，可设置调节装置（如压力调节阀）。

(3) 实行分时分压供水。如白天某些时间维持较高的指定压力，而在夜间某些时间维持较低的指定压力。

(4) 在地面平坦而供水距离较长时，宜用串联分区加装增压泵站的方式供水。在山区或丘陵地带地面高差较大的地区，按地区高低分区，可串联供水或并联分区。

10.3.3 新管设计

在设计新管时，应充分考虑到将来产生管道漏损的各种不利因素，从而正确地选用管道材质，确定接口形式、工作压力、埋设深度，并制定防腐及抗震等措施。

1. 管道材质

管材的选取不仅关系到管道的水力条件，而且对于管道防漏也至关重要。埋设在地下的管道，除承受由于水压引起环向张力外，外壁还要承受上覆的静负载和动负载；当沟底不平或硬度不同时底部还会承受弯矩；由于水温降低管道收缩又使管道承受拉力；在关闭闸门或突然停泵时可能受到水锤的冲击。因此，管材要有足够的强度以抵御多种复杂的破坏因素。

目前我国常用的给水管材有铸铁管、预（自）应力钢筋混凝土管、钢管、球墨铸铁管、塑料管等。铸铁管强度较低，较易爆裂。球墨铸铁管可延性较好，塑料管柔性大是今后推广使用的管材。以上管材的价格相差较大，选择时还应从技术和经济两个方面综合考虑后决定。

2. 接口形式

管道要受温度变化或其他外力影响而发生伸缩变形。试验证明，温度变化为30℃时，钢管引起的轴向拉应力为70.43MPa，铸铁管为27.8MPa。刚性很强的接口，当温度下降管道收缩，或管道不均匀沉降时，产生的拉力可能使强度较低的水管拉断。柔性接口允许有一定的纵向位移和扭动角度，可缓冲管道受力，漏水现象不易发生。因此，应推广使用柔性接口，连续焊接的钢管每隔一定距离设置伸缩器，以适应温度等变化的需要。

3. 管道工作压力

管道的工作压力一般不宜过高，否则会明显增大爆管几率。当供水距离较长或地面起伏较大，需采用较高的工作压力时，宜与分区供水方案进行技术经济比较，并检查所选用流速是否经济合理。

4. 埋管深度

管道埋设深度大时，受外部负载影响程度就会减小，管道损坏几率降低。但过深的埋深会增大初期投资。因此，除从技术上仔细考虑外，还要从经济上论证后才能合理确定。

以管道的初期投资和经常维护费作经济比较，公式如式（3-27）所示

$$C_{\mathrm{T}} = C_{\mathrm{C}} + \sum_{t=1}^{T} \frac{P_{\mathrm{F}} C_{\mathrm{F}}}{(1+i)^{t}} \tag{3-27}$$

式中 C_{T}——T 期间的总费用；

C_{C}——排管初期投资（材料费，施工费等）；

C_{F}——损坏损失费（包括修复费、漏水损失、社会损失、修理断水时为居民用车辆供水的费用等）；

P_{F}——损坏几率（通过统计获得）；

t——敷设管道后使用的年数（$t=1$，2，3…，T）；

T——管道耐用年限；

i——社会利息。

设埋管深度为 H_{C}，因 C_{T}、C_{C}、P_{F} 及 C_{F} 都与 H_{C} 有关，关系式为 $F(H_{\mathrm{C}})$，则式（3-27）可变为式（3-28）：

$$C_{\mathrm{T}}(H_{\mathrm{C}}) = C_{\mathrm{C}}(H_{\mathrm{C}}) + \sum_{t=1}^{T} \frac{1}{(1+i)^{t}} [P_{\mathrm{F}}(H_{\mathrm{C}}) \cdot C_{\mathrm{F}}(\mathrm{H_C})] \tag{3-28}$$

令 $\frac{\mathrm{d}C_{\mathrm{T}}}{\mathrm{d}H_{\mathrm{C}}}=0$，便可求得某口径管道的最佳埋管深度。

5. 防腐措施

内壁防腐不佳的金属管道遇到软水或 pH 偏低的水就可能造成腐蚀。内壁腐蚀会显著影响管道输水能力和水质，也使管壁减薄，强度降低，形成爆管隐患。

灰铸铁管和球墨铸铁管在出厂前已做了防腐处理。目前内壁防腐以衬水泥砂浆为主，也有少量喷涂塑料、环氧树脂涂衬和内衬软管（有滑衬法、反转衬里法、沫法及用 poly-pig 拖带聚氨酯薄膜等）。

6. 抗震设计

为减轻地震波对管道的冲击，采用柔性连接以适应管道的变形，或加强管道结构刚度减少管道的变形量。在直线管线上也应隔一定距离设置柔性接口，以抵御地震波作用下产生的大量损坏。当管道通过断层时，应考虑采用钢管，承插式铸铁管要采用橡胶圈、石棉水泥填料等抗震接口。

10.3.4 施工安装

1. 管底基础

管底应有一定的承载力，并要平整使管道和基础能整体接触，必要时铺设垫层。使用机械挖土的工程，要有人工修整，使管底基础平整，不含石块等硬物。

2. 覆土质量

覆土回填应按有关施工规范进行。密实度不够和两侧不均匀，均可能引起管道形变应力增加。

3. 水压试验

水压试验是检验接口质量和搬运过程中是否发生裂缝等综合指标，应根据有关施工验收规范执行。

10.3.5 管道更新

1. 管道更新条件

管道使用年限较久时，积垢及腐蚀现象严重，增大了水流阻力，从而增加能耗和漏耗。一般内涂沥青层的铸铁管在使用 10～20 年后，粗糙系数增加到 $n=0.016 \sim 0.018$（新铸铁管 $n=0.014$），有些无涂层铸铁管使用几年后其 n 值高达 0.025。另外，当管网的输配水能力小于配水能力时，管网长期超负荷运行，既增加了能耗，又可加快管道老化速度。

理论上，当由于管道陈旧所造成的年平均损失（包括漏水量损失、修复费、能耗损失、漏水引起的社会损失）总额大于新敷设或改造管道初期投资的利息额时就要考虑管道更新。

2. 管道更新方法

管道更新方法分为非结构性更新和结构性更新两大类。

（1）非结构性更新。主要是对管道补做衬里，除可保证输水水质，避免管道结垢；减少输水摩擦阻力，恢复输水能力外，还可堵塞管壁上的轻微穿孔，减少管道漏水。主要有环氧树脂衬里及水泥砂浆衬里。

（2）结构性更新。包括在旧管内衬套管和更换管道两种。前者主要有内衬软管和内插较小口径管等；后者主要有开挖方式铺管和不开挖方式铺管两种。详见表 3-33。

管道结构性更新的方式 **表 3-33**

更新方式	基本类型	施工方法	使用材料	适用条件
内衬套管	内衬软管	非紧贴软管	人造橡胶软管	*DN*100～*DN*300 管道
		滑衬法	聚乙烯软管	
		内膜法(PWP)	环氧内衬或环氧密封剂	
		袜法	聚酯纤维管	*DN*200～*DN*300 管道
	内插小口径管	插入法	钢管、球墨铸铁管或塑料管	*DN*400 以上
更换管道	开挖铺管		新管	满足水力条件
	不开挖铺管	液力牵引法	新管	*DN*80～*DN*200 管道
		胀破旧管法	聚乙烯管、球墨铸铁管	旧管易破碎

管道结构性更新施工的具体方法有 7 种，具体介绍如下。

1）非紧贴软管施工法。是将特制的人造橡胶软管用聚氨酯薄膜包折起，引放入旧管内，将两端或支管处固定，在水压的作用下使其紧贴内壁。

2）滑衬法。是将聚乙烯软管插入旧管管段中，在新旧管间的环形空隙灌入胶泥。

3）内膜法（PWP）。是美国开发出一种新型管中管（PWP）技术。施工时不必开挖旧管，将液态内衬材料（成型环氧内衬或环氧密封剂）挤入旧管道内（可达数公里），形成0.635cm厚的内衬层，凝固后形成管中管。该管中管可将管道渗漏缝密封，并可经受相当于原管承受能力2倍以上的水压。采用该技术可节省管道改装费75%，并最大限度地减少停修时间和对生产造成的损失。

4）袜法。是丹麦奥斯雷富公司发明的管道更新技术。施工时先用高压水冲洗管道，再用电视摄像机检查管道情况，并查清支管接入口的位置。对起点井口用快装构件搭建一脚手平台，将预制的聚酯纤维软管管口翻转后固定在平台上，接着往软管翻转口内加水，在水的重力作用下，软管内壁不断翻转、前滑。在所需长度的软管末端用绳扎紧，并用这根绳子拖进一根水龙带。然后往水龙带内注65℃热水，保留1h，再加温至80℃，保留2h，最后注入冷水，保留4h。割开该管段中的聚酯纤维管两端，并在电视摄像机的帮助下用专用工具割开支管接入口的聚酯纤维管，使其与支管相通。至此，旧管道更新工作基本完成。

5）插入法。将口径较小的钢管或球墨铸铁管插入旧管内。

6）开挖铺管。是最常用的换管方法，一般以换敷较大口径新管为主要方式。

7）不开挖铺管。液力牵引法施工时在待换管道的直线段两端挖两个工作坑，将牵引杆穿入旧管内，将需铺的新管置于入口工作坑的导轨上，使用连接器把内外径不同的新、旧管道连接起来。然后将牵引杆穿于新管内，并在自由端用锚定板固定，在目标工作坑内安装一带中心孔的支撑板（一般用钢板，支撑板上的中心孔用来牵引管子），固定在坑壁上，牵引设备依靠作用于支撑板上的反力，通过锚固板上的牵引杆将新管连同旧管从始端坑拉向目标坑，拉出的旧管在目标坑内破碎或切割后取出。胀破旧管法是另一种常用的不开挖铺管法。施工时将一个特殊的钢制破管工具头置于待换的管道内，破管工具头在绞车牵引下向前运动中将旧管破碎成碎片，新管跟随被拖进原管廊道中。

10.3.6 运行管理

1. 建立健全供水管网基础资料

应有准确的地下管线现状总图。该图要全面反应供水管道的现状布局，包括各街道及小区的切块详图，以便为检漏堵漏提供可靠的依据。

2. 加强管网的管理

定期对全市区给水管网进行全面普查。对阀门、泄水、排气及消火栓等要进行不定期检查，随时处理漏水。对一些管龄长、管径小、管内沉积锈蚀严重的管道，应制订计划分批分期进行去泥除垢和清洗。定期对给水管网进行测压、测流。

3. 注重数据的分析整理

分析整理抄表数值和遥测遥控的统计资料，重视用户对水质、水量、水压的反馈意见。从中了解管网运行情况，为全面开展给水系统普查奠定基础。

4. 逐步更新管道

旧管强度降低或结垢严重时，或因水量增加管径偏小时，都应及时更换管道。尽量采用球墨铸铁管、UPVC管和其他优质新型管材。逐步淘汰刚性接口，优先使用先进的柔性接口方法。

5. 防止施工引起管道损坏

施工时应事先查明地下管道的分布，充分估计施工对管道可能引起的影响，并制定相应的措施，必要时派专人到现场进行监护。

【思考题】

1. 城市供水管网漏损的主要原因是什么？
2. 简述城市供水管网漏损检测的主要方法及其优缺点。
3. 城市供水管网漏损检测主要有哪些常用设备？各有什么特点？
4. 简述城市供水管网检漏的工作流程。
5. 简述控制和防范城市供水管网漏损的主要方式。

11　水平衡测试

11.1　概述

水作为生产和生活中的原料和载体，在任何一个用水单元内都遵循质量守恒定律，存在着水量平衡关系。通过对企业用水单元输入、输出水量的测试，确定各用水参数间的水量值和平衡关系，参照用水定额和行业用水水平分析用水合理程度，完成以上工作的过程称之为企业水平衡测试。

我国企业水平衡测试，始于20世纪80年代。1987年国家城乡建设环境保护部发布三个部标准：《工业用水分类及定义》CJ 19—87、《工业企业水量平衡测试方法》CJ 20—87和《工业用水考核指标及计算方法》CJ 21—87，1998年建设部根据国家质量技术监督局《关于废止专业标准和清理整顿后应转化的国家标准的通知》要求，对以上三个标准进行审核，1999年建设部以建标（1999）154号文《关于公布建设部产品标准清理整顿结果的通知》对三个标准予以确认发布进行了修编，对以上标准予以确认，新编号分别为：《工业用水分类及定义》CJ 40—1999、《工业企业水量平衡测试方法》CJ 41—1999和《工业用水考核指标及计算方法》CJ 42—1999。1986年国家标准局发布了国家标准《评价企业合理用水技术通则》GB 7119—86，1990年全国能源基础与管理标准化技术委员会提出了国家标准《企业水平衡与测试通则》GB/T 12452—90。

与此同时，一些省、市也把水平衡测试纳入地方性法规，如《河北省城市节约用水管理实施办法》第十二条规定："城市用水单位应当依照国家标准，定期对本单位的用水情况进行水量平衡测试和合理用水评价，改进本单位的用水工艺"。《吉林省城市节约用水管理条例》（1997年发布）第三十一条规定："日用水30立方米以上（含30立方米）的用水单位必须进行水平衡测试，每三年进行一次复测；当产品结构或生产、用水工艺发生变化时，应当在半年内进行复测。其他用水单位，有条件的也应当进行水平衡测试。未按规定进行测试或复测的，削减下年用水计划"。《济南市城市节约用水管理办法》（1996年发布）第二十条规定："日用水30立方米以上生产性企业或市节水办认为需要进行水平衡测试的单位，应当定期进行水平衡测试。当产品结构或生产工艺发生变化时，应当在6个月向市节水办申请复测"。至此，企业水平衡测试工作走向了制度化、标准化发展的轨道。

11.1.1　企业水平衡测试目的

水平衡测试是加强用水科学管理，最大限度地节约用水和合理用水的一项基础工作。它涉及到单位用水管理的各个方面，同时也表现出较强的综合性、技术性。通过水平衡测试应达到以下目的：

（1）掌握单位用水现状。如水系管网分布情况，各类用水设备、设施、仪器、仪表分布及运转状态，用水总量和各用水单元之间的定量关系，获取准确的实测数据。

（2）对单位用水现状进行合理化分析。依据掌握的资料和获取的数据进行计算、分析、评价有关用水技术经济指标，找出薄弱环节和节水潜力，制订出切实可行的技术、管理措施和规划。

（3）找出用水管网和设施的泄漏点，并采取修复措施，堵塞跑冒滴漏。

（4）健全用水三级计量仪表。保证水平衡测试量化指标的准确性，为日常用水计量和考核提供技术保障。

（5）可以较准确地把用水指标层层分解下达到各用水单元，把计划用水纳入各级承包责任制或目标管理计划，定期考核，调动各方面的节水积极性。

（6）建立用水档案，在水平衡测试工作中，搜集的有关资料，原始记录和实测数据，按照有关要求，进行处理、分析和计算，形成一套完整详实的包括有图、表、文字材料在内的用水档案。

（7）通过水平衡测试提高单位管理人员的节水意识，单位节水管理节水水平和业务技术素质。

（8）为制定用水定额和计划用水量指标提供了较准确的基础数据。

11.1.2 企业水平衡测试依据标准

企业水平衡测试的依据标准有：《企业水平衡与测试通则》GB/T 12452—2008；《评价企业合理用水技术通则》GB 7119—86 改为《节水型企业评价导则》GB 7119—2006 ；建设部标准：《工业用水分类及定义》CJ 40—1999、《工业企业水量平衡测试方法》CJ 41—1999 和《工业用水考核指标及计算方法》CJ 42—1999。

11.1.3 企业水平衡测试的基本内容与基本要求

（1）企业水平衡测试基本内容

企业水平衡是通过实测用水单位各个用水点及管道设备漏失的水量，运用“质量守恒定律”，分析水的来龙去脉和水量关系，从而评价水的合理利用水平，找出在用水方面存在的问题，制定提高用水效率、降低用量的管理措施、技术措施和经济措施。其基本内容有：

1）历年用水情况统计，水源情况以及用水部位及水表位置清单。

2）车间或主要用水设备的水平衡，企业水平衡汇总。

3）企业水平衡图。

4）企业节水成本分析。

5）企业取水成本核算。

6）测试分析、节水措施，预计效果等。

（2）水平衡测试基本要求

1）依据相关的法律、法规和技术规范。

2）纳入日常的用水管理规程。

3）工作要严肃认真，数据力求准确。

4）专人负责，明确目的，认真填写表格和测试报告。

5）记录表格报告，妥善保存，立案建档。

11.2 基础知识

11.2.1 用水分类

进行用水分类是适应用水统计的要求，可以增加各类用水的可比性。《企业水平衡测试通则》（GB/T 12452—2008）规定：本标准适用于工业企业，其他用水单位可参照使用。为此，为了更多单位开展水平衡测试，用水分类就从城市用水分类开始。

1. 城市用水分类及范围

《城市用水分类标准》（CJ/T 3070—1999）将城市用水分为：居民家庭用水、公共服务用水、生产运营用水、消防及其他特殊用水。

（1）居民家庭用水分类见表 3-34。

居民家庭用水分类 **表 3-34**

序号	类别名称	包括范围
1	居民家庭用水	城市范围内所有居民家庭的日常生活用水
1.1	城市居民家庭用水	城市范围内居住的非农民家庭日常生活用水
1.2	农民家庭用水	城市范围内居住的农民家庭日常生活用水
1.3	公共供水站用水	城市范围内由公共给水站出售的家庭日常生活用水

（2）公共服务用水分类见表 3-35。

公共服务用水分类 **表 3-35**

序号	类别名称	包括范围
2	公共服务用水	为城市社会公共生活服务的用水
2.1	公共设施服务用水	城市内的公共交通业、园林绿化业、环境卫生业、市政工程管理业和其他公共服务业的用水
2.2	社会服务业用水	理发美容业、沐浴业、洗染业、摄影扩印业、日用品修理业、殡葬业以及其他社会服务业的用水
2.3	批发和零售贸易业用水	各类批发业、零售业和商业经纪等的用水
2.4	餐饮业、旅馆业用水	宾馆、酒家、饭店、旅馆、餐厅、饮食店、招待所等的用水
2.5	卫生事业用水	医院、疗养院、专科防治所、卫生防疫站、药品检查所以及其他卫生事业用水
2.6	文娱体育事业、文艺广电业用水	各类娱乐场所和体育事业单位、体育场(馆)、艺术、新闻、出版、广播、电视和影视拍摄等事业单位的用水
2.7	教育事业用水	所有教育事业单位的用水(不含其附属的生产、运营单位用水)
2.8	社会福利保障业用水	社会福利、社会保险和救济业以及其他福利保障业的用水
2.9	科学研究和综合技术服务业用水	科学研究、气象、地震、测绘、环保、工程设计等单位的用水
2.10	金融、保险、房地产业用水	银行、信托、证券、典当、房地产开发、经营、管理等单位的用水
2.11	机关、企事业管理机构和社会团体用水	党政机关、军警部队、社会团体、基层群众自治组织、企事业管理机构和境外非经营单位的驻华办事机构、驻华外国使领馆等的用水
2.12	其他公共服务用水	除 2.1～2.11 外的其他公共服务用水

（3）生产运营用水分类见表 3-36。

（4）消防及其他特殊用水分类见表 3-37。

2. 工业用水分类及定义

生产运营用水分类 表 3-36

序号	类别名称	包括范围
3	生产运营用水	在城市范围内生产、运营的农、林、牧、渔业、工业、建筑业、交通运输业等单位在生产、运营过程中的用水
3.1	农、林、牧、渔业用水	农业、林业、畜牧业、渔业的用水
3.2	采掘业用水	煤炭采选业、石油和天然气开采业、金属矿和非金属矿以及其他矿和木材、竹材采选业的用水
3.3	食品加工、饮料、酿酒、烟草加工业用水	粮食、饲料、植物油加工业、制糖业、屠宰及肉类禽蛋加工业、水产品加工业、盐加工业和糕点、糖果、乳制品、罐头食品等其他食品加工业、酒精及饮料酒制造业、软饮料制造业、制茶业和其他饮料制造业、烟草加工业的用水
3.4	纺织印染服装业用水	棉、毛、麻、丝绢纺织、针织品业、印染业、服装制造业、制帽业、制鞋业和其他纤维制品制造业的用水
3.5	皮、毛、羽绒制品业用水	皮革制品制造业、毛皮鞣制及制品业、羽毛(绒)制品加工业的用水
3.6	木材加工、家具制造业用水	木材加工业、木制品业和竹、藤、金属、塑料家具制造业的用水
3.7	造纸、印刷业用水	造纸业和纸制品业、印刷业的用水
3.8	文体用品制造业用水	文化用品制造业、体育健身用品制造业、乐器及其他文娱用品制造业、玩具制造业、游艺器材制造业和其他文教体育用品制造业的用水
3.9	石油加工及炼焦业用水	原油加工业、石油制品业和炼焦业的用水
3.10	化学原料及化学制品业用水	基本化学原料、化学肥料、有机化学产品、合成材料、精细化工、专用化学产品和日用化学产品制造业的用水
3.11	医药制造业用水	化学药品原药、化学药剂制造业、中药材及中成药加工业、动物药品、化学农药制造业和生物制品业的用水
3.12	化学纤维制造业用水	纤维素纤维制造业、合成纤维制造业、渔具及渔具材料制造业的用水
3.13	橡胶制品业用水	轮胎、再生胶、橡胶制品业的用水
3.14	塑料制品业用水	塑料膜、板、管、棒、丝、绳及编织品、泡沫塑料以及合成革、塑料器具制造业和其他塑料制品业的用水
3.15	非金属矿物制品、建材业用水	水泥、砖瓦、石灰和轻质建筑材料制造业、玻璃及玻璃制品、陶瓷制品、耐火材料制品、石墨及碳素制品、矿物纤维及其制品和其他非金属矿物制品业的用水
3.16	金属冶炼制品业用水	黑色金属、有色金属冶炼、加工、制品业的用水
3.17	机电制造业用水	机械制造业、各类专用设备制造业、交通运输设备制造业、武器弹药制造业和电机、输配电控制设备、电工器材制造业以及有关修理业的用水
3.18	电子、仪表制造业用水	通信设备、广播电视设备、电子元器件制造业、仪器仪表、计量器具、钟表和其他仪器仪表制造业及其修理业的用水
3.19	其他制造业用水	除 3.3～3.18 外的工艺美术品、日用杂品和其他生产、生活用品等制造业的用水
3.20	电力、煤气和水生产供应业用水	电力、蒸汽、热水生产供应业，煤气、液化气生产供应业、水生产供应业的用水
3.21	地质勘察、建筑业用水	地质勘察、土木工程建筑业、线路管道和设备安装业等工程的用水
3.22	交通运输业、仓储、邮电通信业用水	除城市内公共交通以外的铁路、公路、水上、航空运输及其相应的辅助业、仓储、邮政、电信业等单位的用水
3.23	其他生产运营用水	除 3.1～3.22 以外的其他生产运营用水

消防及其他特殊用水分类 **表 3-37**

序号	类别名称	包括范围
4	消防及其他特殊用水	城市灭火以及除居民家庭、公共服务、生产运营用水范围以外的各种特殊用水
4.1	消防用水	城市道路消火栓以及其他市内公共场所、企事业单位内部和各种建筑物的灭火用水
4.2	深井回灌用水	为防止地面沉降通过深井回灌到地下的用水
4.3	其他用水	除 4.1～4.3 以外的其他的特殊用水

中华人民共和国城镇建设行业标准《工业用水分类及定义》CJ 40—1999 对工业用水的类别进行了划分和定义。

(1) 工业用水的定义

工业用水指工、矿企业的各部门，在工业生产过程（或期间）中，制造、加工、冷却、空调、洗涤、锅炉等处使用的水及厂内职工生活用水的总称。

(2) 工业用水水源与分类

1) 工业用水水源

工业生产过程所用全部淡水（或包括部分海水）的引取来源，称为工业用水水源。

2) 工业用水水源分类方法

工业用水水源的分类一定要与所要观察的对象呼应，否则，就可能出现分类内涵不清、互相交叉等疑问。如，《工业用水分类及定义》CJ 40—1999 中，自来水与地表水、地下水、城市污水、海水、其他水等的分法，对于一个企业来说是能够说明白、划清楚的，但对于一个城市来说就说不明白、划不清楚，因为自来水就是地表水、地下水、海水、其他水当中的一种或几种的产物，把它们并列显然不当。为便于实际工作，结合国标和部标进行分类如下：

① 按水的贮存条件不同可分为地表水、地下水和产品带水。

② 按水质不同可分为淡水、苦咸水、海水、污（废）水。

③ 按水源获取方式不同可分为自供水（自备水）、外购水（包括公共供水、桶装水、产品带水等）。

3) 工业用水水源分类定义

① 地表水　地表水包括陆地表面形成的径流及地表贮存的水（如江、河、湖、水库等水）。

② 地下水　地下水地下径流或埋藏于地下的，经过提取可被利用的淡水（如潜水、承压水、岩溶水、裂隙水等）。

③ 自来水　由城市给水管网系统供给的水。

④ 城市污水回用水　经过处理达到工业用水水质标准又回用到工业生产上来的那部分城市污水。

⑤ 海水　沿海城市的一些工业用做冷却水水源或为其他目的所取的那部分海水（注：城市污水回用水与海水是水源的一部分，但目前对这两种水暂不考核，不计在取水量之内，只注明使用水量以做参考）。

⑥ 其他水　有些企业根据本身的特定条件使用上述各种水以外的水作为取水水源称

为其他水，如，矿坑水、苦咸水等。

(3) 工业用水分类

为便于工业企业用水管理，分析工业企业用水规律，进行同行业间用水水平比较，提高工业企业用水的合理化程度，则需对工业企业用水进行分类。工业用水从两个途径进行分类：在对城市工业用水进行分类时，按不同的工业部门即行业分类；在对企业工业用水进行分类时，按工业用水的不同用途分类。

1) 工业用水行业分类

工业用水行业分类的依据是国家标准《国民经济行业分类》GB/T 4754—2002。《国民经济行业分类》GB/T 4754—2002 中共有行业门类 20 个、行业大类 95 个、行业中类 396 个、行业小类 913 个。涉及工业用水的门类主要包括：采矿业、制造业、电力、燃气及水的生产和供应业、建筑业、交通运输、仓储和邮政业、信息传输、计算机服务和软件业等。

制造业包括 13—43 大类。指经物理变化或化学变化后成为了新的产品，不论是动力机械制造，还是手工制作；也不论产品是批发销售，还是零售，均视为制造。

《国民经济行业分类》GB/T 4754—2002 对制造业的分类，比《城市用水分类标准》(CJ/T 3070—1999) 生产运营用水分类更详细。在企业水平衡测试中，应按标准从高、从新的原则执行，即在有国标和行标的情况下执行国标、不论哪个级别的标准都应执行最新的版本。表 3-38 列出了《国民经济行业分类与代码》(GB/T 4754—2002)——制造业的分类。

国民经济行业分类与代码 (GB/T 4754—2002)——制造业 **表 3-38**

代码	行业名称	说明
C	**制造业**	
13	**农副食品加工业**	
131	谷物磨制	
132	饲料加工	
133	植物油加工	包括食用植物油加工，非食用植物油加工
134	制糖	
135	屠宰及肉类加工	包括畜禽屠宰，肉制品及副产品加工
136	水产品加工	包括水产品冷冻加工，鱼糜制品及水产品干腌制加工，水产饲料制造，鱼油提取及制品的制造，其他水产品加工
137	蔬菜、水果和坚果加工	
139	其他农副食品加工	包括淀粉及淀粉制品的制造，豆制品制造，蛋品加工，其他未列明的农副食品加工
14	**食品制造业**	
141	焙烤食品制造	包括糕点、面包制造，饼干及其他焙烤食品制造
142	糖果、巧克力及蜜饯制造	包括糖果、巧克力制造，蜜饯制作
143	方便食品制造	包括米、面制品制造，速冻食品制造，方便面及其他方便食品制造
144	液体乳及乳制品制造	
145	罐头制造	包括肉、禽类罐头制造，水产品罐头制造，蔬菜、水果罐头制造，其他罐头食品制造

续表

代码	行业名称	说明
146	调味品、发酵制品制造	包括味精制造，酱油、食醋及类似制品的制造，其他调味品、发酵制品制造
149	其他食品制造	包括营养、保健食品制造，冷冻饮品及食用冰制造，盐加工，食品及饲料添加剂制造，其他未列明的食品制造
15	**饮料制造业**	
151	酒精制造	
152	酒的制造	包括白酒制造，啤酒制造，黄酒制造，葡萄酒制造，其他酒制造
153	软饮料制造	包括碳酸饮料制造，瓶（罐）装饮用水制造，果菜汁及果菜汁饮料制造，含乳饮料和植物蛋白饮料制造，固体饮料制造，茶饮料及其他软饮料制造
154	精制茶加工	
16	**烟草制品业**	
161	烟叶复烤	
162	卷烟制造	
169	其他烟草制品加工	
17	**纺织业**	
171	棉、化纤纺织及印染精加工	包括棉、化纤纺织加工，棉、化纤印染精加工
172	毛纺织和染整精加工	包括毛条加工，毛纺织，毛染整精加工
173	麻纺织	
174	丝绢纺织及精加工	包括缫丝加工，绢纺和丝织加工，丝印染精加工
175	纺织制成品制造	包括棉及化纤制品制造，毛制品制造，麻制品制造，丝制品制造，绳、索、缆的制造，纺织带和帘子布制造，无纺布制造，其他纺织制成品制造
176	针织品、编织品及其制品制造	包括棉、化纤针织品及编织品制造，毛针织品及编织品制造，丝针织品及编织品制造，其他针织品及编织品制造
18	**纺织服装、鞋、帽制造业**	
181	纺织服装制造	
182	纺织面料鞋的制造	
183	制帽	
19	**皮革、毛皮、羽毛（绒）及其制品业**	
191	皮革鞣制加工	
192	皮革制品制造	包括皮鞋制造，皮革服装制造，皮箱、包（袋）制造，皮手套及皮装饰制品制造，其他皮革制品制造
193	毛皮鞣制及制品加工	包括毛皮鞣制加工，毛皮服装加工，其他毛皮制品加工
194	羽毛（绒）加工及制品制造	包括羽毛（绒）加工，羽毛（绒）制品加工
20	**木材加工及木、竹、藤、棕、草制品业**	
201	锯材、木片加工	包括锯材加工，木片加工

续表

代码	行业名称	说明
202	人造板制造	包括胶合板制造，纤维板制造，刨花板制造，其他人造板、材制造
203	木制品制造	包括建筑用木料及木材组件加工，木容器制造，软木制品及其他木制品制造
204	竹、藤、棕、草制品制造	
21	**家具制造业**	
211	木质家具制造	
212	竹、藤家具制造	
213	金属家具制造	
214	塑料家具制造	
219	其他家具制造	
22	**造纸及纸制品业**	
221	纸浆制造	
222	造纸	包括机制纸及纸板制造，手工纸制造，加工纸制造
223	纸制品制造	包括纸和纸板容器的制造，其他纸制品制造
23	**印刷业和记录媒介的复制**	
231	印刷	包括书、报、刊印刷，本册印制，包装装潢及其他印刷
232	装订及其他印刷服务活动	
233	记录媒介的复制	
24	**文教体育用品制造业**	
241	文化用品制造	包括文具制造，笔的制造，教学用模型及教具制造，墨水、墨汁制造，其他文化用品制造
242	体育用品制造	包括球类制造，体育器材及配件制造，训练健身器材制造，运动防护用具制造，其他体育用品制造
243	乐器制造	包括中乐器制造，西乐器制造，电子乐器制造，其他乐器及零件制造
244	玩具制造	
245	游艺器材及娱乐用品制造	包括露天游乐场所游乐设备制造，游艺用品及室内游艺器材制造
25	**石油加工、炼焦及核燃料加工业**	
251	精炼石油产品的制造	包括原油加工及石油制品制造，人造原油生产
252	炼焦	
253	核燃料加工	
26	**化学原料及化学制品制造业**	
261	基础化学原料制造	包括无机酸制造，无机碱制造，无机盐制造，有机化学原料制造，其他基础化学原料制造
262	肥料制造	包括氮肥制造，磷肥制造，钾肥制造，复混肥料制造，有机肥料及微生物肥料制造，其他肥料制造
263	农药制造	包括化学农药制造，生物化学农药及微生物农药制造

续表

代码	行业名称	说明
264	涂料、油墨、颜料及类似产品制造	包括涂料制造，油墨及类似产品制造，颜料制造，染料制造，密封用填料及类似品制造
265	合成材料制造	包括初级形态的塑料及合成树脂制造，合成橡胶制造，合成纤维单(聚合)体的制造，其他合成材料制造
266	专用化学产品制造	包括化学试剂和助剂制造，专项化学用品制造，林产化学产品制造，炸药及火工产品制造，信息化学品制造，环境污染处理专用药剂材料制造，动物胶制造，其他专用化学产品制造
267	日用化学产品制造	包括肥皂及合成洗涤剂制造，化妆品制造，口腔清洁用品制造，香料、香精制造，其他日用化学产品制造
27	**医药制造业**	
271	化学药品原药制造	
272	化学药品制剂制造	
273	中药饮片加工	
274	中成药制造	
275	兽用药品制造	
276	生物、生化制品的制造	
277	卫生材料及医药用品制造	
28	**化学纤维制造业**	
281	纤维素纤维原料及纤维制造	包括化纤浆粕制造，人造纤维(纤维素纤维)制造
282	合成纤维制造	包括锦纶纤维制造，涤纶纤维制造，腈纶纤维制造，维纶纤维制造，其他合成纤维制造
29	**橡胶制品业**	
291	轮胎制造	包括车辆、飞机及工程机械轮胎制造，力车胎制造，轮胎翻新加工
292	橡胶板、管、带的制造	
293	橡胶零件制造	
294	再生橡胶制造	
295	日用及医用橡胶制品制造	
296	橡胶靴鞋制造	
299	其他橡胶制品制造	
30	**塑料制品业**	
301	塑料薄膜制造	
302	塑料板、管、型材的制造	
303	塑料丝、绳及编织品的制造	
304	泡沫塑料制造	
305	塑料人造革、合成革制造	
306	塑料包装箱及容器制造	
307	塑料零件制造	
308	日用塑料制造	包括塑料鞋制造，日用塑料杂品制造

续表

代码	行业名称	说明
309	其他塑料制品制造	
31	**非金属矿物制品业**	
311	水泥、石灰和石膏的制造	包括水泥制造,石灰和石膏制造
312	水泥及石膏制品制造	包括水泥制品制造,混凝土结构构件制造,石棉水泥制品制造,轻质建筑材料制造,其他水泥制品制造
313	砖瓦、石材及其他建筑材料制造	包括黏土砖瓦及建筑砌块制造,建筑陶瓷制品制造,建筑用石加工,防水建筑材料制造,隔热和隔声材料制造,其他建筑材料制造
314	玻璃及玻璃制品制造	包括平板玻璃制造,技术玻璃制品制造,光学玻璃制造,玻璃仪器制造,日用玻璃制品及玻璃包装容器制造,玻璃保温容器制造,玻璃纤维及制品制造,玻璃纤维增强塑料制品制造,其他玻璃制品制造
315	陶瓷制品制造	包括卫生陶瓷制品制造,特种陶瓷制品制造,日用陶瓷制品制造,园林、陈设艺术及其他陶瓷制品制造
316	耐火材料制品制造	包括石棉制品制造,云母制品制造,耐火陶瓷制品及其他耐火材料制造
319	石墨及其他非金属矿物制品制造	包括石墨及碳素制品制造,其他非金属矿物制品制造
32	**黑色金属冶炼及压延加工业**	
321	炼铁	
322	炼钢	
323	钢压延加工	
324	铁合金冶炼	
33	**有色金属冶炼及压延加工业**	
331	常用有色金属冶炼	包括铜冶炼,铅锌冶炼,镍钴冶炼,锡冶炼,锑冶炼,铝冶炼,镁冶炼,其他常用有色金属冶炼
332	贵金属冶炼	包括金冶炼,银冶炼,其他贵金属冶炼
333	稀有稀土金属冶炼	包括钨钼冶炼,稀土金属冶炼,其他稀有金属冶炼
334	有色金属合金制造	
335	有色金属压延加工	包括常用有色金属压延加工,贵金属压延加工,稀有稀土金属压延加工
34	**金属制品业**	
341	结构性金属制品制造	包括金属结构制造,金属门窗制造
342	金属工具制造	包括切削工具制造,手工具制造,农用及园林用金属工具制造,刀剪及类似日用金属工具制造,其他金属工具制造
343	集装箱及金属包装容器制造	包括集装箱制造,金属压力容器制造,金属包装容器制造
344	金属丝绳及其制品的制造	
345	建筑、安全用金属制品制造	包括建筑、家具用金属配件制造,建筑装饰及水暖管道零件制造,安全、消防用金属制品制造,其他建筑、安全用金属制品制造
346	金属表面处理及热处理加工	
347	搪瓷制品制造	包括工业生产配套用搪瓷制品制造,搪瓷卫生洁具制造,搪瓷日用品及其他搪瓷制品制造

续表

代码	行业名称	说明
348	不锈钢及类似日用金属制品制造	包括金属制厨房调理及卫生器具制造，金属制厨用器皿及餐具制造，其他日用金属制品制造
349	其他金属制品制造	包括铸币及贵金属制实验室用品制造，其他未列明的金属制品制造
35	**通用设备制造业**	
351	锅炉及原动机制造	包括锅炉及辅助设备制造，内燃机及配件制造，汽轮机及辅机制造，水轮机及辅机制造，其他原动机制造
352	金属加工机械制造	包括金属切削机床制造，金属成形机床制造，铸造机械制造，金属切割及焊接设备制造，机床附件制造，其他金属加工机械制造
353	起重运输设备制造	
354	泵、阀门、压缩机及类似机械的制造	包括泵及真空设备制造，气体压缩机械制造，阀门和旋塞的制造，液压和气压动力机械及元件制造
355	轴承、齿轮、传动和驱动部件的制造	包括轴承制造，齿轮、传动和驱动部件制造
356	烘炉、熔炉及电炉制造	
357	风机、衡器、包装设备等通用设备制造	包括风机、风扇制造，气体、液体分离及纯净设备制造，制冷、空调设备制造，风动和电动工具制造，喷枪及类似器具制造，包装专用设备制造，衡器制造，其他通用设备制造
358	通用零部件制造及机械修理	包括金属密封件制造，紧固件、弹簧制造，机械零部件加工及设备修理，其他通用零部件制造
359	金属铸、锻加工	包括钢铁铸件制造，锻件及粉末冶金制品制造
36	**专用设备制造业**	
361	矿山、冶金、建筑专用设备制造	包括采矿、采石设备制造，石油钻采专用设备制造，建筑工程用机械制造，建筑材料生产专用机械制造，冶金专用设备制造
362	化工、木材、非金属加工专用设备制造	包括炼油、化工生产专用设备制造，橡胶加工专用设备制造，塑料加工专用设备制造，木材加工机械制造，模具制造，其他非金属加工专用设备制造
363	食品、饮料、烟草及饲料生产专用设备制造	包括食品、饮料、烟草工业专用设备制造，农副食品加工专用设备制造，饲料生产专用设备制造
364	印刷、制药、日化生产专用设备制造	包括制浆和造纸专用设备制造，印刷专用设备制造，日用化工专用设备制造，制药专用设备制造，照明器具生产专用设备制造，玻璃、陶瓷和搪瓷制品生产专用设备制造，其他日用品生产专用设备制造
365	纺织、服装和皮革工业专用设备制造	包括纺织专用设备制造，皮革、毛皮及其制品加工专用设备制造，缝纫机械制造，其他服装加工专用设备制造
366	电子和电工机械专用设备制造	包括电工机械专用设备制造，电子工业专用设备制造，武器弹药制造，航空、航天及其他专用设备制造
367	农、林、牧、渔专用机械制造	包括拖拉机制造，机械化农业及园艺机具制造，营林及木竹采伐机械制造，畜牧机械制造，渔业机械制造，农林牧渔机械配件制造，其他农林牧渔业机械制造及机械修理
368	医疗仪器设备及器械制造	包括医疗诊断、监护及治疗设备制造，口腔科用设备及器具制造，实验室及医用消毒设备和器具的制造，医疗、外科及兽医用器械制造，机械治疗及病房护理设备制造，假肢、人工器官及植(介)入器械制造，其他医疗设备及器械制造

续表

代码	行业名称	说　明
369	环保、社会公共安全及其他专用设备制造	包括环境污染防治专用设备制造，地质勘察专用设备制造，邮政专用机械及器材制造，商业、饮食、服务业专用设备制造，社会公共安全设备及器材制造，交通安全及管制专用设备制造，水资源专用机械制造，其他专用设备制造
37	**交通运输设备制造业**	
371	铁路运输设备制造	包括铁路机车车辆及动车组制造，工矿有轨专用车辆制造，铁路机车车辆配件制造，铁路专用设备及器材、配件制造，其他铁路设备制造及设备修理
372	汽车制造	包括汽车整车制造，改装汽车制造，电车制造，汽车车身、挂车的制造，汽车零部件及配件制造，汽车修理
373	摩托车制造	包括摩托车整车制造，摩托车零部件及配件制造
374	自行车制造	包括脚踏自行车及残疾人座车制造，助动自行车制造
375	船舶及浮动装置制造	包括金属船舶制造，非金属船舶制造，娱乐船和运动船的建造和修理，船用配套设备制造，船舶修理及拆船，航标器材及其他浮动装置的制造
376	航空航天器制造	包括飞机制造及修理，航天器制造，其他飞行器制造
379	交通器材及其他交通运输设备制造	包括潜水及水下救捞装备制造，交通管理用金属标志及设施制造，其他交通运输设备制造
39	**电气机械及器材制造业**	
391	电机制造	包括发电机及发电机组制造，电动机制造，微电机及其他电机制造
392	输配电及控制设备制造	包括变压器、整流器和电感器制造，电容器及其配套设备制造，配电开关控制设备制造，电力电子元器件制造，其他输配电及控制设备制造
393	电线、电缆、光缆及电工器材制造	包括电线电缆制造，光纤、光缆制造，绝缘制品制造，其他电工器材制造
394	电池制造	
395	家用电力器具制造	包括家用制冷电器具制造，家用空气调节器制造，家用通风电器具制造，家用厨房电器具制造，家用清洁卫生电器具制造，家用美容、保健电器具制造，家用电力器具专用配件制造，其他家用电力器具制造
396	非电力家用器具制造	包括燃气、太阳能及类似能源的器具制造，其他非电力家用器具制造
397	照明器具制造	包括电光源制造，照明灯具制造，灯用电器附件及其他照明器具制造
399	其他电气机械及器材制造	包括车辆专用照明及电气信号设备装置制造，其他未列明的电气机械制造
40	**通信设备、计算机及其他电子设备制造业**	
401	通信设备制造	包括通信传输设备制造，通信交换设备制造，通信终端设备制造，移动通信及终端设备制造，其他通信设备制造
402	雷达及配套设备制造	
403	广播电视设备制造	包括广播电视节目制作及发射设备制造，广播电视接收设备及器材制造，应用电视设备及其他广播电视设备制造

续表

代码	行业名称	说明
404	电子计算机制造	包括电子计算机整机制造，计算机网络设备制造，电子计算机外部设备制造
405	电子器件制造	包括电子真空器件制造，半导体分立器件制造，集成电路制造，光电子器件及其他电子器件制造
406	电子元件制造	包括电子元件及组件制造，印制电路板制造
407	家用视听设备制造	包括家用影视设备制造，家用音响设备制造
409	其他电子设备制造	
41	**仪器仪表及文化、办公用机械制造业**	
411	通用仪器仪表制造	包括工业自动控制系统装置制造，电工仪器仪表制造，绘图、计算及测量仪器制造，实验分析仪器制造，试验机制造，供应用仪表及其他通用仪器制造
412	专用仪器仪表制造	包括环境监测专用仪器仪表制造，汽车及其他用计数仪表制造，导航、气象及海洋专用仪器制造，农林牧渔专用仪器仪表制造，地质勘探和地震专用仪器制造，教学专用仪器制造，核子及核辐射测量仪器制造，电子测量仪器制造，其他专用仪器制造
413	钟表与计时仪器制造	
414	光学仪器及眼镜制造	包括光学仪器制造，眼镜制造
415	文化、办公用机械制造	包括电影机械制造，幻灯及投影设备制造，照相机及器材制造，复印和胶印设备制造，计算器及货币专用设备制造，其他文化、办公用机械制造
419	其他仪器仪表的制造及修理	
42	**工艺品及其他制造业**	
421	工艺美术品制造	包括雕塑工艺品制造，金属工艺品制造，漆器工艺品制造，花画工艺品制造，天然植物纤维编织工艺品制造，抽纱刺绣工艺品制造，地毯、挂毯制造，珠宝首饰及有关物品的制造，其他工艺美术品制造
422	日用杂品制造	包括制镜及类似品加工，鬃毛加工、制刷及清扫工具的制造，其他日用杂品制造
423	煤制品制造	
424	核辐射加工	
429	其他未列明的制造业	
43	**废弃资源和废旧材料回收加工业**	
431	金属废料和碎屑的加工处理	
432	非金属废料和碎屑的加工处理	

2）工业用水用途分类

工业用水用途分类是依据水在工业生产中所发挥的作用不同而分类的一种方法。一般包括：生产用水、辅助生产用水和附属生产用水三部分，见表3-39。

工业用水按用途分类 表 3-39

序号	类 别	内 容
1	生产用水	直接用于工业生产的水，包括间接冷却水、工艺用水、锅炉用水等
2	辅助生产用水	辅助生产车间用水，如机修用水、运输用水等
3	附属生产用水	办公楼用水，绿化、食堂、浴室、厕所等用水

注：各企业基建用水不包括在企业取水量之内，基建项目可报供水部门申请用水指标。

① 生产用水

直接用于工业生产的水，叫做生产用水。生产用水包括间接冷却水、工艺用水、锅炉用水等。

(A) 间接冷却水

在工业生产过程中，为保证生产设备能在正常温度下工作，用来吸收或转移生产设备的多余热量，所使用的冷却水（此冷却用水与被冷介质之间由热交换器壁或设备隔开），称为间接冷却水。

(B) 工艺用水

在工业生产中，用来制造、加工产品以及与制造、加工工艺过程有关的这部分用水称为工艺用水。工艺用水中包括产品用水、洗涤用水、直接冷却水和其他水。

a. 产品用水

在生产过程中，作为产品的生产原料的那部分水称为产品用水（此水或为产品的组成部分，或参加化学反应）。

b. 洗涤用水

在生产过程中，对原材料、物料、半成品进行洗涤处理的水称为洗涤用水。

c. 直接冷却水

在生产过程中，为满足工艺过程需要，使产品或半成品冷却所用与之直接接触的冷却水（包括调温、调湿使用的直流喷雾水）称为直接冷却水。

d. 其他工艺用水

产品用水、洗涤用水、直接冷却水之外的其他工艺用水，称为其他工艺用水。

(C) 锅炉用水

为工艺或采暖、发电需要产汽的锅炉用水及锅炉水处理用水统称为锅炉用水。锅炉用水包括锅炉给水、锅炉水处理用水。

a. 锅炉给水

直接用于产生工业蒸汽进入锅炉的水称为锅炉给水。锅炉给水由两部分水组成：一部分是回收由蒸汽冷却得到的冷凝水，另一部分是补充的软化水。

b. 锅炉水处理用水

为锅炉制备软化水时，所需要的再生、冲洗等项目用水称为锅炉水处理用水。

② 生活用水

厂区和车间内职工生活用水及其他用途的杂用水统称为生活用水。

以上各类水之间的关系参见图 3-33。

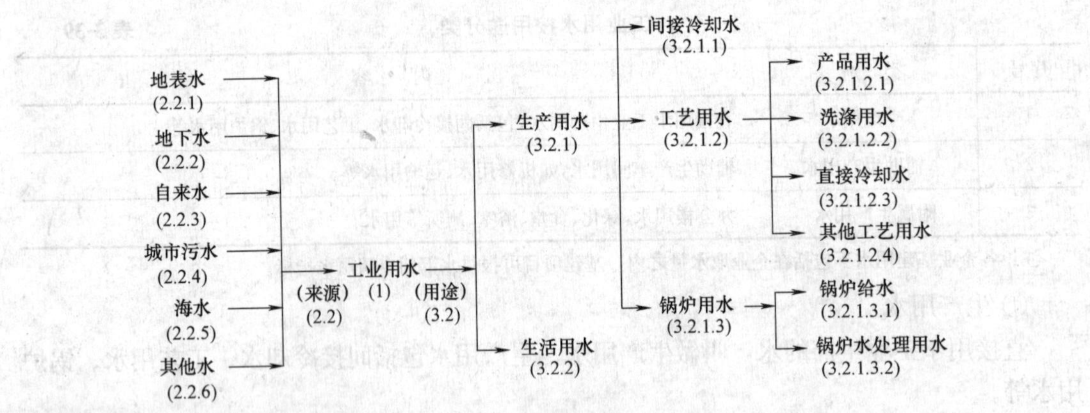

图 3-33　工业用水的水源分类与用途分类示意图

11.2.2　工业用水水量定义

工业用水水量的定义在不同的标准有不同的名称、符号和内涵。《工业用水分类及定义》（CJ 40—1999）水量符号的字母是用水量名称的汉语拼音字头表示，各分水量加上相应的中文下标，《企业水平衡测试通则》（GB/T 12452—2008）则采用英文字母表示。

1. 用水量

CJ40—1999 定义的用水量（Y）：工业用水量是工业企业完成全部生产过程所需要的各种水量的总和。工业用水量包括：间接冷却水用水量、工艺水用水量、锅炉用水量和生活用水量。

$$Y = Y_{产} + Y_{生}$$

GB/T 12452—2008 定义的用水量（V_t）：在确定的用水单元或系统内，使用的各种水量的总和，即新水量和重复利用水量之和。

2. 间接冷却水用水量

CJ 40—1999 定义的间接冷却水用水量（$Y_{冷}$）：生产过程中，用于间接冷却目的，而进入各冷却设备的总的水量称为间接冷却水用水量。

3. 循环水量

GB/T 12452—2008 定义的循环水量（V_{cy}）：在确定的用水单元或系统内，生产过程中已用过的水，再循环用于同一过程的水量。

4. 工艺水用水量

CJ 40—1999 定义的工艺水用水量（$Y_{工}$）：生产过程中，用于生产工艺过程进入各工艺设备的总的水量，称为工艺水用水量。

5. 锅炉用水量

CJ 40—1999 定义的锅炉用水量（$Y_{锅}$）：进入锅炉本身和锅炉水处理系统的总的用水量，称为锅炉用水量。

6. 生产用水量

CJ 40—1999 定义的生产用水量（$Y_{产}$）：间接冷却水用水量、工艺水用水量和锅炉用水量之和称为生产用水量。

$$Y_{产} = Y_{冷} + Y_{工} + Y_{锅}$$

7. 生活用水量

CJ 40—1999 定义的生活用水量（$Y_{生}$）：厂区和车间职工生活用水（包括各种杂用

水）的总水量称为生活用水量。

8. 新水量

GB/T 12452—2008 定义的新水量（V_f）：企业内用水单元或系统取自任何水源被该企业第一次利用的水量。

9. 取水量

CJ 40—1999 定义的取水量（Q）：工业取水量是为使工业生产正常进行，保证生产过程对水的需要，而实际从各种水源引取的，为任何目的所用的新鲜水量。包括：间接冷却水取水量、工艺水取水量、锅炉取水量、生活取水量。

$$Q=Q_{产}+Q_{生}$$

10. 间接冷却水取水量

CJ 40—1999 定义的间接冷却水取水量（$Q_{冷}$）：生产过程中冷却循环系统（或设备）为间接冷却目的而从各种水源补充的新鲜水总水量，称为间接冷却水取水量。

11. 工艺水取水量

CJ 40—1999 定义的工艺水取水量（$Q_{工}$）：生产过程中，用于工艺目的（包括制造产品、洗涤处理、直接冷却及其他工艺过程）而从各种水源补充的新鲜水总水量称为工艺水取水量。

12. 锅炉取水量

CJ 40—1999 定义的锅炉取水量（$Q_{锅}$）：为锅炉给水和锅炉水处理用水目的而从各种水源补充的新鲜水总水量称为锅炉取水量。

13. 生产取水量

CJ 40—1999 定义的生产取水量（$Q_{产}$）：间接冷却水取水量，工艺水取水量和锅炉取水量之和，称为生产取水量。

$$Q_{产}=Q_{冷}+Q_{工}+Q_{锅}$$

14. 生活取水量

CJ 40—1999 定义的生活取水量（$Q_{活}$）：为厂区和车间职工生活用水（包括杂用水）的目的，而从各种水源补充的新鲜水总水量，称为生活取水量。

15. 耗水量

CJ 40—1999 定义的耗水量（H）：在生产过程中，由于蒸发、飞散、渗漏、风吹、污泥带走等途径直接消耗的各种水量和直接进入产品中的水量及职工生活饮用水量的总和。

$$H=H_{产}+H_{生}$$

GB/T 12452—2008 定义的耗水量（V_{co}）：在确定的用水单元或系统内，生产过程中进入产品、蒸发、飞溅、携带及生活饮用等所消耗的水量。

这部分水量从狭义上讲是不能直接回收再利用的水量。

[注意：请区别耗水量与取水量的概念，因为与其他不可再生能源（如煤、电）不同，水是可以再生利用的，所以耗煤、耗电的意义与耗水是不同的，真正消耗的水只是其中很少的一部分，企业取用的新鲜水量是取水量的意义，因此考核指标为万元产值取水量和单位产品取水量，而不应叫“万元产值耗水量”和“单耗”]

16. 间接冷却水耗水量

CJ 40—1999 定义的间接冷却水耗水量（$H_{冷}$）：间接冷却水由于蒸发、飞散、渗漏等途径消耗的水量，称为间接冷却水耗水量。

17. 工艺水耗水量

CJ 40—1999 定义的工艺水耗水量（$H_{工}$）：工艺过程中，进入产品及蒸发、渗漏等途径消耗的水量，称为工艺水耗水量。

18. 锅炉耗水量

CJ 40—1999 定义的锅炉耗水量（$H_{锅}$）：锅炉本身与锅炉水处理系统消耗的总水量，称为锅炉耗水量。

19. 生产耗水量

CJ 40—1999 定义的生产耗水量（$H_{产}$）：间接冷却水耗水量、工艺水耗水量、锅炉耗水量之和称为生产耗水量。

$$H_{产}=H_{冷}+H_{工}+H_{锅}$$

20. 生活耗水量

CJ 40—1999 定义的生活耗水量（$H_{生}$）：厂区和车间职工生活用水中饮用、消防、绿化等过程消耗的总水量，称为生活耗水量。

21. 排水量

CJ 40—1999 定义的排水量（P）：在完成全部生产过程（或为生活使用）之后最终排出生产（或生活）系统之外的总水量。

$$P=P_{产}+P_{生}$$

GB/T 12452—2008 定义的排水量（V_{d}）：对于确定的用水单元或系统内，完成生产过程和生产活动之后排出企业之外以及排出单元进入污水系统的水量。

22. 间接冷却水排水量

CJ 40—1999 定义的间接冷却水排水量（$P_{冷}$）：进行间接冷却目的之后排出冷却循环系统（或设备）以外的水量，称为间接冷却水排水量。

23. 工艺水排水量

CJ 40—1999 定义的工艺水排水量（$P_{工}$）：用于工艺过程之后，而排出各工艺设备以外的水量，称为工艺水排水量。

24. 锅炉排水量

CJ 40—1999 定义的工艺水排水量（$P_{锅}$）：用于锅炉本身与锅炉水处理系统之后，排出锅炉以外的水量，称为锅炉排水量。

25. 生产排水量

CJ 40—1999 定义的工艺水排水量（$P_{产}$）：间接冷却水排水量，工艺水排水量，锅炉排水量之和称为生产排水量。

$$P_{产}=P_{冷}+P_{工}+P_{锅}$$

26. 生活排水量

CJ 40—1999 定义的生活排水量（$P_{生}$）：厂区和车间职工生活及各项杂用水使用之后排放的总水量，称为生活排水量。

27. 重复利用水量

CJ 40—1999 定义的重复利用水量（C）：重复利用水量是工业企业内部，生产用水和生活用水中，循环利用的水量和直接或经处理后回收再利用的水量，即工业企业中所有未经处理或经处理后重复使用的水量的总和。

$$C=C_{产}+C_{生}$$

28. 间接冷却水循环量

CJ 40—1999 定义的间接冷却水循环量（$C_{冷}$）：间接冷却水中，从冷却设备中流出又进入冷却设备中使用的那部分循环利用的水量，称为间接冷却水循环量。

29. 工艺水回用量

CJ 40—1999 定义的工艺水回用量（$C_{工}$）：工艺用水中，从一个设备中流出被本设备或其他设备回收利用的那部分水量，称为工艺水回用量。

30. 锅炉回用水量

CJ 40—1999 定义的锅炉回用水量（$C_{锅}$）：锅炉本身和锅炉水处理用水的回收利用水量，称为锅炉回用水量。

31. 生产用水重复利用水量

CJ 40—1999 定义的生产用水重复利用水量（$C_{产}$）：间接冷却水循环量，工艺水回用量和锅炉回用水量之和，称为生产用水重复利用水量。

$$C_{产}=C_{冷}+C_{工}+C_{锅}$$

32. 生活用水重复利用水量

CJ 40—1999 定义的生活用水重复利用水量（$C_{生}$）：生活用水中重复利用的那部分水量，称为生活用水重复利用水量。

33. 锅炉蒸汽冷凝水回用量

CJ 40—1999 定义的锅炉蒸汽冷凝水回用量（$C_{凝}$）：锅炉蒸汽冷凝水回用于生产生活各个用水部门的水量总和称为锅炉蒸汽冷凝水回用量。

34. 锅炉蒸汽发汽量

CJ 40—1999 定义的锅炉蒸汽发汽量（Z）：发生锅炉蒸汽所用的水量，称为锅炉蒸汽发气量。

35. 漏水量

CJ 40—1999 定义的漏水量（L）：漏水量是企业输水系统和用水设备（包括地上管道、设备、地下管道、阀门等）所漏流的水量之和。这部分水量包括在企业取水量之内。

GB/T 12452—2008 定义的漏溢水量（V_i）：企业供水及用水管网和设备漏失的水量。

36. 串联水量

GB/T 12452—2008 定义的串联水量（V_s）：在确定的用水单元或系统内，生产过程中产生的或使用后的水量，再用于另一单元或系统的水量。

37. 重复利用水量

GB/T 12452—2008 定义的重复利用水量（V_r）：在确定的用水单元或系统内，使用的所有未经处理和处理后重复使用的水量的总和，即循环水量和串联水量的综合。

GB/T 12452—2008 定义的水量之间的关系，见图 3-34。

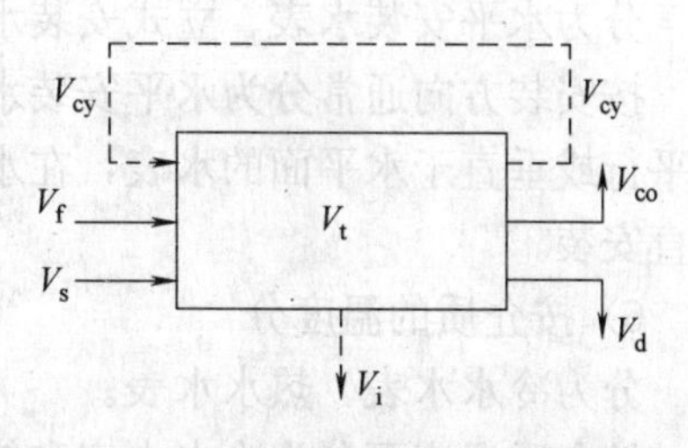

图 3-34　各种水量关系图

输入水量表达式：$V_{cy}+V_f+V_s=V_t$

输出水量表达式：　　　　$V_t = V_{cy} + V_{co} + V_d + V_i$

输入输出水量平衡方程式：$V_{cy} + V_f + V_s = V_{cy} + V_d + V_i$

式中　V_{cy}——循环用水量；

V_f——新水量；

V_s——串联用水量；

V_t——总用水量；

V_{co}——耗水量；

V_d——排水量；

V_i——漏溢水量。

11.2.3　水平衡测试常用的水计量仪表

11.2.3.1 水表

（1）水表类型

1）按测量原理分

分为速度式水表、容积式水表。

① 速度式水表：安装在封闭管道中，由一个运动元件组成，并由水流运动速度直接使其获得动力速度的水表。典型的速度式水表有旋翼式水表、螺翼式水表。旋翼式水表中又有单流束水表和多流束水表。

② 容积式水表：安装在管道中，由一些被逐次充满和排放流体的已知容积的容室和凭借流体驱动的机构组成的水表，或简称定量排放式水表。容积式水表一般采用活塞式结构。

2）按计量等级分

分为A级表、B级表、C级表、D级表。

计量等级反映了水表的工作流量范围，尤其是小流量下的计量性能。按照从低到高的次序，一般分为A级表、B级表、C级表、D级表，其计量性能分别达到国家标准中规定的计量等级A，B，C，D等级的相应要求。

3）按公称口径分

分为大口径水表、小口径水表。

公称口径40mm及以下的水表通常称为小口径水表，公称口径50mm以上的水表称为大口径水表。公称40mm及以下的水表用螺纹连接，50mm及以上的水表用法兰连接。

4）按用途分

分为民用水表、工业用水表。

5）按安装方向分

分为水平安装水表、立式安装水表。

按安装方向通常分为水平安装水表和立式安装水表（又称立式表），是指安装时其流向平行或垂直于水平面的水表，在水表的标度盘上用“H”代表水平安装、用“V”代表垂直安装。

6）按介质的温度分

分为冷水水表、热水水表。

按介质温度可分为冷水水表和热水水表，水温30℃是其分界线。

冷水水表：介质下限温度为0℃、上限温度为30℃的水表。热水水表：介质下限温度为30℃、上限为90℃或130℃或180℃的水表。

7）按介质的压力分

分为普通水表、高压水表。

按使用的压力可分为普通水表和高压水表。在中国，普通水表的公称压力一般均为1MPa。高压水表是最大使用压力超过1MPa的各类水表，主要用于流经管道的油田地下注水及其他工业用水的测量。

8）按计数器是否浸在水中分

分为湿式水表、干式水表、液封水表。

① 湿式水表：计数器浸入水中的水表，其表玻璃承受水压，传感器与计数器的传动为齿轮联动，使用一段时间后水质的好坏会影响水表读数的清晰程度。

② 干式水表：计数器不浸入水中的水表，结构上传感器与计数器的室腔相隔离，水表表玻璃不受水压，传感器与计数器的传动一般用磁钢传动。

③ 液封水表：用于抄表的计数字轮或整个计数器全部用一定浓度的甘油等配制液体密封的水表，密封隔离的计数器内的清晰度不受外部水质的影响，其余结构性能与湿式水表相同。

9）按计数器的指示形式分

分为模拟式、数字式、模拟数字组合式。

(2) 水表性能参数

水表性能参数有最大流量、额定流量、最小流量和起步流量。

1）最大流量：水表在短时间内（每昼夜不超过1h）超负荷使用的流量上限值。

2）额定流量：水表长期正常运转流量。

3）最小流量：水表开始准确指示的流量值，为水表的下限流量。

4）起步流量：也称灵敏度，指水表能连续记录（开始运转）的流量值。

(3) 水表选用

水表选择是按通过水表的设计流量，以不超过水表的额定流量确定水表直径，即选择水表时要使水表口径与管道口径相近，水表额定流量与管道中的工作流量相近；管道工作压力要小于水表的允许压力。

旋翼式水表的叶轮转轴与水流方向垂直，阻力较大，起步流量和计量范围较小，多为小口径水表（*DN*15～*DN*150），适宜测量较小流量；螺翼式水表的翼轮转轴与水流方向平行，阻力较小，起步流量和计量范围比旋翼式水表大，适宜于大流量的大口径水表（*DN*80～*DN*400）。干式水表的计数机件用金属圆盘与水隔开，湿式水表的计数机件和表盘浸没在水中，机件较简单，计量较准确，阻力比干式水表小，使用比较广泛，但只能用于不含杂质的清水横管上。

(4) 水表安装技术要求

1）水表前后应按规范设置一定长度的直管段，表前为10倍水表口径长度，表后为5倍管径的长度；水表安装应保持水平，不得歪装、斜装或反向安装。

2）*DN*80及以上水表应按规定设置水表过滤器；法兰式水表应安装伸缩补偿器材或橡胶软接头。

3）水表表面低于池外地面一般不大于 0.2m，以便于抄见。

4）水表安装位置应充分考虑用户建设规划，宜安装在用户围墙以外且在不受污染和损坏处，避开车行道、垃圾清除口、化粪池等污染源。

5）表箱、表井应相平或略高于形成后地面（一般不超过 5cm），结构完整，井盖配套；表井砌筑尺寸应满足水表更换或维修的需要。

6）水表、阀门及其他附件安装合理，无漏水现象；水表运转正常、封签完好；阀门必须设置在表前，能正常开启、关闭。

7）表后管道必须接出表井，并由施工单位监督用水方在保证五倍管径的直管段长度后再安装三通或弯头。

11.2.3.2　流量计

（1）压差式流量计

目前水量测定常用的孔板、喷嘴、文丘里管、毕托管、流量计等均属于压差式流量计。其工作原理是通过孔板、喷嘴、文丘里管等节流装置不同断面的水压差或测压管（毕托管）前后的水压差同流量的平方成正比关系来计量流量的。

带有孔板、喷嘴、文丘里管等节流装置的压差式流量计，分别适合测量直径为 *DN*50～*DN*600，*DN*50～*DN*325，*DN*200～*DN*1000 的管段，这类流量计结构简单，节流装置已形成标准化、系列化，计量精度较高，但使用时需固定安装于待测定流量的管段，使用管理不便。毕托管流量计适合测量直径为 *DN*200～*DN*1000 的管段，其构造简单，水头损失极小，使用时不需固定设于管道上，可实现不停水安装，其缺点是测量精度偏低。

（2）转子流量计

也称为面积流量计，利用可变节流孔和差压的原理的仪表，可用于测量清洁非混浊液体等单相非脉动的流体流量，适用范围为直径 *DN*15～*DN*100 的管段。

转子流量计的特点：

1）可以测量液体、气体、蒸汽等几乎所有流体的流量。

2）与节流流量计比较，结构简单，适合于流量的现场指示。作为现场指示型流量计，由于不需要电源，所以即使是易燃易爆环境其本质也是安全的。

3）结构上可以测量微小流量及低雷诺数的流量。

4）有效测量范围广，最小刻度值一般是最大刻度值的 1/10，即范围度为 10：1。

5）压力损失较小；低价格，容易安装。

（3）电磁流量计

电磁流量计所依据的基本理论是法拉第电磁感应定律。

电磁流量计特点：

1）测量不受液体密度、黏度、温度、压力和电导率变化的影响。

2）测量管内无活动及阻流部件，无压损、不堵塞，可测量含有纤维、固体颗粒和悬浮物的液体。

3）仪表反应灵敏，测量范围宽，流速 0.3～10m/s，量程范围可以任意选定。

4）传感器内无活动部件，无水头损失，计量精度高，灵敏度高，适用范围广，防潮，防水性能好，适宜地下或潮湿环境安装，可安装在水平、垂直或倾斜管道上，安装方式为壁挂式或柱装式。

主要技术参数：量程比，流速范围，介质电导率，测量精度，显示方式，介质温度，压力，使用环境（温度和湿度），输出信号，电压输出，电流输出，接口，断电数据保存时间，电源，功耗，空管自动报警，机械振动频率，平均无故障工作时间，防护等级，衬里材料，电极材料等。

（4）超声波流量计

目前通常采用两种类型的超声波流量计，一种为多普勒超声波流量计，另一类为时差式超声波流量计。多普勒型是利用相位差法测量流速，即某一已知频率的声波在流体中运动，由于液体本身有一运动速度，导致超声波在两接收器（或发射器）之间的频率或相位发生相对变化，通过测量这一相对变化就可获得液体速度；时差型是利用时间差法测量流速，即某一速度的声波由于流体流动而使得其在两接收器（或发射器）之间传播时间发生变化，通过测量这一相对变化就可获得流体流速。

超声波流量计安装。通常采用三种安装方式：W型，V型，Z型。根据不同的管径和流体特性来选择安装方式，通常W型适用于小管径（25～75mm），V型适用于中管径（25～250mm），Z型适用于大管径（250mm以上）。

安装使用注意事项：

① 选择充满液体的直管段，如管路的垂直段（流向由下向上为好）或充满液体的水平管道（整个管路中最低处为好），在安装与测量过程中，不得出现非满管情况。

② 测量位置应选在探头上游有大于10D和下游有5D直管段处。

③ 测量点选择应尽可能远离泵，阀门等设备，避免其对测量的干扰。

④ 测量点选择应尽可能远离大功率电台，强磁场干扰源等。

⑤ 充分考虑管内结垢状况，尽量选择无结垢的管段进行测量。结垢严重时，应选择插入式探头。

⑥ 选择管路管材应均匀密实，易于超声波传播处。

⑦ 管段初步安装位置选择好后，用于砂轮或钢锉将金属管表面打磨3倍的探头面积（约100mm范围），去掉锈迹油漆，使管壁表面光滑平整，注意，表面应光泽均匀，无起伏不平，与原管道有同样的弧度，切忌将安装点打磨成平面，最后用酒精或汽油清洗干净。

常见类型及特点：

① 固定式超声波流量计，传感器分为外夹式、插入式、管段式，以满足不同场所的使用需要。

② 便携式超声波流量计，无需断管，可管外测量，为非接触式测流方式、体积小、适用于各种方式、尺寸管道，携带方便。

③ 变送型超声波流量计，流量计的信号检测与测量部分集中在一次现场（带本地显示），也可以通过总线在远端二次仪表上进行操作与显示，方便使用。

④ 超声波水表，是一种采用工业级电子元器件制造而成的全电子工业用水表，与机械式水表相比具有精度高、可靠性好、量程比宽、使用寿命长、无任何活动部件、无需设置参数、可任意角度安装等特点，同时也可以选用插入式传感器，可以实现不停产分体安装。

11.3 水平衡测试工作程序步骤

水平衡测试一般分为前期准备、实际测试、数据汇总、测试结果分析、总结验收等阶段。

前期准备阶段包括知识培训、组织落实、技术落实、制定测试方案、校验计量水表等，使之达到规范要求。实施阶段，是根据拟定的测试方案，在规定的时间内进行测试，并做好测试数据的记录的阶段。数据汇总阶段，以测试得到的水量数据按用水单元的层次汇总，并填写在《水平衡测试报告书》上。测试结果分析阶段，以水平衡测试结果为基础，对用水单元进行合理用水评价，找出不合理用水造成浪费的水量和原因，制定出改进计划和规划。验收，是节约用水管理机构对水量平衡测试工作进行综合检查评价。

水平衡测试可以按照以下步骤开展。

（1）第一步：组织落实，设立测试领导小组和测试小组。领导小组的主要职责是：部署、指挥测试工作，领导、协调部门之间的测试工作关系，为测试工作提供人力、物力和财力，领导小组一般由厂级领导任组长，测试工作主管部门的负责人任副组长，相关部门的负责人为领导成员。测试小组的职责是：执行领导小组的工作安排，依据水平衡测试的标准、规范完成测试任务，可根据单位大小和职能分工情况，再分为计量仪表校核安装组、数据收集测试组、供水管网测定核实与水量漏失测定组、数据汇总与材料整理组。对于初次进行测试的单位一般按上述方法组建测试小组。在单位普遍掌握了测试原理与方法后，也可按照生产工艺和职能划分，进行块块分工，各自完成自己部门的全部测试内容，然后，由测试主管部门汇总完成整个单位的测试工作。测试小组一般由下列工程技术和管理人员组成：供水、节水，工艺，计量，基建，生产调度等。

（2）第二步：学习培训，掌握测试原理与测试方法。组织学习：中华人民共和国国家标准《企业水平衡与测试通则》GB/T 12452、中华人民共和国国家标准《节水型企业评价导则》（GB 7119）以及建设部标准《工业用水分类及定义》、《工业用水考核指标及计算方法》等。

（3）第三步：做好三个统一，进行技术落实。具体包括：①统一用水分类（各种用水的分类划分）和计算方法；②统一测试内容和测试方法；③统一测试数据的汇总方法、图表形式、数据精度等。

（4）第四步：进行职责分工，制定测试方案。测试方案应包括以下内容：测试的目的、测试的工作内容、测试的依据标准、测试的步骤和程序、分工与时间安排等。测试方案往往会随着测试的进行而不断修改、完善。

（5）第五步：查、堵跑冒滴漏，普查、校验、安装、登记计量仪表。

（6）第六步：现场测试阶段。现场测试的内容：水量、水温、水的来源和去向（包括测漏），生产工艺及其运行情况，水的作用，用水合理情况，用水设备的性能及其对水质、水量的要求。对所有用水设备和工序（或用水点）一般都要填写测试表。

在测试阶段应注意生产的变化与水量的变化，要选择稳定的工况进行测试。

（7）第七步：数据汇总与图表的填写。按照“从点到面、从小到大”的汇总原则进行数据汇总，并同步绘制平衡图、填写测试表，最后按照用水分类计算各项考核指标。

(8) 第八步：进行用水合理化分析，制定节水工作计划。利用技术经济指标进行横向和纵向比较，找出差距与不足。按照“三同时”、“四到位”加强管理；以科学技术为支持，以三个效益为目的，推广“四新”；借鉴先进经验，提升传统节水措施，引进先进技术，开展技术创新等。

根据测试结果、对照同行业的情况，找出用水中的不合理现象，制定出改造措施建议。

(9) 第九步：整理测试资料，装订成册，审核验收。一本完整的水平衡测试资料，应该全面反映水在一个单位内各个部门之间的水量分布、水质变化、水在每个生产工艺（或部门）中的作用等情况。同时反映测试的过程、内容、方法、收获及存在的不足。

11.4 水平衡测试与工业用水计量器具的配置

企业水量计量仪表的配备直接影响到企业的水平衡测试和企业管理，齐全、完好、达标的水计量仪表是做好水平衡测试的必要条件。

(1) 国家能源计量管理对水计量的要求

《用能单位能源计量器具配备和管理通则》GB/T 17167—2006 要求，水（自来水，地下水，河水）进出企业的配备率为 100%，而进出分厂（车间）水的计量率达到 95%，重点用水设备或装置达到 80%；计量器具精度要求，进出企业及企业内部车间、重点用水设备的净水计量管径不大于 250mm 的为 2.5 级，管径大于 250mm 的为 1.5 级，排放污水的计量为 5.0%。

(2) 企业水平衡测试对计量仪表的配置要求

企业水平衡测试对计量仪表的配置要求，除应满足国家有关规定外，还应结合测试情况尽量扩大配置数量，提高监测率。

《深圳市重点单位用户水量平衡测试方法》规定：

1) 原则上要求所有用水单元和用水设备都应装表计量，尤其是每日（24h）新水量达到 $10m^3$ 以上的用水单元必须安装水计量仪表。

2) 一级计量仪表（单位用户取用新水量的计量水表称为一级计量仪表）的配备率、完好率均应为 100%。

3) 二级计量仪表（安装在单位用户一级水表之后，用于计量次级用水单元用水量的水表称为二级计量仪表）二级计量仪表的配备率、完好率也应达到 100%。

4) 三级计量仪表（安装在二级计量仪表之后，用于计量再次级用水单元用水量的仪表称为三级计量仪表）三级用水单元各主要用水点，以及每天用水量超过 $10m^3$ 的用水设施必须安装计量仪表。根据实测需要可以安装更多级别的水表。

《昆明市非居民用水单位水量平衡测试规范》（试行）规定：

1) 每日（24h）取水量达到 $5m^3$ 以上的用水单元（车间、工段、设备）均应安装水表。

2) 单位用水二级仪表监测率大于 95%。

3) 二级仪表监测率＝二级水表的取水量之和/一级水表的取水量之和×100%。

4）一级水表计量范围：单位各种水源的计量。二级水表计量范围：各用水部门及单位区域内生产、生活用水的计量。

水量计量仪配备达到以上要求后方可进行测试工作。

11.5 用水单元（或系统）划分与测试时段确定

11.5.1 用水单元（或系统）划分

用水单元（或系统）是水平衡测试工作的基本研究单位。根据用水复杂程度用水单元（或系统）可以分成不同的层次和不同的大小。单位用户本身可看成是一个最高层次的用水单元（或系统）。如果单位用户是一座工厂，则工厂内的一栋厂房可以划分为一个用水单元（或系统），厂房内的不同车间可以划分为次一级用水单元（或系统），车间内的生产线以及生产线上的用水设备均可以划分为更次级的用水单元（或系统）。上一层次的用水单元（或系统）可以包含多个次级单元（或系统），或者嵌套多个层次的次级单元（或系统）。

根据用水单元（或系统）之间的水量分配或传递关系，用水单元（或系统）之间的关系可以分为并联或串联。实际上，由于水量分配和传递的复杂性，一个用水单元（或系统）可能与其他多个用水单元（或系统）之间存在着水量的传递，因此用水单元（或系统）之间的关系也十分复杂。

一般以目前的经济核算单位为一个测试单元（或系统）。单元（或系统）的划分影响着测试工作量和测试精度，单元（或系统）越大测试越简单、精度越低；反之，则测试复杂、精度高。

11.5.2 测试时段确定

测试时段的确定，影响着测试结果的正确与否，应根据用水特点、测试方法等因素合理确定。

（1）连续生产、用水量相对稳定的单元（或系统），测试时段任选。

（2）生产或用水呈周期变化的，以一个周期为一个测试时段。

（3）季节性用水设备，在用水季节测试，并参照上述两点选取测试时段。

测试次数可根据单位工作、生活及生产特点确定，但一般应不少于4个测试时段。

11.6 水平衡测试的工作实施

11.6.1 基础情况调查

1. 单位用户基本情况调查

调查内容包括生产工艺、用水特征、职工人数、产品种类、产量、增加值（产值），历年用水量、用水单耗等。

2. 水源调查

包括水源类型，如：自来水、自备井水、地表水、海水、回用水等；水源用途，如：用于生产、日常服务、职工生活或居民生活等；取水能力；水源设施，包括计量水表的规格、数量，取水泵型号和额定流量、扬程；水源水质、水温等。

3. 给排水管网调查

包括管径、走向及埋深，蓄水池、加压设备、水塔，水表井，主要用水点和用水设施的名称和位置；各建筑物、构筑物的名称及平面位置；绘制单位用户给水管网平面图和系统图。

4. 工艺流程、用水设备和设施调查

查清生产工艺及其用水情况，查清各类用水和节水设备、设施的名称、型号、数量以及所属的用水单元；各用水设备、设施中水的主要用途、额定用水量；设备、设施工况特点、年运行小时数；计量仪表配备情况。

11.6.2　完善水计量仪表

完善水计量仪表的具体措施包括：

(1) 进行水计量仪表普查；

(2) 水计量仪表校验；

(3) 配备水计量仪表，绘制水计量仪表网络图。

11.6.3　水量测试

1. 水量测定方法

企业水平衡测试中水量测定的方法一般采用：仪表计量法、堰测法和容积法。

(1) 仪表计量法

仪表计量法是水平衡测试的主要方法，具有测试数据准确、方便等优点。

(2) 堰测法

堰测法是采用薄壁式计量堰来测定明渠水流量的方法。根据计量堰溢流口的形状不同，通常分为三角堰、梯形堰和矩形堰。此种测定方法，对水质无特殊要求，但测量精度较低。

影响计量堰流的因素有：水流溢过堰顶的宽度 b，堰上游水位在堰顶上最大的超高 H（水头），堰顶厚度 δ，堰顶形状（应光洁并呈斜刃状），水流行进流速 v_0（v_0 应小于 0.5m/s）等（见图 3-35）。

各类计量堰的流量计算（见表 3-40）。

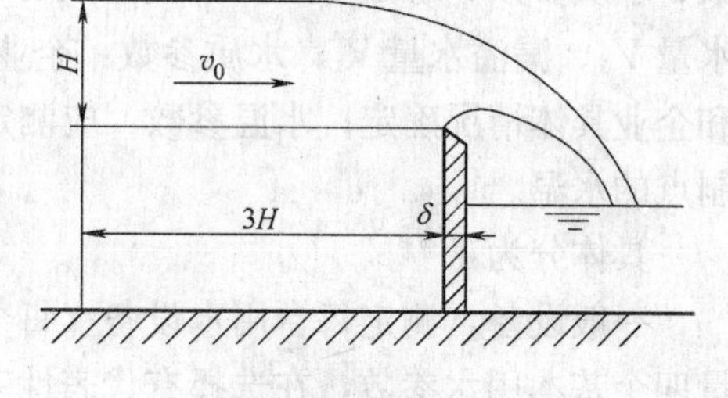

图 3-35　薄壁式计量堰

(3) 容积法

容积法是利用已知容量的容器，在一定时间内测得流入的液体的体积，通过计算得到需计量的水量。

容积法具有操作简便，计量较准确，对待测定水质无特殊要求等优点，可适用于难以用仪表测定水量的情况。

容积法测定水量的计算公式如式（3-29）所示

$$Q=V/T \qquad (3\text{-}29)$$

式中　Q——流量，m^3/s；

T——测定时间，s；

V——一定时间内流入容器内的液体体积，m^3。

各类计量堰的流量计算 **表 3-40**

名 称	图 示	计算公式	符合含义
三角堰		$\theta=90°$时 $Q=1.343H^{2.47}$	Q:过堰流量,m^3/s; H:堰顶水头,m
梯形堰		$\theta=14°,b\geqslant H$时 $Q=1.86H^{3/2}$	Q:过堰流量,m^3/s; B:堰口底宽,m; H:堰顶水头,m
矩形堰		$B=b$且$b>3H$时 $Q=0.42\sqrt{2g}bH^{3/2}$ $=1.86bH^{3/2}$	Q:过堰流量,m^3/s; H:堰顶水头,m; B:上游渠道宽度,m; H:堰口底宽,m

工业企业水平衡测试中常用的水量测定方法还有：

1）按水泵特性曲线估算水量。

2）按用水设备铭牌的额定水量估算水量。

3）运用类比法和替代法估算水量。

4）运用理论或经验估算水量。

5）利用经验法和直观判定法估算水量。

2. 设备（单元）用水测试

设备（单元）是测试的基本单位。一般说来，设备（单元）测试主要是测试水量参数、水质参数、水温参数。水量参数有：新水量 V_f、重复利用水量 V_r、耗水量 V_{co}、排水量 V_d、漏溢水量 V_i；水质参数：企业主要用水点和排水点的水质测试，应根据本地区和企业具体情况确定；水温参数：应测定循环用水进出口及对水温有要求的串联用水的控制点的水温。

具体分为：

一般设备，测定每台用水设备（每个单元）的取水量、重复利用水量、耗水量、排水量四个基本用水参数，在选择有代表性工况条件下，连续测定 3 个水量值，取其平均值。

间歇性用水设备（单元），将所测得的单位时间用水参数乘以实际用水时间，从而得出每天用水情况。

季节性用水设备（单元），例如空调设备、采暖锅炉等要在用水季节时分别测定，计算全年、月最高取水量。

对有水温变化的用水设备（单元）测定其进出口的水温。

3. 各种水量测定

（1）取水量（新水）测定

有水表计量的用水单元，以水表读数为准，没有水表计量的用水单元，可以采用容器法或安装临时水表等方法进行测试。

（2）重复利用水量测定

有水表计量的重复利用水系统，以水表读数为准，没有办法安装水表的重复利用水单位，可以用水泵的额定流量方法测定：

重复利用水量＝水泵额定流量×实际开泵时间

（3）耗水量测定

一般用水设备耗水量测定： $V_{co}=V_f-V_d$ （3-30）

间接冷却循环水系统耗水量测定： $V_{co冷}=V_F+V_G$ （3-31）

式中 V_F——吹散水量；

V_G——蒸发损失水量。

由于吹散水量 V_F 和蒸发损失水量 V_G 不好测量，可用式（3-32）、式（3-33）估算：

$$V_F=V_{t冷}\times K \quad (3\text{-}32)$$

$$V_G=V_{G冷}\times S\times\Delta t\% \quad (3\text{-}33)$$

式中：$V_{t冷}$——间接冷却水用水量；

K——吹散损失系数，具体见表3-41；

$V_{G冷}$——冷却水循环量；

S——蒸发损失系数，具体见表3-42；

Δt——冷却水进出水温差。

吹散损失系数 K **表3-41**

冷却构筑物类型	喷水池	开放喷水式冷却塔	机械通风式冷却塔	风筒式冷却塔
K	1.5%～3.5%	1.5%～2%	0.2%～0.5%	0.5%～0.1%

蒸发损失系数 S **表3-42**

类型 \ 气温(℃)	−10	−5	0	5	10	15	20	25	30
冷却池	0.06	0.07	0.08	0.09	0.095	0.10	0.11	0.12	0.13
喷水池 冷却塔	0.08	0.09	0.10	0.11	0.12	0.13	0.14	0.15	0.16

新水量和重复利用水量 V_r 一般采用水表或流量计测试，排水量也可采用容积法测试。重复利用水量一般需安装水表或流量计测试，没有条件安装水表和流量计的，可以采用循环水泵的额定流量与水泵实际工作时间的乘积推算得到。

耗水量较难实际测定，一般采用推算的方法，即在掌握了其他输入水量和输出水量之后，根据输入水量与输出水量平衡的原理计算得到。

对于供水管网漏溢水量的测试，可采用静态测试法或动态估算法。静态测试法是保持管网内的正常压力（≥0.2MPa），停止各用水单元的用水，通过观察各级计量水表的读数测定供水管道的漏溢水量。这种方法准确率高，但完全停止用水的情况很难实现。对于不能停止用水的单位用户，可以采用动态估算法。具体是保持管网内正常压力和正常用水工况，观察上下两级水表的水量，上级水表的数值之和减去下级水表水量数值之和，当其差值大于上级水表水量之和的5%时，其超出部分可近似认为是供水管网的漏溢水量。出现这种情况时应暂停测试，查找原因，待问题解决后再进行测试，并将测漏记录及计算结果附于报告中。

水量测试的注意事项：

1）基本用水单元的输出水量中只有排水量或耗水量，或其中一项水量可以忽略不计时，可以认为输出水量与输入水量相等。当排水量和耗水量同时存在时，必须对其中一种水量进行实际测定。

2）职工浴室和公共卫生间的输出水量只计排水量。

3）绿化、茶炉输出水量只计耗水量。

4）空调机的冷冻水、锅炉的热水不得计作循环水量。

5）在水质净化处理或加工水的产品（如特殊需要的水或蒸汽）等过程中发生的设备、设施之间的水量传递不得计作串联水量。

6）为减少因计量时间不统一而造成的误差，所有计量水表的抄读应该在尽可能短的时间内完成，而且应该选择在用水低峰期读数。对于同一处计量水表，每次抄读应该在同一时间完成。

7）采用容积法、流速法、堰测法测定水量时，每天应测定3次，取其平均值作为一次的测试结果。

4. 水量参数的统计

水量参数以划分的用水单元为统计单位，从最基本的用水单元开始，不同层次的用水单元分别统计。相同层次用水单元的排水量、耗水量、漏溢水量、循环水量、串联水量均按同名水量累加计算，但不同层次的水量参数不能重复计算。单位用户的新水量按一级水表的读数累加确定，其他水量参数，包括循环水量、串联水量、耗水量、排水量、漏溢水量，均由次级用水单元的同名水量累加得到。

5. 测试误差的控制

由于各用水单元的测试期可能不一致，用水状况的不稳定，以及计量仪表的示值误差等原因，下一层次各用水单元的新水量总数与上层次用水单元新水量之间会出现误差。相邻两级用水单元的误差不得超过其中较高一级用水单元新水量的5%，误差值超过5%的用水单元必须重新测试。

6. 相关用水资料的统计

在测试期内应配合抄表工作具体记录与用水相关的其他资料，如当天的住房率、营业额、顾客人数、工作人数，产品的数量、产值，锅炉和冷却塔等用水设备的工作时间等，以便计算各类用水量及用水单耗。

11.6.4 数据整理

1. 水量单位

实际测试水量时，水量单位可选用 L/s、m^3/d，但在汇总计算时，应将水量单位统一为 m^3/d。

2. 三级水量平衡图

分别对单位用户整体、次级用水单元和基本用水单元进行数据整理，绘制三级水量平衡图。水量平衡图采用流程示意图的形式表示用水单元内水的传递和水量的分配关系，标明水的来源和去向。

3. 间歇性或季节性用水设备

对于间歇性用水设备，应以正常使用状况下单位时间的水量参数乘以每日正常工作时间，得到日水量参数。对于季节性用水设备，或者存在多台季节性设备且在不同季节工作的情况，如取暖锅炉和制冷空调冷却塔，应分别在其正常工作季节内测试水量参数，分别计算不同季节的日水量参数，并分别确定全年最高月和最低月用水量，连同间歇性和季节性设备的正常工作时段一起列入测试报告。

4. 临时性用水

对于基建、消防等临时性用水，应分别汇总整理数据，列入测试报告。

11.6.5　测试结果分析评价

1. 测试结果校核

由于单位用水单元较多，测试工作量较大，有的单位很难做到各用水单元都同一个时间抄表，测试难免有误差。为保证测试质量，要求在测试阶段所得各类日取水量之和与同期单位实际日总取水量之差不大于10%，可认为测试结果符合要求。否则应继续查找有无漏测和计算错误，直到达到要求。

2. 各类用水分析

各类用水按用途进行汇总分类，按照用水考核指标体系计算，分析用水合理水平。同时，参照各行业节约用水标准和用水的实际情况，确定各类排放水可回收利用的水量。

3. 节水计划和规划的制定

根据对各类不合理用水因素的分析，采取相应的行政和技术措施，制定节水计划和规划。制订节水计划和规划时要把握以下几点：(1) 最大限度地提高水的重复利用率，如建立和完善冷却水、工艺水循环利用系统、废水回收再利用，提高循环水浓缩倍数，建立中水道系统等，减少新水取用量；(2) 改革用水工艺，更新用水设备、器具，采用不用水或少用水的工艺、设备、器具；(3) 增加节水技改资金的投入。优先安排用水量大且浪费严重的项目、统筹规划节水工程，要定出时限，实行目标责任制；(4) 注意节水技术措施实施的技术、经济先进性，讲究节水投资效益；(5) 依据测试成果调整用水定额和计划用水量指标，并分解下达给用水单元。

11.6.6　报告书格式

1. 参考格式一

封面

××市水平衡测试报告书

企业（单位）名称

完成测试的时间

封二

××市水平衡测试报告书

单位名称：

通信地址：

测试主管部门：

测试负责人：
报告审核人：
完成日期：
参加测试人员：
验收单位：
验收日期：

封三

说明

一、本报告必须经认真测试后再行填写，数据应准确，字迹工整，用钢笔、毛笔书写或打印。

二、本报告书应作为企业（或单位）的用水档案资料收存，并按规定上报有关部门。

三、当企业（或单位）的生产、经营等影响用水的因素发生变化时，应重新进行水平衡测试。对用水随季节变化的企业（或单位），应对不同季节的用水情况进行测试。

四、用水合理化分析和今应采取的措施，要结合水平衡测试结果，对照类似企业（或单位）的先进经验，进行详细的规划，制定出切实可行对策措施。

目录

1.2　主要用水设备、设施
1.3　各种水源的水量、水质参数
1.4　供水管网图、排水管网图
1.5　水表配备系统图
1.6　供水、用水、排水状况
2. 水平衡测试表示
2.1　企业（单位）水平衡图
2.2　车间（单元）水平衡图
2.3　企业（单位）水平衡测试汇总表
2.4　车间（单元）水平衡测试表
3. 技术经济指标的计算
3.1　重复利用率
3.1.1　冷却水循环率
3.1.2　工艺水回用率
3.1.3　锅炉蒸汽冷凝水回用率
3.2　用水定额
3.2.1　单位产品新水量
3.2.2　单位产值新水量
3.2.3　职工人均生活日新水量
4. 企业、单位用水合理化分析与评价
4.1　规划设计采取的措施
4.2　工艺系统的节水技术改造
4.3　设备和器具
4.4　用水系统的运行管理
5. 排水的合理利用
5.1　污（废）水处理回用、节约用水、减少排污量
5.2　评价排水合理回用的指标
5.2.1　排水率
5.2.2　污（废）水达标率
5.3　污（废）水处理回用

2. 参考格式二

卷内目录

一、说明
二、测试中各种水量名称及含义
三、标记符号示意图
四、水平衡测试验方案
五、单位基本概况
六、能源组织结构图

七、本企业（单位）用水水源情况

八、本企业（单位）历年用水情况

九、水表计量三级网络图

十、一、二、级计量监测率检查表

十一、监测率年汇总表

十二、企业（单位）水平衡测试抄表记录报表

十三、企业（单位）水平衡测试水泵计时计数器记录表

十四、企业（单位）水平衡图

十五、企业（单位）各类用水情况分析表

十六、企业（单位）水量平衡测试表

十七、车间（部门）水量平衡测试表

十八、车间（部门）水量平衡图

十九、设备、工序测试表

二十、车间设备登记表

二十一、用水合理化分析

二十二、企业（单位）给排水管线总平面图

11.6.7　水平衡测试验收

1. 验收目的内容

（1）对专业测试机构的验收

对专业测试机构的验收是指对其工作过程和测试成果的验收，旨在规范测试机构实施水量平衡测试的工作过程，控制测试质量，确保测试结果能够客观、公正、科学、全面地反映被测试单位用户的用水和节水管理情况。

由节约用水主管部门组织对专业测试机构的验收工作。

（2）对被测试单位用户的验收

对单位用户的验收旨在通过综合考核其实际用水水平和节约用水管理水平，为确定单位用户的年度用水计划提供依据，并通过用水计划促进单位用户改进用水方式或生产工艺，提高节水管理水平，节约用水。

对单位用户的验收包括两部分：一是依据水量平衡测试结果，计算并分析单位用户的节水技术指标，按照节水技术指标进行验收评分；二是调查单位用户的用水系统布局和各种用水的历史、现状和发展规划，以及节水管理措施等情况，按照用户的节水管理水平进行验收评分。

2. 验收标准

（1）《企业水量平衡与测试通则》GB/T 12452—2008；

（2）《节水型企业评价导则》GB 7119—2006；

（3）《工业企业水量平衡测试办法》CJ 41—1999；

（4）《工业用水考核指标计算方法》CJ 42—1999；

（5）《工业用水分类及定义》CJ 40—1999。

3. 验收程序

（1）提交测试申请资料

测试单位（机构）按要求，向节约用水主管部门提交申请资料。

（2）节约用水主管部门组织现场验收

节约用水主管部门审核资料。资料不齐的，将退送资料申请单位，并要求其补充资料。资料齐全的，节约用水主管部门组织现场检查验收；现场验收不合格的，要求测试单位（机构）现场整改，直至整改合格后方可再进行测试。

进行现场验收时，重点核对或检查以下内容：

1）抽查核对单位用户用水设施现状和节水管理现状；

2）检查测试工作程序的正确性；

3）检查测试仪器的准确性和测试操作过程的规范性；

4）重点用水设备、车间的新水量；

5）无水表计量的用水点的新水量；

6）用水单元的循环水量、串联水量；

7）管网走向、水表配备率和完好率；

8）用水水源，有无地下水井；

9）用水结构、分类。

（3）综合评价或量化赋分

节约用水主管部门综合评价测试方案、测试方法、测试数据、测试报告书等方面的工作，对测试单位（机构）的测试成果进行综合评价或量化赋分。

【思考题】

1. 简述企业水平衡测试目的。
2. 熟悉企业水平衡测试基本内容与基本要求。
3. 熟悉用水分类。
4. 熟悉用水水量定义。
5. 熟悉常用的水计量仪表的使用条件和特点。
6. 掌握用水计量器具的配置要求。
7. 用水单元（或系统）划分与测试时段确定，对水平衡测试有哪些影响？
8. 掌握水量测定方法。

参考文献

1 董增川编著. 水资源规划与管理. 北京：中国水利水电出版社，2008.
2 刘俊良编著. 城市节制用水规划原理与技术. 北京：化学工业出版社，2003.
3 何晓科，陶永霞编著. 城市水资源规划与管理. 北京：黄河水利出版社，2008.
4 张朝升，石明编著. 小城镇水资源利用与保护. 北京：中国建筑工业出版社，2008.
5 于万春，姜世强，贺如泓主编. 水资源管理概论. 北京：化学工业出版社，2007.
6 高山主编. 现代城市节约用水技术与国际通用管理成功案例典范. 北京：新华出版社，2003.
7 崔玉川，董辅祥主编. 城市与工业节约用水手册. 北京：化学工业出版社，2002.
8 侯捷主编. 中国城市节水 2010 年技术进步发展规划. 上海：文汇出版社，1998.
9 董辅祥，董欣东主编. 节约用水原理及方法指南. 北京：中国建筑工业出版社，1995.
10 汪光焘主编. 城市节水技术与管理. 北京：中国建筑工业出版社，1994.
11 杜斌著. 中国工业节水的潜力分析与战略导向. 北京：中国建筑工业出版社，2008.
12 魏群主编. 城市节水工程. 北京：中国建材工业出版社，2006.
13 车德福，刘银河编著. 供热锅炉及其系统节能，机械工业出版社. 2008.
14 贾振航，姚伟，高红编著. 企业节能技术. 化学工业出版社，2006.
15《给水排水设计手册》编写组. 水质处理与循环水冷却. 中国建筑工业出版社，1974.
16 周本省主编. 工业水处理技术. 化学工业出版社，2003.
17 李圭白，张杰主编. 水质工程学. 中国建筑工业出版社，2009.
18 齐冬子编著. 敞开式循环冷却水系统的化学处理. 化学工业出版社，2006.
19 聂梅生总主编. 许泽美，唐建国，周彤，兰淑澄主编. 张杰龙腾锐主审. 水工业工程设计手册——废水处理及再用. 中国建筑工业出版社，2002.
20 聂梅生总主编. 姜文源，周虎城，刘振印，刘夫坪主编. 刘文镔主审. 水工业工程设计手册——建筑和小区给水排水. 中国建筑工业出版社，2002.
21 张自杰主编. 龙腾锐，金儒林，林荣忱，张自杰编著. 废水处理理论与设计. 中国建筑工业出版社. 2003，12.
22 【荷】Piet Lens，Look Hulshoff Pol，【德】Peter Wilder，【美】Takashi Asano 编著. 成徐州，吴迪，骞兴超等译. 王方智校. 工业水循环与资源回收分析·技术·实践. 中国建筑工业出版社，2008.
23 美国环保局（USEPA）组织编写. 胡洪营，魏东斌，王丽莎等译. 污水再生利用指南. 化学工业出版社，2008.
24 雷乐成，杨岳平，汪大翚，李伟编著. 污水回用新技术及工程设计. 化学工业出版社，2002.
25 姜湘山著. 建筑小区中水工程. 机械工业出版社，2005.
26 陈玉恒著. 城区雨洪水利用的构想 [J]. 水利发展研究，2002，2（4）：32-33.
27 杨建峰著. 城市化和雨水利用. 北京水利，2001（1）：22-23.
28 陈建刚，丁跃元，张书函等著. 北京城区雨洪水利用工程措施. 北京水利，2003（6）：12-14.
29 潘安君，张书函著. 北京城区雨洪水利用总体构想. 北京水务，2006（1）：31-33.
30 周玉文，邴守启，赵树旗. 城区雨洪水利用规划理论与应用. 水工业市场，2006，05.
31 侯立柱，丁跃元，张书函等. 北京市中德合作城区雨洪水利用理念及实践 [J]. 北京水利，2004（4）：31-33.
32 李根生，刘凤霞. 城区雨洪水利用若干问题的探讨 [J]. 水科学与工程技术，2006（01）.
33 游春丽著. 城市雨水利用可行性研究：[西安建筑科技大学硕士论文]. 2006，06.
34 张晓鹏，王美荣著. 城区雨洪水利用的研究现状与发展方向. 北京水务，2006（3）.
35 张书函，陈建刚，丁跃元. 城市雨水利用的基本形式与效益分析方法. 水利学报，2007（10）.

36　李裕宏．北京城郊雨洪水资源化可行性分析．北京水务，2007（2）：59-60.
37　工业企业产品取水定额编制通则（GB/T 18820—2002）．北京：中国标准出版社，2002.
38　企业水平衡测试通则（GB/T 12452—2008）.
39　2007年中国水资源公报.
40　中国城镇供水排水协会．城市供水统计年鉴．2008.
41　节水型社会建设规划编制导则.
42　济南市“十五”城市节水发展计划及2020年远景规划.
43　南京市城市节约用水规划（2006－2020）.
44　杭州市区城市节约用水专业规划.
45　全国节约用水办公室编著．《全国节水规划纲要及其研究》．南京：河海大学出版社，2003.
46　侯捷主编．中国城市节水2010年技术进步发展规划．上海：文汇出版社，1998.

尊敬的读者：

感谢您选购我社图书！建工版图书按图书销售分类在卖场上架，共设22个一级分类及43个二级分类，根据图书销售分类选购建筑类图书会节省您的大量时间。现将建工版图书销售分类及与我社联系方式介绍给您，欢迎随时与我们联系。

★建工版图书销售分类表（详见下表）。

★欢迎登陆中国建筑工业出版社网站www.cabp.com.cn，本网站为您提供建工版图书信息查询，网上留言、购书服务，并邀请您加入网上读者俱乐部。

★中国建筑工业出版社总编室　电　话：010—58934845

传　真：010—68321361

★中国建筑工业出版社发行部　电　话：010—58933865

传　真：010—68325420

E-mail：hbw@cabp.com.cn

建工版图书销售分类表

一级分类名称（代码）	二级分类名称（代码）	一级分类名称（代码）	二级分类名称（代码）
建筑学（A）	建筑历史与理论（A10）	园林景观（G）	园林史与园林景观理论（G10）
	建筑设计（A20）		园林景观规划与设计（G20）
	建筑技术（A30）		环境艺术设计（G30）
	建筑表现·建筑制图（A40）		园林景观施工（G40）
	建筑艺术（A50）		园林植物与应用（G50）
建筑设备·建筑材料（F）	暖通空调（F10）	城乡建设·市政工程·环境工程（B）	城镇与乡（村）建设（B10）
	建筑给水排水（F20）		道路桥梁工程（B20）
	建筑电气与建筑智能化技术（F30）		市政给水排水工程（B30）
	建筑节能·建筑防火（F40）		市政供热、供燃气工程（B40）
	建筑材料（F50）		环境工程（B50）
城市规划·城市设计（P）	城市史与城市规划理论（P10）	建筑结构与岩土工程（S）	建筑结构（S10）
	城市规划与城市设计（P20）		岩土工程（S20）
室内设计·装饰装修（D）	室内设计与表现（D10）	建筑施工·设备安装技术（C）	施工技术（C10）
	家具与装饰（D20）		设备安装技术（C20）
	装修材料与施工（D30）		工程质量与安全（C30）
建筑工程经济与管理（M）	施工管理（M10）	房地产开发管理（E）	房地产开发与经营（E10）
	工程管理（M20）		物业管理（E20）
	工程监理（M30）	辞典·连续出版物（Z）	辞典（Z10）
	工程经济与造价（M40）		连续出版物（Z20）
艺术·设计（K）	艺术（K10）	旅游·其他（Q）	旅游（Q10）
	工业设计（K20）		其他（Q20）
	平面设计（K30）	土木建筑计算机应用系列（J）	
执业资格考试用书（R）		法律法规与标准规范单行本（T）	
高校教材（V）		法律法规与标准规范汇编/大全（U）	
高职高专教材（X）		培训教材（Y）	
中职中专教材（W）		电子出版物（H）	

注：建工版图书销售分类已标注于图书封底。